UG NX 10.0 工程应用精解丛书

UG NX 10.0 运动仿真与分析教程

北京兆迪科技有限公司　编著

机 械 工 业 出 版 社

本书全面、系统地介绍了使用UG NX 10.0进行产品运动仿真与分析的过程、方法和技巧，内容包括UG NX运动仿真概述与基础、连杆、运动副与约束、定义电动机、连接器、驱动与函数、典型运动机构、运动仿真分析与测量、力学对象和运动仿真与分析综合范例等。

本书是根据北京兆迪科技有限公司为国内外几十家不同行业的著名公司（含国外独资和合资公司）编写的培训教案整理而成的，具有很强的实用性和广泛的适用性。本书附带1张多媒体DVD学习光盘，制作了102个UG运动仿真与分析技巧和具有针对性的范例教学视频并进行了详细的语音讲解，时间长达7.5h（450min）；光盘中还包含本书所有的模型文件、范例文件和练习素材文件；另外，为方便低版本用户和读者的学习，光盘中特提供了UG NX 6.0、UG NX 8.0和UG NX 8.5版本的配套素材源文件。

在内容安排上，本书紧密结合范例对UG运动仿真与分析的流程、构思、方法与技巧进行讲解和说明，这些范例都是实际生产一线产品设计中具有代表性的例子，这样安排能使读者较快地进入运动仿真与分析实战状态；在写作方式上，本书紧贴软件的实际操作界面进行讲解，使初学者能够尽快上手，提高学习效率。

本书内容全面、条理清晰、讲解详细、图文并茂、范例丰富，可作为广大工程技术人员深入学习UG的自学教程和参考书，也可作为大中专院校学生和各类培训学校学员的CAD/CAM课程上课及上机练习教材。

图书在版编目（CIP）数据

UG NX 10.0运动仿真与分析教程 / 北京兆迪科技有限公司编著.
—2版. —北京：机械工业出版社，2015.9（2021.8重印）
(UG NX 10.0工程应用精解丛书)
ISBN 978-7-111-51063-5

Ⅰ.①U… Ⅱ.①北… Ⅲ.①机构运动分析—计算机仿真—应用软件—教材 Ⅳ.①TH112-39

中国版本图书馆CIP数据核字（2015）第179010号

机械工业出版社（北京市百万庄大街22号 邮政编码：100037）
策划编辑：杨民强 丁 锋 责任编辑：丁 锋
责任校对：黄兴伟 封面设计：张 静
责任印制：常天培
固安县铭成印刷有限公司印刷
2021年8月第2版第9次印刷
184mm×260 mm · 21印张 · 519千字
10901—11901册
标准书号：ISBN 978-7-111-51063-5
ISBN 978-7-89405-836-2（光盘）
定价：69.80元（含多媒体DVD光盘1张）

电话服务
客服电话：010-88361066
010-88379833
010-68326294

网络服务
机 工 官 网：www.cmpbook.com
机 工 官 博：weibo.com/cmp1952
金 书 网：www.golden-book.com
机工教育服务网：www.cmpedu.com

前　言

本书对 UG NX 10.0 运动仿真与分析的核心技术、方法与技巧进行了介绍，其特色如下：

- 内容全面。与其他同类书籍相比，包括更多的 UG 运动仿真与分析内容。
- 讲解详细、条理清晰、图文并茂。本书是一本不可多得的 UG 运动仿真与分析快速入门、快速见效的图书。
- 范例丰富。读者通过对范例的学习，可迅速提高运动仿真与分析水平。
- 写法独特。采用 UG 软件中真实的对话框、操控板和按钮等进行讲解，使初学者能够直观、准确地操作软件，从而大大提高学习效率。
- 附加值高。本书附带 1 张多媒体 DVD 学习光盘，制作了 102 个 UG 运动仿真与分析技巧和具有针对性的范例教学视频并进行了详细的语音讲解，时间长达 7.5h（450min），可以帮助读者轻松、高效地学习。

本书是根据北京兆迪科技有限公司给国内外一些著名公司（含国外独资和合资公司）编写的培训教案整理而成的，具有很强的实用性。其主编和参编人员主要来自北京兆迪科技有限公司。该公司专门从事 CAD/CAM/CAE 技术的研究、开发、咨询及产品设计与制造服务，并提供 UG、Ansys、Adams 等软件的专业培训及技术咨询。读者在学习本书的过程中，如果遇到问题，可通过访问该公司的网站 http://www.zalldy.com 来获得帮助。

本书由北京兆迪科技有限公司主编，参加编写的人员有展迪优、王焕田、刘静、雷保珍、刘海起、魏俊岭、任慧华、詹路、冯元超、刘江波、周涛、段进敏、赵枫、邵为龙、侯俊飞、龙宇、施志杰、詹棋、高政、孙润、李倩倩、黄红霞、尹泉、李行、詹超、尹佩文、赵磊、王晓萍、陈淑童、周攀、吴伟、王海波、高策、冯华超、周思思、黄光辉、党辉、冯峰、詹聪、平迪、管璇、王平、李友荣。

本书已经多次校对，如有疏漏之处，恳请广大读者予以指正。

电子邮箱：zhanygjames@163.com　咨询电话：010-82176248，010-82176249。

编　者

读者购书回馈活动：

活动一：本书“随书光盘”中含有该“读者意见反馈卡”的电子文档，请认真填写本反馈卡，并 E-mail 给我们。E-mail: 展迪优 zhanygjames@163.com，丁锋 fengfener@qq.com。

活动二：扫一扫右侧二维码，关注兆迪科技官方公众微信（或搜索公众号 zhaodikeji），参与互动，也可进行答疑。

凡参加以上活动，即可获得兆迪科技免费奉送的价值 48 元的在线课程一门，同时有机会获得价值 780 元的精品在线课程。

本 书 导 读

为了能更好地学习本教材中的知识，请您先仔细阅读下面的内容。

写作环境

本书使用的操作系统为64位的Windows 7，系统主题采用Windows经典主题。本书采用的写作蓝本是UG NX 10.0中文版。

随书光盘的使用

为方便读者练习，特将本书所有素材文件、已完成的范例文件、配置文件和视频语音讲解文件等放入随书附带的光盘中。读者在学习过程中可以打开相应素材文件进行操作和练习。

在光盘的ug10.16目录下共有4个子目录：

（1）ugnx10_system_file子目录：包含一些系统文件。

（2）work 子目录：包含本书中全部已完成的范例文件。

（3）video 子目录：包含本书讲解中所有的视频文件（含语音讲解），学习时，直接双击某个视频文件即可播放。

（4）before子目录：为方便UG低版本用户和读者的学习，光盘中特提供了UG NX 6.0、UG NX 8.0、UG NX 8.5版本主要章节的配套文件。

光盘中带有“ok”扩展名的文件或文件夹表示已完成的范例。

建议读者在学习本书前，先将随书光盘中的所有文件复制到计算机硬盘的D盘中。

本书约定

- 本书中有关鼠标操作的简略表述意义如下：
  - ☑ 单击：将鼠标指针移至某位置处，然后按一下鼠标的左键。
  - ☑ 双击：将鼠标指针移至某位置处，然后连续快速地按两次鼠标的左键。
  - ☑ 右击：将鼠标指针移至某位置处，然后按一下鼠标的右键。
  - ☑ 单击中键：将鼠标指针移至某位置处，然后按一下鼠标的中键。
  - ☑ 滚动中键：只是滚动鼠标的中键，而不能按中键。
  - ☑ 选择（选取）某对象：将鼠标指针移至某对象上，单击以选取该对象。
  - ☑ 拖动某对象：将鼠标指针移至某对象上，然后按下鼠标的左键不放，同时移动鼠标，将该对象移动到指定的位置后再松开鼠标的左键。
- 本书中的操作步骤分为Task、Stage和Step 3个级别，说明如下：
  - ☑ 对于一般的软件操作，每个操作步骤以Step字符开始。

- ☑ 每个 Step 操作视其复杂程度，其下面可含有多级子操作，例如 Step1 下可能包含（1）、（2）、（3）等子操作，（1）子操作下可能包含①、②、③等子操作，①子操作下可能包含 a）、b）、c）等子操作。
- ☑ 如果操作较复杂，需要几个大的操作步骤才能完成，则每个大的操作冠以 Stage1、Stage2、Stage3 等，Stage 级别的操作下再分 Step1、Step2、Step3 等操作。
- ☑ 对于多个任务的操作，则每个任务冠以 Task1、Task2、Task3 等，每个 Task 操作下则可包含 Stage 和 Step 级别的操作。

- 由于已建议读者将随书光盘中的所有文件复制到计算机硬盘的 D 盘中，所以书中在要求设置工作目录或打开光盘文件时，所述的路径均以“D:”开始。

技术支持

本书主编和参编人员均来自北京兆迪科技有限公司。该公司专门从事 CAD/CAM/CAE 技术的研究、开发、咨询及产品设计与制造服务，并提供 UG、Ansys、Adams 等软件的专业培训及技术咨询。读者在学习本书的过程中如果遇到问题，可通过访问该公司的网站 http://www.zalldy.com 来获得技术支持。

咨询电话：010-82176248，010-82176249。

目　　录

前言
本书导读

第 1 章　概述 1
1.1　UG NX 运动仿真概述 1
1.2　UG NX 运动仿真的工作界面 2
1.2.1　工作界面 2
1.2.2　相关术语及概念 3
1.2.3　运动仿真模块中的菜单及按钮 4
1.3　运动仿真模块的参数设置 6
1.3.1　“首选项”设置 7
1.3.2　“用户默认”设置 9
第 2 章　UG NX 运动仿真基础 14
2.1　UG NX 运动仿真流程 14
2.2　进入运动仿真模块 15
2.3　新建运动仿真文件 16
2.4　定义连杆（Links） 19
2.5　定义运动副 22
2.6　定义驱动 27
2.7　定义解算方案并求解 30
2.8　生成动画 32
第 3 章　连杆 35
3.1　概述 35
3.2　连杆的质量属性 37
3.3　定义连杆的材料 40
3.4　初始速度 42
3.4.1　初始平动速率 43
3.4.2　初始转动速度 44
3.5　主模型尺寸 46
第 4 章　运动副与约束 51
4.1　运动副与自由度 51

4.2　旋转副 52
4.3　滑动副 55
4.4　柱面副 57
4.5　螺旋副 59
4.6　万向节 62
4.7　球面副 65
4.8　平面副 67
4.9　点在线上副 68
4.10　线在线上副 70
4.11　点在面上副 72
4.12　其他运动副简介 75
第 5 章　传动副 77
5.1　齿轮副 77
5.2　齿轮齿条副 80
5.3　线缆副 82
5.4　2-3 传动副 85
5.5　本章范例——齿轮系运动仿真 88
第 6 章　连接器 96
6.1　弹簧 96
6.2　阻尼器 101
6.3　衬套 104
6.4　3D 接触 105
6.5　2D 接触 108
6.6　本章范例 1——微型联轴器仿真 113
6.7　本章范例 2——弹性碰撞仿真 116
6.8　本章范例 3——滚子反弹仿真 120
第 7 章　驱动与函数 125
7.1　概述 125
7.2　简谐驱动 126
7.3　函数驱动 129
7.3.1　概述 129
7.3.2　数学函数驱动 131
7.3.3　运动函数驱动 135
7.3.4　AFU 表格驱动 142

7.4 铰接运动驱动 158
7.5 电子表格驱动 160
第 8 章 分析与测量 165
8.1 分析结果输出 165
8.1.1 图表输出 165
8.1.2 电子表格输出 174
8.2 智能点、标记与传感器 176
8.2.1 智能点 176
8.2.2 标记 177
8.2.3 传感器 179
8.3 干涉、测量和跟踪 182
8.3.1 干涉 182
8.3.2 测量 186
8.3.3 追踪 188
8.4 本章范例 1——弹簧悬挂机构仿真 190
8.5 本章范例 2——曲柄齿轮齿条机构仿真 195
第 9 章 力学对象 203
9.1 标量力 203
9.2 矢量力 207
9.3 标量扭矩 210
9.4 矢量扭矩 213
9.5 本章范例——大炮射击模拟仿真 214
第 10 章 运动仿真与分析综合范例 220
10.1 正弦机构 220
10.2 传送机构 229
10.3 自动化机械手 237
10.4 发动机 244
10.5 平行升降平台 254
10.6 轴承拆卸器 272
10.7 瓶塞开启器 280
10.8 挖掘机工作部件 288
10.9 牛头刨床机构 309

第1章　概　　述

本章提要　本章主要介绍UG NX运动仿真（Motion Simulation）的有关概念、研究对象、工作环境以及界面配置方法，使读者对UG NX运动仿真的功能和工作界面有初步的了解。本章主要包括以下内容:

- UG NX运动仿真概述
- UG NX运动仿真的工作界面
- 运动仿真模块的参数设置

1.1　UG NX运动仿真概述

UG NX运动仿真是在初步设计、建模、组装完成的机构模型的基础上，添加一系列的机构连接和驱动，使机构连接进行运转，从而模拟机构的实际运动，分析机构的运动规律，研究机构静止或运行时的受力情况，最后根据分析和研究的数据对机构模型提出改进和进一步优化设计的过程。

运动仿真模块是UG NX的主要组成部分，它可以直接使用主模型的装配文件，并可以对一组机构模型建立不同条件下的运动仿真，每个运动仿真可以独立编辑而不会影响主模型的装配。

UG NX机构运动仿真的主要分析和研究类型如下。

- 分析机构的动态干涉情况。主要是研究机构运行时各个子系统或零件之间有无干涉情况，及时发现设计中的问题。在机构设计中期对已经完成的子系统进行运动仿真，还可以为下一步的设计提供空间数据参考，以便留有足够的空间进行其他子系统的设计。
- 跟踪并绘制零件的运动轨迹。在机构运动仿真时，可以指定运动构件中的任一点为参考并绘制其运动轨迹，这对于研究机构的运行状况很有帮助。
- 分析机构中零件的位移、速度、加速度、作用力与反作用力以及力矩等。
- 根据分析研究的结果初步修改机构的设计。一旦提出改进意见，可以直接修改机构主模型进行验证。

- 生成机构运动的动画视频，与产品的早期市场活动同步。机构的运行视频可以作为产品的宣传展示，用于客户交流，也可以作为内部评审时的资料。

1.2 UG NX 运动仿真的工作界面

UG NX 运动仿真一般在机构初步设计建模完成的情况下进行。本节主要介绍在 UG NX 10.0 中进入运动仿真模块的操作方法，并对工作界面进行简介。

1.2.1 工作界面

下面以图 1.2.1 所示的连杆机构模型为例，介绍进入 UG NX 运动仿真模块的操作方法。在该机构模型中，各杆件之间进行销连接，当连杆 1 作为主动杆进行匀速转动时，同时带动连杆 2 和连杆 3 进行运动。该机构已经完成一组运动仿真数据的运行，读者可以打开文件 D:\ug10.16\work\ch01.02\linkage_mech_asm.avi 查看机构运行视频。

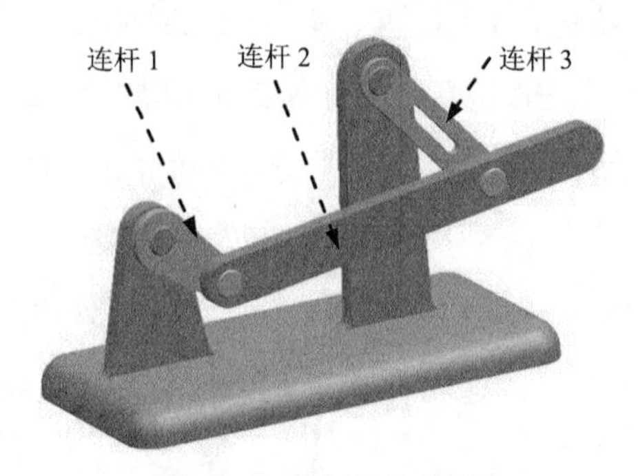

图 1.2.1 连杆机构模型

Step1. 打开机构模型。打开文件 D:\ug10.16\work\ch01.02\ linkage_mech_asm.prt。

Step2. 进入运动仿真模块。选择 启动 → 运动仿真(O)... 命令，如图 1.2.2 所示，进入运动仿真模块。

说明：如果当前已处于运动仿真环境，则跳过 Step2。

Step3. 激活仿真数据。在图 1.2.3 所示的运动导航器窗口右击 motion_1，在图 1.2.4 所示的快捷菜单中选择 设为工作状态 命令。

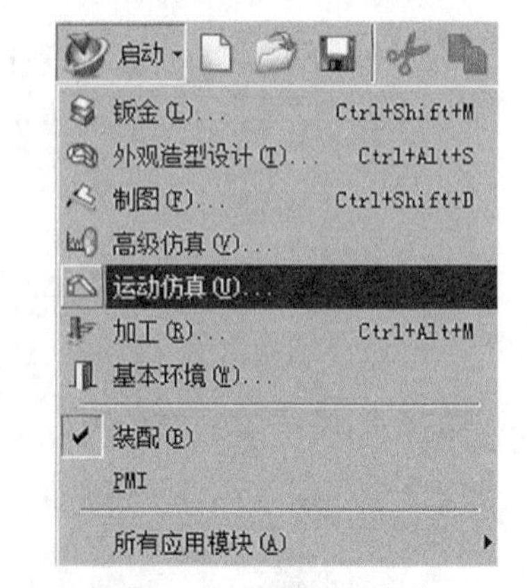

图 1.2.2 “开始”菜单

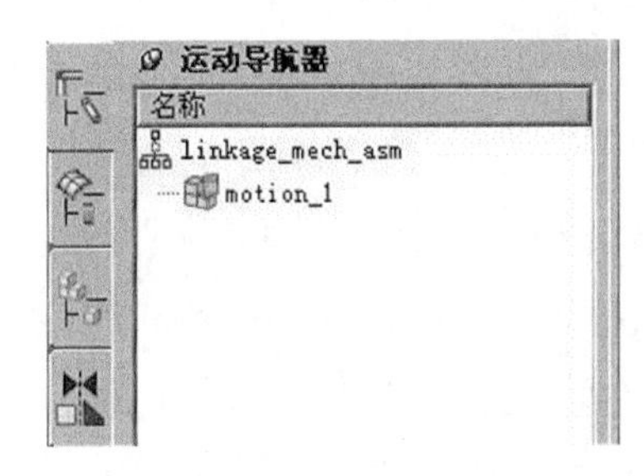

图 1.2.3 运动导航器

图 1.2.4 快捷菜单

完成上面的操作后，系统将显示图 1.2.5 所示的运动仿真界面。

说明：如果读者的软件显示界面与图 1.2.5 所示的有差别，可能是由于软件的"角色"环境配置的不同所致。本书的"角色"环境为"具有完整菜单的高级功能"，读者可以在导航资源条中单击"角色"按钮，并在"角色"导航器中选择相应的环境进行定制。

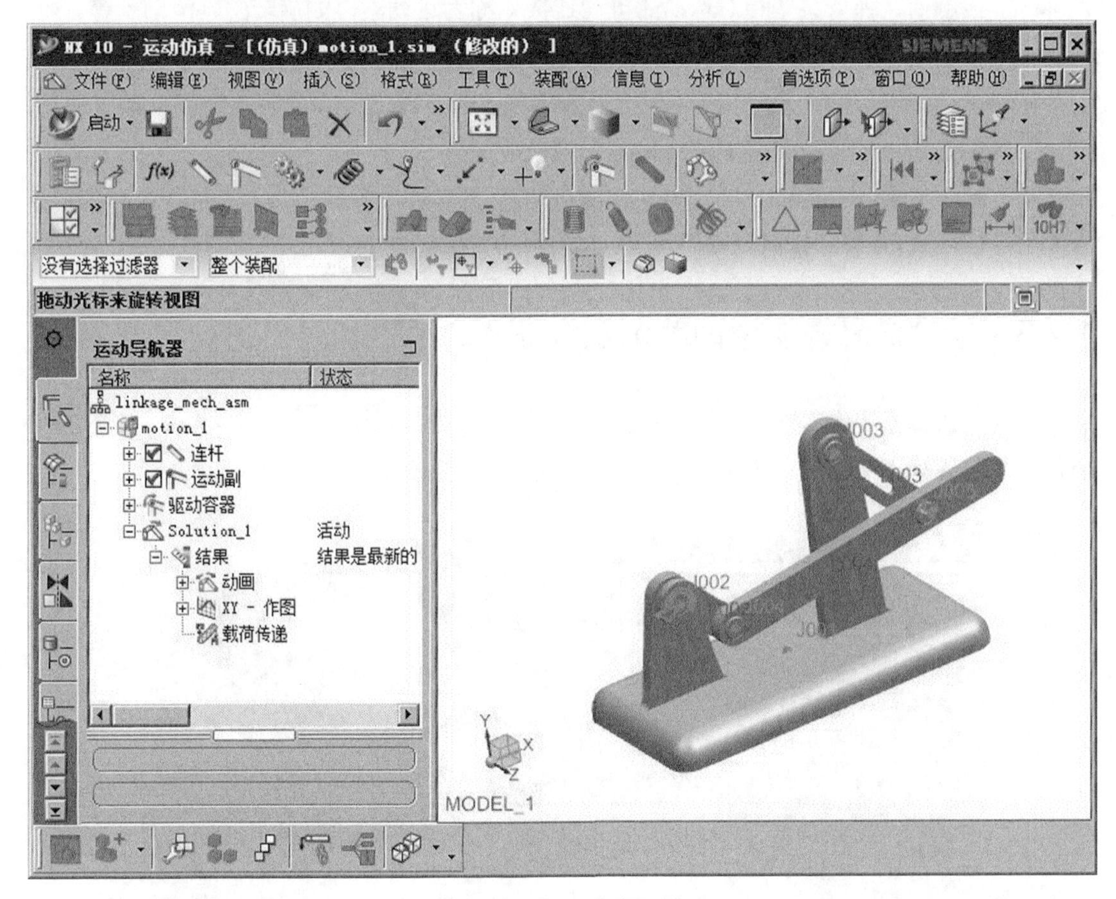

图 1.2.5 运动仿真界面

1.2.2 相关术语及概念

在 UG NX 机构运动仿真模块中，常用的术语解释如下。

- 机构：由一定数量的连杆和固定连杆所组成，能在指定驱动下完成特定动作的装配体。
- 连杆（Links）：组成机构的零件单元，是具有机构特征的刚体，它代表了实际中的杆件，所以连杆就有了相应的属性，如质量、惯性、初始位移和速度等。连杆相互连接，构成运动机构，它在整个机构中主要是进行运动的传递等以“连接”方式添加到一个装配体中的元件。连接元件与它附着的元件间有相对运动。
- 固定连杆：以一般的装配约束添加到一个装配体中的元件。固定连杆在机构运行时保持固定或者与其附着的连杆间没有相对运动。
- 运动副（Joints）：为了组成一个具有运动作用的机构，必须把两个相邻连杆以一种方式连接起来，这种连接必须是可动连接，不能是固定连接。这种使两个连杆接触而又保持某些相对运动的可动连接即称为运动副，如旋转副、滑动副等。
- 自由度：各种连接类型提供不同的运动（平移和旋转）限制。
- 驱动（Driver）：驱动为机构中的主动件提供动力来源，可以在运动副上放置驱动，并指定位置、速度或加速度与时间的函数关系。
- 解算方案（Solution）：定义机构的分析类型和计算参数。其中分析类型包括“运动学/动力学”“静态平衡”以及“控制/动力学”等。

1.2.3 运动仿真模块中的菜单及按钮

在运动仿真模块中，与“机构”相关的操作命令主要位于插入(S)下拉菜单中，如图 1.2.6 所示。工具条列出下拉菜单中常用的工具栏，如图 1.2.7 所示。

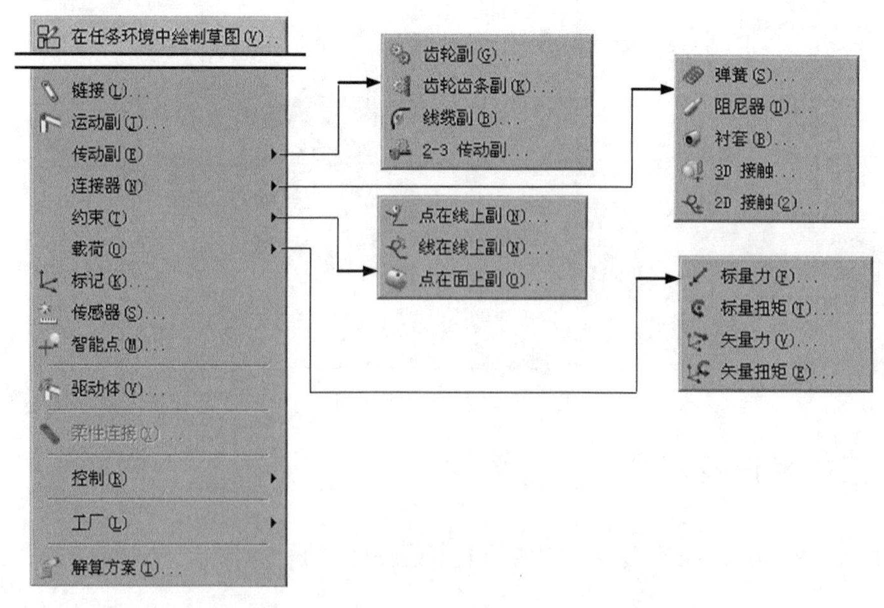

图 1.2.6 “插入”下拉菜单

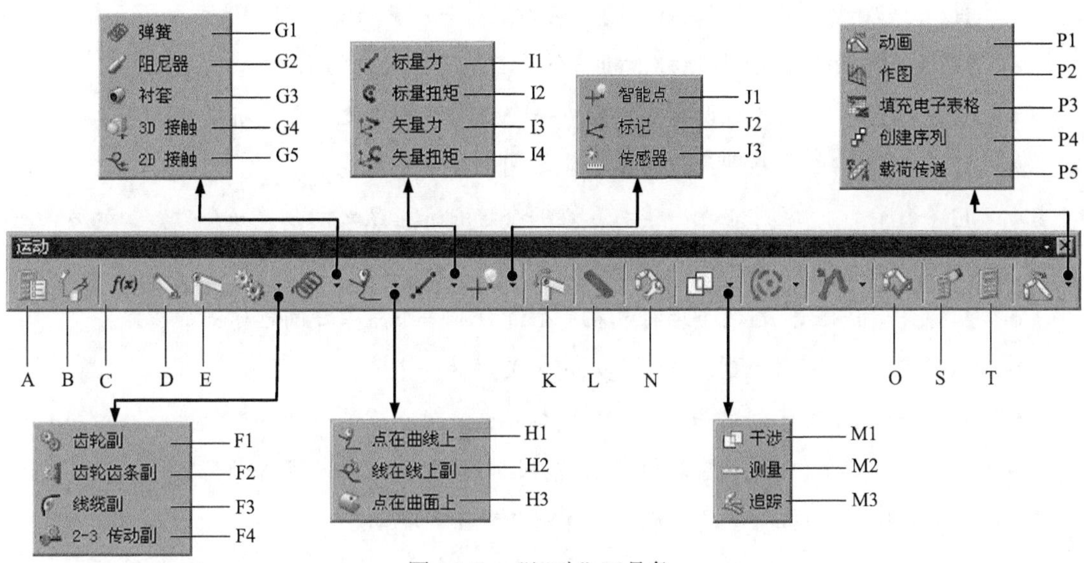

图 1.2.7 “运动”工具条

图 1.2.7 所示“运动”工具条中各按钮的说明如下。

- A（环境）：设置运动仿真的类型为运动学或动力学。
- B（主模型尺寸）：用于修改部件的特征或草图尺寸。
- C（函数管理器）：创建相应的函数并绘制图表，用于确定运动驱动的标量力、矢量力或扭矩。
- D（连杆）：用于定义机构中刚性体的部件。
- E（运动副）：用于定义机构中连杆之间受约束的情况。
- F1（齿轮副）：用于定义两个旋转副之间的相对旋转运动。
- F2（齿轮齿条副）：用于定义滑动副和旋转副之间的相对运动。
- F3（线缆副）：用于定义两个滑动副之间的相对运功。
- F4（2-3 转动副）：用于定义两个或 3 个旋转副、滑动副和柱面副之间的相对运动。
- G1（弹簧）：在两个连杆之间、连杆和框架之间创建一个柔性部件，使用运动副施加力或扭矩。
- G2（阻尼器）：在两个连杆、一个连杆和框架、一个可平移的运动副或在一个旋转副上创建一个反作用力或扭矩。
- G3（衬套）：创建圆柱衬套，用于在两个连杆之间定义柔性关系。
- G4（3D 接触）：在机构中的零件之间定义接触关系。
- G5（2D 接触）：在共面的两条曲线之间创建接触关系，使附着在这些曲线上的连杆产生与材料有关的影响。
- H1（点在曲线上）：将连杆上的一个点与曲线建立接触约束。

- H2（线在线上副）：将连杆上的一条曲线与另一曲线建立接触约束。
- H3（点在曲面上）：将连杆上的一个点与面建立接触约束。
- I1（标量力）：用于在两个连杆或在一个连杆和框架之间创建标量力。
- I2（标量扭矩）：在围绕旋转副和轴之间创建标量扭矩。
- I3（矢量力）：用于在两个连杆或在一个连杆和框架之间创建一个力，力的方向可保持恒定或相对于一个移动体而发生变化。
- I4（矢量扭矩）：在两个连杆或在一个连杆和一个框架之间创建一个扭矩。
- J1（智能点）：用于创建与选定几何体关联的一个点。
- J2（标记）：用于创建一个标记，该标记必须位于需要分析的连杆上。
- J3（传感器）：创建传感器对象以监控运动对象相对仿真条件的位置。
- K（驱动）：为机构中的运动副创建一个独立的驱动。
- L（柔性连接）：定义该机构中的柔性连接。
- M1（干涉）：用于检测整个机构是否与选中的几何体之间在运动中存在碰撞。
- M2（测量）：用于测量机构中两组几何体之间的最小距离或最小夹角。
- M3（追踪）：在运动的每一步创建选中几何体对象的副本。
- N（编辑运动对象）：用于编辑连杆、运动副、力、标记或运动约束。
- O（模型检查）：用于验证所有运动对象。
- P1（动画）：根据机构在指定时间内的仿真步数，执行基于时间的运动仿真。
- P2（作图）：为选定的运动副和标记创建指定可观察量的图表。
- P3（填充电子表格）：将仿真中每一步运动副的位移数据填充到一个电子表格文件。
- P4（创建序列）：为所有被定义为机构连杆的组件创建运动动画装配序列。
- P5（载荷传递）：计算反作用载荷以进行结构分析。
- S（解算方案）：创建一个新解算方案，其中定义了分析类型、解算方案类型以及特定于解算方案的载荷和运动驱动。
- T（求解）：创建求解运动和解算方案并生成结果集。

1.3 运动仿真模块的参数设置

参数设置主要用于设置系统的一些控制参数，通过 首选项(P) 下拉菜单和 用户默认设置(D)... 界面可以进行参数设置。进入到不同的模块时，在预设置菜单上显示的命令有所不同，且每一个模块还有其相应的特殊设置。

1.3.1 “首选项”设置

在 UG NX 运动仿真模块中，选择下拉菜单 首选项(P) ➡ 运动(T)... 命令，系统弹出“运动首选项”对话框，如图 1.3.1 所示。该对话框主要用于设置运动仿真的环境参数，如运动对象的显示、单位、重力常数、求解器参数和后处理参数等。

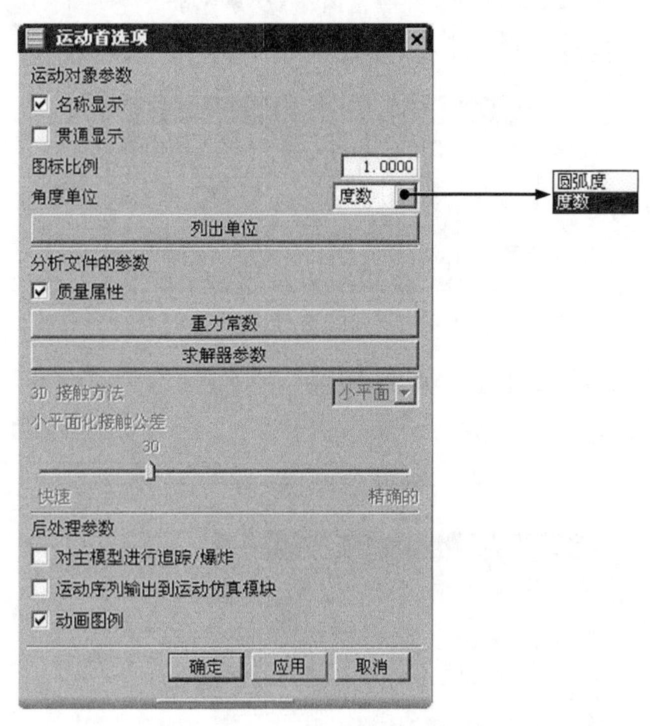

图 1.3.1 “运动首选项”对话框

图 1.3.1 所示的“运动首选项”对话框中部分选项的说明如下。

- ☑ 名称显示：该选项用于控制机构中的连杆、运动副以及其他对象的名称是否显示在图形区中，对于打开的机构对象和以后创建的对象均有效。
- ☑ 贯通显示：该选项用于控制机构对象图标的显示效果，选中该复选框后所有对象的图标会完整显示，而不会受到模型的遮挡，也不会受到模型的显示样式（如着色、线框等）的影响。
- 图标比例：该选项用于控制机构对象图标的显示比例，数值越大，机构中的运动副和驱动等图标的显示比例越大，修改比例后，对于机构中的现有对象和以后创建的对象均有效。
- 角度单位：该选项用于设置机构中输入或显示的角度单位。单击下方的 列出单位 按钮，系统会弹出一个信息窗口，在该窗口中会显示当前机构中的所有单位。值得注意的是，机构的单位制由创建的原始主模型决定，单击 列出单位 按钮得到的信息窗口只供用户查看当前单位，而不能修改单位。

- ☑ 质量属性：该选项用于控制运动仿真时是否启动机构的质量属性，也就是机构中零件的质量、重心以及惯性等参数。如果是简单的位移分析，可以不考虑质量。但是在进行动力学分析时，必须启用质量属性。
- 重力常数：单击该按钮，系统弹出图 1.3.2 所示的“全局重力常数”对话框，在该对话框中可以设置重力的方向及大小。

图 1.3.2 “全局重力常数”对话框

- 求解器参数：单击该按钮，系统弹出图 1.3.3 所示的“求解器参数”对话框，在该对话框中可以设置运动仿真求解器的参数。求解器是用于解算运动仿真方案的工具，是一种基于积分和微分方程理论的数学计算软件。

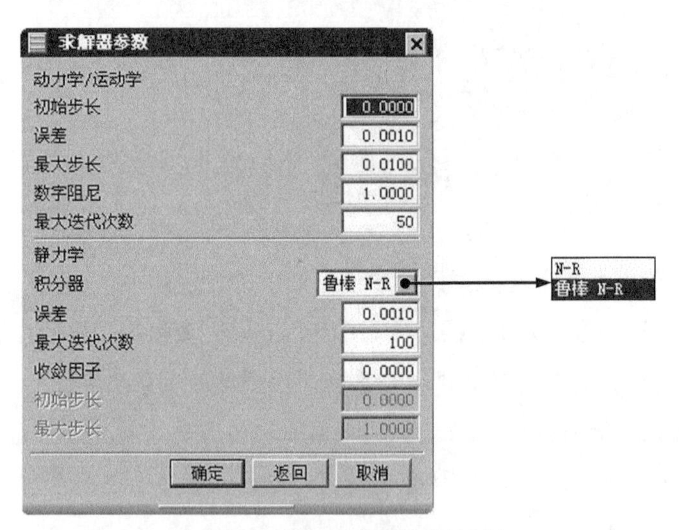

图 1.3.3 “求解器参数”对话框

图 1.3.3 所示的“求解器参数”对话框中部分选项的说明如下。

- “求解器参数”对话框中的参数主要用于设置求解积分器的类型以及计算精度，精度设置越高，消耗的系统资源越多，计算时间越长。
- 积分器的类型有两种。N-R（Newton-Raphson）积分器（使用牛顿迭代法的计算机程序）和鲁棒 N-R（Robust Newton-Raphson）积分器。在进行静态力平衡问题分析时，最好选择鲁棒 N-R 积分器。

- 最大步长用于设置积分和微分方程的 dx 因子，值越小，精度越高。
- 最大迭代次数用于设置积分器的最大迭代次数，当解算器的迭代次数达到最大，计算结果与理论微分方程之间的误差未达到要求时，解算器结束求解。

1.3.2 “用户默认”设置

在 UG NX 运动仿真模块中，除了首选项(P)下拉菜单可以进行参数设置之外，选择下拉菜单文件(F) → 实用工具(U) → 用户默认设置(D)...命令，系统弹出“用户默认设置”对话框，在该对话框中也可以进行参数设置。

1. “预处理器”设置

在“用户默认设置”对话框中单击“运动分析”下的预处理器节点，选择求解器和环境选项卡，如图 1.3.4 所示，在该选项卡中可以设置求解器的类型以及仿真环境。

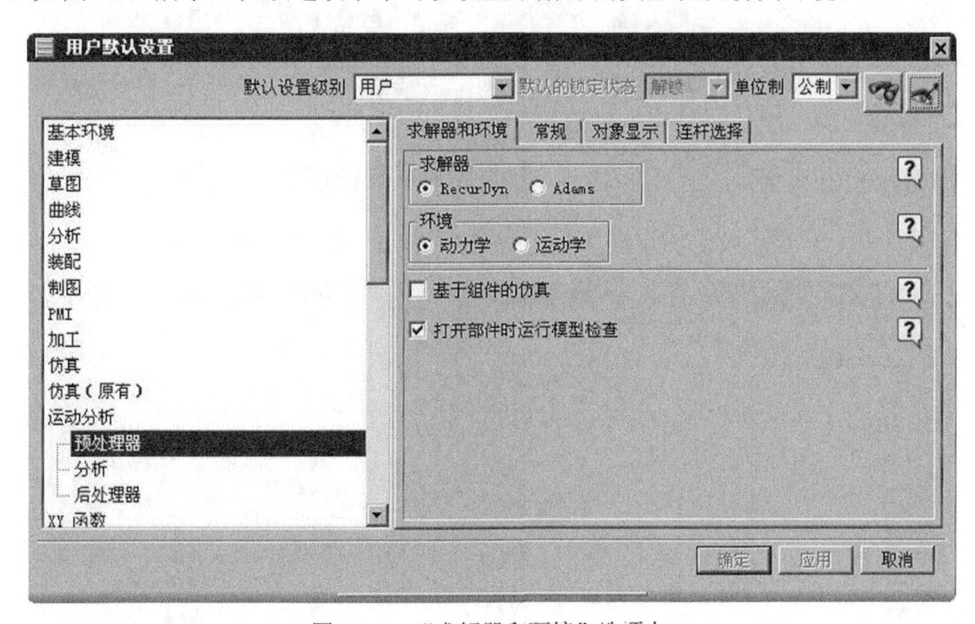

图 1.3.4 “求解器和环境”选项卡

- 求解器：选择默认的求解器类型。在 UG NX 运动仿真模块中，内嵌的求解器有两种，分别是 RecurDyn 求解器和 Adams 求解器。这两种求解器计算的结果基本相同，只是在操作步骤上有所差异。如无特殊说明，本书所有实例均采用 RecurDyn 求解器进行求解。
- 环境：选择默认的运动仿真环境，确定当前进行的是运动学还是动力学仿真。关于这两种仿真环境的区别，后文中会有详细说明。仿真环境也可以在运动仿真界面中进行选择和修改。

在“用户默认设置”对话框中单击“运动分析”下的预处理器节点，选择常规选项卡，如图 1.3.5 所示，在该选项卡中可以设置默认的角度单位和重力常数。

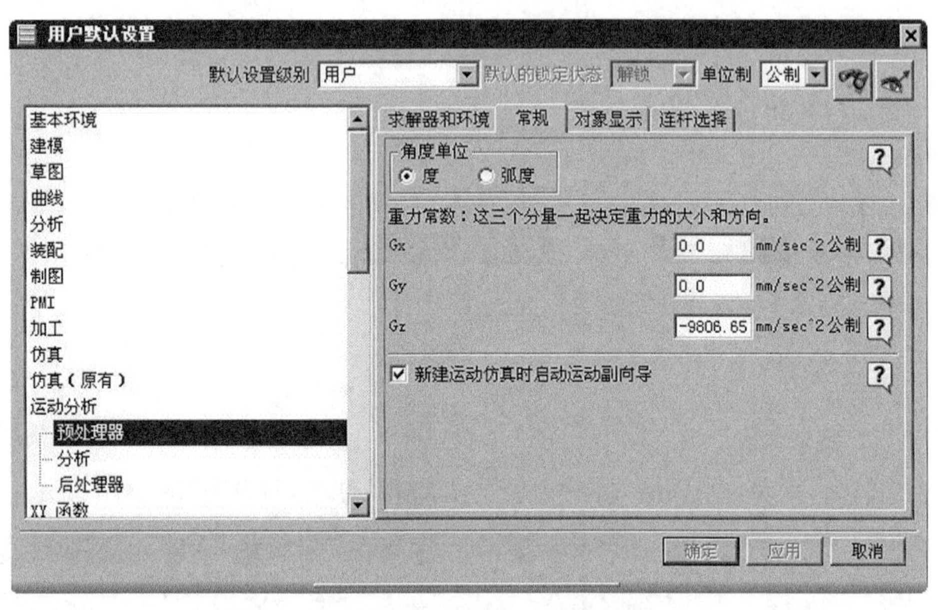

图 1.3.5 “常规”选项卡

在“用户默认设置”对话框中单击“运动分析”下的预处理器节点，选择对象显示选项卡，如图 1.3.6 所示，在该选项卡中可以设置机构对象默认的显示颜色以及显示样式。

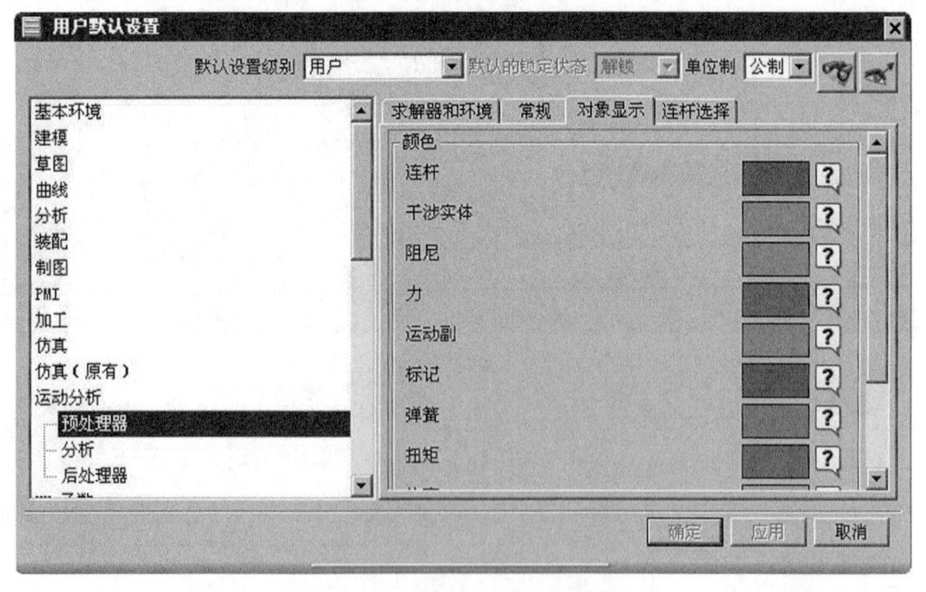

图 1.3.6 “对象显示”选项卡

在“用户默认设置”对话框中单击“运动分析”下的预处理器节点，选择连杆选择选项卡，如图 1.3.7 所示，在该选项卡中可以设置为定义连杆而选择对象时的选取过滤器。

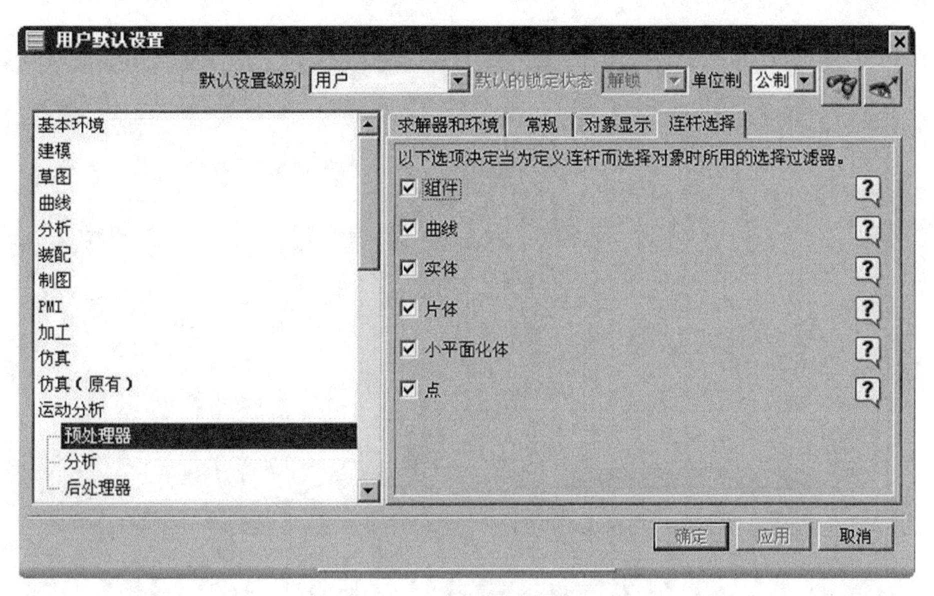

图 1.3.7 “连杆选择”选项卡

2. “分析”设置

在“用户默认设置”对话框中单击“运动分析”下的分析节点，选择全部选项卡，如图 1.3.8 所示，在该选项卡中可以设置分析时是否默认启用质量属性以及默认的机构运动时间和计算步数。

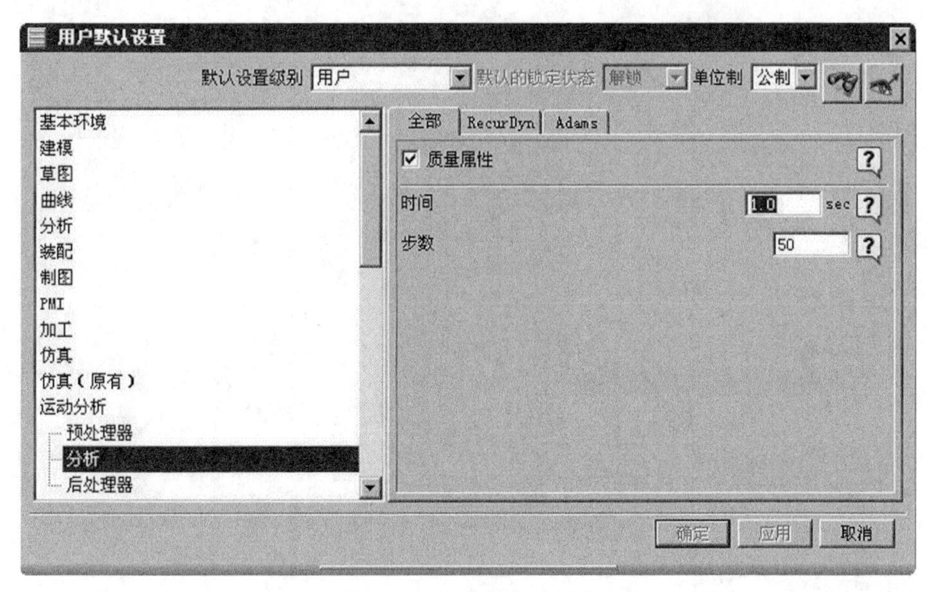

图 1.3.8 “全部”选项卡

在“用户默认设置”对话框中单击“运动分析”下的分析节点，选择RecurDyn选项卡，如图 1.3.9 所示，在该选项卡中可以设置分析时是否默认启用 RecurDyn 求解器参数。

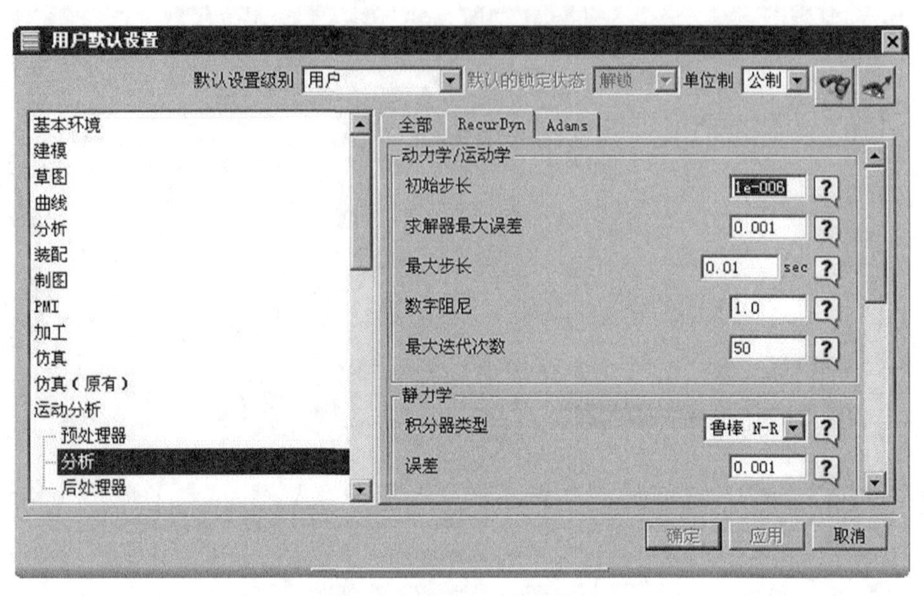

图 1.3.9 RecurDyn 选项卡

在“用户默认设置”对话框中单击“运动分析”下的分析节点，选择Adams选项卡，如图 1.3.10 所示，在该选项卡中可以设置分析时是否默认启用 Adams 求解器参数。

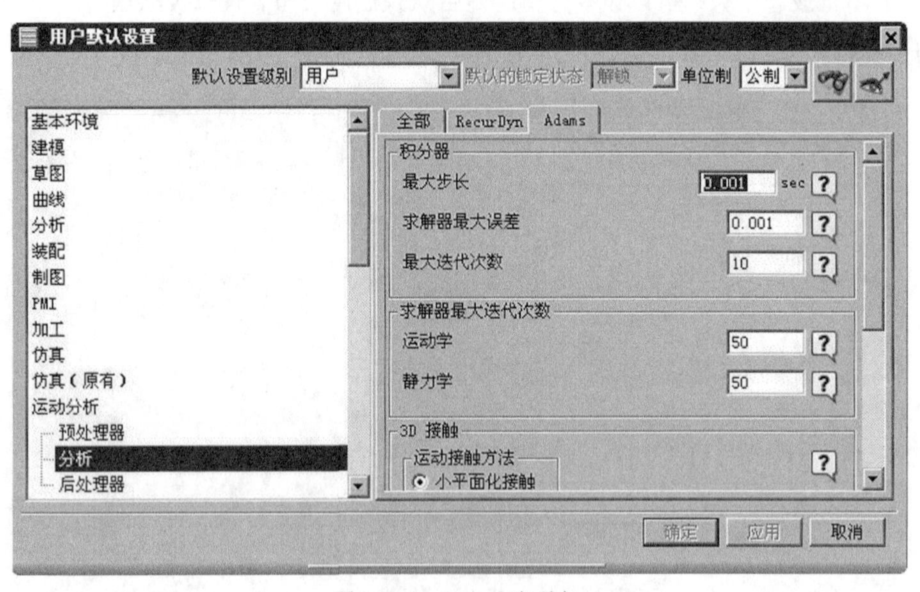

图 1.3.10 Adams 选项卡

3. “后处理器”设置

在“用户默认设置”对话框中单击“运动分析”下的后处理器节点，如图 1.3.11 所示，在该选项卡中可以设置默认的机构动画播放模式和显示模式。

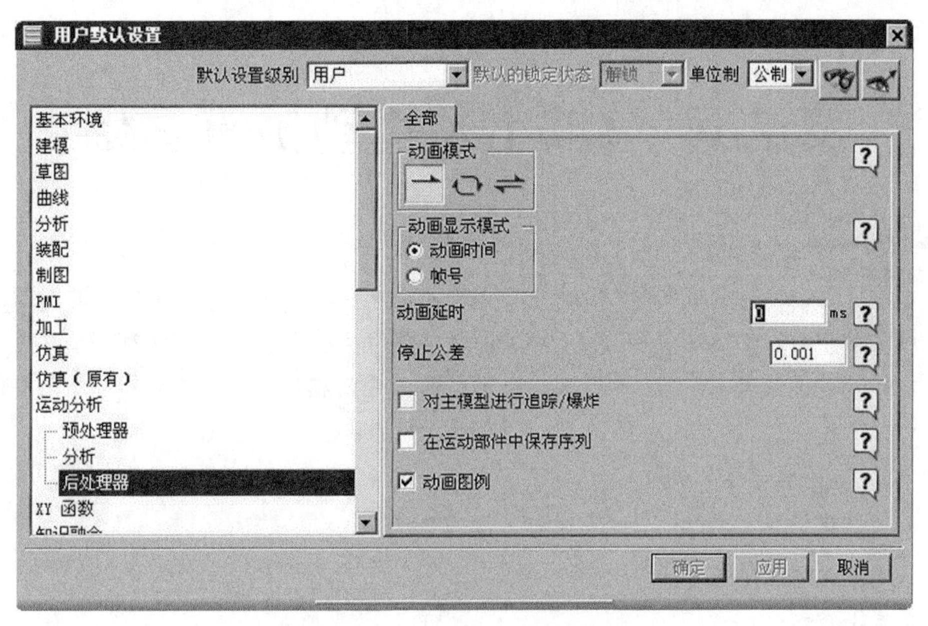

图 1.3.11 “后处理器”参数设置

4. 用户默认设置的导入/导出

在“用户默认设置”对话框中单击“管理当前设置”按钮，系统弹出图 1.3.12 所示的“管理当前设置”对话框。在该对话框中单击“导出默认设置”按钮，可以将修改的默认设置保存为 dpv 文件；也可以单击“导入默认设置”按钮，导入现有的设置文件。为了保证所有默认设置均有效，建议在导入默认设置后重新启动软件。

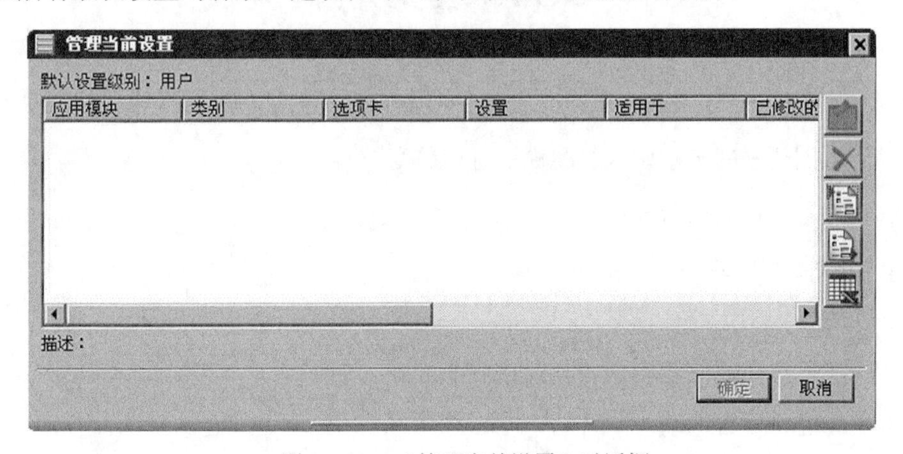

图 1.3.12 “管理当前设置”对话框

第 2 章　UG NX 运动仿真基础

本章提要　本章主要介绍使用 UG NX 进行机构运动仿真与分析模块的一般操作过程。学习完本章后，读者会对 UG NX 的运动仿真模块的界面和使用方法有一个快速、直观的了解，并能掌握使用 UG NX 进行机构运动仿真与分析模块的一般流程。本章主要包括以下内容：

- UG NX 运动仿真流程
- 进入运动仿真模块
- 新建运动仿真文件
- 定义连杆（Links）
- 定义运动副
- 定义驱动
- 定义解算方案并求解
- 生成动画

2.1　UG NX 运动仿真流程

通过 UG NX 10.0 进行机构运动仿真的一般流程如下：

Step1. 将创建好的模型调入装配模块进行装配。

Step2. 进入机构运动仿真模块。

Step3. 新建一组运动学或动力学仿真。

Step4. 为机构指定连杆。

Step5. 在机构中添加运动副和其他连接。

Step6. 为连杆设置驱动。

Step7. 添加运算器。

Step8. 开始仿真。

Step9. 获取运动分析结果。

下面以图 2.1.1 所示的连杆机构模型为例，介绍使用 UG NX 10.0 进行机构运动仿真的详细流程。该机构的运行状况在本书第 1 章的内容中已作简介。由于本章内容具有连贯性，请读者合理安排学习时间。

图 2.1.1　连杆机构模型

2.2　进入运动仿真模块

机构的运动仿真是建立在已经初步完成的装配主模型基础之上的，运动仿真的对象也可以是非装配模型或点、线、面、体等几何元素，但在使用非装配模型进行仿真时，无法直接定义机构的质量属性，机构管理起来较混乱，所得到的结果也不准确，所以对于要进行运动仿真的机构模型，最好是具有参数的真正的装配模型。对于无参数的装配模型，也能进行运动仿真，但是无法直接在运动仿真模块中修改主模型尺寸。机构模型中的各个元件可以预先使用“装配约束”进行装配，以确定其大致的位置，也可以不进行装配约束，直接在运动仿真模块中添加运动副进行连接。

为了更好地管理运动仿真文件，建议读者在进行运动仿真时，将所有的运动仿真元素放置到同一个未使用的层中。

下面说明进入运动仿真模块的操作过程。

Step1. 打开装配模型。打开文件 D:\ug10.16\work\ch02\linkage_mech_asm.prt。

Step2. 进入运动仿真模块。选择 启动 → 运动仿真(O)... 命令，进入运动仿真模块。

说明：

- 进入运动仿真模块后，系统左侧将显示图 2.2.1 所示的“运动导航器”界面。“运动导航器”是运动仿真模块中的重要工具，很多操作都可以在该界面中完成。
- 进入运动仿真模块后，系统在当前的工作目录（装配文件所在的 Windows 目录）中会自动新建一个与装配模型同名的文件夹（图 2.2.2），用于放置模型所有运动仿真数据。该文件夹必须与装配模型处在同一目录中，且不能删除，在进行复制移动时，该文件夹也需要一起移动，否则将不能读取查看已完成的运动仿真数据。

图 2.2.1 “运动导航器”界面

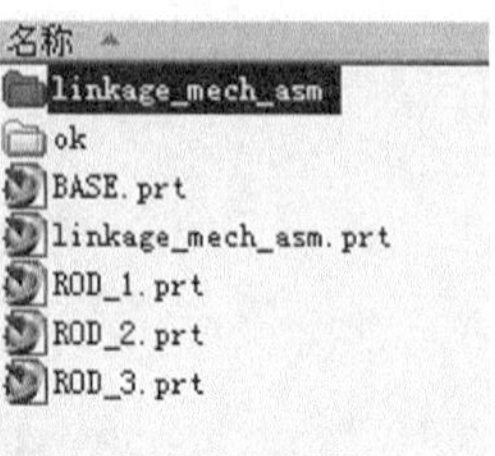

图 2.2.2 工作目录界面

2.3 新建运动仿真文件

在进入机构仿真模块后，需要新建一组运动仿真数据。在新建运动仿真时，要根据研究的对象和分析目的，定义正确的分析环境。

下面紧接第 2.2 小节的操作步骤，介绍新建运动仿真文件的操作步骤。

Step1. 新建运动仿真文件。在图 2.3.1 所示的“运动导航器”中右击 linkage_mech_asm，在弹出的快捷菜单中选择 新建仿真 命令，系统弹出图 2.3.2 所示的“环境”对话框。

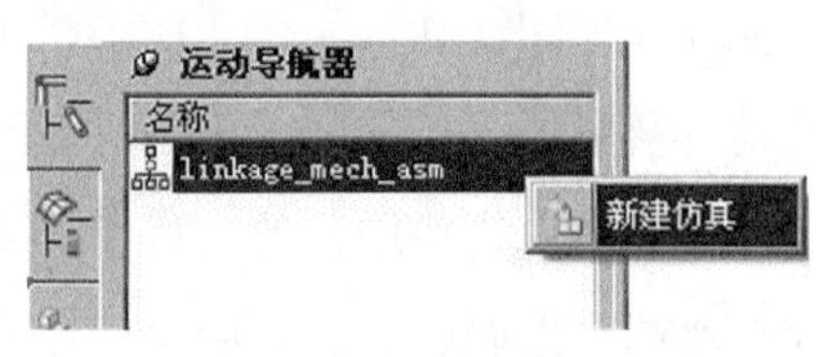

图 2.3.1 “运动导航器”界面

图 2.3.2 所示的“环境”对话框中的部分选项说明如下。

- 分析类型 区域：设置当前运动仿真的分析类型，有 运动学 和 动力学 两种。
  - ☑ 运动学：选中该单选项，将进行运动学分析。运动学分析主要研究机构的位移、速度、加速度与反作用力，并根据解算时间和解算步长对机构做动画仿真。运动学仿真机构中的连杆和运动副都是刚性的，机构的自由度为 0，机构的重力、外部载荷以及机构摩擦会影响反作用力，但不会影响机构的运动。当选中 运动学 单选项时，“环境”对话框如图 2.3.3 所示，此时将不能定义高级分析解算方案。

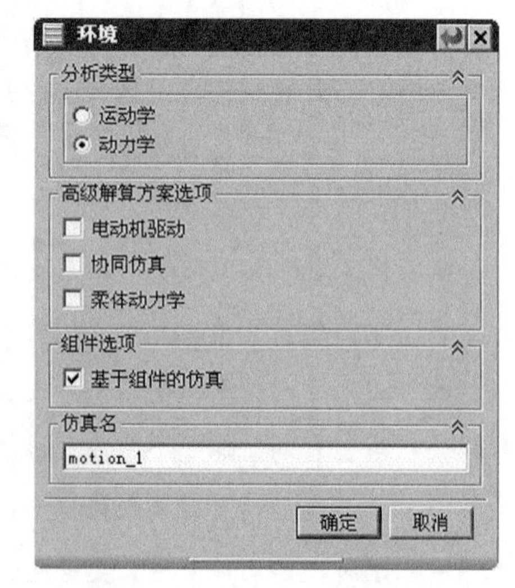

图 2.3.2 “环境”对话框（一）

☑ ⊙ 动力学：选中该单选项，将进行动力学分析。动力学分析将考虑机构实际运行时的各种因素影响，机构中的初始力、摩擦力、组件的质量和惯性等参数都会影响机构的运动。当机构的自由度为 1 或 1 以上时，必须进行动力学分析。如果要进行机构的静态平衡研究，也必须进行动力学分析，否则将无法在解算方案中选择“静力平衡”选项。

● 高级解算方案选项区域：该区域用于设置动力学仿真的高级计算方案，仅对动力学仿真有效。

☑ □ 电动机驱动：选中该复选框，可以在运动仿真模块中创建 PDMC（永磁直流）电动机，并结合信号图工具，来模拟电动机对象。

☑ □ 协同仿真：选中该复选框，即可启用“工厂输入”和“工厂输出”工具，该工具可以在运动仿真中创建特殊的输入输出变量以实现协同仿真。

☑ □ 柔体动力学：选中该复选框，可以在运动仿真模块中为连杆添加柔性连接，并进行柔体动力学仿真。

● 组件选项区域：选中该区域中的☑ 基于组件的仿真复选框，在创建连杆时只能选择装配组件，某些运动仿真只有在基于装配的主模型中才能完成。

● 仿真名区域：该区域下方的文本框用于设置当前创建的运动仿真文件名称，默认的是“motion_1”，在一个机构模型中可以创建多组仿真，默认名称将以“motion_2”、“motion_3”依次递增。

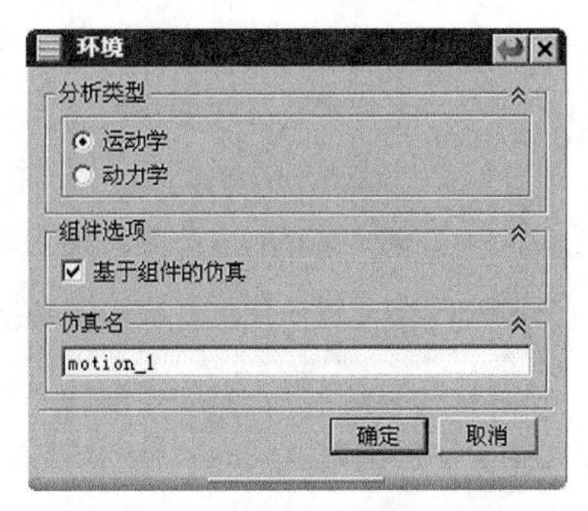

图 2.3.3　“环境”对话框（二）

Step2. 设置运动环境。在“环境”对话框中进行如下操作。

（1）定义分析类型。在分析类型区域选中⊙ 动力学单选项。

（2）定义分析解算方案。取消选中高级解算方案选项区域中的 3 个复选框，如图 2.3.2 所示。

（3）定义模型选取类型。选中对话框中的☑ 基于组件的仿真复选框。

（4）定义仿真名称。在仿真名下方的文本框中采用默认的仿真名称“motion_1”。

（5）在“环境”对话框中单击 确定 按钮，系统弹出图 2.3.4 所示的“机构运动副向导”对话框。

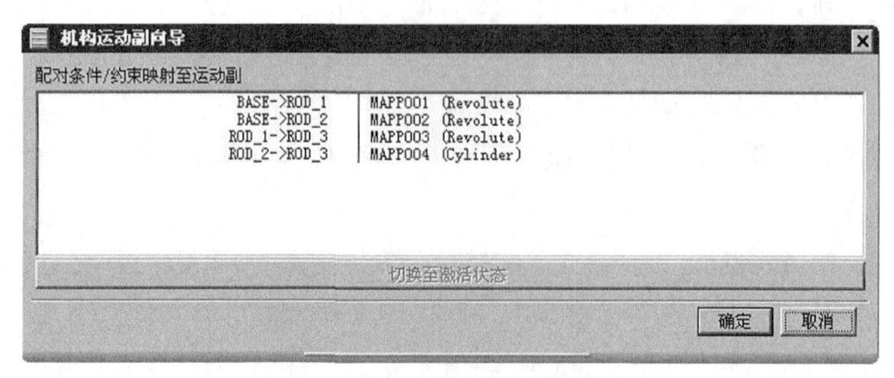

图 2.3.4 “机构运动副向导”对话框

说明：

- 在创建运动仿真的装配主模型时，如果预先使用“装配约束”装配各个零件，进入到运动仿真模块中新建文件时，系统会弹出“机构运动副向导”对话框，在该对话框中可以自动将每个零件定义为“连杆”，并根据模型中的装配约束和零件的自由度自动将配对条件映射到运动副，也就是自动创建连杆和运动副。如果装配主模型中的约束被抑制或没有约束，或者使用的是非装配主模型，系统将不会弹出“机构运动副向导”对话框。
- 在 UG NX 运动仿真中，“机构运动副向导”可以快速地创建连杆和运动副，简化操作步骤，节省创建时间，是十分有用的工具。但是系统自动创建的连杆和运动副也不是完美的，有时需要作进一步的修改。
- 在本章的实例中，采用的是使用含有装配约束的装配主模型，但是为了在后文中介绍连杆和运动副的添加方法，将不使用“机构运动副向导”工具自动创建连杆和运动副。

Step3. 取消自动创建运动副。在“机构运动副向导”对话框中单击 取消 按钮，此时“运动导航器”界面如图 2.3.5 所示。

说明：

- 如果在“机构运动副向导”对话框中单击 确定 按钮，“运动导航器”界面如图 2.3.6 所示，在“motion_1”节点下显示自动创建的连杆（Links）和运动副（Joints）。

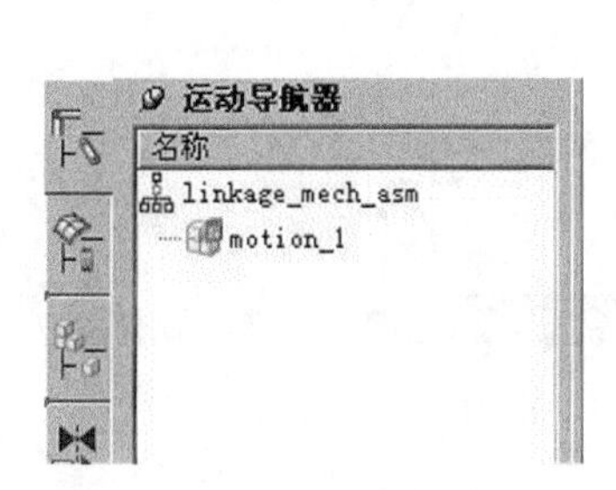

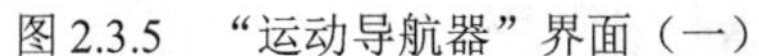
图 2.3.5　“运动导航器”界面（一）

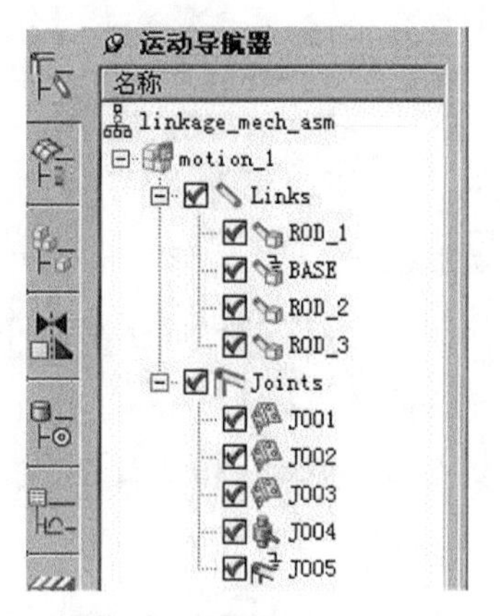

图 2.3.6　“运动导航器”界面（二）

- 在“运动导航器”界面右击 motion_1，在系统弹出的快捷菜单中可以对创建的仿真文件进行保存、重命名和删除等操作，如图 2.3.7 所示。

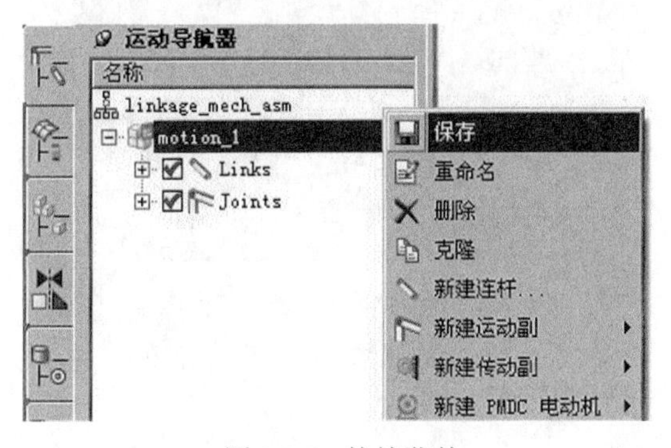

图 2.3.7　快捷菜单

2.4　定义连杆（Links）

新建运动仿真文件完成后，需要将机构中的元件定义为“连杆”（Links）。这里的“连杆”并不是单指“连杆机构”中的杆件，而是指能够满足运动需要的，使用运动副连接在一起的机构元件。连杆相互连接，构成运动机构，连杆在整个机构中主要是进行运动的传递。机构中所有参与当前运动仿真的部件都必须定义为连杆，在机构运行时固定不动的元件则需要定义为“固定连杆”。

定义连杆需要先指定一个几何体对象，然后自动或者手动定义其质量属性，再根据机构运动条件判断是否需要定义初速度，最后确定该连杆在机构运动时是否固定。如果固定，则需要选中“连杆”对话框中的 ☑ 固定连杆 复选框。

选择定义连杆命令有以下 3 种方法。

方法一：选择下拉菜单 插入(S) → 链接(L)... 命令。

方法二：在“运动”工具条中单击“连杆”按钮。

方法三：在“运动导航器”界面右击 motion_1，在系统弹出的快捷菜单中选择 新建连杆... 命令。

下面紧接第 2.3 小节的操作步骤，介绍定义连杆的详细操作步骤。

Step1. 定义固定连杆 1。

（1）选择命令。选择下拉菜单 插入(S) → 链接(L)... 命令，系统弹出图 2.4.1 所示的“连杆”对话框。

图 2.4.1 “连杆”对话框

（2）定义连杆对象。在 选择几何对象以定义连杆 的提示下，选取图 2.4.2 所示的零件为固定连杆 1。

（3）定义连杆质量属性。在 质量属性选项 下拉列表中选择 自动 选项。

（4）设置连杆类型。在 设置 区域中选中 ☑ 固定连杆 复选框。

（5）定义连杆名称。在 名称 文本框中采用默认的连杆名称“L001”。

（6）在“连杆”对话框中单击 确定 按钮，完成固定连杆 1 的定义。

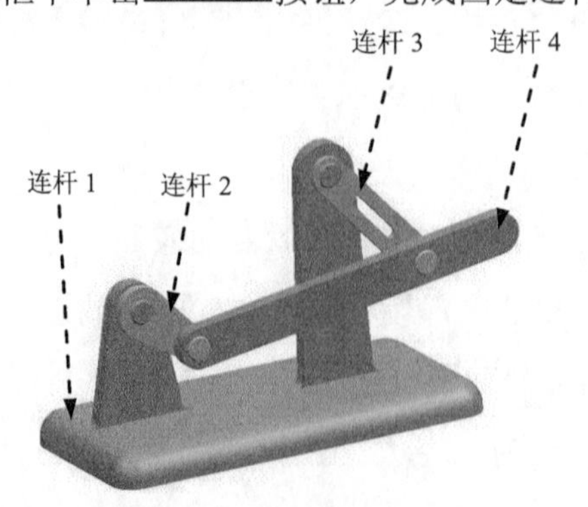

图 2.4.2 选取连杆

Step2. 定义连杆 2。

（1）选择命令。选择下拉菜单 插入(S) ➡ 链接(L)... 命令，系统弹出“连杆”对话框。

（2）定义连杆对象。选取如图 2.4.2 所示的零件为连杆 2。

（3）定义连杆质量属性。在 质量属性选项 下拉列表中选择 自动 选项。

（4）设置连杆类型。在 设置 区域中取消选中 □ 固定连杆 复选框。

（5）定义连杆名称。在 名称 文本框中采用默认的连杆名称“L002”。

（6）在“连杆”对话框中单击 确定 按钮，完成连杆 2 的定义。

Step3. 定义其他连杆。参照 Step2 的操作步骤，选取图 2.4.2 所示的零件连杆 3（L003）和连杆 4（L004）。

说明：

- 连杆定义完成后，“运动导航器”界面如图 2.4.3 所示，在“motion_1”节点下显示连杆（Links）和运动副（Joints）。
- 在任一连杆节点上右击，在系统弹出的快捷菜单中选择 编辑... 命令（或者双击任一节点），可以在系统弹出的“连杆”对话框中编辑连杆。
- 在固定连杆 L001 上右击，在系统弹出的快捷菜单中选择 释放连杆 命令，如图 2.4.4 所示，可以将固定的连杆释放（取消固定）。
- 在一般连杆 L002 上右击，在系统弹出的快捷菜单中选择 固定连杆 命令，可以将一般的连杆固定。
- 在图 2.4.4 所示的快捷菜单中还可以对连杆进行删除、重命名和查看信息等操作。

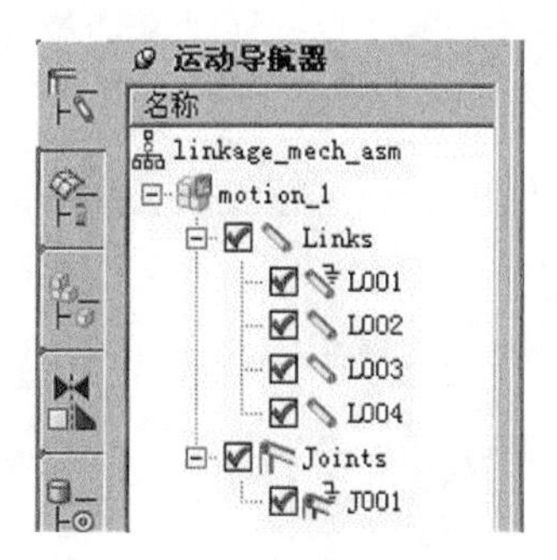

图 2.4.3 “运动导航器”界面

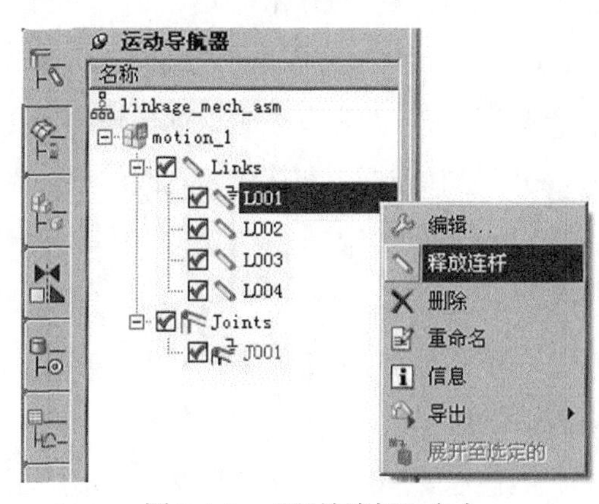

图 2.4.4 “释放连杆”命令

2.5 定义运动副

连杆定义完成后，为了组成一个能够运动的机构，必须把两个相邻连杆以一种方式连接起来。这种连接必须是可动连接，不能是固定连接，所以需要为每个部件赋予一定的运动学特性，这种使两个连杆接触而又保持某些相对运动的可动连接称为“运动副”。在运动学中，连杆和运动副两者是相辅相成的，缺一不可。

运动副是指机构中两连杆之间组成的可动连接，添加运动副的目的是为了约束连杆之间的位置，限制连杆之间的相对运动并定义连杆之间的运动方式。在 UG NX 运动仿真中，系统提供了多种运动副可供使用，以满足连杆之间的相对运动要求，如“旋转副”可以实现连杆之间的相对旋转，“滑动副”可以实现连杆之间的直线平移。

选择定义运动副命令有以下 4 种方法。

方法一：选择下拉菜单 插入(S) ➡ 运动副(J)... 命令。

方法二：在“运动”工具条中单击“运动副”按钮。

方法三：在“运动导航器”界面右击 motion_1，在系统弹出的快捷菜单中选择 ☑ 新建运动副 命令。

方法四：在“运动导航器”界面右击 ☑ Joints，在系统弹出的快捷菜单中选择 新建 ▸ 命令。

在本章介绍的范例中，机构中的连杆使用“旋转副”实现相对旋转，所以需要在连杆的铰接处定义旋转副。定义运动副的条件是首先选取定义的连杆对象，然后通过指定一点来定义旋转轴的参考点，最后定义一个矢量来指定旋转轴的位置和旋转方向。当定义的连杆和固定连杆连接时，定义一个旋转轴即可；当定义的连杆和非固定连杆连接时，则需要指定“啮合连杆”并定义另一个旋转轴。下面紧接第 2.4 小节的操作，介绍详细操作步骤。

Step1. 添加连杆 2 和连杆 1 之间的旋转副。

（1）选择命令。选择下拉菜单 插入(S) ➡ 运动副(J)... 命令，系统弹出图 2.5.1 所示的“运动副”对话框。

（2）定义运动副类型。在“运动副”对话框 定义 选项卡的 类型 下拉列表中选择 旋转副 选项。

（3）定义参考连杆。选取图 2.5.2 所示的连杆 2 为参考连杆。

注意：在选择参考连杆时，系统会自动默认鼠标单击的位置为旋转轴原点，鼠标单击的位置和对象不同，原点的位置也不同。如果在选择连杆时由于单击连杆的任意位置而导致原点的位置错误，必须在“运动副”对话框的操作区域中单击指定原点按钮重新选择原点。

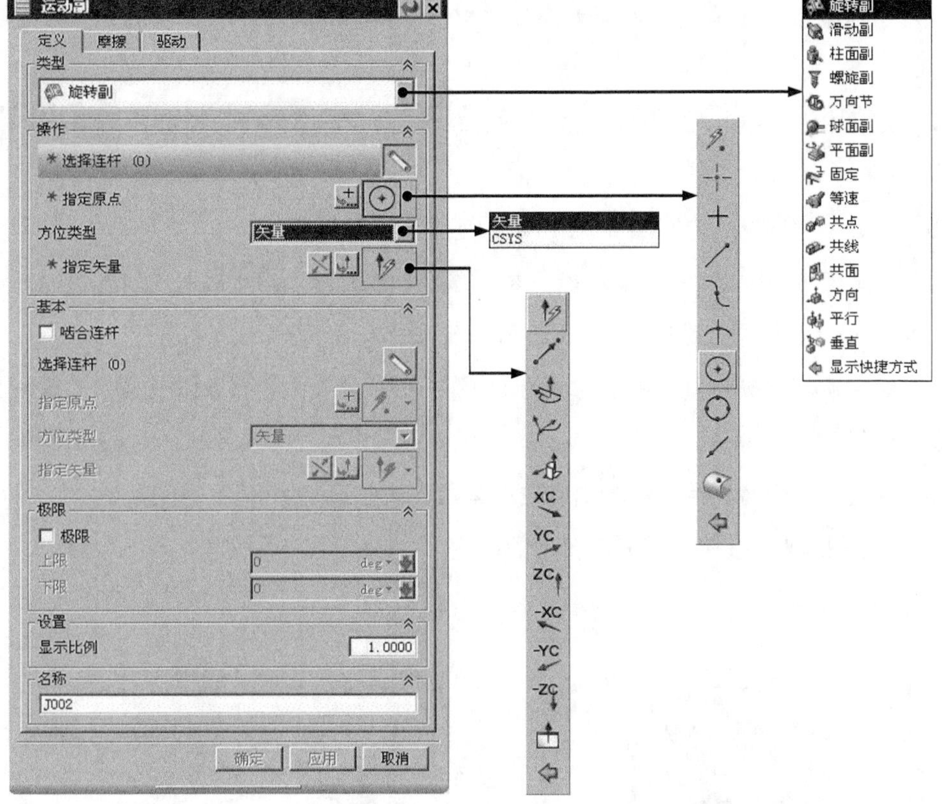

图 2.5.1　“运动副”对话框

（4）定义旋转轴原点。在“运动副”对话框操作区域的指定原点下拉列表中选择“圆弧中心”选项，在模型中选取图 2.5.2 所示的圆弧为原点参考。

（5）定义旋转轴矢量。在操作区域的方位类型下拉列表中选择矢量选项，在指定矢量下拉列表中选择 ZC 为矢量。

（6）定义运动副名称。在名称文本框中采用默认的运动副名称“J002”。

（7）单击确定按钮，完成旋转副的创建。

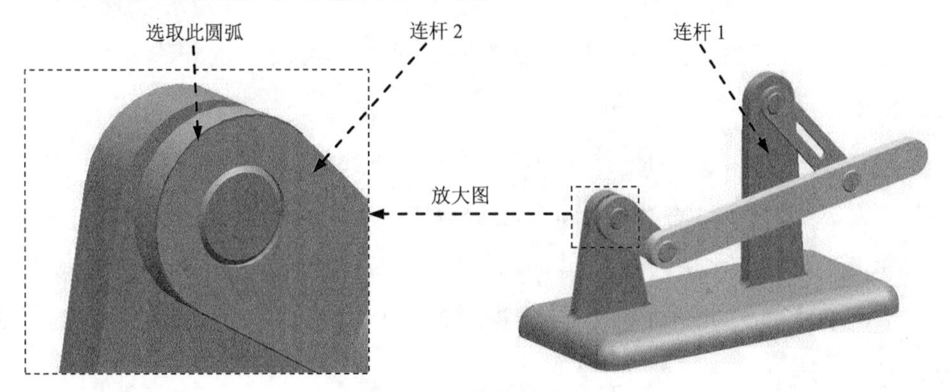

图 2.5.2　定义旋转副（一）

Step2. 添加连杆 3 和连杆 1 之间的旋转副。

（1）选择命令。选择下拉菜单 插入(S) → 运动副(J)... 命令，系统弹出“运动副”对话框。

（2）定义运动副类型。在“运动副”对话框 定义 选项卡的 类型 下拉列表中选择 旋转副 选项。

（3）定义参考连杆。选取图 2.5.3 所示的连杆 3 为参考连杆。

（4）定义旋转轴原点。在“运动副”对话框 操作 区域的 指定原点 下拉列表中选择“圆弧中心” 选项，在模型中选取图 2.5.3 所示的圆弧为原点参考。

（5）定义旋转轴矢量。在 操作 区域的 方位类型 下拉列表中选择 矢量 选项，在 指定矢量 下拉列表中选择 ZC↑ 为矢量。

（6）定义运动副名称。在 名称 文本框中采用默认的运动副名称“J003”。

（7）单击 确定 按钮，完成旋转副的创建。

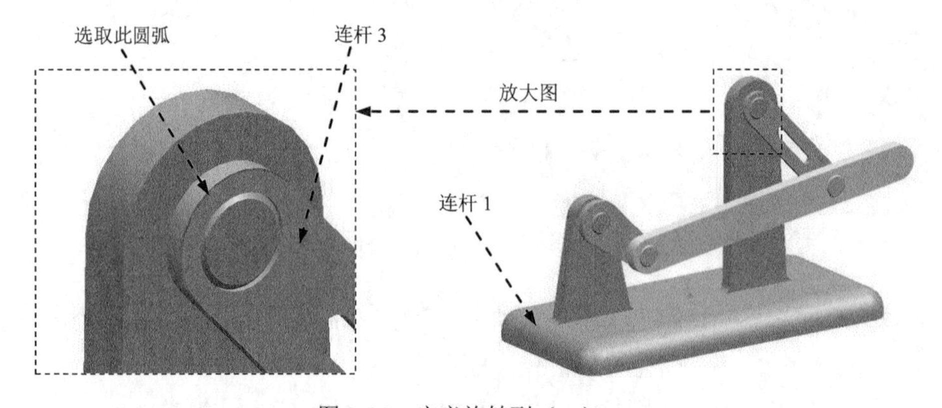

图 2.5.3 定义旋转副（二）

Step3. 添加连杆 4 和连杆 2 之间的旋转副。

（1）选择命令。选择下拉菜单 插入(S) → 运动副(J)... 命令，系统弹出“运动副”对话框。

（2）定义运动副类型。在“运动副”对话框 定义 选项卡的 类型 下拉列表中选择 旋转副 选项。

（3）定义参考连杆。选取图 2.5.4 所示的连杆 4 为参考连杆。

（4）定义旋转轴原点。在“运动副”对话框 操作 区域的 指定原点 下拉列表中选择“圆弧中心” 选项，在模型中选取图 2.5.4 所示的圆弧为原点参考。

（5）定义旋转轴矢量。在 操作 区域的 方位类型 下拉列表中选择 矢量 选项，在 指定矢量 下拉列表中选择 ZC↑ 为矢量。

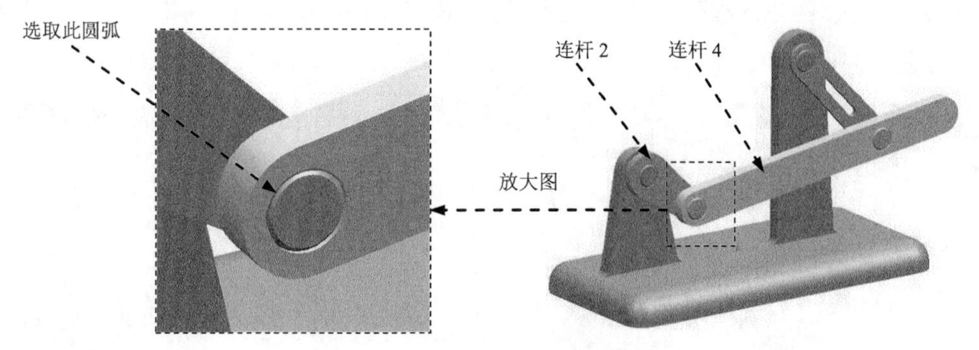

图 2.5.4 定义旋转副（三）

（6）定义啮合连杆。

① 在“运动副”对话框的基本区域中选中☑啮合连杆复选框。

② 单击基本区域中的选择连杆 (0)按钮，选取图 2.5.4 所示的连杆 2 为啮合连杆。

③ 在基本区域的指定原点下拉列表中选择“圆弧中心”选项，在模型中选取图 2.5.4 所示的圆弧为原点参考。

④ 在基本区域的方位类型下拉列表中选择矢量选项，在指定矢量下拉列表中选择ZC为矢量。

（7）定义运动副名称。在名称文本框中采用默认的运动副名称“J004”。

（8）单击确定按钮，完成旋转副的创建。

Step4. 添加连杆 4 和连杆 3 之间的“共线”连接。

（1）选择命令。选择下拉菜单插入(S) → 运动副(J)...命令，系统弹出“运动副”对话框。

（2）定义运动副类型。在“运动副”对话框定义选项卡的类型下拉列表中选择共线选项。

（3）定义参考连杆。选取图 2.5.5 所示的连杆 4 为参考连杆。

（4）定义旋转轴原点。在“运动副”对话框操作区域的指定原点下拉列表中选择“圆弧中心”选项，在模型中选取图 2.5.5 所示的圆弧为原点参考。

（5）定义旋转轴矢量。在操作区域的方位类型下拉列表中选择矢量选项，在指定矢量下拉列表中选择ZC为矢量。

（6）定义啮合连杆。

① 在“运动副”对话框的基本区域中选中☑啮合连杆复选框。

② 单击基本区域中的选择连杆 (0)按钮，选取图 2.5.5 所示的连杆 3 为啮合连杆。

③ 在基本区域的指定原点下拉列表中选择“圆弧中心”选项，在模型中选取图 2.5.5 所示的圆弧为原点参考。

④ 在基本区域的方位类型下拉列表中选择矢量选项，在指定矢量下拉列表中选择 ZC 为矢量。

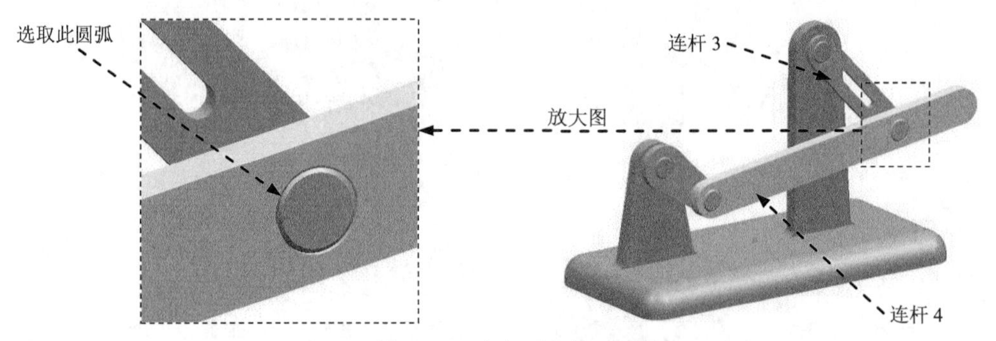

图 2.5.5 定义“共线”连接

（7）定义运动副名称。在名称文本框中采用默认的运动副名称“J005”。

（8）单击确定按钮，完成“共线”连接的创建。

说明：

- 连杆定义完成后，“运动导航器”界面如图 2.5.6 所示，在“Links”节点下显示机构中的所有运动副。
- 在任一运动副节点上右击，在系统弹出的快捷菜单中选择编辑...命令（或者双击任一运动副节点），可以在系统弹出的“运动副”对话框中编辑运动副。
- 在图 2.5.6 所示的快捷菜单中还可以对运动副进行删除、重命名和查看信息等操作。

图 2.5.6 “运动导航器”界面

2.6　定 义 驱 动

在 UG NX 运动仿真中，为了模拟机构的实际运行状况，在定义运动副之后，需要在机构中添加“驱动”促使机构运转。“驱动”是机构运动的动力来源，没有驱动，机构将无法进行运行仿真。驱动一般添加在机构中的运动副之上，当两个连杆以单个自由度的运动副进行连接时，使用驱动可以让它们以特定方式运动。

定义驱动有以下 4 种方法。

方法一：选择下拉菜单 插入(S) → 驱动体(V)... 命令。

方法二：在“运动”工具条中单击“驱动”按钮。

方法三：在“运动导航器”界面右击 motion_1，在系统弹出的快捷菜单中选择 新建驱动... 命令。

方法四：在“运动导航器”界面双击 Joints 节点下要定义驱动的运动副（如“J002”），在弹出的“运动副”对话框中单击 驱动 选项卡，如图 2.6.1 所示，在该选项卡中也能够定义驱动。

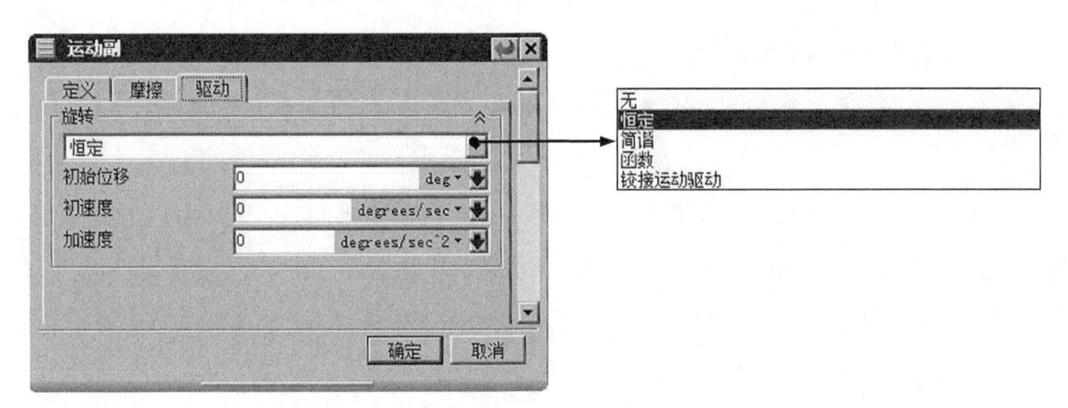

图 2.6.1　“驱动”选项卡

图 2.6.1 所示的“驱动”选项卡中的部分选项说明如下。

- 旋转 下拉列表：该下拉列表用于选择为运动副添加驱动的类型。
  - ☑ 恒定：设置运动副为等常运动（旋转或者是线性运动），需要的参数是位移、速度和加速度。
  - ☑ 简谐：选择该选项，运动副将产生一个简谐运动，需要的参数是振幅、频率、相位和角位移。
  - ☑ 函数：选择该选项，将给运动副添加一个复杂的、符合数学规律的函数运动。

☑ 铰接运动驱动：选择该选项，设置运动副以特定的步长和特定的步数进行运动，需要的参数是步长和位移。

- 初始位移文本框：该文本框中输入的数值定义初始位移。
- 初速度文本框：该文本框中输入的数值定义运动副的初始速度。
- 加速度文本框：该文本框中输入的数值定义运动副的加速度。

在本章介绍的范例中，连杆 1 是固定连杆，连杆 2 作为驱动连杆进行旋转运动，所以需要在连杆 1 与连杆 2 铰接的旋转副 J002 上定义驱动，这里设置旋转角速度为 60deg/sec（度每秒），如图 2.6.2 所示。

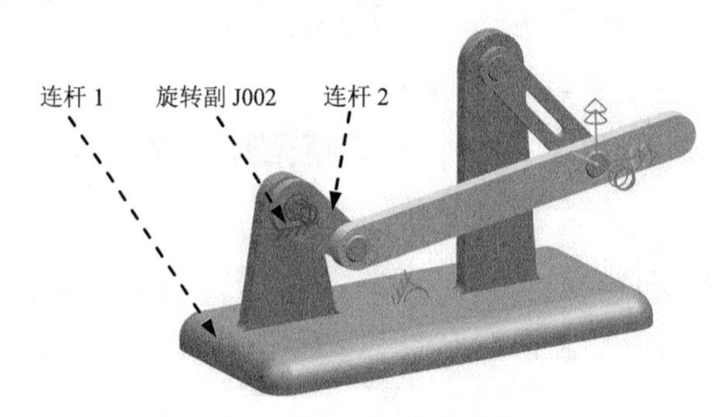

图 2.6.2 定义驱动

下面紧接第 2.5 小节的操作，介绍定义驱动的详细操作步骤。

Step1. 选择命令。选择下拉菜单 插入(S) → 驱动体(V)... 命令，系统弹出“驱动”对话框。

Step2. 选取定义对象。在部件导航器中单击 ☑ Joints 节点下的运动副“J002”，选取图 2.6.2 所示的旋转副 J002 为定义对象，此时图形区中显示图 2.6.3 所示的驱动图标。

说明： 在选取运动副“J002”时，如果无法在图形区中选取，可以直接在“运动导航器”中单击“J002”节点。

Step3. 定义驱动参数。

（1）选择驱动类型。在驱动区域的旋转下拉列表中选择恒定选项。

（2）定义初始速度。在初速度文本框中输入值 60，如图 2.6.4 所示。

Step4. 定义驱动名称。采用系统默认的名称“Drv001”。

Step5. 单击 确定 按钮，完成驱动的添加。

说明：

- 驱动定义完成后，“运动导航器”界面如图 2.6.5 所示，在“Driver Container”节点下显示机构中的所有驱动。

- 在任一驱动节点上右击，在系统弹出的快捷菜单中选择 编辑... 命令（或者双击任一驱动节点），可以在系统弹出的“驱动”对话框中编辑驱动。
- 在图 2.6.5 所示的快捷菜单中还可以对驱动进行删除、重命名和查看信息等操作。

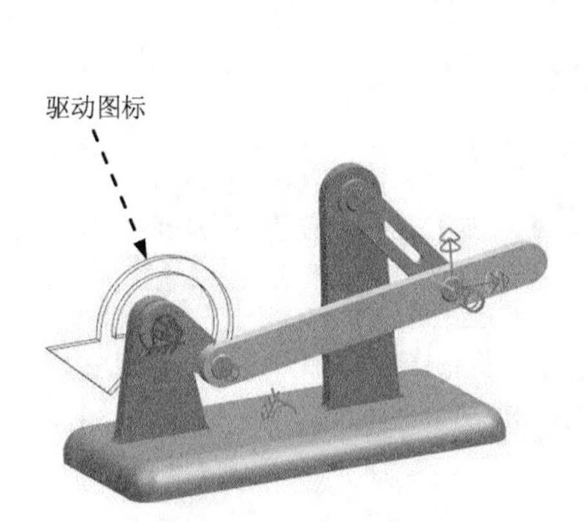

图 2.6.3　显示驱动

图 2.6.4　“驱动”对话框

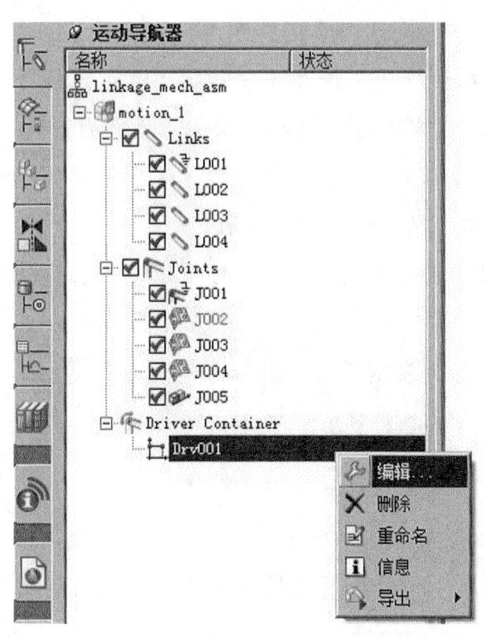

图 2.6.5　“运动导航器”界面

2.7 定义解算方案并求解

定义解算方案就是设置机构的分析条件，包括定义解算方案类型、分析类型、时间、步数、重力参数以及求解参数等。在一个机构中，可以定义多种解算方案，不同的解算方案可以定义不同的分析条件。

选择定义解算方案命令有以下3种方法。

方法一：选择下拉菜单 插入(S) → 解算方案(I)... 命令。

方法二：在“运动”工具条中单击“解算方案”按钮。

方法三：在“运动导航器”界面右击 motion_1，在系统弹出的快捷菜单中选择 新建解算方案... 命令。

下面紧接第2.6小节的操作，介绍定义解算方案的详细操作步骤。

Step1. 选择命令。选择下拉菜单 插入(S) → 解算方案(I)... 命令，系统弹出图2.7.1所示的“解算方案”对话框。

图2.7.1所示的“解算方案”对话框的说明如下。

- 解算方案类型：该下拉列表用于选择解算方案的类型。
  - ☑ 常规驱动：选择该选项，解算方案是基于时间的一种运动形式，在这种运动形式中，机构在指定的时间段内按指定的步数进行运动仿真。
  - ☑ 铰接运动驱动：选择该选项，解算方案是基于位移的一种运动形式，在这种运动形式中，机构以指定的步数和步长进行运动。
  - ☑ 电子表格驱动：选择该选项，解算方案用电子表格功能进行常规和关节运动驱动的仿真。
- 分析类型：该下拉列表用于选择解算方案的分析类型。
- 时间：该文本框用于设置所用时间段的长度。
- 步数：该文本框用于将设置的时间段分成几个瞬态位置（各个步数）进行分析和显示。
- 误差：该文本框用于控制求解结果与微分方程之间的误差，最大求解误差越小，求解精度越高。

Step2. 定义解算方案选项。

(1) 定义解算方案类型。在 解算方案类型 下拉列表中选择 常规驱动 选项。

(2) 定义分析类型。在 分析类型 下拉列表中选择 运动学/动力学 选项。

（3）定义机构运行时间。在 时间 文本框中输入值 30。

（4） 定义机构运行步数。在 步数 文本框中输入值 50。

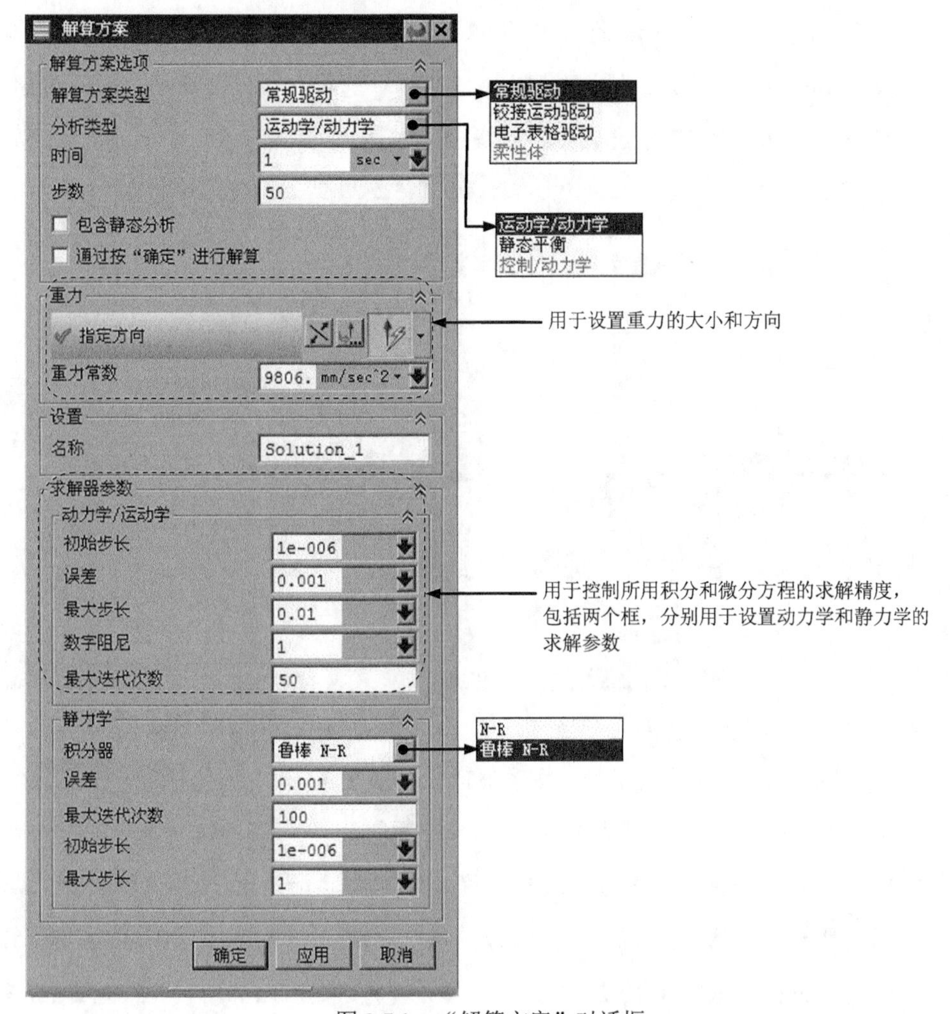

图 2.7.1 "解算方案"对话框

Step3. 取消自动求解。取消选中对话框中的☐ 通过按"确定"进行解算复选框。

说明：如果选中☑ 通过按"确定"进行解算复选框，当完成解算方案的定义并单击 确定 按钮后，系统会自动对解算方案进行求解。

Step4. 单击 确定 按钮，完成解算方案的定义。

Step5. 对解算方案进行求解。选择下拉菜单 分析(L) ➡ 运动(N) ▸ ➡ 求解(S)... 命令（或者在"运动"工具条中单击"求解"按钮），对解算方案进行求解。

说明：

- 解算方案定义并求解完成后，"运动导航器"界面如图 2.7.2 所示，在"Solution_1"节点下显示当前活动的解算方案，右击"Solution_1"节点，在图 2.7.2 所示的快捷菜单中还可以对解算方案进行删除、重命名和查看信息等操作。

- 如果当前机构中有多组解算方案，则需要先激活一组解算方案，才能对该方案进行编辑和求解。激活的方法是双击该解算方案节点或者是右击方案节点“Solution_1”，然后在系统弹出的快捷菜单中选择“激活”命令。激活后的解算方案节点右侧会显示“Active”字符提示，如图 2.7.3 所示。

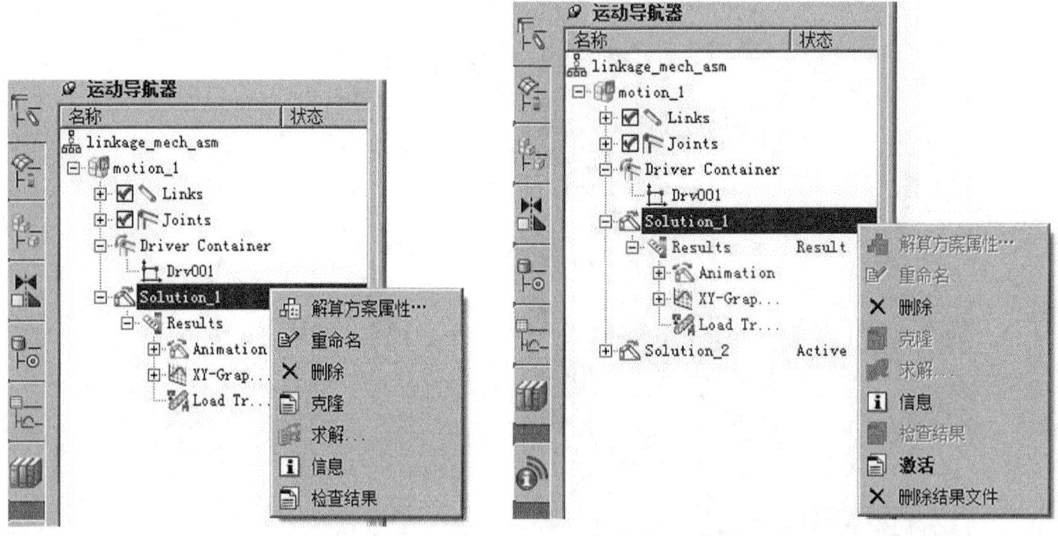

图 2.7.2 “运动导航器”界面（一）　　图 2.7.3 “运动导航器”界面（二）

- 在“Solution_1”节点上右击，在系统弹出的快捷菜单中选择解算方案属性…命令（或者双击“Solution_1”节点），可以在系统弹出的“解算方案”对话框中编辑当前的解算方案。一旦对解算方案进行了修改，则需要对该方案进行重新求解，才能得到最新的分析结果。系统会对未求解的解算方案在“Results”节点下提示““Results may need update”，如图 2.7.4 所示。求解后更新的“Results”节点如图 2.7.5 所示。

图 2.7.4 解算方案未更新　　图 2.7.5 解算方案已更新

2.8 生成动画

完成一组解算方案的求解后，即可以查看机构的运行状态并将结果输出为动画视频文件，也可以根据结果对机构的运行情况、关键位置的运动轨迹、运动状态下组件干涉等进行进一步的分析，以便检验和改进机构的设计。

选择动画命令有以下两种方法。

方法一：选择下拉菜单 分析(L) → 运动(N) ▸ → 动画(A)... 命令。

方法二：在“运动”工具条中单击“动画”按钮。

下面紧接第 2.7 小节的操作，介绍查看动画并输出视频文件的一般操作过程。

Step1. 选择命令。选择下拉菜单 分析(L) → 运动(N) ▸ → 动画(A)... 命令，系统弹出图 2.8.1 所示的“动画”对话框。

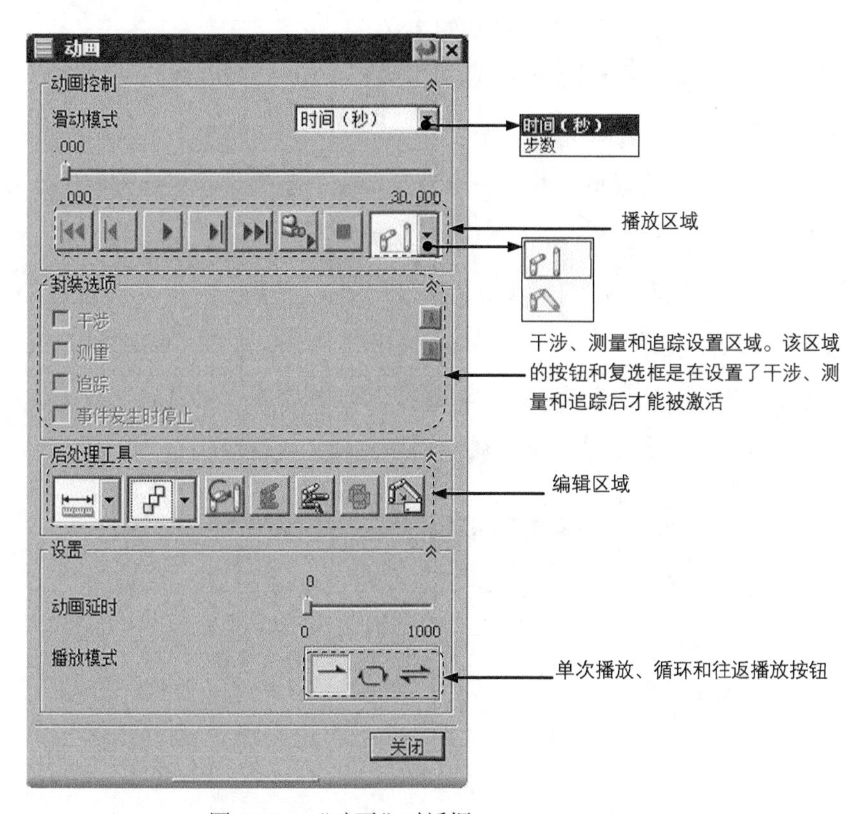

图 2.8.1　“动画”对话框

图 2.8.1 所示“动画”对话框的选项说明如下。

- 滑动模式：该下拉列表用于选择滑动模式，其中包括 时间（秒） 和 步数 两种选项。
  - ☑ 时间（秒）：指动画以设定的时间进行运动。
  - ☑ 步数：指动画以设定的步数进行运动。
- （设计位置）：单击此按钮，可以使运动模型回到运动仿真前置处理之前的初始三维实体设计状态。
- （装配位置）：单击此按钮，可以使运动模型回到运动仿真前置处理后的 ADAMS 运动分析模型状态。

Step2. 播放动画。在对话框的播放区域中单击“播放”按钮，即可播放动画。

Step3. 保存动画。

（1）在对话框的播放区域中单击“导出至电影”按钮，系统弹出“录制电影”对话框。

（2）在“录制电影”对话框的文件名(N)文本框中输入动画文件的名称“linkage_mech”，然后单击OK按钮，机构将自动运行并输出动画，读者可以打开随书光盘中的视频文件 D:\ug10.16\work\ch02\ok\linkage_mech.avi 进行查看。

Step4. 单击确定按钮，完成动画的定义。

Step5. 选择下拉菜单文件(F) ➡ 保存(S)命令，保存模型。

说明：

- 在生成动画前将模型调整到合适的显示大小及位置，可以得到较好的动画位置效果。
- 完成解算方案的求解后，在图 2.8.2 所示的“动画控制”工具条中单击“播放”按钮也可以查看机构动画，单击“导出至电影”按钮也可以输出动画视频。但是要注意，一旦单击“播放”按钮后，只有在“动画控制”工具栏中单击“完成动画”按钮之后，才可修改动画的相关属性。

图 2.8.2 “动画控制”工具条

第 3 章　连　　杆

本章提要　在 UG NX 运动仿真中，“连杆”（Links）是组成机构的基本要素，机构中所有参与当前运动仿真的部件都必须定义为连杆，连杆的质量、重心、初速度等属性直接关系到运动分析的结果是否准确。本章主要介绍连杆及其属性的定义方法，主要包括以下内容:

- 概述
- 连杆的质量属性
- 定义连杆的材料
- 连杆的初始速度
- 主模型尺寸
- 转换模型单位

3.1　概　　述

在 UG NX 运动仿真中，只有将创建好的组件模型定义成为连杆，才能在组件中添加运动副。定义连杆需要指定一个几何体对象，几何体对象可以是二维的，如草图、平面曲线等；也可以是三维的，如曲面、实体等。同一个几何对象只能属于一个连杆，定义连杆时可以选择独立的几何体，也可以选择一个零件，还可以将数个几何体或零件同时选中定义为一个连杆。如果在设置运动环境时选中了“环境”对话框中的☑ 基于组件的仿真复选框，那么定义连杆时将只能选择组件。

选择下拉菜单 插入(S) ➡ 链接(L)... 命令，系统弹出图 3.1.1 所示的“连杆”对话框，在该对话框中可以指定连杆的几何体对象、定义质量属性、定义初速度和固定属性等参数。

图 3.1.1 所示“连杆”对话框中的部分选项说明如下。

- 连杆对象：该区域用于选取定义连杆的几何对象。
- 质量属性选项：用于设置连杆的质量属性。
  - ☑ 自动：选择该选项，系统将自动为连杆设置质量属性，如果指定的连杆对象为实体或实体部件，且预先给选择对象分配了一种材料，系统会自动计算连杆的质量属性。

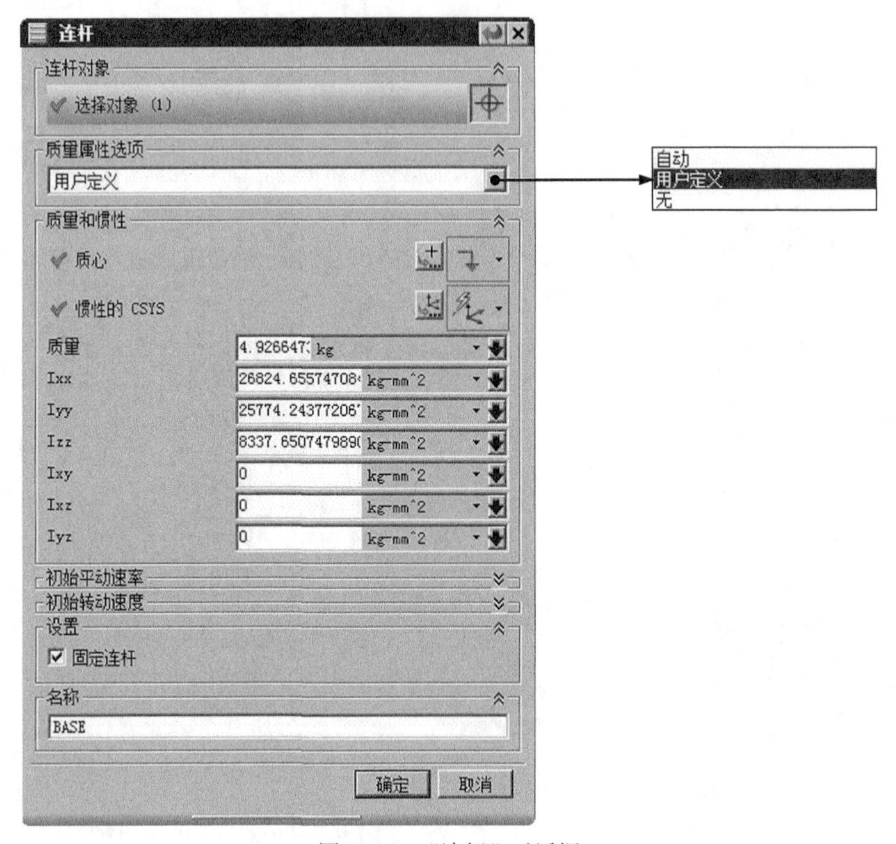

图 3.1.1 “连杆”对话框

☑ 用户定义：选择该选项后，将由用户手动设置连杆的质量。如果指定的连杆对象为非实体，或者指定对象的密度设置不准确，此时可以手动设置连杆的质量属性。

- 质量：在质量属性选项区域的下拉列表中选择用户定义选项后，质量和惯性区域中的选项即被激活，用于设置质量的相关属性。
- 初始平动速率：用于设置连杆的初始移动速率。
- 初始转动速度：用于设置连杆的初始转动速度。
- 设置：用于设置连杆的基本属性。

☑ 固定连杆：选中该复选框后，所定义的连杆在运动仿真时将固定在当前位置不动。

- 名称：通过该文本框可以为连杆指定名称。

3.2 连杆的质量属性

连杆的质量属性包括连杆的质量和惯性参数。当需要做动力学分析或者需要研究机构中的反作用力时，必须准确地定义连杆的质量属性。如果连杆没有质量属性，将不能做动力学分析和静力学分析。

如果在运动分析时不需要考虑力的作用，可以在运动环境中关闭质量属性。方法是在UG NX运动仿真模块中，选择下拉菜单 首选项(P) → 运动(T)... 命令，在系统弹出的“运动首选项”对话框中取消选中 □ 质量属性 选项，如图3.2.1所示。

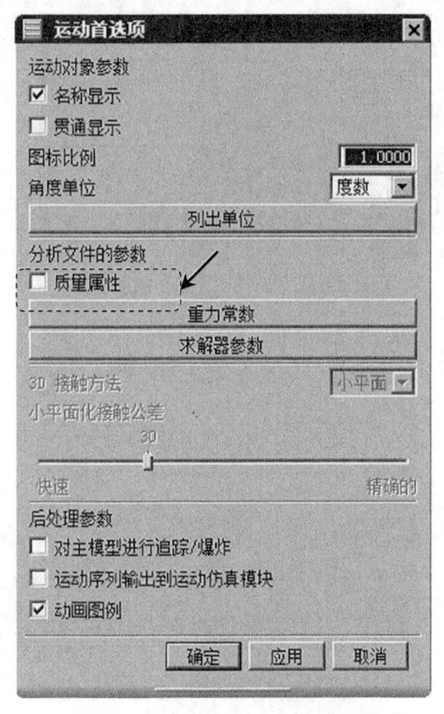

图3.2.1 “运动首选项”对话框

1. 自动质量属性

如果定义连杆的对象是实体，系统会按照默认设置自动定义质量属性。为了使连杆的质量属性更加准确，可以预先设置组件的密度或者为组件指定一种材料，否则系统会按照铁的密度（7.83×10^{-6} kg/mm^3）来计算质量属性。

如果采用自动计算连杆质量属性的方法，在“连杆”对话框 质量属性选项 区域的下拉列表中选择 自动 选项即可，如图3.2.2所示。

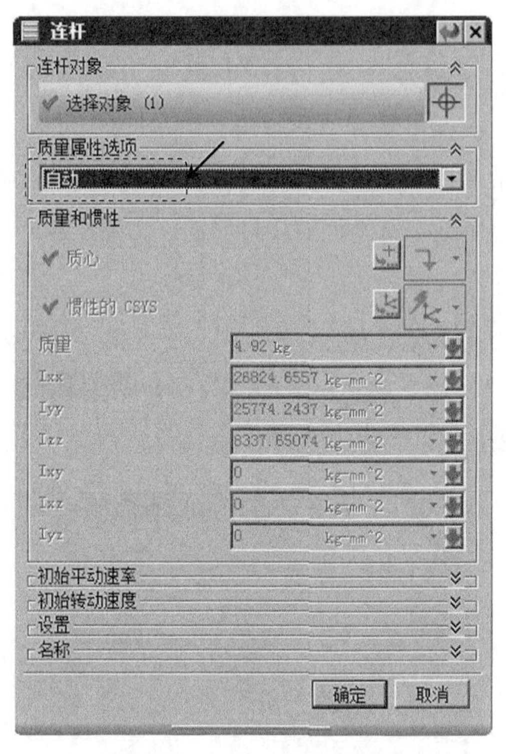

图 3.2.2　“自动”质量属性

2. 用户定义质量属性

如果指定的连杆对象是片体或曲线，系统将无法自动计算质量属性，此时需要用户手动设置质量属性。

下面举例说明自定义质量属性的操作过程。

Step1. 打开模型。打开文件 D:\ug10.16\work\ch03.02\ link.prt。

说明： 实例模型如图 3.2.3 所示，该模型全部由曲面片体构成。

图 3.2.3　实例模型

Step2. 进入运动仿真模块。选择 启动▾ ➡ 运动仿真(O)... 命令，进入运动仿真模块。

Step3. 新建运动仿真文件。在“运动导航器”中右击“link”节点，在弹出的快捷菜单中选择 新建仿真 命令，系统弹出“环境”对话框。

Step4. 设置运动环境。在“环境”对话框的分析类型区域选中⊙ 动力学单选项；取消选中高级解算方案选项区域中的 3 个复选框；取消选中对话框中的□ 基于组件的仿真复选框；在仿真名下方的文本框中采用默认的仿真名称“motion_1”；单击确定按钮。

Step5. 定义连杆 1。

（1）选择命令。选择下拉菜单插入(S) → 链接(L)...命令，系统弹出“连杆”对话框。

（2）定义连杆参考。在图形区中框选图 3.2.3 中所有的曲面为连杆参考。

（3）定义质量属性选项。在质量属性选项下拉列表中选择用户定义选项。

（4）定义质心。在质量和惯性区域中单击* 质心按钮，然后单击“点对话框”按钮，在“点”对话框的类型下拉列表中选择自动判断的点选项，在输出坐标区域的参考下拉列表中选择WCS选项，然后在XC文本框中输入值 0，在YC文本框中输入值 18，在ZC文本框中输入值 0，单击确定按钮，完成质心的定义。

（5）定义惯性参数的参考坐标系。在质量和惯性区域中单击* 惯性的 CSYS按钮，然后单击“CSYS 对话框”按钮，在“CSYS”对话框的类型下拉列表中选择动态选项，在参考 CSYS区域的参考下拉列表中选择WCS选项，然后单击“操控器”按钮，在“点”对话框的类型下拉列表中选择自动判断的点选项，在输出坐标区域的参考下拉列表中选择WCS选项，然后在XC文本框中输入值 0，在YC文本框中输入值 18，在ZC文本框中输入值 0，单击两次确定按钮，完成惯性参数参考坐标系的定义。

（6）定义质量。在质量文本框中输入值 16。

（7）定义惯性矩。在Ixx文本框中输入值 38000；在Iyy文本框中输入值 19400；在Izz文本框中输入值 19400，如图 3.2.4 所示。

（8）设置连杆类型。在设置区域中取消选中□ 固定连杆复选框。

（9）定义连杆名称。在名称文本框中采

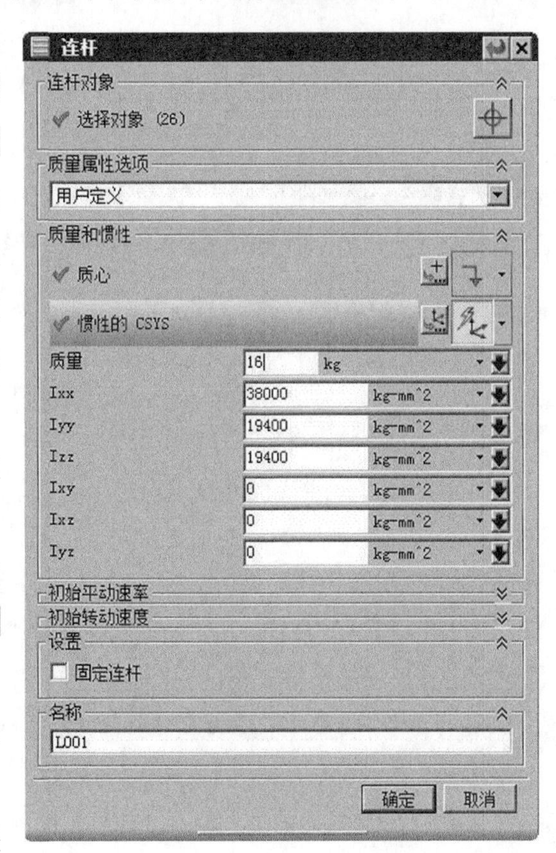

图 3.2.4 定义连杆参数

用默认的连杆名称“L001”。

（10）在“连杆”对话框中单击 确定 按钮，完成连杆 1 的定义。

Step6. 定义连杆 1 中的旋转副。

（1）选择下拉菜单 插入(S) → 运动副(J)... 命令，系统弹出“运动副”对话框；在“运动副”对话框 定义 选项卡的 类型 下拉列表中选择 旋转副 选项；在模型中选取图 3.2.5 所示的圆弧边线为参考，系统自动选择连杆、原点及矢量方向。

（2）在“运动副”对话框 驱动 选项卡 驱动 区域的 旋转 下拉列表中选择 恒定 选项；在 初速度 文本框中输入值 120。

（3）单击 确定 按钮，完成旋转副的创建。

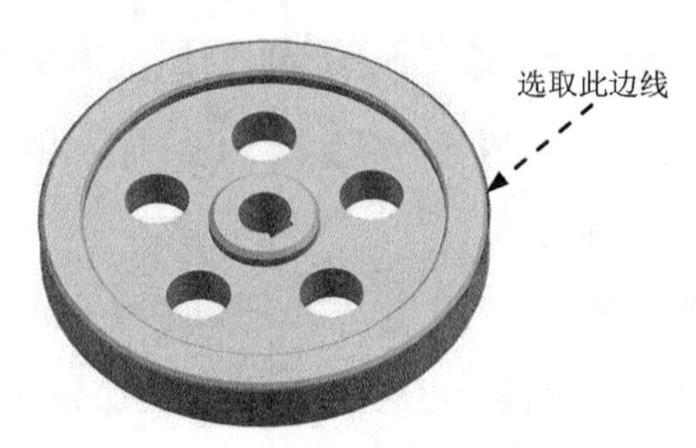

图 3.2.5　定义旋转副

Step7. 定义解算方案并求解。选择下拉菜单 插入(S) → 解算方案(I)... 命令，系统弹出“解算方案”对话框；在 解算方案类型 下拉列表中选择 常规驱动 选项；在 分析类型 下拉列表中选择 运动学/动力学 选项；在 时间 文本框中输入值 15；在 步数 文本框中输入值 300；选中对话框中的 ☑ 通过按“确定”进行解算 复选框；单击 确定 按钮，完成解算方案的定义。

Step8. 定义动画。在“动画控制”工具条中单击“播放”按钮，查看机构运动；单击“导出至电影”按钮，输入名称“link”，保存动画；单击“完成动画”按钮。

Step9. 选择下拉菜单 文件(F) → 保存(S) 命令，保存模型。

3.3　定义连杆的材料

对于实体类型的连杆，为了保证得到准确的质量属性，可以为实体指定一种材料。下面说明定义材料的一般过程。

Step1. 打开模型。打开文件 D:\ug10.16\work\ch03.03\ link.prt。

说明： 实例模型如图 3.3.1 所示，该模型是一个实体模型。

图 3.3.1 实例模型

Step2. 选择下拉菜单 工具(T) → 材料(M) → 指派材料(A)... 命令，系统弹出图 3.3.2 所示的“指派材料”对话框。

Step3. 定义指派对象。在模型中选取图 3.3.1 所示的实体为指派对象。

Step4. 定义材料。在 材料 区域的列表中选择材料 Aluminum_2014。

Step5. 单击 确定 按钮，完成材料的定义。

Step6. 查看质量属性。

（1）选择下拉菜单 分析(L) → 高级质量属性(E) → 高级重量管理(W)... 命令，系统弹出图 3.3.3 所示的“重量管理”对话框。

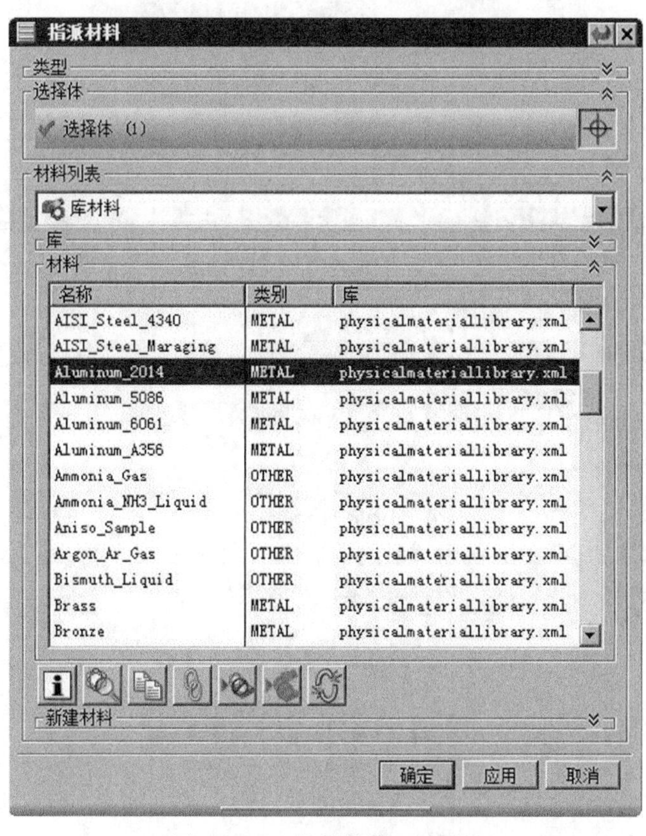

图 3.3.2 “指派材料”对话框

（2）在“重量管理”对话框中单击工作部件按钮，系统会在弹出的“信息”文本文件中显示当前工作部件的质量属性，如图3.3.4所示。

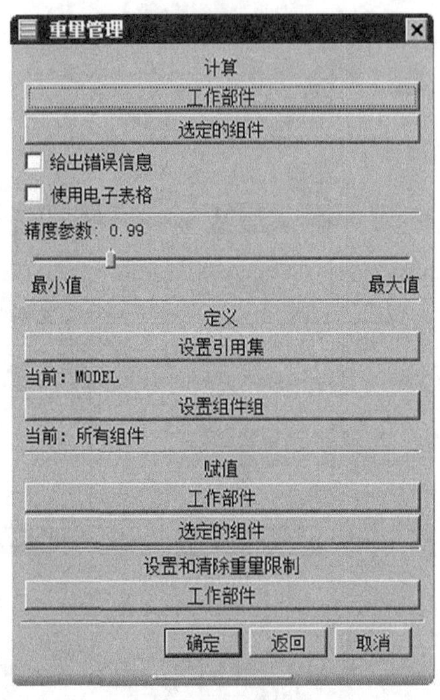

图3.3.3 “重量管理”对话框

（3）关闭“信息”文本文件，单击确定按钮，完成质量属性的查看。

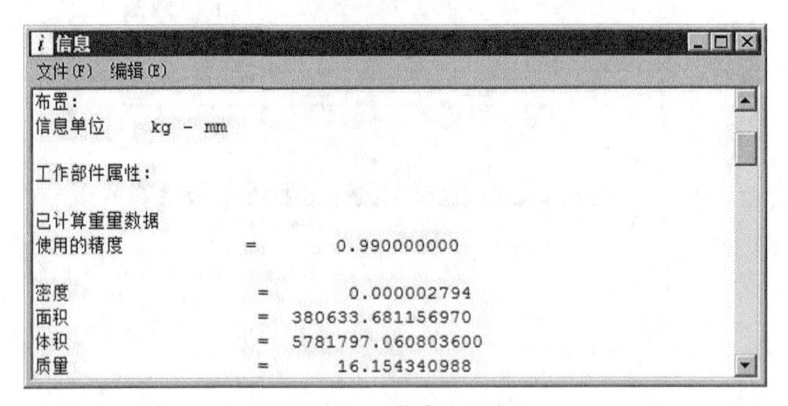

图3.3.4 “信息”文本

3.4 初始速度

初始速度分为初始平动速率和初始转动速度两种，可以分别为连杆定义一个初始的线速度和角速度。

3.4.1 初始平动速率

定义初始平动速率时需要使用矢量根据指定方向。下面举例说明定义初始平动速率的一般过程。

Step1. 打开模型。打开文件 D:\ug10.16\work\ch03.04.01\ link.prt。

Step2. 进入运动仿真模块。选择 开始 → 运动仿真(Q)... 命令，进入运动仿真模块。

Step3. 激活运动仿真文件。在"运动导航器"中右击 motion_1 节点，在系统弹出的快捷菜单中选择 设为工作状态 命令。

说明：在模型中已经创建了一组仿真文件。

Step4. 定义连杆 1。

（1）选择下拉菜单 插入(S) → 链接(L)... 命令，系统弹出"连杆"对话框；选取图 3.4.1 所示的零件为连杆 1；在 质量属性选项 下拉列表中选择 自动 选项。

（2）定义初始平动速率。在 初始平动速率 区域中选中 ☑ 启用 复选框；单击 指定方向 按钮，选取图 3.4.1 所示的平面为方向参考；在 平移速度 文本框中输入值 10，如图 3.4.2 所示。

（3）在 设置 区域中取消选中 ☐ 固定连杆 复选框；在 名称 文本框中采用默认的连杆名称"L001"；单击 确定 按钮，完成连杆 1 的定义。

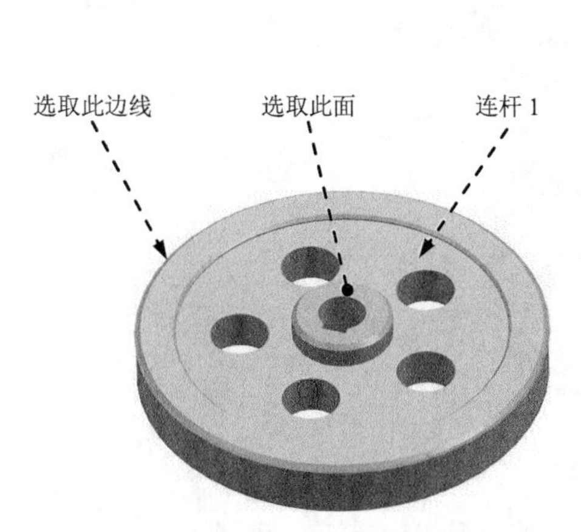

图 3.4.1 定义连杆

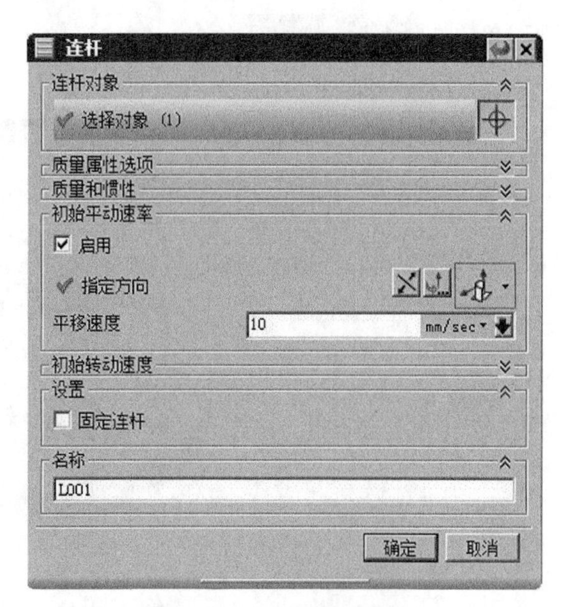

图 3.4.2 定义初始平动速率

Step5. 定义连杆 1 中的滑动副。选择下拉菜单 插入(S) → 运动副(J)... 命令，系统弹出“运动副”对话框；在“运动副”对话框定义选项卡的类型下拉列表中选择滑动副选项；在模型中选取图3.4.1所示的圆弧边线为参考，系统自动选择连杆、原点及矢量方向；单击确定按钮，完成滑动副的定义。

Step6. 定义解算方案并求解。选择下拉菜单插入(S) → 解算方案(I)...命令，系统弹出“解算方案”对话框；在解算方案类型下拉列表中选择常规驱动选项；在分析类型下拉列表中选择运动学/动力学选项；在时间文本框中输入值30；在步数文本框中输入值300；选中对话框中的☑通过按“确定”进行解算复选框；单击确定按钮，完成解算方案的定义。

Step7. 定义动画。在“动画控制”工具条中单击“播放”按钮，查看机构运动；单击“导出至电影”按钮，输入名称“link”，保存动画；单击“完成动画”按钮。

Step8. 选择下拉菜单文件(F) → 保存(S)命令，保存模型。

3.4.2　初始转动速度

定义初始转动速度时需要选择速度类型和使用矢量根据指定方向。下面举例说明定义初始转动速度的一般过程。

Step1. 打开模型。打开文件D:\ug10.16\work\ch03.04.02\ link.prt。

Step2. 进入运动仿真模块。选择启动 → 运动仿真(O)...命令，进入运动仿真模块。

Step3. 激活运动仿真文件。在“运动导航器”中右击motion_1节点，在系统弹出的快捷菜单中选择设为工作状态命令。

Step4. 定义连杆1。

（1）选择下拉菜单插入(S) → 链接(L)...命令，系统弹出“连杆”对话框；选取图3.4.3所示的零件为连杆1；在质量属性选项下拉列表中选择自动选项。

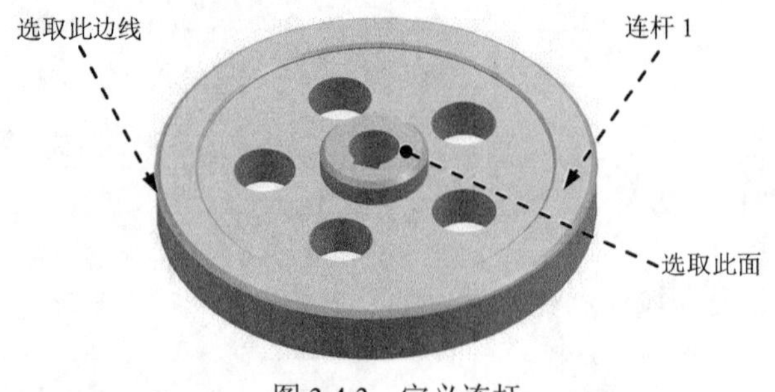

图3.4.3　定义连杆

（2）定义初始转动速度。在初始转动速度区域中选中☑启用复选框；在速度类型下拉列表中选择幅值选项，单击指定方向按钮，选取图3.4.3所示的平面为方向参考；在转动速度文本框中输入值 90，如图 3.4.4 所示。

（3）在设置区域中取消选中□固定连杆复选框；在名称文本框中采用默认的连杆名称“L001”；单击确定按钮，完成连杆 1 的定义。

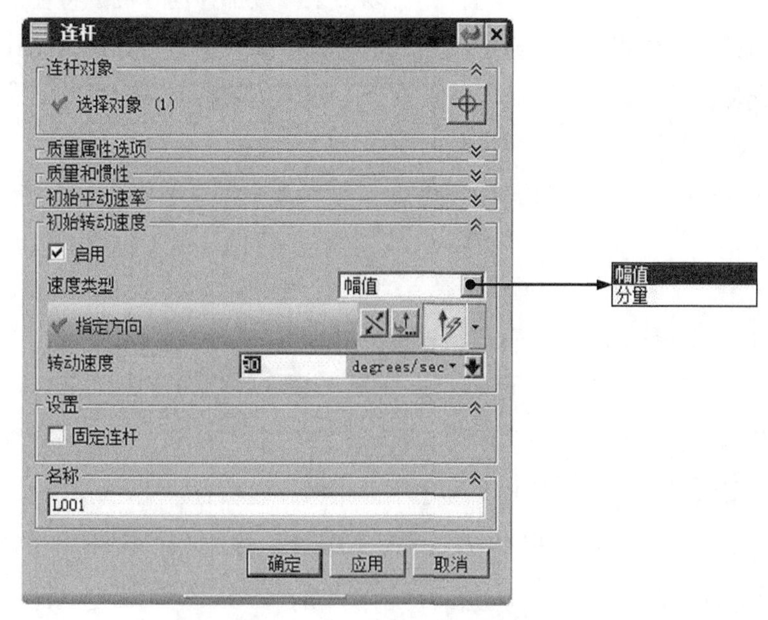

图 3.4.4 定义初始转动速度

Step5. 定义连杆 1 中的旋转副。选择下拉菜单插入(S) → 运动副(J)...命令，系统弹出“运动副”对话框；在“运动副”对话框定义选项卡的类型下拉列表中选择旋转副选项；在模型中选取图 3.4.3 所示的圆弧边线为参考，系统自动选择连杆、原点及矢量方向；单击确定按钮，完成旋转副的定义。

Step6. 定义解算方案并求解。选择下拉菜单插入(S) → 解算方案(I)...命令，系统弹出“解算方案”对话框；在解算方案类型下拉列表中选择常规驱动选项；在分析类型下拉列表中选择运动学/动力学选项；在时间文本框中输入值 30；在步数文本框中输入值 300；选中对话框中的☑通过按“确定”进行解算复选框；单击确定按钮，完成解算方案的定义。

Step7. 定义动画。在“动画控制”工具条中单击“播放”按钮，查看机构运动；单击“导出至电影”按钮，输入名称“link”，保存动画；单击“完成动画”按钮。

Step8. 选择下拉菜单文件(F) → 保存(S)命令，保存模型。

3.5 主模型尺寸

主模型尺寸用于编辑机构中的几何体，可以用来修改部件的草图或特征以研究备选的设计方案。这里的几何体指用来创建原始零件的特征，如拉伸、槽、圆角、孔和凸台等的参数，所以要在运动仿真模块中编辑机构的尺寸，组成机构的模型中必须是有尺寸约束的特征。

下面以图 3.5.1 所示的飞轮机构模型为例，说明修改主模型尺寸的一般过程。

Stage1. 创建机构模型。

Step1. 打开模型。打开文件 D:\ug10.16\work\ch03.05\ mech.prt。

Step2. 进入运动仿真模块。选择启动 → 运动仿真(O)...命令，进入运动仿真模块。

Step3. 新建运动仿真文件。在“运动导航器”中右击“mech”节点，在弹出的快捷菜单中选择新建仿真命令，系统弹出“环境”对话框。

Step4. 设置运动环境。在“环境”对话框的分析类型区域选中动力学单选项；取消选中高级解算方案选项区域中的 3 个复选框；选中对话框中的基于组件的仿真复选框；在仿真名下方的文本框中采用默认的仿真名称“motion_1”；单击确定按钮，

Step5. 定义固定连杆 1。选择下拉菜单插入(S) → 链接(L)...命令，系统弹出“连杆”对话框；选取图 3.5.1 所示的底座为固定连杆 1；在质量属性选项下拉列表中选择自动选项；在设置区域中选中固定连杆复选框；在名称文本框中采用默认的连杆名称“L001”；单击确定按钮，完成固定连杆 1 的定义。

Step6. 定义连杆 2。选择下拉菜单插入(S) → 链接(L)...命令，系统弹出“连杆”对话框；选取图 3.5.1 所示的飞轮为连杆 2；在质量属性选项下拉列表中选择自动选项；在设置区域中取消选中固定连杆复选框；在名称文本框中采用默认的连杆名称“L002”；单击确定按钮，完成连杆 2 的定义。

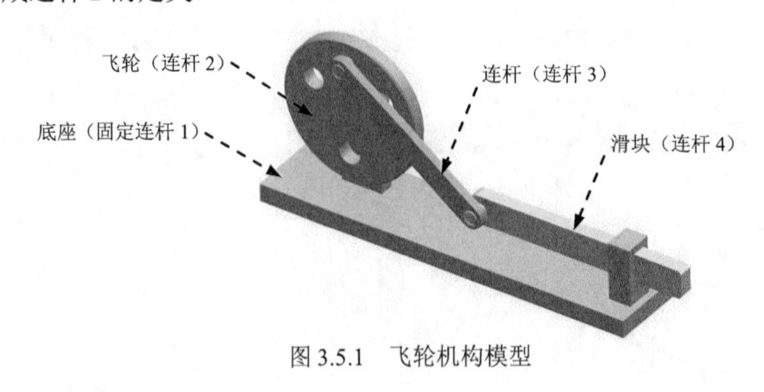

图 3.5.1 飞轮机构模型

Step7. 参考 Step6 的操作步骤，定义图 3.5.1 所示的连杆零件为连杆 L003，定义滑块为连杆 L004。

Step8. 定义连杆 2 中的旋转副。

（1）选择下拉菜单 插入(S) → 运动副(J)... 命令，系统弹出“运动副”对话框；在“运动副”对话框 定义 选项卡的 类型 下拉列表中选择 旋转副 选项；在模型中选取如图 3.5.2 所示的圆弧边线为参考，系统自动选择连杆、原点及矢量方向。

（2）在“运动副”对话框 驱动 选项卡 驱动 区域的 旋转 下拉列表中选择 恒定 选项；在 初速度 文本框中输入值 90。

（3）单击 确定 按钮，完成旋转副的创建。

图 3.5.2　定义旋转副

Step9. 定义连杆 2 和连杆 3 中的旋转副。

（1）选择下拉菜单 插入(S) → 运动副(J)... 命令，系统弹出“运动副”对话框；在“运动副”对话框 定义 选项卡的 类型 下拉列表中选择 旋转副 选项；在模型中选取图 3.5.3 所示的连杆 2 中的边线 1 为参考，系统自动选择连杆、原点及矢量方向。

（2）在“运动副”对话框的 基本 区域中选中 ☑ 啮合连杆 复选框；单击 基本 区域中的 选择连杆 (0) 按钮，在模型中选取图 3.5.3 所示的连杆 3 中的边线 2 为参考。

（3）单击 确定 按钮，完成旋转副的创建。

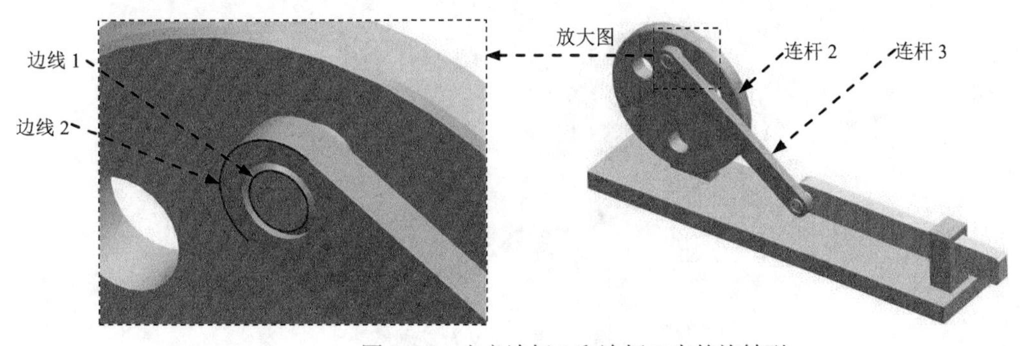

图 3.5.3　定义连杆 2 和连杆 3 中的旋转副

Step10. 定义连杆 3 和连杆 4 中的共线副。

（1）选择下拉菜单 插入(S) → 运动副(J)... 命令，系统弹出“运动副”对话框；在“运动副”对话框 定义 选项卡的 类型 下拉列表中选择 共线 选项；在模型中选取图 3.5.4 所示的连杆 3 中的边线 1 为参考，系统自动选择连杆、原点及矢量方向。

（2）在“运动副”对话框的 基本 区域中选中 ☑ 啮合连杆 复选框；单击 基本 区域中的 * 选择连杆 (0) 按钮，在模型中选取如图 3.5.4 所示的连杆 4 中的边线 2 为参考。

（3）单击 确定 按钮，完成共线副的创建。

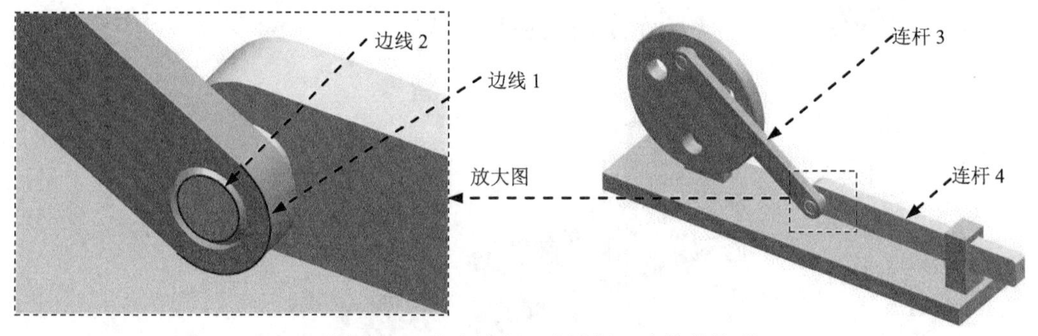

图 3.5.4　定义连杆 3 和连杆 4 中的共线副

Step11. 定义连杆 4 中的滑动副。选择下拉菜单 插入(S) → 运动副(J)... 命令，系统弹出“运动副”对话框；在“运动副”对话框 定义 选项卡的 类型 下拉列表中选择 滑动副 选项；在模型中选取图 3.5.5 所示的边线为参考，系统自动选择连杆、原点及矢量方向；单击 确定 按钮，完成滑动副的定义。

Step12. 定义解算方案并求解。选择下拉菜单 插入(S) → 解算方案(I)... 命令，系统弹出“解算方案”对话框；在 解算方案类型 下拉列表中选择 常规驱动 选项；在 分析类型 下拉列表中选择 运动学/动力学 选项；在 时间 文本框中输入值 30；在 步数 文本框中输入值 300；选中对话框中的 ☑ 通过按“确定”进行解算 复选框；单击 确定 按钮，完成解算方案的定义。

图 3.5.5　定义滑动副

Step13. 定义动画。在“动画控制”工具条中单击“播放”按钮▶，查看机构运动；单击“导出至电影”按钮，输入名称“mech”，保存动画；单击“完成动画”按钮。

Step14. 选择下拉菜单 文件(F) → 保存(S) 命令，保存模型。

Stage2. 修改主模型尺寸。

Step1. 选择下拉菜单 编辑(E) → 主模型尺寸(E)... 命令，系统弹出图 3.5.6 所示的“编辑尺寸”对话框。

图 3.5.6 所示“编辑尺寸”对话框说明如下。

- 特征表达式：该区域中的表达方式有 表达式 和 描述 两种。
  - ☑ 表达式：选中该单选项，特征表达式区域出现表达式。
  - ☑ 描述：选中该单选项，特征表达式区域出现描述表达式。
- 用于何处：单击该按钮，系统弹出“信息”窗口，在此窗口可以查看到编辑的尺寸在模型中所属的位置（控制的模型几何或位置关系）。

Step2. 修改连杆 2 的长度。

（1）选择修改的特征。在“编辑尺寸”对话框的编辑尺寸区域中选择 SKETCH_000:草图(1) 为要修改的特征。

（2）选择修改的尺寸。在“编辑尺寸”对话框的特征表达式区域中选择 "m2"::p10=120 为要修改的尺寸。

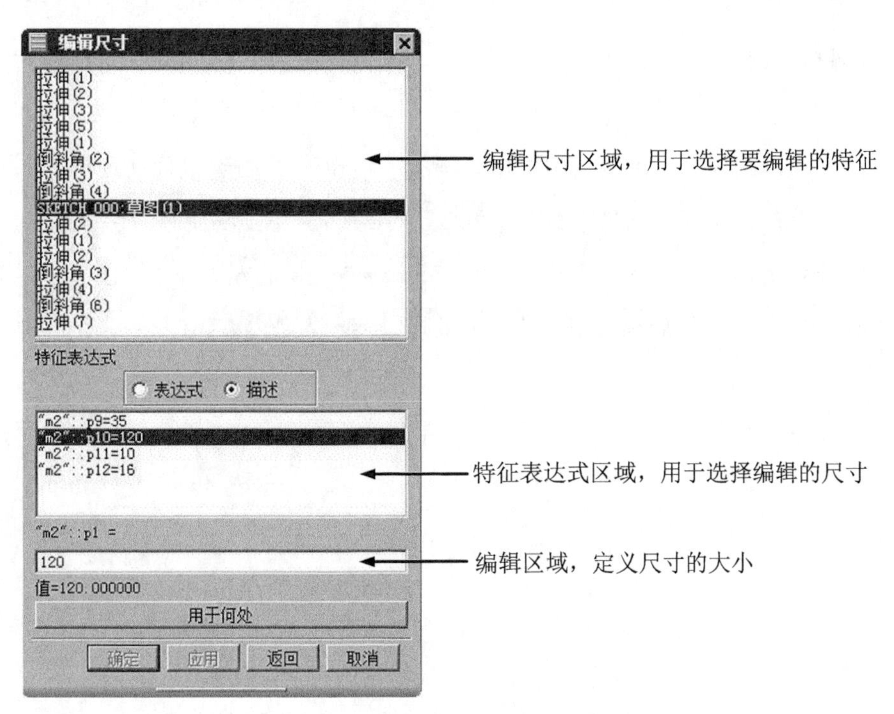

图 3.5.6 “编辑尺寸”对话框

（3）输入新尺寸。在“编辑尺寸”对话框编辑区域的文本框中输入值150，按Enter键确认。

（4）单击 确定 按钮，完成尺寸的修改，修改后的机构模型如图3.5.7所示。

Step3. 解算求解方案。在“运动”工具条中单击“求解”按钮，对解算方案进行求解。

Step4. 更新设计位置。

（1）选择下拉菜单 分析(L) → 运动(N) → 动画(A)... 命令，系统弹出“动画”对话框。

（2）在“动画”对话框中单击“更新设计位置”按钮，更新后的机构模型如图3.5.8所示。

图3.5.7 修改后的机构模型

图3.5.8 更新后的机构模型

Step5. 解算求解方案。在“运动”工具条中单击“求解”按钮，对解算方案再次进行求解。

Step6. 在“动画控制”工具条中单击“播放”按钮，查看机构动画。

Step7. 保存仿真文件。选择下拉菜单 文件(F) → 保存(S) 命令，保存仿真文件。

Step8. 保存机构模型。选择下拉菜单 启动 → 建模(M)... 命令，在装配导航器中双击激活“mech”节点，然后选择下拉菜单 文件(F) → 保存(S) 命令，保存机构模型。

第 4 章　运动副与约束

本章提要　在 UG NX 运动仿真中，添加运动副的目的是为了约束连杆之间的位置，限制连杆之间的相对运动并定义连杆之间的运动方式。系统提供了多种运动副可供使用，以满足连杆之间的相对运动要求。本章主要介绍各种运动副与约束的创建方法，主要包括以下内容：

- 运动副与自由度
- 旋转副、滑动副
- 柱面副、螺旋副
- 万向节、球面副
- 平面副
- 点在线上副
- 线在线上副
- 点在面上副
- 其他运动副简介

4.1　运动副与自由度

在运动仿真中，自由度是指一个连杆（Links）具有可独立运动方向的数目。对于空间中不受任何约束的连杆，具有 6 个自由度，沿空间参考坐标系 X 轴、Y 轴和 Z 轴平移和旋转。而当连杆在平面上运动时，具有 3 个自由度，沿平面参考坐标系 X 轴、Y 轴和平面内旋转。连杆定义完成后，可以通过添加运动副来限制连杆的运动，减少机构的自由度，使其可以按要求进行独立的运动。

UG NX 提供了多种运动副类型，各种运动副允许不同的运动自由度。在添加运动副时，首先需要定义运动副约束的连杆，然后需要定义运动副的原点，最后需要定义运动副的方向。对于一组啮合的连杆，还需要定义啮合的连杆对象以及啮合原点和啮合方向。

在机构中添加运动副时，还要注意机构中的冗余约束。冗余约束是指连杆在已达到约束目的的情况下，依然向机构中添加与现有约束不冲突的运动副或连接。例如对于一组固定的连杆，再添加一个约束限制某个方向上的平移，这个约束就是冗余约束。冗余约束一般情况下不会影响机构的运动状态分析，但涉及机构的力分析时，必须考虑冗余约束的影响。

在 UG NX 运动仿真模块中，选择下拉菜单插入(S) ➡ 运动副(J)...命令，系统弹出图 4.1.1 所示的“运动副”对话框，在“运动副”对话框定义选项卡的类型下拉列表中显示了系统提供的运动副。

选择下拉菜单插入(S) ➡ 约束(T)命令，在系统弹出的快捷菜单中可以定义其他几种类型的运动副，如图 4.1.2 所示。

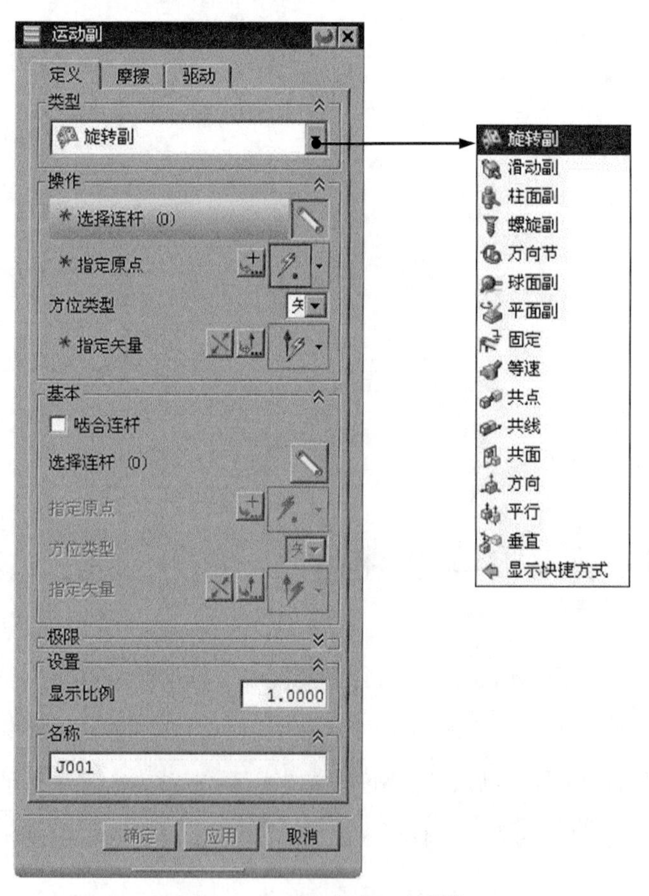

图 4.1.1 “运动副”对话框

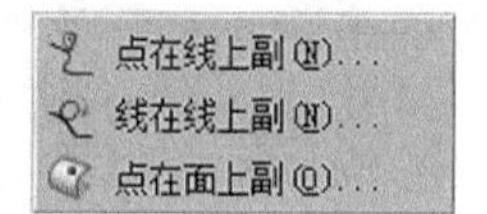

图 4.1.2 其他运动副

4.2 旋 转 副

旋转副是最基本的连接类型，可以实现两个连杆绕同一轴作相对转动，但不能沿轴线平移。旋转副提供一个旋转自由度，没有平移自由度。旋转副又可分为两种形式：一种是两个连杆绕同一根轴作相对转动，也就是两个连杆的铰接，此时除了定义主要连杆外，还需要定义啮合连杆；另一种则是一个连杆绕固定连杆的轴线进行旋转。旋转副还可以作为机构中的驱动，提供绕轴线旋转的动力。

下面举例说明旋转副的定义过程。

Step1. 打开装配模型。打开文件 D:\ug10.16\work\ch04.02\ revolute.prt。

Step2. 进入运动仿真模块。选择 启动 → 运动仿真(O)... 命令，进入运动仿真模块。

Step3. 新建运动仿真文件。在“运动导航器”中右击“revolute”节点，在系统弹出的快捷菜单中选择 新建仿真 命令，系统弹出“环境”对话框。

Step4. 设置运动环境。在“环境”对话框的 分析类型 区域选中 ⊙ 动力学 单选项；取消选中 高级解算方案选项 区域中的 3 个复选框；选中对话框中的 ☑ 基于组件的仿真 复选框；在 仿真名 下方的文本框中采用默认的仿真名称“motion_1”；单击 确定 按钮，

Step5. 定义固定连杆 1。选择下拉菜单 插入(S) → 链接(L)... 命令，系统弹出“连杆”对话框；选取图 4.2.1 所示的零件为固定连杆 1；在 质量属性选项 下拉列表中选择 自动 选项；在 设置 区域中选中 ☑ 固定连杆 复选框；在 名称 文本框中采用默认的连杆名称“L001”；单击 确定 按钮，完成固定连杆 1 的定义。

Step6. 定义连杆 2。选择下拉菜单 插入(S) → 链接(L)... 命令，系统弹出“连杆”对话框；选取图 4.2.1 所示的零件为连杆 2；在 质量属性选项 下拉列表中选择 自动 选项；在 设置 区域中取消选中 ☐ 固定连杆 复选框；在 名称 文本框中采用默认的连杆名称“L002”；单击 确定 按钮，完成连杆 2 的定义。

Step7. 定义连杆 2 和连杆 1 之间的旋转副。

（1）选择命令。选择下拉菜单 插入(S) → 运动副(J)... 命令，系统弹出“运动副”对话框。

（2）定义运动副类型。在“运动副”对话框 定义 选项卡的 类型 下拉列表中选择 旋转副 选项。

（3）定义参考连杆。选取图 4.2.1 所示的连杆 2 为参考连杆。

图 4.2.1　选取连杆

（4）定义旋转轴原点。在“运动副”对话框 操作 区域的 指定原点 下拉列表中选择“圆弧中心” ⊙ 选项，在模型中选取图 4.2.2 所示的圆弧为原点参考。

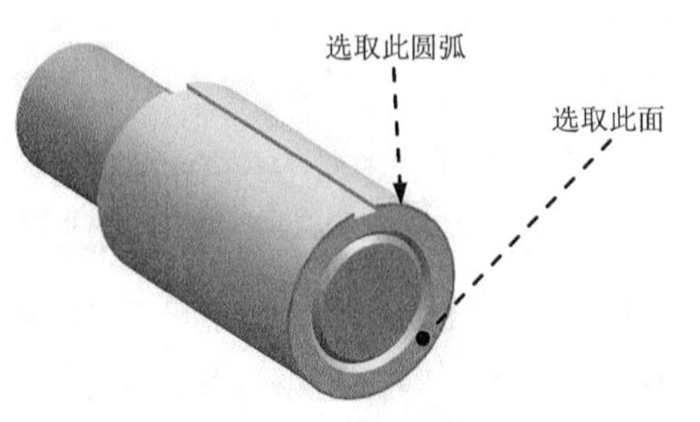

图 4.2.2　定义旋转副

说明：在选择旋转副的参考连杆时，可以直接单击选取图 4.2.2 所示的圆弧，这样可以不必再次选择原点。

（5）定义旋转轴矢量。在操作区域的方位类型下拉列表中选择矢量选项，在指定矢量下拉列表中选择“面/平面法向”选项，在模型中选取图 4.2.2 所示的面为矢量参考。

（6）定义运动副名称。在名称文本框中采用默认的运动副名称“J002”。

说明：

- 旋转副的原点可以是旋转轴上的任意位置，但是在进行动力学分析时，必须准确定义旋转副的原点，一般情况下，可以将原点放在旋转连杆的中间。
- 旋转副的方位用于控制旋转运动的方向，在定义旋转副的方向后，原点处会显示临时坐标系，该坐标系的 Z 轴方向即为旋转副的方向，Z 轴方向连杆的旋转方向符合右手定则，如果要反转旋转方向，单击指定矢量区域中的反向按钮即可。

Step8. 定义旋转副的摩擦。单击“运动副”对话框中的摩擦选项卡，选中启用摩擦复选框，如图 4.2.3 所示。

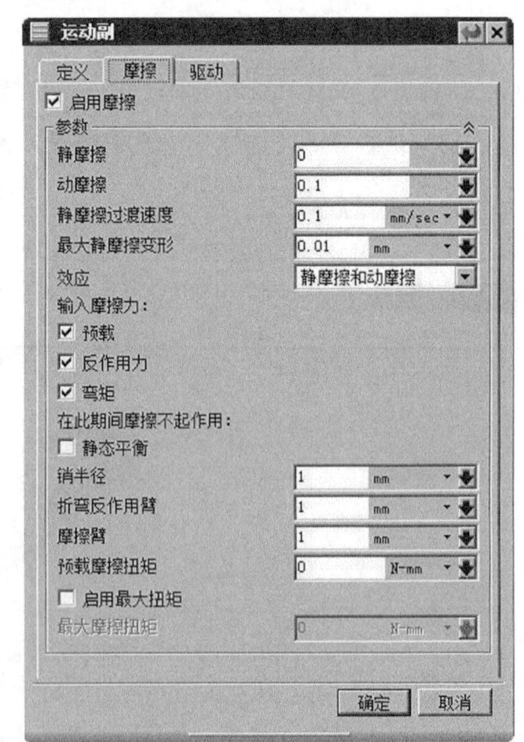

图 4.2.3　“摩擦”选项卡

Step9. 定义驱动。

（1）单击“运动副”对话框中的驱动选项卡；在旋转下拉列表中选择恒定选项；在初速度文本框中输入值 60，如图 4.2.4 所示。

（2）单击确定按钮，完成旋转副的创建。

Step10. 定义解算方案并求解。

（1）选择下拉菜单插入(S) →

解算方案(I)...命令，系统弹出“解算方案”对话框。

（2）定义解算方案类型。在 解算方案类型 下拉列表中选择 常规驱动 选项。

（3）定义分析类型。在 分析类型 下拉列表中选择 运动学/动力学 选项。

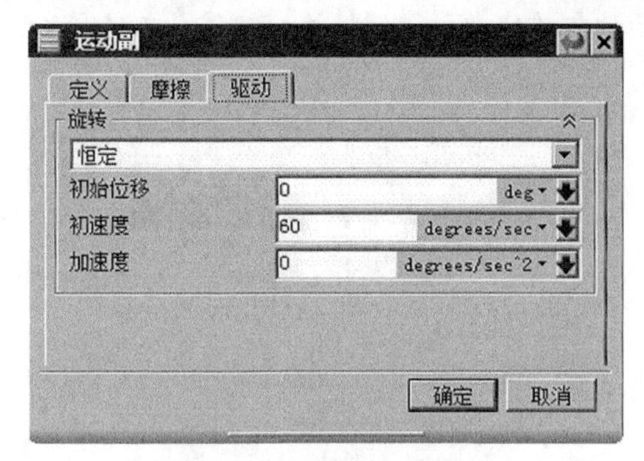

图 4.2.4 “驱动”选项卡

（4）定义机构运行时间。在 时间 文本框中输入值 30。

（5）定义机构运行步数。在 步数 文本框中输入值 150。

（6）定义自动求解。选中对话框中的 ☑ 通过按“确定”进行解算 复选框。

（7）单击 确定 按钮，完成解算方案的定义。

Step11. 定义动画。

（1）在“动画控制”工具条中单击“播放”按钮▶，查看机构运动。

（2）在“动画控制”工具条中单击“导出至电影”按钮，输入名称“revolute”，保存动画。

（3）在“动画控制”工具栏中单击“完成动画”按钮。

Step12. 选择下拉菜单 文件(F) → 保存(S) 命令，保存模型。

4.3 滑 动 副

滑动副定义的连杆可以沿着直线相对于啮合连杆进行移动，但不能旋转。滑动副提供了一个平移自由度，没有旋转自由度。滑动副又可分为两种形式：一种是两个连杆沿直线作相对转动，此时需要定义主要连杆和啮合连杆；另一种则是以固定连杆为参考进行平移。滑动副还可以作为机构中的驱动，提供沿直线运动的动力。

下面举例说明滑动副的定义过程。

Step1. 打开装配模型。打开文件 D:\ug10.16\work\ch04.03\slider.prt。

Step2. 进入运动仿真模块。选择 启动 → 运动仿真(O)... 命令，进入运动仿真模块。

Step3. 激活运动仿真文件。在"运动导航器"中右击 motion_1 节点，在系统弹出的快捷菜单中选择 设为工作状态 命令。

说明： 在图 4.3.1 所示的机构中，已经创建了一组仿真文件并定义了固定连杆 1 和连杆 2。

Step4. 定义连杆 2 和连杆 1 之间的滑动副。

（1）选择命令。选择下拉菜单 插入(S) → 运动副(J)... 命令，系统弹出"运动副"对话框。

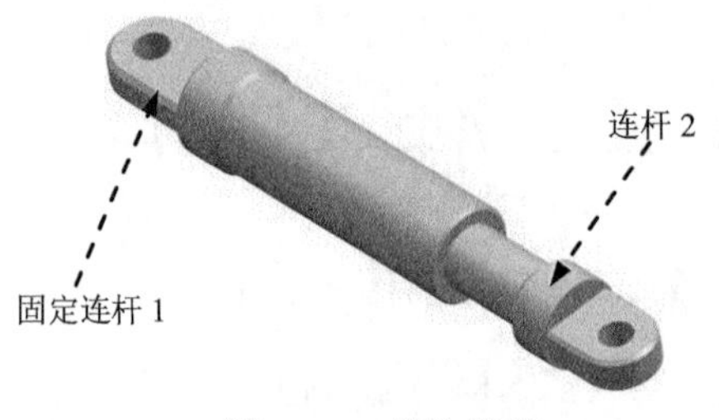

图 4.3.1 机构模型

（2）定义运动副类型。在"运动副"对话框 定义 选项卡的 类型 下拉列表中选择 滑动副 选项。

（3）定义参考连杆。选取图 4.3.1 所示的连杆 2 为参考连杆。

（4）定义移动原点。在"运动副"对话框 操作 区域的 指定原点 下拉列表中选择"圆弧中心" 选项，在模型中选取图 4.3.2 所示的圆弧为原点参考。

（5）定义平移矢量。在 操作 区域的 方位类型 下拉列表中选择 矢量 选项，在模型中选取图 4.3.2 所示的面为矢量参考，方向如图 4.3.3 所示。

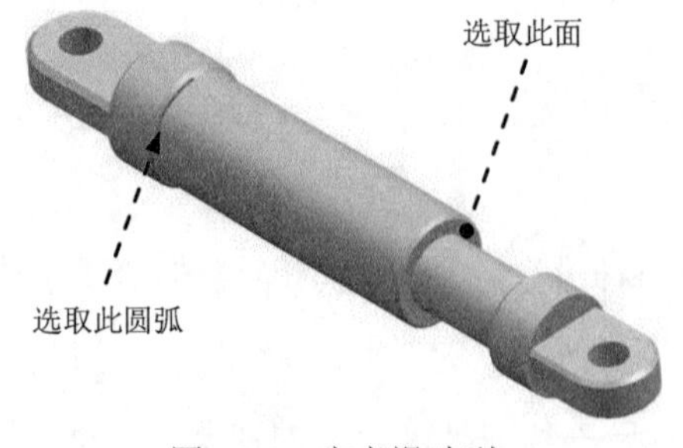

图 4.3.2 定义滑动副

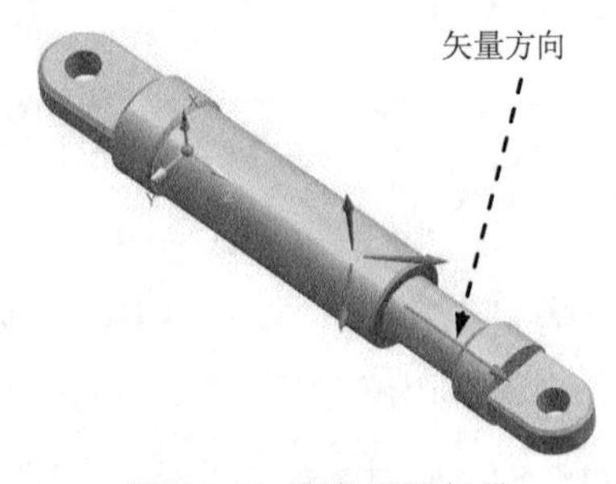

图 4.3.3 定义平移矢量

（6）定义运动极限。选中"运动副"对话框 极限 区域中的 ☑ 极限 复选框，在 上限 文本框中输入值 350，在 下限 文本框中输入值 0，如图 4.3.4 所示。

Step5. 定义驱动。单击"运动副"对话框中的 驱动 选项卡；在 平移 下拉列表中选择 恒定选项；在初速度文本框中输入值10；单击确定按钮，完成滑动副的创建。

Step6. 定义解算方案并求解。选择下拉菜单插入(S) ➡ 解算方案(I)...命令，系统弹出“解算方案”对话框；在解算方案类型下拉列表中选择常规驱动选项；在分析类型下拉列表中选择运动学/动力学选项；在时间文本框中输入值30；在步数文本框中输入值150；选中对话框中的☑通过按“确定”进行解算复选框；单击确定按钮，完成解算方案的定义。

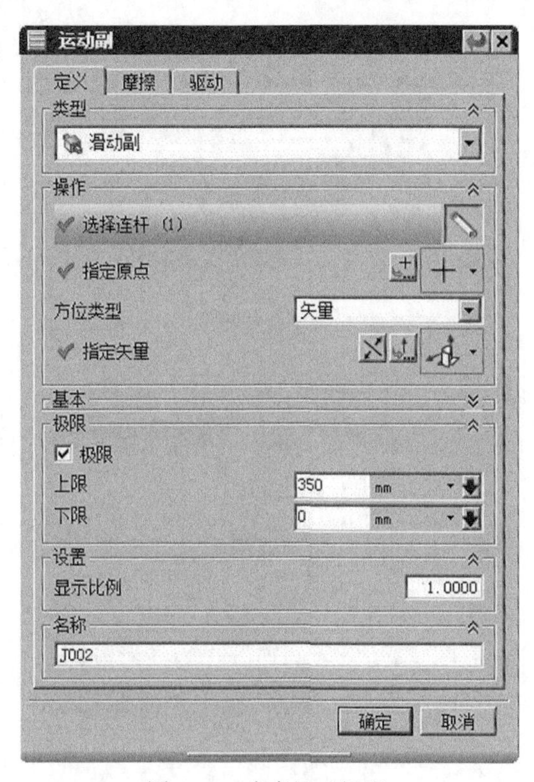

图4.3.4　定义运动极限

Step7. 定义动画。在“动画控制”工具条中单击“播放”按钮，查看机构运动；单击“导出至电影”按钮，输入名称“slider”，保存动画；单击“完成动画”按钮。

Step8. 选择下拉菜单文件(F) ➡ 保存(S)命令，保存模型。

4.4　柱　面　副

柱面副连接的连杆既可以绕轴线相对于附着元件转动，也可以沿轴线平移，柱面副提供一个旋转自由度和一个平移自由度。柱面副可以作为运动驱动，但是柱面副不能定义运动的极限范围，如果需要定义运动极限范围，可以将柱面副用一个旋转副和一个滑动副替代。

下面举例说明柱面副的定义过程。

Step1. 打开装配模型。打开文件 D:\ug10.16\work\ch04.04\ cylindrical.prt。

Step2. 进入运动仿真模块。选择 启动 → 运动仿真(O)... 命令，进入运动仿真模块。

Step3. 激活运动仿真文件。在“运动导航器”中右击 motion_1 节点，在系统弹出的快捷菜单中选择 设为工作状态 命令。

说明：在图 4.4.1 所示的机构中，已经创建了一组仿真文件并定义了固定连杆 1 和连杆 2。

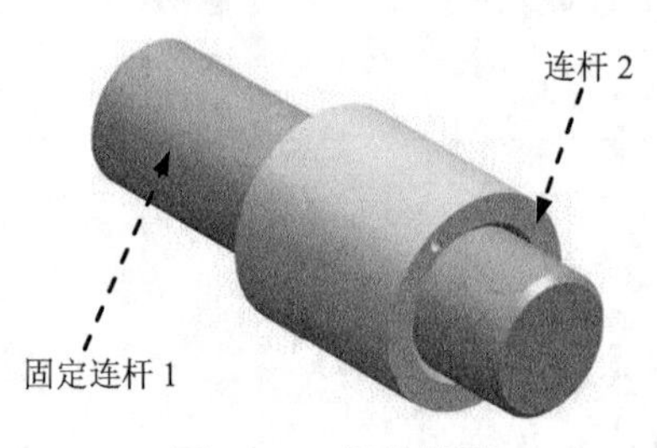

图 4.4.1　机构模型

Step4. 定义连杆 2 和连杆 1 之间的柱面副。

（1）选择命令。选择下拉菜单 插入(S) → 运动副(J)... 命令，系统弹出“运动副”对话框。

（2）定义运动副类型。在“运动副”对话框 定义 选项卡的 类型 下拉列表中选择 柱面副 选项。

（3）定义参考连杆。选取图 4.4.1 所示的连杆 2 为参考连杆。

（4）定义原点。在“运动副”对话框 操作 区域的 指定原点 下拉列表中选择“圆弧中心” 选项，在模型中选取图 4.4.2 所示的圆弧为原点参考。

（5）定义矢量。在 操作 区域的 方位类型 下拉列表中选择 矢量 选项，在模型中选取图 4.4.2 所示的面为矢量参考，方向如图 4.4.3 所示。

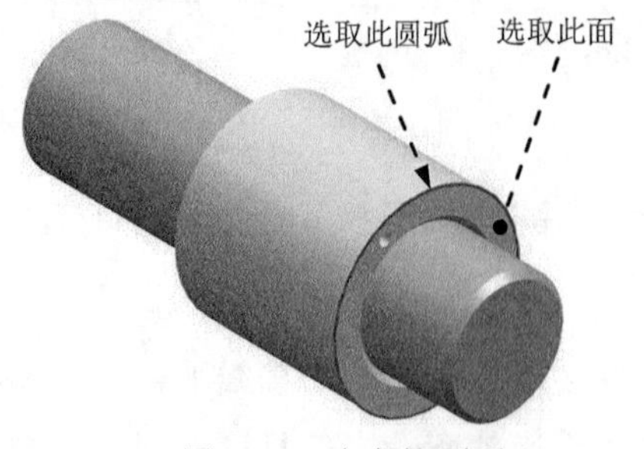

图 4.4.2　定义柱面副

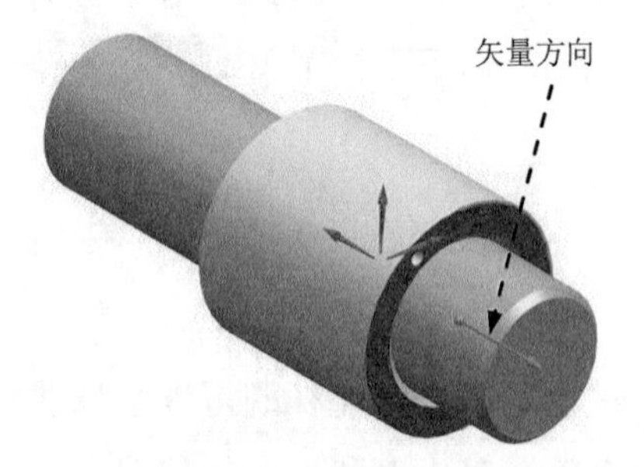

图 4.4.3　定义矢量

Step5. 定义驱动。单击“运动副”对话框中的 驱动 选项卡；在 旋转 下拉列表中选择 恒定 选项；在 初速度 文本框中输入值 30；在 平移 下拉列表中选择 恒定 选项；在 初速度 文本框中输入值 5；单击确定按钮，完成柱面副的创建，如图 4.4.4 所示。

Step6. 定义解算方案并求解。选择下拉菜单插入(S) → 解算方案(I)...命令，系统弹出“解算方案”对话框；在解算方案类型下拉列表中选择常规驱动选项；在分析类型下拉列表中选择运动学/动力学选项；在时间文本框中输入值 10；在步数文本框中输入值 150；选中对话框中的☑ 通过按“确定”进行解算复选框；单击确定按钮，完成解算方案的定义。

图 4.4.4　“驱动”选项卡

Step7. 定义动画。在“动画控制”工具条中单击“播放”按钮，查看机构运动；单击“导出至电影”按钮，输入名称“cylindrical”，保存动画；单击“完成动画”按钮。

Step8. 选择下拉菜单文件(F) → 保存(S)命令，保存模型。

4.5　螺　旋　副

螺旋副可以看做是旋转副和滑动副的组合，它可以约束参考连杆沿直线进行平移和旋转运动，并且平移运动和旋转运动通过螺旋副比率（螺距）进行关联，这里螺旋副比率指的是当连杆旋转一周时，沿着参考方向的移动距离。使用螺旋副和柱面副可以模拟螺栓和螺母的运动，但是螺旋副不能作为运动驱动。

下面举例说明螺旋副的创建过程。

Step1. 打开装配模型。打开文件 D:\ug10.16\work\ch04.05\ screw.prt。

Step2. 进入运动仿真模块。选择启动 → 运动仿真(O)...命令，进入运动仿真模块。

Step3. 激活运动仿真文件。在“运动导航器”中右击motion_1节点，在系统弹出的快捷菜单中选择设为工作状态命令。

说明：在图 4.5.1 所示的机构中，已经创建了一组仿真文件并定义了固定连杆 1 和连杆 2。

Step4. 定义连杆 2 和连杆 1 之间的螺旋副。

（1）选择命令。选择下拉菜单 插入(S) → 运动副(J)... 命令，系统弹出“运动副”对话框。

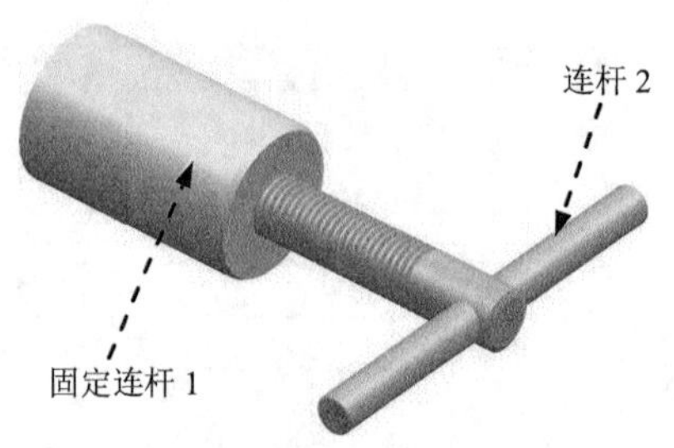

图 4.5.1 机构模型

（2）定义运动副类型。在“运动副”对话框 定义 选项卡的 类型 下拉列表中选择 螺旋副 选项。

（3）定义参考连杆。选取图 4.5.1 所示的连杆 2 为参考连杆。

（4）定义原点。在“运动副”对话框 操作 区域的 指定原点 下拉列表中选择“圆弧中心”选项，在模型中选取图 4.5.2 所示的圆弧为原点参考。

（5）定义矢量。在 操作 区域的 方位类型 下拉列表中选择 矢量 选项，在模型中选取图 4.5.2 所示的面为矢量参考，单击反向按钮，使方向如图 4.5.3 所示。

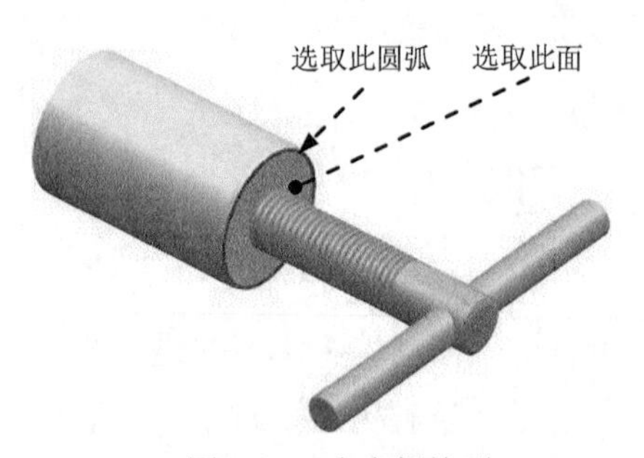

图 4.5.2 定义螺旋副

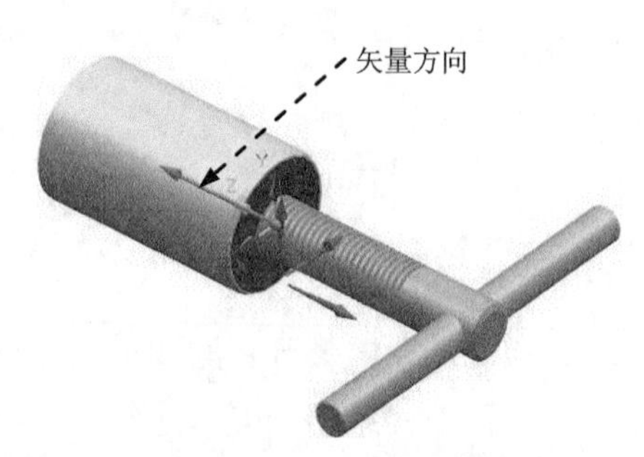

图 4.5.3 定义螺旋副矢量

（6）定义螺旋副比率。在“运动副”对话框 设置 区域的 螺旋副比率 文本框中输入值 2.5，如图 4.5.4 所示。

（7）单击 确定 按钮，完成螺旋副的创建。

Step5. 定义连杆 2 和连杆 1 之间的柱面副。

（1）选择命令。选择下拉菜单 插入(S) → 运动副(J)... 命令，系统弹出“运动副”对话框。

（2）定义运动副类型。在“运动副”对话框定义选项卡的类型下拉列表中选择柱面副选项。

（3）定义参考连杆。选取图 4.5.1 所示的连杆 2 为参考连杆。

（4）定义原点。在“运动副”对话框操作区域的指定原点下拉列表中选择“圆弧中心”选项，在模型中选取图 4.5.2 所示的圆弧为原点参考。

（5）定义平移矢量。在操作区域的方位类型下拉列表中选择矢量选项，在模型中选取图 4.5.2 所示的面为矢量参考，方向如图 4.5.5 所示。

图 4.5.4　定义螺旋副比率

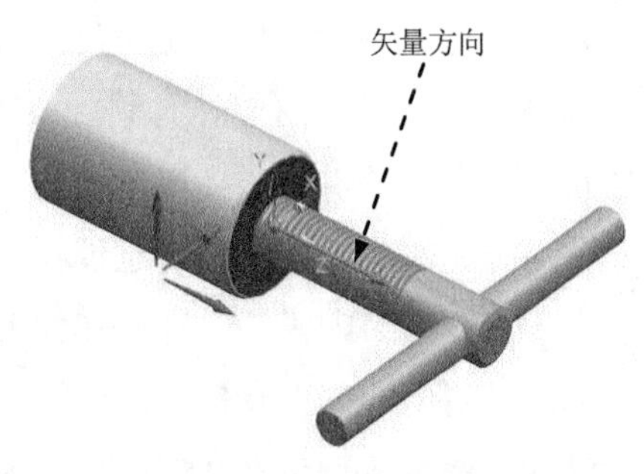

图 4.5.5　定义柱面副矢量

Step6. 定义驱动。单击“运动副”对话框中的驱动选项卡；在旋转下拉列表中选择恒定选项；在初速度文本框中输入值 120；单击确定按钮，完成柱面副的创建。

Step7. 定义解算方案并求解。选择下拉菜单插入(S) → 解算方案(I)...命令，系统弹出“解算方案”对话框；在解算方案类型下拉列表中选择常规驱动选项；在分析类型下拉列表中选择运动学/动力学选项；在时间文本框中输入值 30；在步数文本框中输入值 150；选中对话框中的通过按“确定”进行解算复选框；单击确定按钮，完成解算方案的定义。

说明：在本例中解算方案解算完成后，系统可能会弹出图 4.5.6 所示的信息提示框，提示当前机构中的约束有冗余约束，这是由于当前默认使用的是“RecurDyn”求解器，在该求解器的解算中，螺旋副已被默认为一种特殊的柱面副，如果继续添加柱面副，则系统会判定柱面副是冗余的，并自动将多余的约束删除。

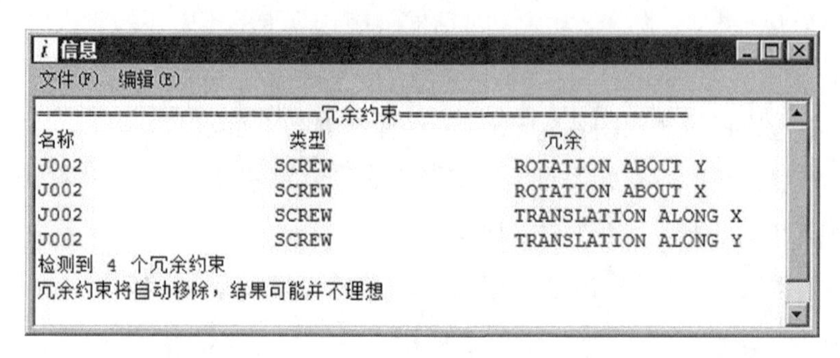

图 4.5.6 “信息”提示框

Step8. 定义动画。在“动画控制”工具条中单击“播放”按钮，查看机构运动；单击“导出至电影”按钮，输入名称“screw”，保存动画；单击“完成动画”按钮。

Step9. 选择下拉菜单文件(F) → 保存(S)命令，保存模型。

4.6 万 向 节

万向节可以使两个成一定角度的连杆以一点为参考进行转动，转动轴的交点就是参考点，同时也是定义万向节时的原点，所以在设计和组装万向节机构时，要注意定义参考点的位置。万向节提供两个旋转自由度，它不能定义极限运动范围，也不能作为驱动。

下面举例说明万向节的创建过程。

Step1. 打开装配模型。打开文件 D:\ug10.16\work\ch04.06\ Universal.prt。

Step2. 进入运动仿真模块。选择启动 → 运动仿真(O)...命令，进入运动仿真模块。

Step3. 激活运动仿真文件。在“运动导航器”中右击motion_1节点，在系统弹出的快捷菜单中选择设为工作状态命令。

说明：在图 4.6.1 所示的机构中，已经创建了一组仿真文件并完成 3 个连杆的定义，该机构中没有定义固定连杆。

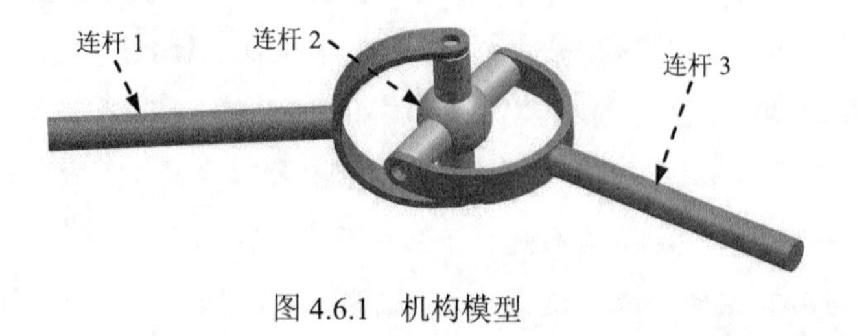

图 4.6.1 机构模型

Step4. 定义连杆 1 中的旋转副。选择下拉菜单插入(S) → 运动副(J)...命令，系统弹出“运动副”对话框；在“运动副”对话框定义选项卡的类型下拉列表中选择旋转副选项；选取图 4.6.1 所示的连杆 1 为参考连杆；在“运动副”对话框操作区域的指定原点下拉列表中选择“圆弧中心”选项，在模型中选取图 4.6.2 所示的圆弧为原点参考；在操作区域的方位类型下拉列表中选择矢量选项，在模型中选取图 4.6.2 所示的面为矢量参考；单击确定按钮，完成旋转副的创建。

图 4.6.2　定义连杆 1 中的旋转副

Step5. 定义连杆 3 中的旋转副。

（1）选择下拉菜单插入(S) → 运动副(J)...命令，系统弹出“运动副”对话框；在“运动副”对话框定义选项卡的类型下拉列表中选择旋转副选项；选取图 4.6.1 所示的连杆 3 为参考连杆；在“运动副”对话框操作区域的指定原点下拉列表中选择“圆弧中心”选项，在模型中选取图 4.6.3 所示的圆弧为原点参考；在操作区域的方位类型下拉列表中选择矢量选项，在模型中选取图 4.6.3 所示的面为矢量参考。

（2）单击“运动副”对话框中的驱动选项卡；在旋转下拉列表中选择恒定选项；在初速度文本框中输入值 120。

（3）单击确定按钮，完成旋转副的创建。

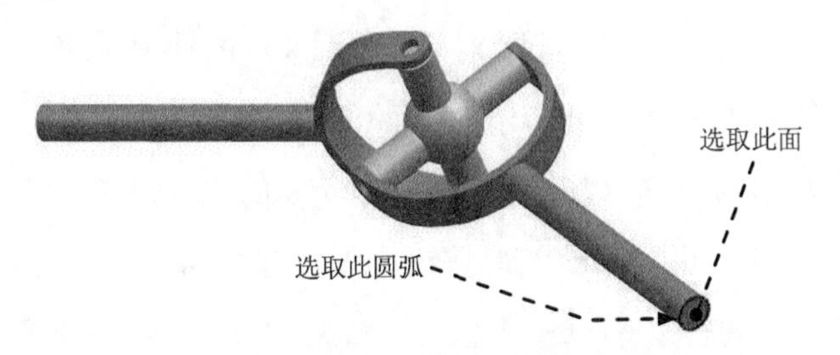

图 4.6.3　定义连杆 3 中的旋转副

Step6. 定义连杆 2 和连杆 1 中的旋转副。

（1）选择下拉菜单插入(S) → 运动副(J)...命令，系统弹出“运动副”对话框；在“运动副”对话框定义选项卡的类型下拉列表中选择旋转副选项；选取图 4.6.4 所示的连杆 2 为参考连杆；在“运动副”对话框操作区域的指定原点下拉列表中选择“圆弧中心”选项，在模型中选取图 4.6.4 所示的球面（曲面 1）为原点参考；在操作区域的方位类型下拉列表中选择矢量选项，在模型中选取图 4.6.4 所示的曲面 2 为矢量参考。

（2）在“运动副”对话框的基本区域中选中☑啮合连杆复选框；单击基本区域中的

选择连杆 (0) 按钮，选取图 4.6.4 所示的连杆 1 为啮合连杆；在基本区域的指定原点下拉列表中选择“圆弧中心”选项，在模型中选取图 4.6.4 所示的球面（曲面 1）为原点参考；在基本区域的方位类型下拉列表中选择矢量选项，在模型中选取图 4.6.4 所示的曲面 2 为矢量参考。

（3）单击确定按钮，完成旋转副的创建。

Step7. 参照 Step6 的操作步骤，定义连杆 2 和连杆 3 中的旋转副。选取图 4.6.4 所示的连杆 2 为参考连杆；选取图 4.6.4 所示的连杆 3 为啮合连杆；选取图 4.6.4 所示的球面（曲面 1）为原点参考；选取图 4.6.4 所示的曲面 3 为矢量参考。

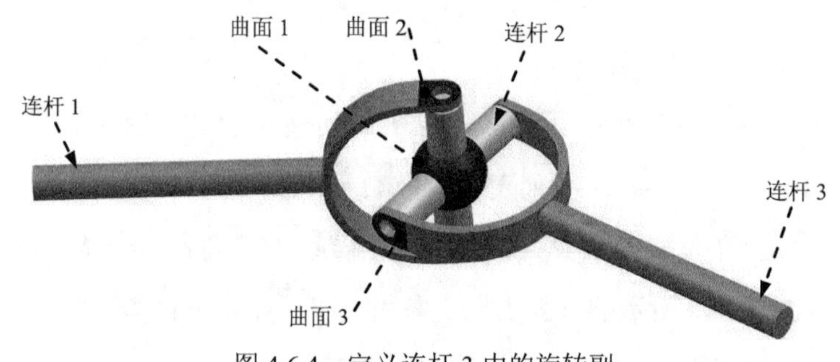

图 4.6.4　定义连杆 3 中的旋转副

Step8. 定义连杆 3 和连杆 1 中的万向节。

（1）选择命令。选择下拉菜单插入(S) → 运动副(J)... 命令，系统弹出“运动副”对话框；在“运动副”对话框定义选项卡的类型下拉列表中选择万向节选项；选取图 4.6.4 所示的连杆 3 为参考连杆；在“运动副”对话框操作区域的指定原点下拉列表中选择“圆弧中心”选项，在模型中选取图 4.6.4 所示的球面（曲面 1）为原点参考；在操作区域的方位类型下拉列表中选择矢量选项，在模型中选取图 4.6.3 所示的面为矢量参考。

（2）单击基本区域中的选择连杆 (0) 按钮，选取图 4.6.4 所示的连杆 1 为配合连杆，在基本区域的方位类型下拉列表中选择矢量选项，在模型中选取图 4.6.2 所示的曲面为矢量参考。

（3）单击确定按钮，完成万向节的创建。

Step9. 定义解算方案并求解。选择下拉菜单插入(S) → 解算方案(I)... 命令，系统弹出“解算方案”对话框；在解算方案类型下拉列表中选择常规驱动选项；在分析类型下拉列表中选择运动学/动力学选项；在时间文本框中输入值 10；在步数文本框中输入值 150；选中对话框中的☑ 通过按“确定”进行解算复选框；单击确定按钮，完成解算方案的定义。

说明：解算方案解算完成后，系统会自动将冗余的约束删除。

Step10. 定义动画。在“动画控制”工具条中单击“播放”按钮▶，查看机构运动；单击“导出至电影”按钮，输入名称“Universal”，保存动画；单击“完成动画”按钮。

Step11. 选择下拉菜单 文件(F) → 保存(S) 命令，保存模型。

4.7 球 面 副

球面副常用在球和铰套的机构仿真中，它可以使两个连杆绕某点进行旋转，提供 3 个旋转自由度。在定义球面副时，只需定义连杆和原点即可，球面副不能定义运动极限也不能作为驱动。

下面举例说明球面副的创建过程。

Step1. 打开装配模型。打开文件 D:\ug10.16\work\ch04.07\ ball.prt。

Step2. 进入运动仿真模块。选择 启动 → 运动仿真(O)... 命令，进入运动仿真模块。

Step3. 激活运动仿真文件。在“运动导航器”中右击 motion_1 节点，在系统弹出的快捷菜单中选择 设为工作状态 命令。

说明：在图 4.7.1 所示的机构中，已经创建了一组仿真文件并定义了固定连杆 1 和连杆 2。

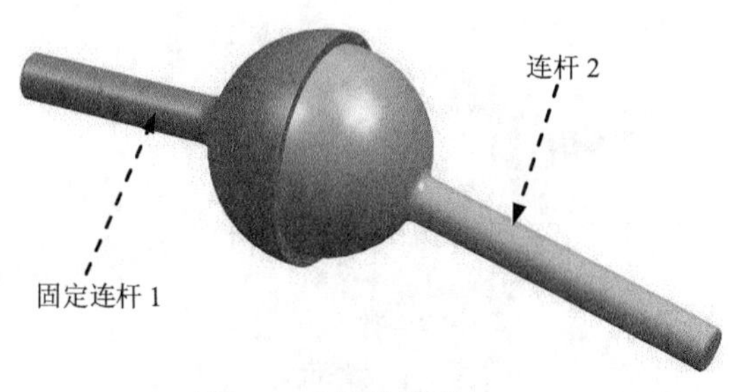

图 4.7.1 机构模型

Step4. 定义连杆 2 中的旋转副。

（1）选择下拉菜单 插入(S) → 运动副(J)... 命令，系统弹出“运动副”对话框；在“运动副”对话框 定义 选项卡的 类型 下拉列表中选择 旋转副 选项；选取图 4.7.1 所示的连杆 2 为参考连杆。

（2）在“运动副”对话框 操作 区域的 指定原点 按钮右侧单击“点对话框”按钮，在“点”对话框的 类型 下拉列表中选择 自动判断的点 选项，在 输出坐标 区域的 参考 下拉列表中选择 WCS 选项，然后在 XC 文本框中输入值-18，在 YC 和 ZC 文本框中输入值 0，单击 确定 按钮，完成原点的定义；在 操作 区域的 方位类型 下拉列表中选择 矢量 选项，在 指定矢量 下拉列表中选择 XC 为矢量。

（3）单击“运动副”对话框中的 驱动 选项卡；在 旋转 下拉列表中选择 恒定 选项；在 初速度

文本框中输入值 60。

（4）单击 确定 按钮，完成旋转副的创建。

Step5. 定义连杆 2 和连杆 1 之间的球面副。

（1）选择下拉菜单 插入(S) → 运动副(J)... 命令，系统弹出“运动副”对话框；在“运动副”对话框 定义 选项卡的 类型 下拉列表中选择 球面副 选项；选取图 4.7.2 所示的连杆 2 为参考连杆。

（2）在“运动副”对话框 操作 区域的 指定原点 下拉列表中选择“圆弧中心” 选项，在模型中选取图 4.7.2 所示的球面（曲面 1）为原点参考；在 操作 区域的 方位类型 下拉列表中选择 矢量 选项，在 指定矢量 下拉列表中选择 XC 为矢量。

（3）在“运动副”对话框的 基本 区域中选中 ☑ 啮合连杆 复选框；单击 基本 区域中的 * 选择连杆 (0) 按钮，选取图 4.7.1 所示的连杆 1 为啮合连杆；在 基本 区域的 指定原点 下拉列表中选择“圆弧中心” 选项，在模型中选取图 4.7.2 所示的球面（曲面 1）为原点参考；在 操作 区域的 方位类型 下拉列表中选择 矢量 选项，在 指定矢量 下拉列表中选择 XC 为矢量。

（4）单击 确定 按钮，完成球面副的创建。

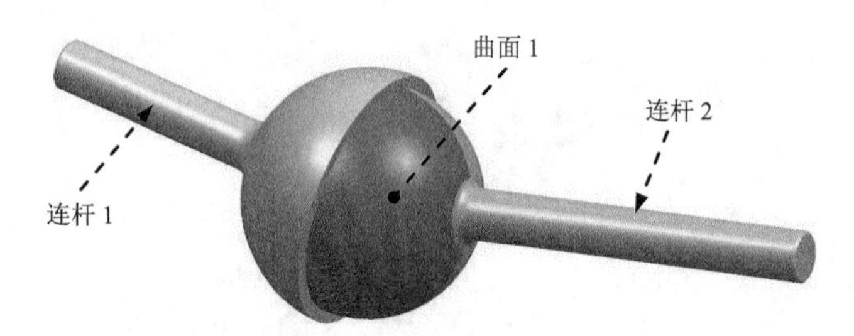

图 4.7.2 定义球面副

Step6. 定义解算方案并求解。选择下拉菜单 插入(S) → 解算方案(I)... 命令，系统弹出“解算方案”对话框；在 解算方案类型 下拉列表中选择 常规驱动 选项；在 分析类型 下拉列表中选择 运动学/动力学 选项；在 时间 文本框中输入值 10；在 步数 文本框中输入值 300；选中对话框中的 ☑ 通过按“确定”进行解算 复选框；单击 确定 按钮，完成解算方案的定义。

Step7. 定义动画。在“动画控制”工具条中单击“播放”按钮，查看机构运动；单击“导出至电影”按钮，输入名称“ball”，保存动画；单击“完成动画”按钮。

Step8. 选择下拉菜单 文件(F) → 保存(S) 命令，保存模型。

4.8　平　面　副

平面副连接的连杆既可以在相互接触的平面上自由滑动，也可以绕着垂直于该平面的轴线进行相对旋转，提供两个平移自由度和一个旋转自由度，平面副不能作为运动驱动。在创建平面副时，定义的原点和矢量方向共同决定接触平面，其中原点决定平面的位置，矢量决定接触平面法向。

下面举例说明平面副的创建过程，在图 4.8.1 所示的机构中，已经创建了一组仿真文件并定义了固定连杆 1 和连杆 2，本例模拟的是滑块（连杆 2）在斜面上由于重力的作用向下滑动的过程。

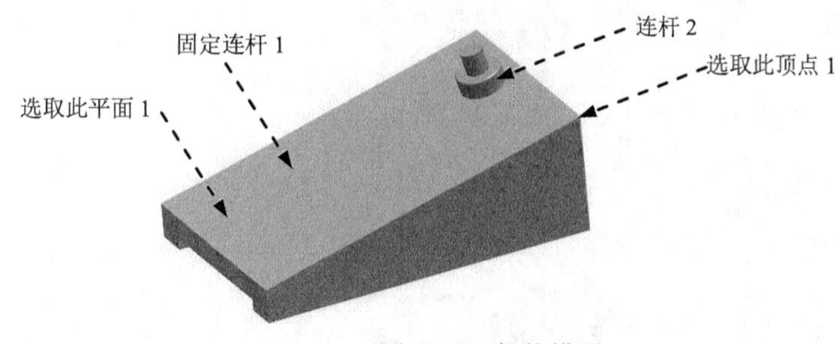

图 4.8.1　机构模型

Step1. 打开装配模型。打开文件 D:\ug10.16\work\ch04.08\ planar.prt。

Step2. 进入运动仿真模块。选择 启动 → 运动仿真(O)... 命令，进入运动仿真模块。

Step3. 激活运动仿真文件。在“运动导航器”中右击 motion_1 节点，在系统弹出的快捷菜单中选择 设为工作状态 命令。

Step4. 定义连杆 2 和连杆 1 中的平面副。

（1）选择下拉菜单 插入(S) → 运动副(J)... 命令，系统弹出“运动副”对话框；在“运动副”对话框 定义 选项卡的 类型 下拉列表中选择 平面副 选项；选取图 4.8.1 所示的连杆 2 为参考连杆；在“运动副”对话框 操作 区域的 指定原点 下拉列表中选择“终点”选项，在模型中选取图 4.8.1 所示的顶点 1 为原点参考；在 操作 区域的 方位类型 下拉列表中选择 矢量 选项，在模型中选取图 4.8.1 所示的平面 1 为矢量参考。

（2）在“运动副”对话框的 基本 区域中选中 啮合连杆 复选框；单击 基本 区域中的 选择连杆(0) 按钮，选取图 4.8.1 所示的连杆 1 为啮合连杆；在“运动副”对话框 操作 区域的 指定原点 下拉列表中选择“终点”选项，在模型中选取图 4.8.1 所示的顶点 1 为原点参考；在 操作 区域的 方位类型 下拉列表中选择 矢量 选项，在模型中选取图 4.8.1 所示的平面 1 为矢量参考。

（3）单击 确定 按钮，完成平面副的创建。

Step5. 定义解算方案并求解。

（1）选择下拉菜单 插入(S) → 解算方案(I)... 命令，系统弹出“解算方案”对话框；在 解算方案类型 下拉列表中选择 常规驱动 选项；在 分析类型 下拉列表中选择 运动学/动力学 选项；在 时间 文本框中输入值 0.3；在 步数 文本框中输入值 100；选中对话框中的 ☑ 通过按“确定”进行解算 复选框。

（2）设置重力方向。在“解算方案”对话框 重力 区域的矢量下拉列表中选择 ZC↑ 选项，其他重力参数按系统默认设置值，如图 4.8.2 所示。

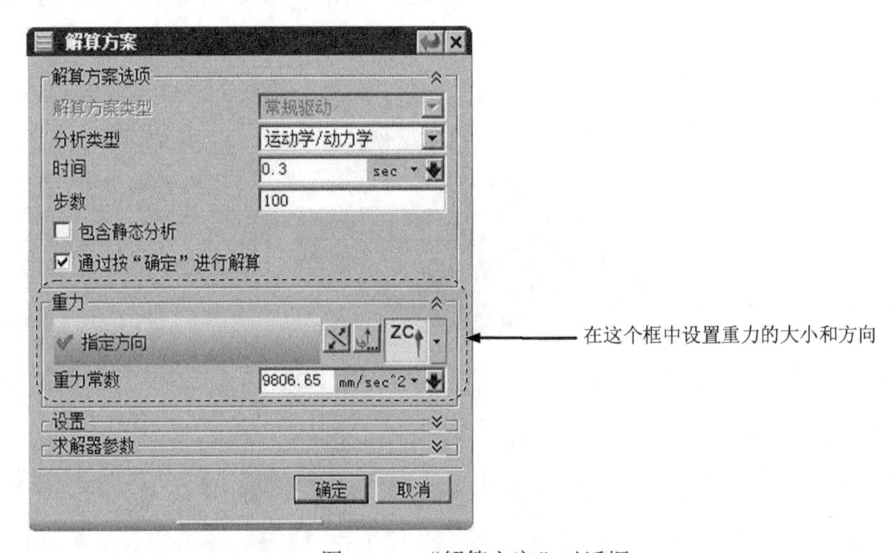

图 4.8.2 “解算方案”对话框

（3）单击 确定 按钮，完成解算方案的定义。

Step6. 定义动画。在“动画控制”工具条中单击“播放”按钮▶，查看机构运动；单击“导出至电影”按钮，输入名称“planar”，保存动画；单击“完成动画”按钮。

Step7. 选择下拉菜单 文件(F) → 保存(S) 命令，保存模型。

4.9 点在线上副

点在线上副可以使连杆中的一点始终在一条曲线上运动。点可以是基准点或元件中的顶点，曲线可以是草绘的平面曲线或 3D 曲线。由于机构在运动时不会考虑连杆之间的干涉，所以在创建连接时要注意点和曲线的相对位置。另外，为了获得较好的仿真效果，在装配机构模型时最好将参考点预先约束在参考曲线之上。

下面举例说明点在线上副的创建过程，在图 4.9.1 所示的机构中，已经创建了一组仿真文件并定义了固定连杆 1 和连杆 2，本例模拟的是圆球（连杆 2）在重力的作用下沿螺旋线下落的过程。

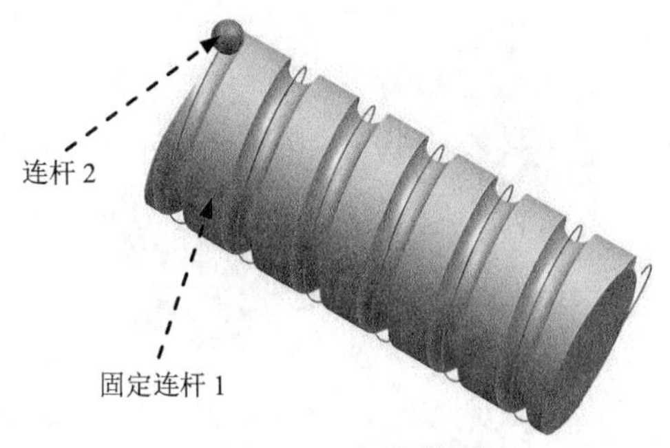

图 4.9.1　机构模型

Step1. 打开装配模型。打开文件 D:\ug10.16\work\ch04.09\ point_on_curve.prt。

Step2. 进入运动仿真模块。选择 启动 → 运动仿真(O)... 命令，进入运动仿真模块。

Step3. 激活运动仿真文件。在“运动导航器”中右击 motion_1 节点，在系统弹出的快捷菜单中选择 设为工作状态 命令。

Step4. 定义连杆 2 和连杆 1 中的点在线上副。

（1）选择下拉菜单 插入(S) → 约束(T) → 点在线上副(N)... 命令，系统弹出图 4.9.2 所示的“点在线上副”对话框。

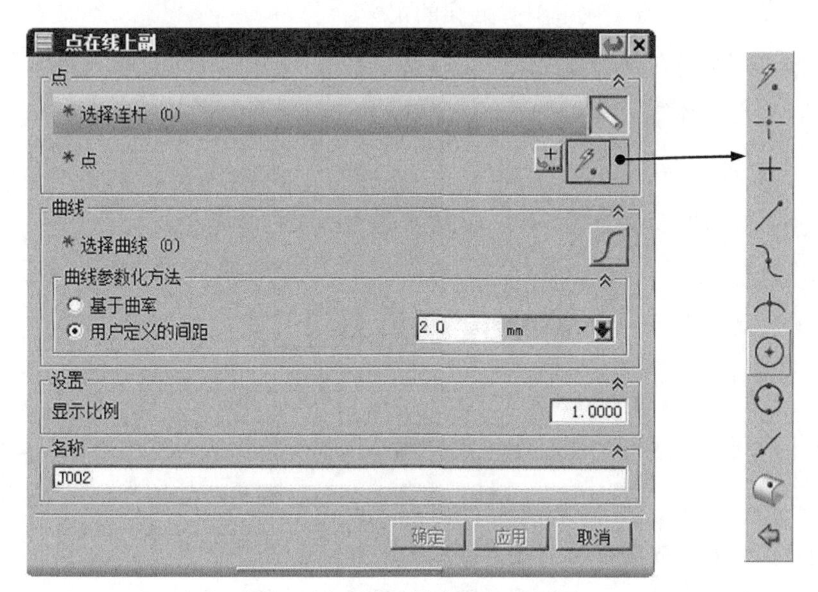

图 4.9.2　“点在线上副”对话框

（2）选取图 4.9.1 所示的连杆 2 为参考连杆；在 点 区域的“定义点”下拉列表中选择“圆

弧中心”选项，在模型中选取图 4.9.3 所示的球面为原点参考。

（3）在模型中选取图 4.9.3 所示的曲线为参考。

（4）单击确定按钮，完成点在线上副的创建。

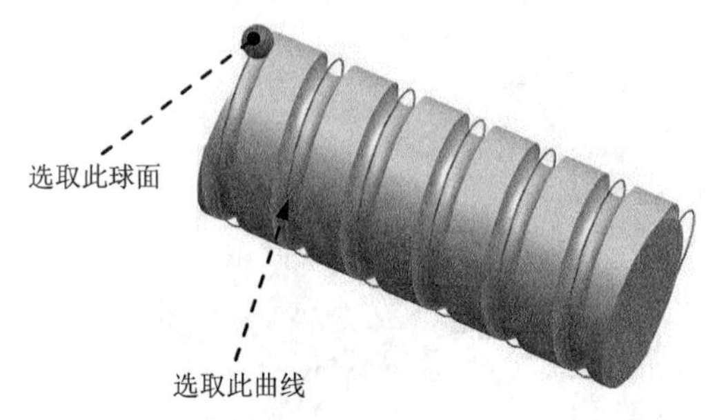

图 4.9.3　定义点在线上副

Step5. 定义解算方案并求解。

（1）选择下拉菜单插入(S) → 解算方案(I)...命令，系统弹出“解算方案”对话框；在解算方案类型下拉列表中选择常规驱动选项；在分析类型下拉列表中选择运动学/动力学选项；在时间文本框中输入值 2.5；在步数文本框中输入值 300；选中对话框中的☑ 通过按“确定”进行解算复选框。

（2）设置重力方向。在“解算方案”对话框重力区域的矢量下拉列表中选择-ZC选项，其他重力参数按系统默认设置值。

（3）单击确定按钮，完成解算方案的定义。

Step6. 定义动画。在“动画控制”工具条中单击“播放”按钮，查看机构运动；单击“导出至电影”按钮，输入名称“point_on_curve”，保存动画；单击“完成动画”按钮。

Step7. 选择下拉菜单文件(F) → 保存(S)命令，保存模型。

4.10　线在线上副

线在线上副可以约束两个连杆中一组曲线相接触并且相切，常用来模拟凸轮机构的运动。在机构运动过程中，线在线上副中的两参考曲线必须始终保持接触，不可脱离，在装配机构模型时，最好预先将参考曲线调整到接触并且相切的位置。

下面举例说明线在线上副的创建过程，在图 4.10.1 所示的机构中，已经创建了一组仿真文件并定义了固定连杆 1 和连杆 2，本例模拟的是圆柱滚子（连杆 2）在重力的作用下在槽内滚动最终静止的过程。

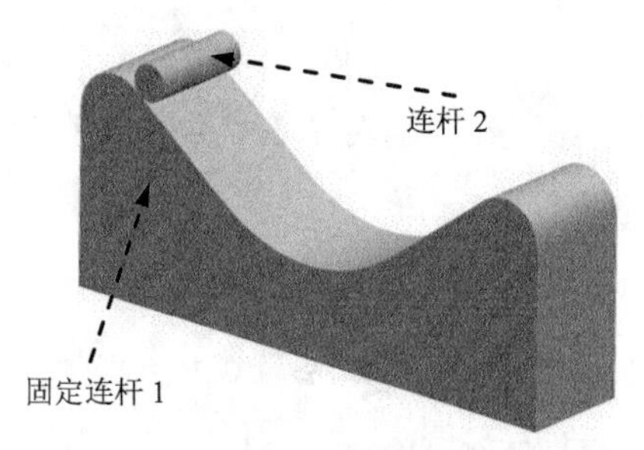

图 4.10.1　机构模型

Step1. 打开装配模型。打开文件 D:\ug10.16\work\ch04.10\ curve_on_curve.prt。

Step2. 进入运动仿真模块。选择 启动 → 运动仿真(O)... 命令，进入运动仿真模块。

Step3. 激活运动仿真文件。在"运动导航器"中右击 motion_1 节点，在系统弹出的快捷菜单中选择 设为工作状态 命令。

Step4. 定义连杆 2 和连杆 1 中的线在线上副。

（1）选择下拉菜单 插入(S) → 约束(T) → 线在线上副(N)... 命令，系统弹出图 4.10.2 所示的"线在线上副"对话框。

（2）选取图 4.10.3 所示的曲线 1 为第一曲线集；单击鼠标中键确认；选取图 4.10.3 所示的曲线 2 为第二曲线集。

（3）单击 确定 按钮，完成线在线上副的创建。

图 4.10.2　"线在线上副"对话框

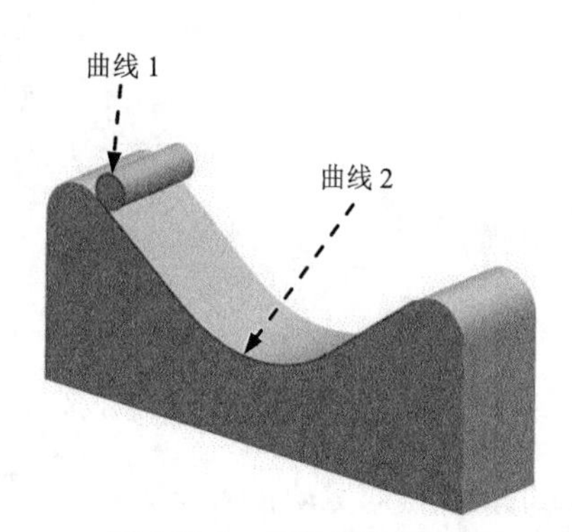

图 4.10.3　定义线在线上副

Step5. 定义解算方案并求解。

（1）选择下拉菜单 插入(S) → 解算方案(I)... 命令，系统弹出"解算方案"对话框；在 解算方案类型 下拉列表中选择 常规驱动 选项；在 分析类型 下拉列表中选择 运动学/动力学 选项；在 时间 文本框中输入值 10；在 步数 文本框中输入值 300；选中对话框中的 ☑ 通过按“确定”进行解算 复选框。

（2）设置重力方向。在“解算方案”对话框 重力 区域的矢量下拉列表中选择 -ZC 选项，其他重力参数按系统默认设置值。

（3）单击 确定 按钮，完成解算方案的定义。

Step6. 定义动画。在“动画控制”工具条中单击“播放”按钮，查看机构运动；单击“导出至电影”按钮，输入名称“curve _on_curve”，保存动画；单击“完成动画”按钮。

Step7. 选择下拉菜单 文件(F) → 保存(S) 命令，保存模型。

4.11　点在面上副

点在面上副可以约束连杆中的某点在一个曲面之上，在机构运动过程中，参考点和参考曲面必须始终保持接触，在装配机构模型时，最好预先将参考点调整到与参考曲面接触的位置。点在面上副可以用于模拟汽车刮水器的工作过程。

下面举例说明点在面上副的创建过程，在图 4.11.1 所示的机构中，已经创建了一组仿真文件并定义了固定连杆 1 和其他连杆，本例模拟的是探针（连杆 2）在曲面上滑动的过程。

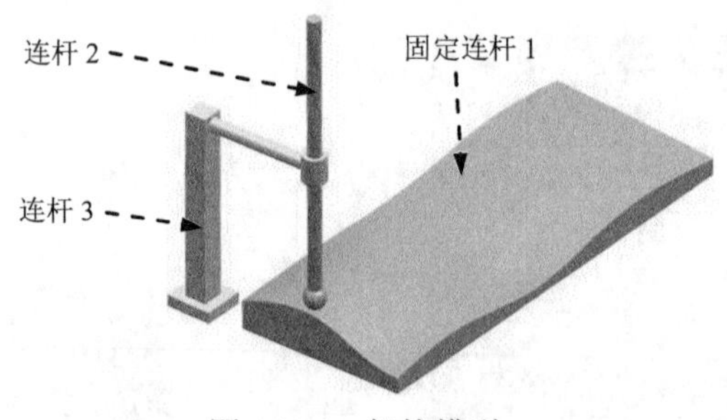

图 4.11.1　机构模型

Step1. 打开装配模型。打开文件 D:\ug10.16\work\ch04.11\ point_on_surface.prt。

Step2. 进入运动仿真模块。选择 启动 → 运动仿真(O)... 命令，进入运动仿真模块。

Step3. 激活运动仿真文件。在“运动导航器”中右击 motion_1 节点，在系统弹出的快捷菜单中选择 设为工作状态 命令。

Step4. 定义连杆 2 和连杆 1 中的点在面上副。

（1）选择下拉菜单 插入(S) → 约束(T) → 点在面上副(O)... 命令，系统弹出图 4.11.2 所示的“点在曲面上”对话框。

（2）选取图 4.11.1 所示的连杆 2 为参考连杆。

（3）在点区域中单击点按钮点，然后在右侧单击“点对话框”按钮，在“点”对话框的类型下拉列表中选择点在面上选项，在模型中选取图 4.11.3 所示的曲面 1（探针中的球面）为点的参考，然后在“点”对话框的U 向参数和V 向参数文本框中输入值 0，单击确定按钮，完成点的定义。

（4）在“点在曲面上”对话框中单击* 选择面 (0)按钮，在模型中选取图 4.11.3 所示的曲面 2 为参考曲面。

（5）单击确定按钮，完成点在面上副的创建。

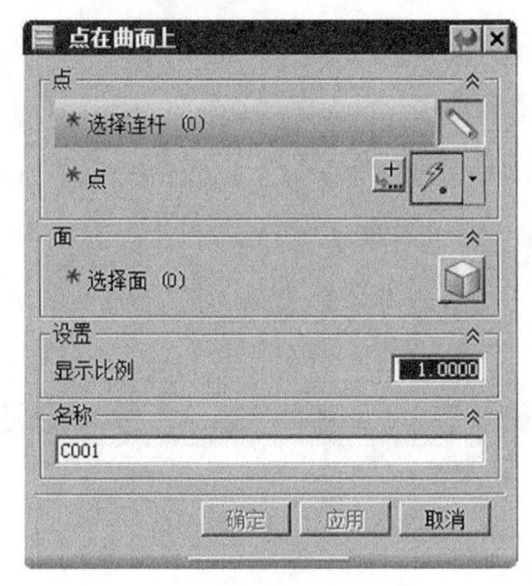

图 4.11.2　“点在曲面上”对话框

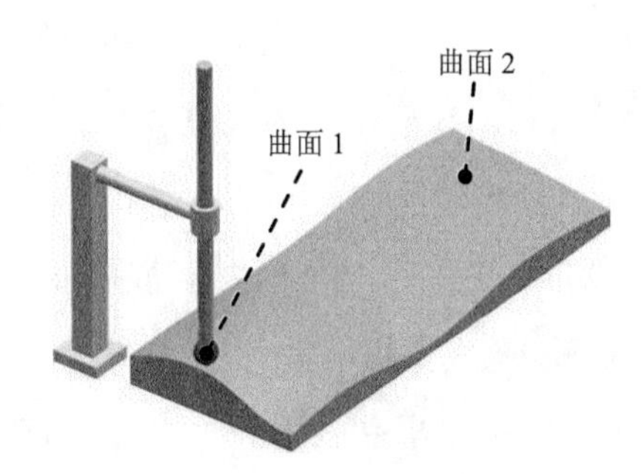

图 4.11.3　定义点在面上副

Step5. 定义连杆 2 和连杆 3 之间的滑动副。

（1）选择下拉菜单插入(S) → 运动副(J)...命令，系统弹出“运动副”对话框；在“运动副”对话框定义选项卡的类型下拉列表中选择滑动副选项；选取图 4.11.4 所示的连杆 2 为参考连杆；在“运动副”对话框操作区域的指定原点下拉列表中选择“圆弧中心”选项，在模型中选取图 4.11.4 所示的圆弧为原点参考；在操作区域的方位类型下拉列表中选择矢量选项，在模型中选取图 4.11.4 所示的面为矢量参考。

（2）在“运动副”对话框的基本区域中选中啮合连杆复选框；单击基本区域中的* 选择连杆 (0)按钮，选取图 4.11.4 所示的连杆 3 为啮合连杆；在“运动副”对话框操作区域的指定原点下拉列表中选择“圆弧中心”，在模型中选取图 4.11.4 所示的圆弧为原点参考；在操作区域的方位类型下拉列表中选择矢量选项，在模型中选取图 4.11.4 所示的面为矢量参考。

（3）单击确定按钮，完成滑动副的创建。

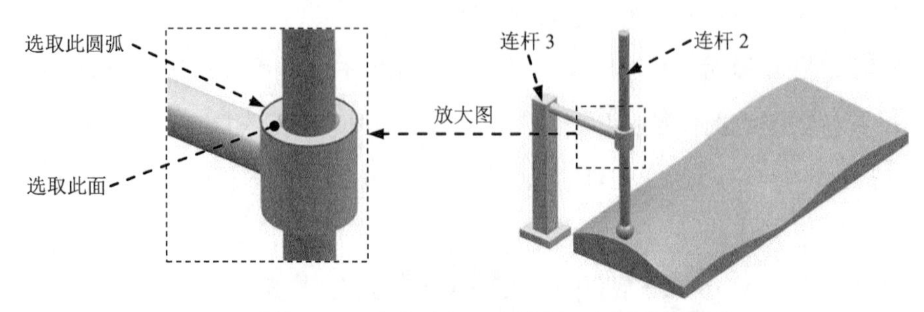

图 4.11.4　定义连杆 2 和连杆 3 之间的滑动副

Step6. 定义连杆 3 中的滑动副。

（1）定义参考。选择下拉菜单 插入(S) → 运动副(J)... 命令，系统弹出“运动副”对话框；在“运动副”对话框 定义 选项卡的 类型 下拉列表中选择 滑动副 选项；选取图 4.11.5 所示的连杆 3 为参考连杆；在“运动副”对话框 操作 区域的 指定原点 下拉列表中选择“终点”选项，在模型中选取图 4.11.5 所示的点为原点参考；在 操作 区域的 方位类型 下拉列表中选择 矢量 选项，在模型中选取图 4.11.5 所示的边线为矢量参考，单击反向按钮，使方向如图 4.11.5 所示。

（2）定义驱动。单击“运动副”对话框中的 驱动 选项卡；在 平移 下拉列表中选择 恒定 选项；在 初速度 文本框中输入值 20。

（3）单击 确定 按钮，完成滑动副的创建。

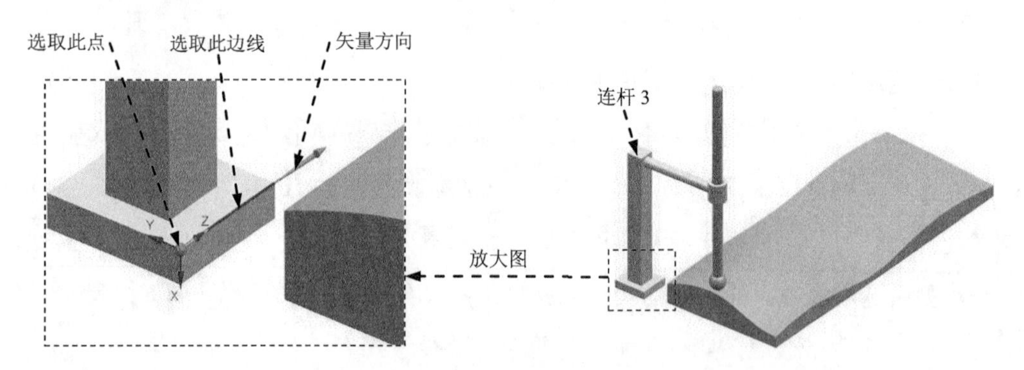

图 4.11.5　定义连杆 3 中的滑动副

Step7. 定义解算方案并求解。选择下拉菜单 插入(S) → 解算方案(I)... 命令，系统弹出“解算方案”对话框；在 解算方案类型 下拉列表中选择 常规驱动 选项；在 分析类型 下拉列表中选择 运动学/动力学 选项；在 时间 文本框中输入值 15；在 步数 文本框中输入值 300；选中对话框中的 通过按“确定”进行解算 复选框，单击 确定 按钮，完成解算方案的定义。

Step8. 定义动画。在“动画控制”工具条中单击“播放”按钮，查看机构运动；单击“导出至电影”按钮，输入名称“point_on_surface”，保存动画；单击“完成动画”按钮。

Step9. 选择下拉菜单文件(F) ➡ 保存(S)命令，保存模型。

4.12　其他运动副简介

在 UG 运动仿真中，系统还提供了一些其他的运动副与约束，下面进行简要说明。

1. 固定副

固定副就是将连杆完全固定，固定的连杆没有自由度。单个固定的连杆在机构运动时保持静止，如果是两个连杆啮合固定，则这两个连杆之间没有相对运动，但是它们可以作为一个整体相对于其他连杆进行运动，也可以在创建连杆时，将这两个连杆的实体同时选择成为一个连杆。

单个固定的连杆可以在定义连杆时直接在“连杆”对话框的设置区域中选中☑固定连杆复选框（图 4.12.1），系统会自动为连杆加上固定副。

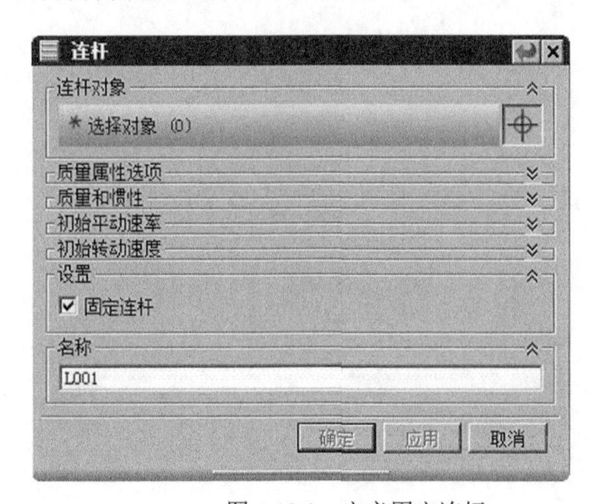

图 4.12.1　定义固定连杆

2. 等速

等速连接与万向节类似，也可以定义两个成一定角度的连杆以一点为参考进行转动。所不同的是万向节一般用在常见的十字轴万向节传动的仿真中，但是当十字轴万向节的主动轴与传动轴之间有夹角时，不能等速传递而产生转角差，使主、从动轴的角度周期性的不相等，因此十字轴万向节是不等速传动；而等速连接可以模拟当主、从动轴的角速度在两轴之间的夹角变动时仍然保持相等，所以等速连接常用于等速万向节的运动仿真，常见的有等速万向节有球笼式、球叉式、双联式、凸块式和三销式等。

3. 共点

共点约束可以定义运动仿真时两连杆中的点重合。

4. 共线

共线约束可以定义运动仿真时两连杆中的边线或轴线重合。

5. 共面

共面约束可以定义运动仿真时两连杆中的平面重合。

6. 平行

平行约束可以定义运动仿真时两连杆中的平面或直线平行。

7. 垂直

垂直约束可以定义运动仿真时两连杆中的平面或直线垂直。

第5章　传　动　副

本章提要　在一些常见机械设备中，有很多典型的运动机构，如齿轮机构、凸轮机构和带传动机构等。这些机构的运动仿真与普通连接的定义方法不同，有各自的特殊参数设置，本章主要介绍这些典型运动机构的定义方法，主要包括以下内容。

- 齿轮副
- 齿轮齿条副
- 线缆副
- 2-3 传动副

5.1　齿　轮　副

齿轮副模拟的是两齿轮的啮合运动，通过定义两个旋转副的转速比率，实现齿轮机构的运动仿真。要定义齿轮副，首先需要定义相互啮合齿轮的旋转副，使齿轮能够旋转，在齿轮的旋转副上面添加齿轮副，然后给某一个齿轮的旋转副添加驱动即可，齿轮副的主要作用就是将两个旋转副连接起来。在进行运动仿真前，最好先通过装配功能调整齿轮的位置，使其啮合良好。

下面说明创建齿轮机构的一般过程，图 5.1.1 所示是齿轮传动模型，小齿轮为主动轮，大齿轮为从动轮，传动比为 0.5。

图 5.1.1　齿轮传动模型

Step1. 打开装配模型。打开文件 D:\ug10.16\work\ch05.01\gear_motion.prt。

Step2. 进入运动仿真模块。选择 启动 → 运动仿真(Q)... 命令，进入运动仿真模块。

Step3. 新建运动仿真文件。在“运动导航器”中右击 gear_motion 节点，在系统弹出的快捷菜单中选择新建仿真命令，系统弹出“环境”对话框。

Step4. 设置运动环境。在“环境”对话框的分析类型区域选中动力学单选项；取消选中高级解算方案选项区域中的 3 个复选框；选中对话框中的基于组件的仿真复选框；在仿真名下方的文本框中采用默认的仿真名称“motion_1”；单击确定按钮。

Step5. 定义连杆 1。选择下拉菜单插入(S) → 链接(L)...命令，系统弹出“连杆”对话框；选取图 5.1.1 所示的小齿轮为连杆 1；在质量属性选项下拉列表中选择自动选项；在设置区域中取消选中固定连杆复选框；在名称文本框中采用默认的连杆名称“L001”；单击应用按钮，完成连杆 1 的定义。

Step6. 定义连杆 2。选取图 5.1.1 所示的大齿轮为连杆 2；在质量属性选项下拉列表中选择自动选项；在设置区域中取消选中固定连杆复选框；在名称文本框中采用默认的连杆名称“L002”；单击确定按钮，完成连杆 2 的定义。

Step7. 定义连杆 1 中的旋转副。

（1）选择下拉菜单插入(S) → 运动副(J)...命令，系统弹出“运动副”对话框；在“运动副”对话框定义选项卡的类型下拉列表中选择旋转副选项；在模型中选取图 5.1.2 所示的边线 1 为参考，系统自动选择连杆、原点及矢量方向。

（2）单击“运动副”对话框中的驱动选项卡；在旋转下拉列表中选择恒定选项；在初速度文本框中输入值 30。

（3）单击确定按钮，完成旋转副的定义。

Step8. 定义连杆 2 中的旋转副。

（1）选择下拉菜单插入(S) → 运动副(J)...命令，系统弹出“运动副”对话框；在“运动副”对话框定义选项卡的类型下拉列表中选择旋转副选项；在模型中选取图 5.1.2 所示的边线 2 为参考，系统自动选择连杆、原点及矢量方向。

（2）单击确定按钮，完成旋转副的定义。

图 5.1.2　定义旋转副

Step9. 定义齿轮副。

（1）选择下拉菜单 插入(S) → 传动副(E) → 齿轮副(G)... 命令，系统弹出图 5.1.3 所示的“齿轮副”对话框。

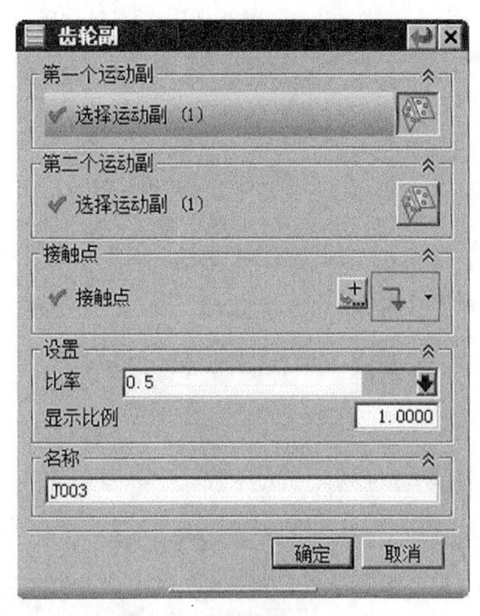

图 5.1.3 “齿轮副”对话框

（2）定义齿轮的参考运动副。单击“齿轮副”对话框 第一个运动副 区域中的 * 选择运动副 (0) 按钮，在“运动导航器”的 Joints 节点下选取旋转副 J001 为齿轮的第一个运动副；单击 第二运动副传动 区域中的 * 选择运动副 (0) 按钮，选取旋转副 J002 为齿轮的第二个运动副。

（3）定义参数。在“齿轮副”对话框 设置 区域的 比率 文本框中输入值 0.5，其余参数接受系统默认设置。

（4）单击 确定 按钮，完成齿轮副的定义，如图 5.1.4 所示。

图 5.1.4 定义齿轮副

说明：齿轮副也可以用于蜗轮蜗杆传动仿真。

Step10. 定义解算方案并求解。选择下拉菜单 插入(S) → 解算方案(I)... 命令，系统弹出“解算方案”对话框；在 解算方案类型 下拉列表中选择 常规驱动 选项；在 分析类型 下拉列表中选择 运动学/动力学 选项；在 时间 文本框中输入值 30；在 步数 文本框中输入值 300；

选中对话框中的☑通过按“确定”进行解算复选框；单击确定按钮，完成解算方案的定义。

Step11. 定义动画。在“动画控制”工具条中单击“播放”按钮▶，查看机构运动；单击“导出至电影”按钮，输入名称“gear_motion”，保存动画；单击“完成动画”按钮。

Step12. 选择下拉菜单文件(F) ➡ 保存(S)命令，保存模型。

5.2 齿轮齿条副

齿轮齿条副模拟的是齿轮和齿条的啮合运动关系，其本质是建立旋转副和滑动副的关联关系。定义齿轮齿条副首先需要定义齿轮的旋转运动副和齿条的滑动副，然后将旋转副和滑动副组合成齿轮齿条副即可。

下面以图 5.2.1 所示机构模型为例，说明创建齿轮齿条副的一般过程。

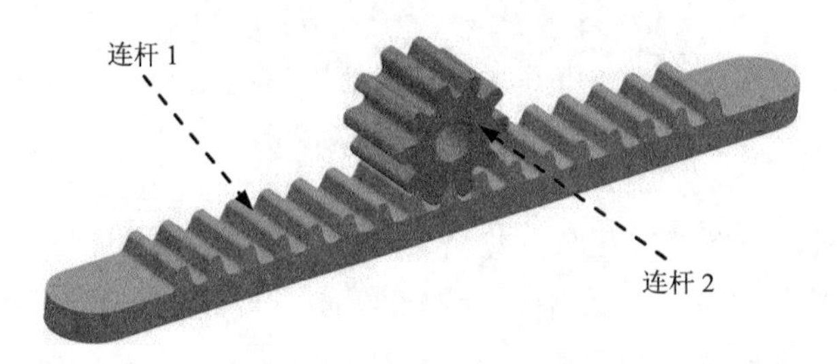

图 5.2.1　齿轮齿条机构模型

Step1. 打开装配模型。打开文件 D:\ug10.16\work\ch05.02\Rack_pinion.prt。

Step2. 进入运动仿真模块。选择启动 ➡ 运动仿真(O)...命令，进入运动仿真模块。

Step3. 新建运动仿真文件。在“运动导航器”中右击 Rack_pinion 节点，在系统弹出的快捷菜单中选择新建仿真命令，系统弹出“环境”对话框。

Step4. 设置运动环境。在“环境”对话框中的分析类型区域选中⊙动力学单选项；取消选中高级解算方案选项区域中的 3 个复选框；选中对话框中的☑基于组件的仿真复选框；在仿真名下方的文本框中采用默认的仿真名称“motion_1”；单击确定按钮。

Step5. 定义连杆 1。选择下拉菜单插入(S) ➡ 链接(L)...命令，系统弹出“连杆”对话框；选取图 5.2.1 所示的齿条为连杆 1；在质量属性选项下拉列表中选择自动选项；在设置区域中取消选中☐固定连杆复选框；在名称文本框中采用默认的连杆名称“L001”；单击应用按钮，完成连杆 1 的定义。

Step6. 定义连杆 2。选取图 5.2.1 所示的小齿轮为连杆 2；在质量属性选项下拉列表中选择自动选项；在设置区域中取消选中☐固定连杆复选框；在名称文本框中采用默认的连杆名称

"L002"；单击确定按钮，完成连杆 2 的定义。

Step7. 定义连杆 1 中的滑动副。选择下拉菜单插入(S) → 运动副(J)...命令，系统弹出"运动副"对话框；在"运动副"对话框定义选项卡的类型下拉列表中选择滑动副选项；在模型中选取图 5.2.2 所示的边线 1 为参考，系统自动选择连杆、原点及矢量方向；单击确定按钮，完成滑动副的定义。

Step8. 定义连杆 2 中的旋转副。

（1）选择下拉菜单插入(S) → 运动副(J)...命令，系统弹出"运动副"对话框；在"运动副"对话框定义选项卡的类型下拉列表中选择旋转副选项；在模型中选取图 5.2.2 所示的边线 2 为参考，系统自动选择连杆、原点及矢量方向。

（2）单击"运动副"对话框中的驱动选项卡；在旋转下拉列表中选择恒定选项；在初速度文本框中输入值 10。

（3）单击确定按钮，完成旋转副的定义。

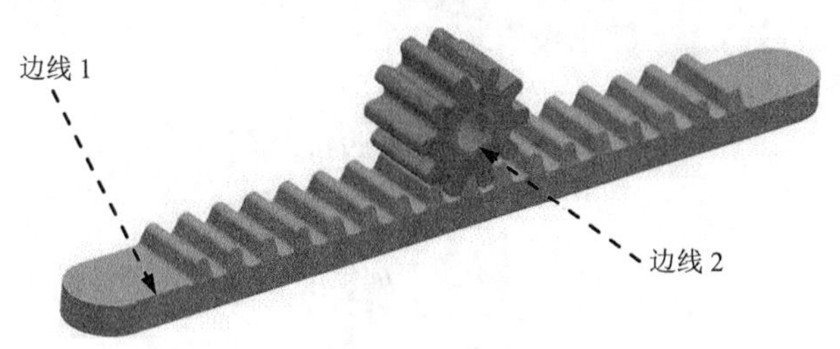

图 5.2.2 定义运动副

Step9. 定义齿轮齿条副。

（1）选择命令。选择下拉菜单插入(S) → 传动副(E) → 齿轮齿条副(K)...命令，系统弹出图 5.2.3 所示的"齿轮齿条副"对话框。

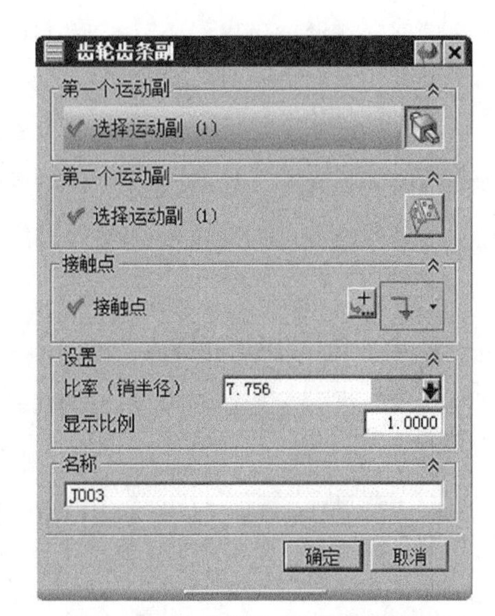

图 5.2.3 "齿轮齿条副"对话框

（2）选择运动副驱动。单击"齿轮齿条副"对话框第一个运动副区域中的*选择运动副 (0)按钮，在"运动导航器"的 Joints 节点下选取滑动副 J001 为第一个运动副；单击第二运动副传动区域中的*选择运动副 (0)按钮，选取旋转副 J002 为第二个运动副。

（3）设置传动比率。在设置区域比率（销半径）后的文本框中输入值 7.756，其余参数接受系统默认设置。

（4）单击 确定 按钮，完成“齿轮齿条副”的定义，如图 5.2.4 所示。

Step10. 定义解算方案并求解。选择下拉菜单 插入(S) → 解算方案(I)... 命令，系统弹出“解算方案”对话框；在 解算方案类型 下拉列表中选择 常规驱动 选项；在 分析类型 下拉列表中选择 运动学/动力学 选项；在 时间 文本框中输入值 15；在 步数 文本框中输入值 300；选中对话框中的 ☑ 通过按“确定”进行解算 复选框；单击 确定 按钮，完成解算方案的定义。

Step11. 定义动画。在“动画控制”工具条中单击“播放”按钮▶，查看机构运动；单击“导出至电影”按钮，输入名称“Rack_pinion”，保存动画；单击“完成动画”按钮。

Step12. 选择下拉菜单 文件(F) → 保存(S) 命令，保存模型。

图 5.2.4 定义齿轮齿条副

5.3 线 缆 副

线缆副也叫滑轮副，模拟的是物体在滑轮上的滑移运动。定义线缆副首先需要定义两个滑动副，线缆副可以组合两个滑动副，建立速度比率关系。

图 5.3.1 所示的滑轮机构中，假设右边重物质量大，左边重物质量小，在运动过程中，右边重物下降将左边重物提升起来。建立机构模型时，需要定义两个物体滑动副，且滑动副的矢量方向相反，还要定义滑轮的旋转副，右侧重物和滑轮之间的齿轮齿条副以及两重物之间的线缆副。线缆副的添加需要选择线缆两边滑动副，在其中一个滑动副中定义一个驱动即可。

Step1. 打开装配模型。打开文件 D:\ug10.16\work\ch05.03\ cable.prt。

Step2. 进入运动仿真模块。选择 启动 → 运动仿真(O)... 命令，进入运动仿真模块。

Step3. 新建运动仿真文件。在“运动导航器”中右击 cable 节点，在系统弹出的快捷菜单中选择 新建仿真 命令，系统弹出“环境”对话框。

Step4. 设置运动环境。在“环境”对话框中的 分析类型 区域选中 ⊙ 动力学 单选项；取消选中 高级解算方案选项 区域中的 3 个复选框；选中对话框中的 ☑ 基于组件的仿真 复选框；在 仿真名 下方的文本框中采用默认的仿真名称“motion_1”；单击确定按钮。

Step5. 定义连杆 1。选择下拉菜单插入(S) → 链接(L)...命令，系统弹出“连杆”对话框；选取图 5.3.1 所示的左边重物为连杆 1；在质量属性选项下拉列表中选择自动选项；在设置区域中取消选中□固定连杆复选框；在名称文本框中采用默认的连杆名称“L001”；单击应用按钮，完成连杆 1 的定义。

Step6. 定义连杆 2。选取图 5.3.1 所示的右边重物为连杆 2；在质量属性选项下拉列表中选择自动选项；在设置区域中取消选中□固定连杆复选框；在名称文本框中采用默认的连杆名称“L002”；单击应用按钮，完成连杆 2 的定义。

Step7. 定义连杆 3。选取图 5.3.1 所示的滑轮零件为连杆 3；在质量属性选项下拉列表中选择自动选项；在设置区域中取消选中□固定连杆复选框；在名称文本框中采用默认的连杆名称“L003”；单击确定按钮，完成连杆 3 的定义。

Step8. 定义连杆 1 中的滑动副。选择下拉菜单插入(S) → 运动副(J)...命令，系统弹出“运动副”对话框；在“运动副”对话框定义选项卡的类型下拉列表中选择滑动副选项；在模型中选取图 5.3.2 所示的边线 1 为参考，系统自动选择连杆、原点及矢量方向；单击确定按钮，完成滑动副的定义。

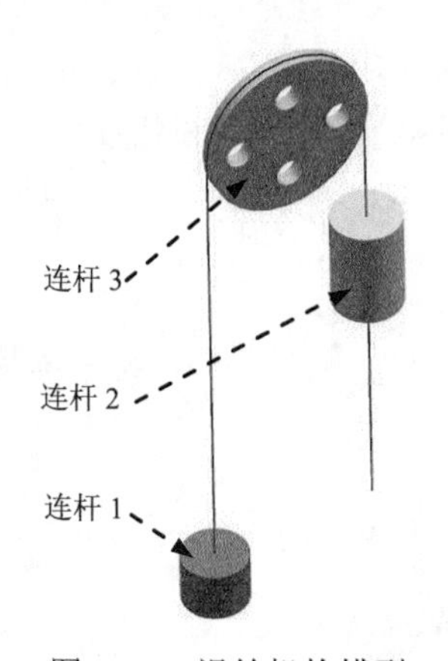

图 5.3.1 滑轮机构模型

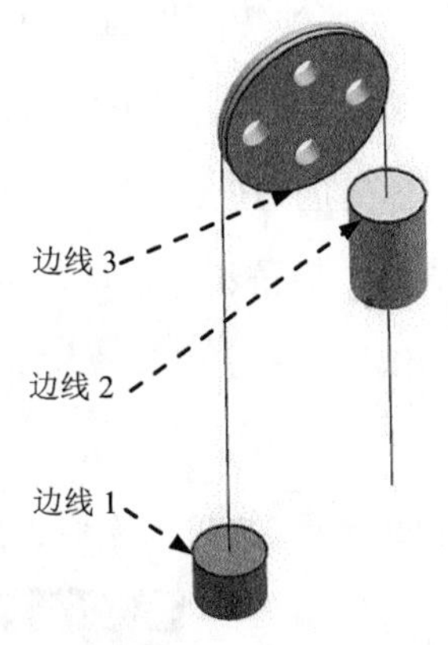

图 5.3.2 定义运动副

Step9. 定义连杆 2 中的滑动副。选择下拉菜单插入(S) → 运动副(J)...命令，系统弹出“运动副”对话框；在“运动副”对话框定义选项卡的类型下拉列表中选择滑动副选项；在模型中选取图 5.3.2 所示的边线 2 为参考，系统自动选择连杆、原点及矢量方向；单击指定矢量区域中的反向按钮，反转滑动副的方向；单击“运动副”对话框中的驱动选项卡；在平移下拉列表中选择恒定选项；在初速度文本框中输入值 10；单击确定按钮，完成滑动副的定义。

Step10. 定义连杆 3 中的旋转副。选择下拉菜单 插入(S) → 运动副(J)... 命令，系统弹出“运动副”对话框；在“运动副”对话框 定义 选项卡的 类型 下拉列表中选择 旋转副 选项；在模型中选取图 5.3.2 所示的边线 3 为参考，系统自动选择连杆、原点及矢量方向；单击 确定 按钮，完成旋转副的定义。

Step11. 定义齿轮齿条副。

（1）选择命令。选择下拉菜单 插入(S) → 传动副(E) → 齿轮齿条副(K)... 命令，系统弹出“齿轮齿条副”对话框。

（2）选择运动副驱动。单击“齿轮齿条副”对话框 第一个运动副 区域中的 * 选择运动副 (0) 按钮，在“运动导航器”的 Joints 节点下选取滑动副 J002 为第一个运动副；单击 第二运动副传动 区域中的 * 选择运动副 (0) 按钮，选取旋转副 J003 为第二个运动副。

（3）设置传动比率。在 设置 区域 比率（销半径） 后的文本框中输入值 50，其余参数接受系统默认设置。

（4）单击 确定 按钮，完成“齿轮齿条副”的定义。

Step12. 定义线缆副。

（1）选择命令。选择下拉菜单 插入(S) → 传动副(E) → 线缆副(B)... 命令，系统弹出图 5.3.3 所示的“线缆副”对话框。

（2）选择运动副驱动。单击“线缆副”对话框 第一个运动副 区域中的 * 选择运动副 (0) 按钮，在“运动导航器”的 Joints 节点下选取滑动副 J001 为第一个运动副；单击 第二运动副传动 区域中的 * 选择运动副 (0) 按钮，选取滑动副 J002 为第二个运动副。

（3）设置传动比率。在 设置 区域 比率 后的文本框中输入值 1，其余参数接受系统默认设置。

（4）单击 确定 按钮，完成“线缆副”的定义，如图 5.3.3 所示。

图 5.3.3　“线缆副”对话框

Step13. 定义解算方案并求解。选择下拉菜单 插入(S) → 解算方案(I)... 命令，系统弹出“解算方案”对话框；在 解算方案类型 下拉列表中选择 常规驱动 选项；在 分析类型 下拉列表中选择 运动学/动力学 选项；在 时间 文本框中输入值 15；在 步数 文本框中输入值 300；选中对话框中的 ☑ 通过按“确定”进行解算 复选框；单击 确定 按钮，完成解算方案的定义。

Step14. 定义动画。在“动画控制”工具条中单击“播放”按钮，查看机构运动；单击“导出至电影”按钮，输入名称“cable”，保存动画；单击“完成动画”按钮。

Step15. 选择下拉菜单 文件(F) → 保存(S) 命令，保存模型。

5.4 2-3 传动副

2-3 传动副分为 2 连接传动副和 3 连接传动副，可以用于定义两个或者 3 个旋转副、柱面副和滑动副之间的速度比率和方向。

选择下拉菜单 插入(S) → 传动副(E) → 2-3 传动副... 命令，系统弹出图 5.4.1 所示的“2-3 传动副”对话框，在该对话框中可以定义 2-3 传动副。

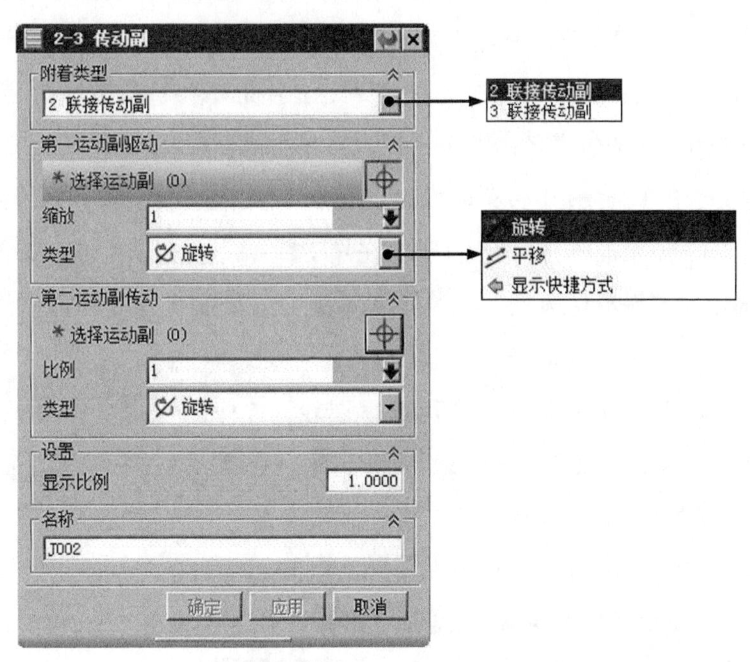

图 5.4.1 “2-3 传动副”对话框

2 连接传动副与齿轮副和齿轮齿条副类似，2 连接传动副的比率可以通过“缩放”值或“比例”值来定义，“缩放”值为第二运动副与第一运动副速度比；“比例”值为第一运动副与第二运动副速度比，比率的大小决定第二个运动副的速度，比率的正负确定第二个运动副的方向。

2 连接传动副可以用于带传动机构的运动仿真，下面以图 5.4.2 所示的带传动机构为例，说明创建 2 连接传动副的一般过程。

Step1. 打开装配模型。打开文件 D:\ug10.16\work\ch05.04\belt_asm.prt。

Step2. 进入运动仿真模块。选择 启动 → 运动仿真(O)... 命令，进入运动仿真模块。

Step3. 新建运动仿真文件。在“运动导航器”中右击 belt_asm 节点，在系统弹出的快捷菜单中选择 新建仿真 命令，系统弹出“环境”对话框。

图 5.4.2　带传动机构模型

Step4. 设置运动环境。在“环境”对话框中的 分析类型 区域选中 ⊙ 动力学 单选项；取消选中 高级解算方案选项 区域中的 3 个复选框；选中对话框中的 ☑ 基于组件的仿真 复选框；在 仿真名 下方的文本框中采用默认的仿真名称“motion_1”；单击 确定 按钮。

Step5. 定义连杆 1。选择下拉菜单 插入(S) → 链接(L)... 命令，系统弹出“连杆”对话框；选取图 5.4.2 所示的小带轮为连杆 1；在 质量属性选项 下拉列表中选择 自动 选项；在 设置 区域中取消选中 ☐ 固定连杆 复选框；在 名称 文本框中采用默认的连杆名称“L001”；单击 应用 按钮，完成连杆 1 的定义。

Step6. 定义连杆 2。选取图 5.4.2 所示的大带轮为连杆 2；在 质量属性选项 下拉列表中选择 自动 选项；在 设置 区域中取消选中 ☐ 固定连杆 复选框；在 名称 文本框中采用默认的连杆名称“L002”；单击 确定 按钮，完成连杆 2 的定义。

Step7. 定义连杆 1 中的旋转副。

（1）选择下拉菜单 插入(S) → 运动副(J)... 命令，系统弹出“运动副”对话框；在“运动副”对话框 定义 选项卡的 类型 下拉列表中选择 旋转副 选项；在模型中选取图 5.4.3 所示的边线 1 为参考，系统自动选择连杆、原点及矢量方向。

（2）单击“运动副”对话框中的 驱动 选项卡；在 旋转 下拉列表中选择 恒定 选项；在 初速度 文本框中输入值 90。

（3）单击确定按钮，完成旋转副的定义。

图 5.4.3 定义旋转副

Step8. 定义连杆 2 中的旋转副。

（1）选择下拉菜单插入(S) → 运动副(J)...命令，系统弹出“运动副”对话框；在“运动副”对话框定义选项卡的类型下拉列表中选择旋转副选项；在模型中选取图 5.4.3 所示的边线 2 为参考，系统自动选择连杆、原点及矢量方向。

（2）单击确定按钮，完成旋转副的定义。

Step9. 定义 2 连接传动副。

（1）选择下拉菜单插入(S) → 传动副(E) → 2-3 传动副...命令，系统弹出图 5.4.4 所示的“2-3 传动副”对话框。

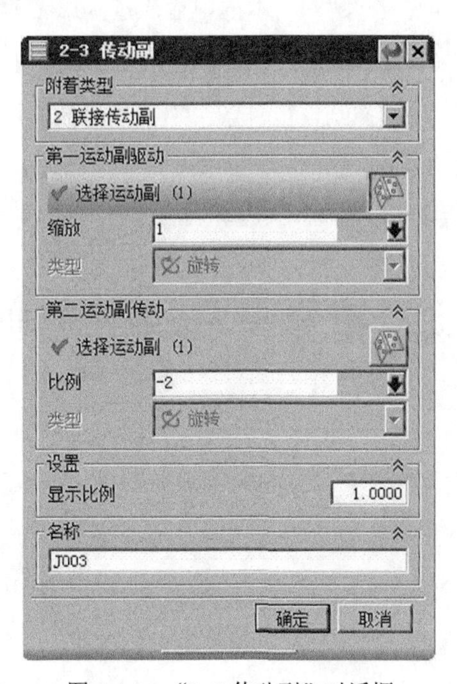

图 5.4.4 “2-3 传动副”对话框

（2）定义类型。在附着类型下拉列表中选择2 联接传动副选项。

（3）定义参考运动副。单击“2-3 传动副”对话框第一运动副驱动区域中的* 选择运动副 (0)按钮，在“运动导航器”的 Joints 节点下选取旋转副 J001 为第一个运动副；单击第二运动副传动 区域中的* 选择运动副 (0)按钮，选取旋转副 J002 为第二个运动副。

（4）定义参数。在第一运动副驱动区域的缩放文本框中输入值 1；在第二运动副传动区域的比例文本框中输入值-2，其余参数接受系统默认设置。

（5）单击确定按钮，完成 2 连接传动副的定义，如图 5.4.5 所示。

图 5.4.5 定义 2 连接传动副

Step10. 定义解算方案并求解。选择下拉菜单插入(S) → 解算方案(I)...命令，系统弹出“解算方案”对话框；在解算方案类型下拉列表中选择常规驱动选项；在分析类型下拉列表中选择运动学/动力学选项；在时间文本框中输入值 30；在步数文本框中输入值 300；选中对话框中的☑ 通过按“确定”进行解算复选框；单击确定按钮，完成解算方案的定义。

Step11. 定义动画。在“动画控制”工具条中单击“播放”按钮，查看机构运动；单击“导出至电影”按钮，输入名称“belt”，保存动画；单击“完成动画”按钮。

Step12. 选择下拉菜单文件(F) → 保存(S)命令，保存模型。

5.5 本章范例——齿轮系运动仿真

范例概述：

本范例介绍的是一个空间定轴齿轮系机构的运动仿真，机构模型如图 5.5.1 所示。在该机构中轴 1 为主动轴，两个正齿轮齿数均为 17，内齿轮齿数为 51，大锥齿轮齿数均为 30，小锥齿轮齿数均为 20，在进行运动仿真之前，注意要在装配模块中将齿轮调整到啮合良好的位置。在 UG NX 运动仿真中，“齿轮副”和“2-3 传动副”均可用于定义齿轮传动。读者可以打开视频文件 D:\ug10.16 \work\ch05.05\gear_train.avi 查看机构运行状况。

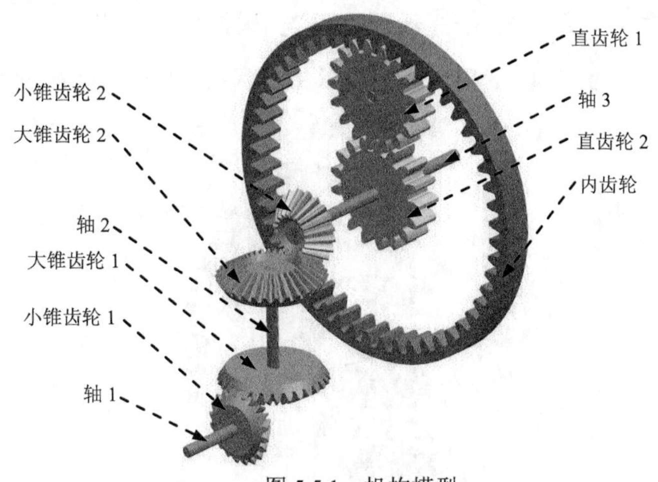

图 5.5.1 机构模型

Step1. 打开装配模型。打开文件 D:\ug10.16\work\ ch05.05\gear_train_asm.prt。

Step2. 进入运动仿真模块。选择 启动 → 运动仿真(O)... 命令，进入运动仿真模块。

Step3. 新建运动仿真文件。在“运动导航器”中右击 gear_train_asm 节点，在系统弹出的快捷菜单中选择 新建仿真 命令，系统弹出“环境”对话框。

Step4. 设置运动环境。在“环境”对话框中的 分析类型 区域选中 ⊙ 动力学 单选项；取消选中 高级解算方案选项 区域中的 3 个复选框；选中对话框中的 ☑ 基于组件的仿真 复选框；在 仿真名 下方的文本框中采用默认的仿真名称“motion_1”；单击 确定 按钮。

Step5. 定义连杆 1。选择下拉菜单 插入(S) → 链接(L)... 命令，系统弹出“连杆”对话框；选取图 5.5.2 所示的轴 1 和小锥齿轮 1 为连杆 1；在 质量属性选项 下拉列表中选择 自动 选项；在 设置 区域中取消选中 □ 固定连杆 复选框；在 名称 文本框中采用默认的连杆名称“L001”；单击 应用 按钮，完成固定连杆 1 的定义。

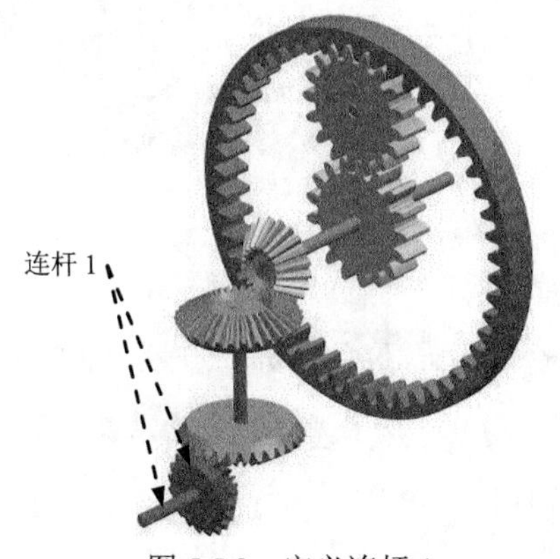

图 5.5.2 定义连杆 1

Step6. 定义连杆 2。选取图 5.5.3 所示的轴 2、大锥齿轮 1 和大锥齿轮 2 为连杆 2；在质量属性选项下拉列表中选择自动选项；在设置区域中取消选中□ 固定连杆复选框；在名称文本框中采用默认的连杆名称“L002”；单击应用按钮，完成连杆 2 的定义。

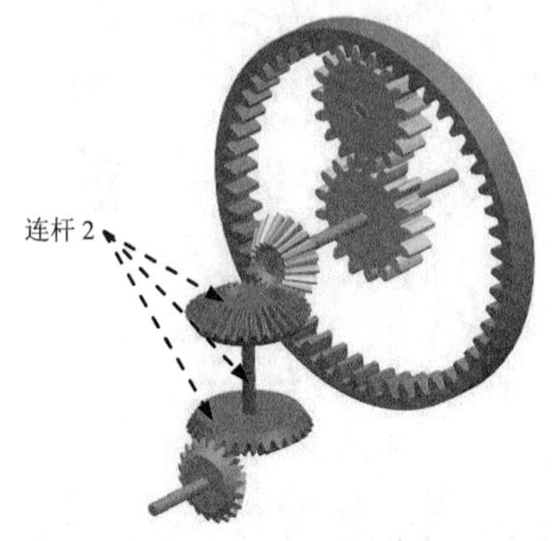

图 5.5.3　定义连杆 2

Step7. 定义连杆 3。定义图 5.5.4 所示的轴 3 和小锥齿轮 2 为连杆 3；单击应用按钮。

Step8. 定义连杆 4。定义图 5.5.5 所示的直齿轮 1 为连杆 4；单击应用按钮。

Step9. 定义连杆 5。定义图 5.5.5 所示的直齿轮 2 为连杆 5；单击应用按钮。

Step10. 定义连杆 6。定义图 5.5.5 所示的内齿轮为连杆 6；单击确定按钮。

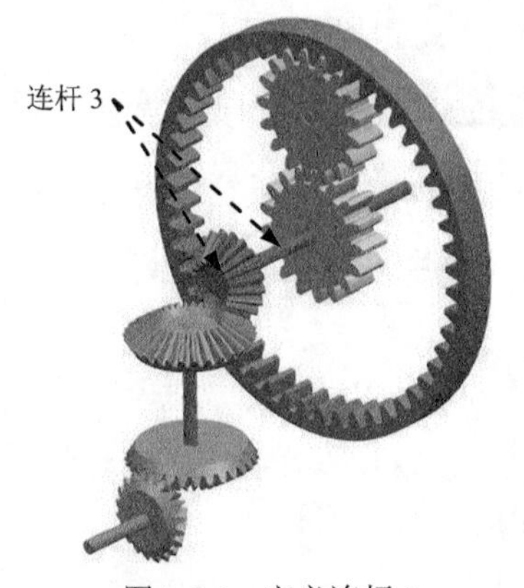

图 5.5.4　定义连杆 3

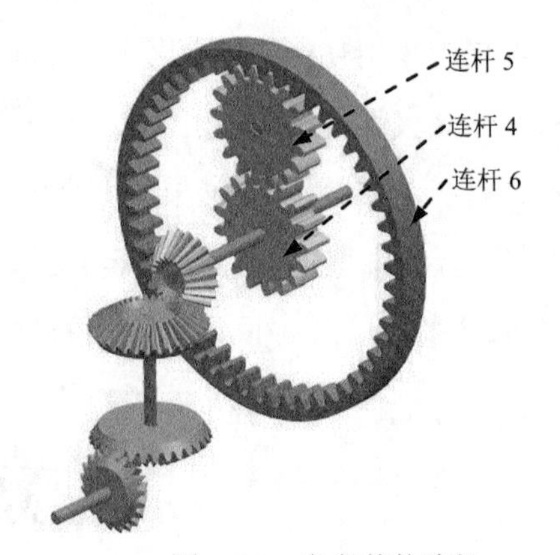

图 5.5.5　定义其他连杆

Step11. 定义连杆 1 中的旋转副。

（1）选择下拉菜单插入(S) ➡ 运动副(J)...命令，系统弹出“运动副”对话框；在“运动副”对话框定义选项卡的类型下拉列表中选择旋转副选项；在模型中选取图 5.5.6 所示的边线 1 为参考，系统自动选择连杆及原点；在操作区域的方位类型下拉列表中选择矢量选项，在矢量下拉列表中选择ZC↑选项。

（2）单击“运动副”对话框中的驱动选项卡；在旋转下拉列表中选择恒定选项；在初速度

文本框中输入值 120。

（3）单击 确定 按钮，完成旋转副的创建。

Step12. 定义连杆 2 中的旋转副。选择下拉菜单 插入(S) → 运动副(J)... 命令，系统弹出“运动副”对话框；在“运动副”对话框 定义 选项卡的 类型 下拉列表中选择 旋转副 选项；在模型中选取图 5.5.6 所示的边线 2 为参考，系统自动选择连杆及原点；在 操作 区域的 方位类型 下拉列表中选择 矢量 选项，在矢量下拉列表中选择 YC 选项;单击 确定 按钮，完成旋转副的创建。

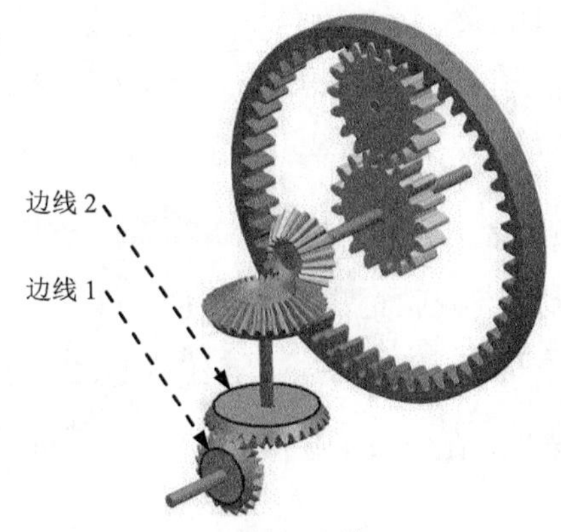

图 5.5.6 定义旋转副（一）

Step13. 定义连杆 3 中的旋转副。选择下拉菜单 插入(S) → 运动副(J)... 命令，系统弹出“运动副”对话框；在“运动副”对话框 定义 选项卡的 类型 下拉列表中选择 旋转副 选项；在模型中选取图 5.5.7 所示的边线 1 为参考，系统自动选择连杆及原点；在 操作 区域的 方位类型 下拉列表中选择 矢量 选项，在矢量下拉列表中选择 ZC 选项;单击 确定 按钮，完成旋转副的创建。

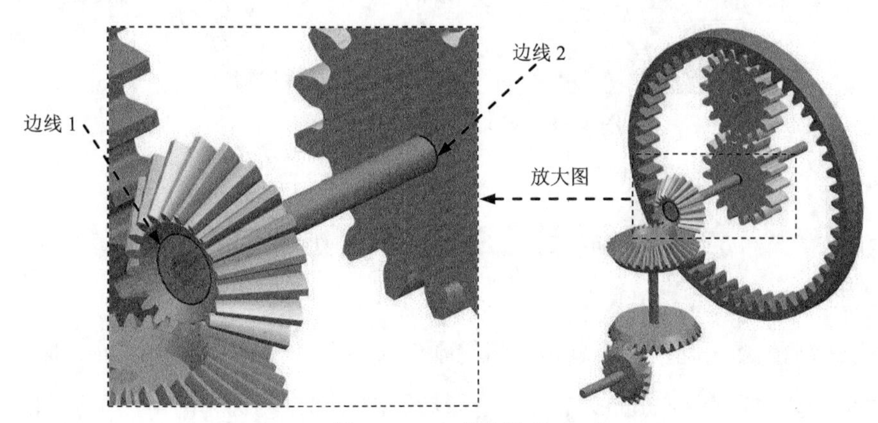

图 5.5.7 定义旋转副（二）

Step14. 定义连杆 4 中的旋转副。选择下拉菜单 插入(S) → 运动副(J)... 命令，系统弹出“运动副”对话框；在“运动副”对话框 定义 选项卡的 类型 下拉列表中选择 旋转副 选项；在模型中选取图 5.5.7 所示的边线 2 为参考，系统自动选择连杆及原点；在 操作 区域的 方位类型 下拉列表中选择 矢量 选项，在矢量下拉列表中选择 ZC 选项;单击 确定 按钮，完成旋转副的创建。

Step15. 定义连杆 3 中的旋转副。选择下拉菜单 插入(S) → 运动副(J)... 命令，系统弹出“运动副”对话框；在“运动副”对话框 定义 选项卡的 类型 下拉列表中选择 旋转副 选项；在模型中选取图 5.5.8 所示的边线 1 为参考，系统自动选择连杆及原点；在 操作 区域的 方位类型 下拉列表中选择 矢量 选项，在矢量下拉列表中选择 ZC 选项;单击 确定 按钮，完成旋转副的创建。

Step16. 定义连杆 4 中的旋转副。选择下拉菜单 插入(S) → 运动副(J)... 命令，系统弹出“运动副”对话框；在“运动副”对话框 定义 选项卡的 类型 下拉列表中选择 旋转副 选项；在模型中选取图 5.5.8 所示的边线 2 为参考，系统自动选择连杆及原点；在 操作 区域的 方位类型 下拉列表中选择 矢量 选项，在矢量下拉列表中选择 ZC 选项;单击 确定 按钮，完成旋转副的创建。

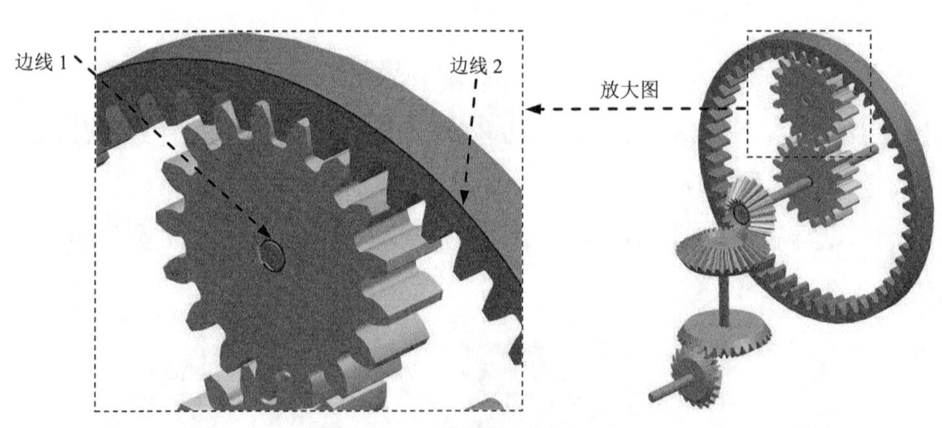

图 5.5.8 定义旋转副（三）

Step17. 定义齿轮副 1。

（1）选择下拉菜单 插入(S) → 传动副(E) → 齿轮副(G)... 命令，系统弹出“齿轮副”对话框。

（2）定义齿轮的参考运动副。单击“齿轮副”对话框 第一个运动副 区域中的 * 选择运动副 (0) 按钮，在“运动导航器”的 Joints 节点下选取旋转副 J001 为齿轮的第一个运动副；单击 第二运动副传动 区域中的 * 选择运动副 (0) 按钮，选取旋转副 J002 为齿轮的第二个运动副。

（3）定义参数。在“齿轮副”对话框设置区域的比率文本框中输入值 20/30，其余参数接受系统默认设置。

（4）单击确定按钮，完成齿轮副的定义，如图 5.5.9 所示。

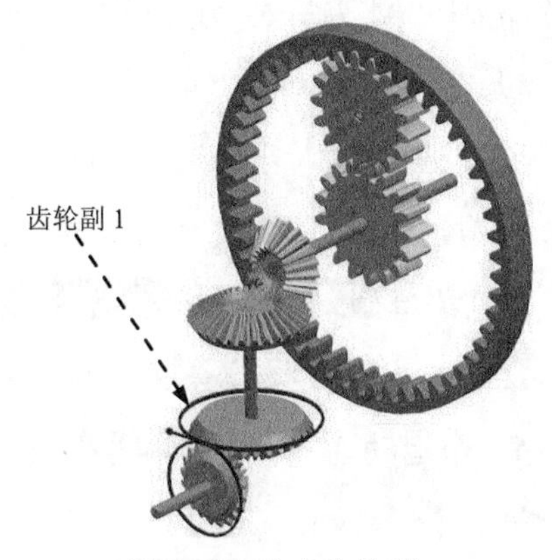

图 5.5.9 定义齿轮副 1

Step18. 定义齿轮副 2。选择下拉菜单插入(S) → 传动副(E) → 齿轮副(G)...命令；单击“齿轮副”对话框第一个运动副区域中的* 选择运动副 (O)按钮，在“运动导航器”的 Joints 节点下选取旋转副 J002 为齿轮的第一个运动副；单击第二运动副传动区域中的* 选择运动副 (O)按钮，选取旋转副 J003 为齿轮的第二个运动副；在“齿轮副”对话框设置区域的比率文本框中输入值 30/20，其余参数接受系统默认设置；单击确定按钮，完成齿轮副的定义，如图 5.5.10 所示。

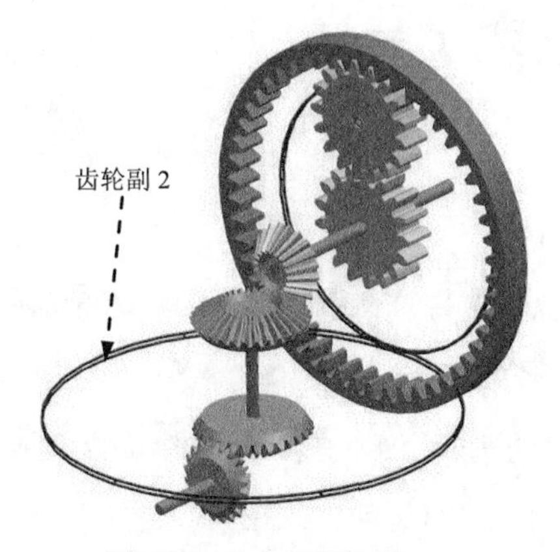

图 5.5.10 定义齿轮副 2

Step19. 定义 2 连接传动副。

（1）选择下拉菜单插入(S) → 传动副(E) → 2-3 传动副...命令，系统弹出“2-3 传动副”对话框。

（2）定义类型。在附着类型下拉列表中选择2 联接传动副选项。

（3）定义参考运动副。单击“2-3 传动副”对话框第一运动副驱动区域中的* 选择运动副 (0)按钮，在“运动导航器”的 Joints 节点下选取旋转副 J003 为第一个运动副；单击第二运动副传动 区域中的* 选择运动副 (0)按钮，选取旋转副 J004 为第二个运动副。

（4）定义参数。在第一运动副驱动区域的缩放文本框中输入值 1；在第二运动副传动区域的比例文本框中输入值-1，其余参数接受系统默认设置。

（5）单击确定按钮，完成 2 连接传动副的定义，如图 5.5.11 所示。

Step20. 定义齿轮副 3。选择下拉菜单插入(S) → 传动副(E) → 齿轮副(G)...命令；单击“齿轮副”对话框第一个运动副区域中的* 选择运动副 (0)按钮，在“运动导航器”的 Joints 节点下选取旋转副 J004 为齿轮的第一个运动副；单击第二运动副传动 区域中的* 选择运动副 (0)按钮，选取旋转副 J005 为齿轮的第二个运动副；在“齿轮副”对话框设置区域的比率文本框中输入值 1，其余参数接受系统默认设置；单击确定按钮，完成齿轮副的定义，如图 5.5.12 所示。

图 5.5.11 2 连接传动副

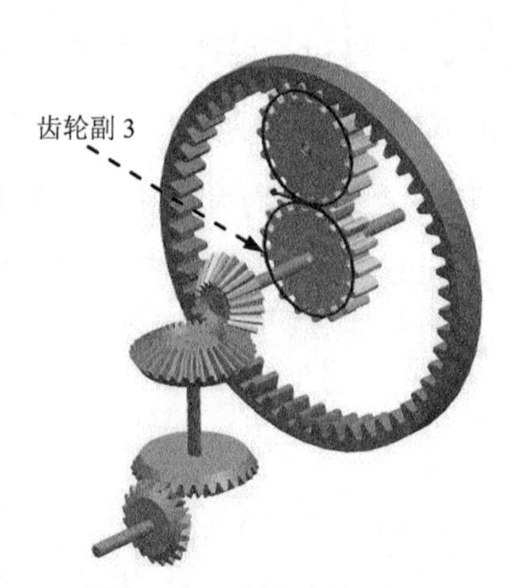

图 5.5.12 定义齿轮副 3

Step21. 定义齿轮副 4。选择下拉菜单插入(S) → 传动副(E) → 齿轮副(G)...命令；单击“齿轮副”对话框第一个运动副区域中的* 选择运动副 (0)按钮，在“运动导航器”的 Joints 节点下选取旋转副 J005 为齿轮的第一个运动副；单击第二运动副传动区域中的* 选择运动副 (0)按钮，选取旋转副 J006 为齿轮的第二个运动副；在“齿轮副”对话框设置区域的比率文本框中输入值-17/51，其余参数接受系统默认设置；单击确定按钮，完成齿轮副的定义，如图 5.5.13 所示。

Step22. 定义解算方案并求解。选择下拉菜单插入(S) → 解算方案(I)...命令，系统弹出“解算方案”对话框；在解算方案类型下拉列表中选择常规驱动选项；在分析类型下拉列表中选择运动学/动力学选项；在时间文本框中输入值 10；在步数文本框中输入值 500；选中对话框中的☑通过按“确定”进行解算复选框；单击确定按钮，完成解算方案的定义。

Step23. 定义动画。在“动画控制”工具条中单击“播放”按钮▶，查看机构运动；单击“导出至电影”按钮，输入名称“gear_train”，保存动画；单击“完成动画”按钮。

Step24. 选择下拉菜单文件(F) ➡ 保存(S)命令，保存模型。

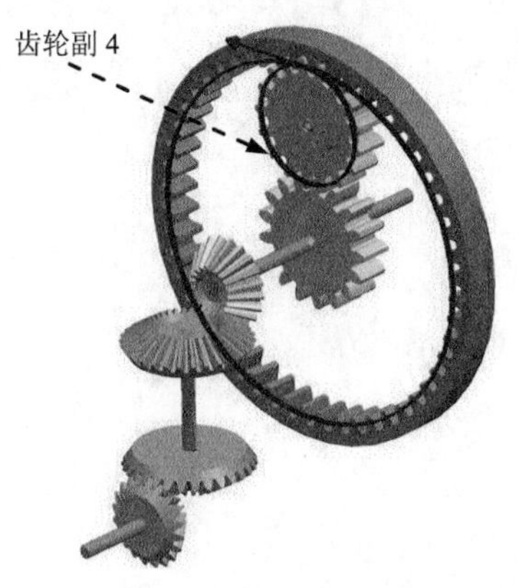

图 5.5.13 定义齿轮副 4

第6章　连　接　器

本章提要　机构中的连接器主要有弹簧、阻尼器、衬套、3D接触和2D接触等，本章介绍这些连接器的应用，主要包括以下内容：

- 弹簧
- 阻尼器
- 衬套
- 3D接触
- 2D接触
- 典型运动机构仿真范例

6.1　弹　簧

对于有弹簧的机构的仿真，可以添加一个“弹簧”连接。弹簧在被拉伸或压缩时产生弹力，弹力的大小与弹簧受力时长度的变化有关。弹力大小的公式为 $F=K\times(X-U)$，其中 K 为弹性系数（即软件中的刚度系数），U 为弹簧的初始长度，单位依据用户选择的单位制而不同。

弹簧可以定义在旋转副和滑动副上，也可以定义在连杆的两点之间。定义的弹簧是一个虚拟的连接，在机构模块中不显示。

下面举例说明定义弹簧的操作过程。在图6.1.1所示的模型中，柱形元件安装在支座上，定义支座固定，元件与支座之间通过滑动副连接，平移轴为元件的中心轴，并在两元件的中心轴处添加一个弹簧，当元件由于重力下落时，会因弹簧的支撑进行衰减的往复运动，最终静止。

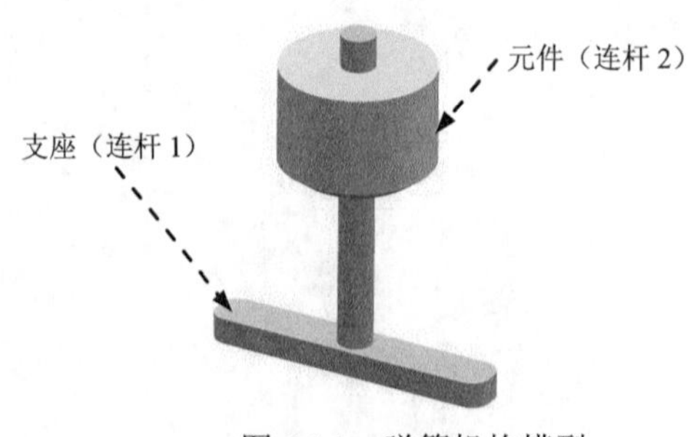

图6.1.1　弹簧机构模型

Step1. 打开装配模型。打开文件 D:\ug10.16\work\ch06.01\spring_asm.prt。

Step2. 进入运动仿真模块。选择 启动 → 运动仿真(O)... 命令，进入运动仿真模块。

Step3. 新建运动仿真文件。在“运动导航器”中右击 spring_asm 节点，在系统弹出的快捷菜单中选择 新建仿真 命令，系统弹出“环境”对话框。

Step4. 设置运动环境。在“环境”对话框中的 分析类型 区域选中 ⊙ 动力学 单选项；取消选中 高级解算方案选项 区域中的 3 个复选框；选中对话框中的 ☑ 基于组件的仿真 复选框；在 仿真名 下方的文本框中采用默认的仿真名称“motion_1”；单击 确定 按钮。

Step5. 定义固定连杆 1。选择下拉菜单 插入(S) → 链接(L)... 命令，系统弹出“连杆”对话框；选取图 6.1.1 所示的支座为连杆 1；在 质量属性选项 下拉列表中选择 自动 选项；在 设置 区域中选中 ☑ 固定连杆 复选框；在 名称 文本框中采用默认的连杆名称“L001”；单击 应用 按钮，完成连杆 1 的定义。

Step6. 定义连杆 2。选取图 6.1.1 所示的元件为连杆 2；在 质量属性选项 下拉列表中选择 自动 选项；在 设置 区域中取消选中 ☐ 固定连杆 复选框；在 名称 文本框中采用默认的连杆名称“L002”；单击 确定 按钮，完成连杆 2 的定义。

Step7. 定义连杆 2 中的滑动副。选择下拉菜单 插入(S) → 运动副(J)... 命令，系统弹出“运动副”对话框；在“运动副”对话框 定义 选项卡的 类型 下拉列表中选择 滑动副 选项；在模型中选取图 6.1.2 所示的边线 1 为参考，系统自动选择连杆、原点及矢量方向；单击 确定 按钮，完成滑动副的定义。

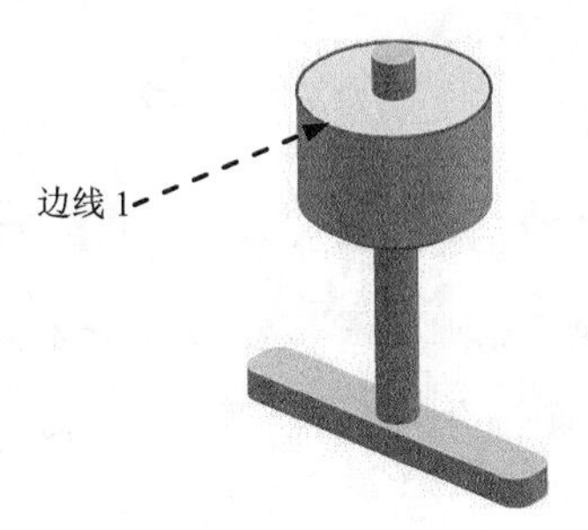

图 6.1.2 定义滑动副

Step8. 定义弹簧。

（1）选择命令。选择下拉菜单 插入(S) → 连接器(N) → 弹簧(S)... 命令，系统弹出图 6.1.3 所示的“弹簧”对话框。

（2）定义附着类型。在“弹簧”对话框的 附着 下拉列表中选择 连杆 选项。

（3）定义操作对象。单击“弹簧”对话框 操作 区域中的 选择连杆 (0) 按钮，选取图 6.1.1 所示连杆 2 为操作连杆；单击 操作 区域中的 指定原点 按钮，在右侧下拉列表中选择“圆弧中心”选项，在模型中选取图 6.1.4 所示的边线 1 为原点参考。

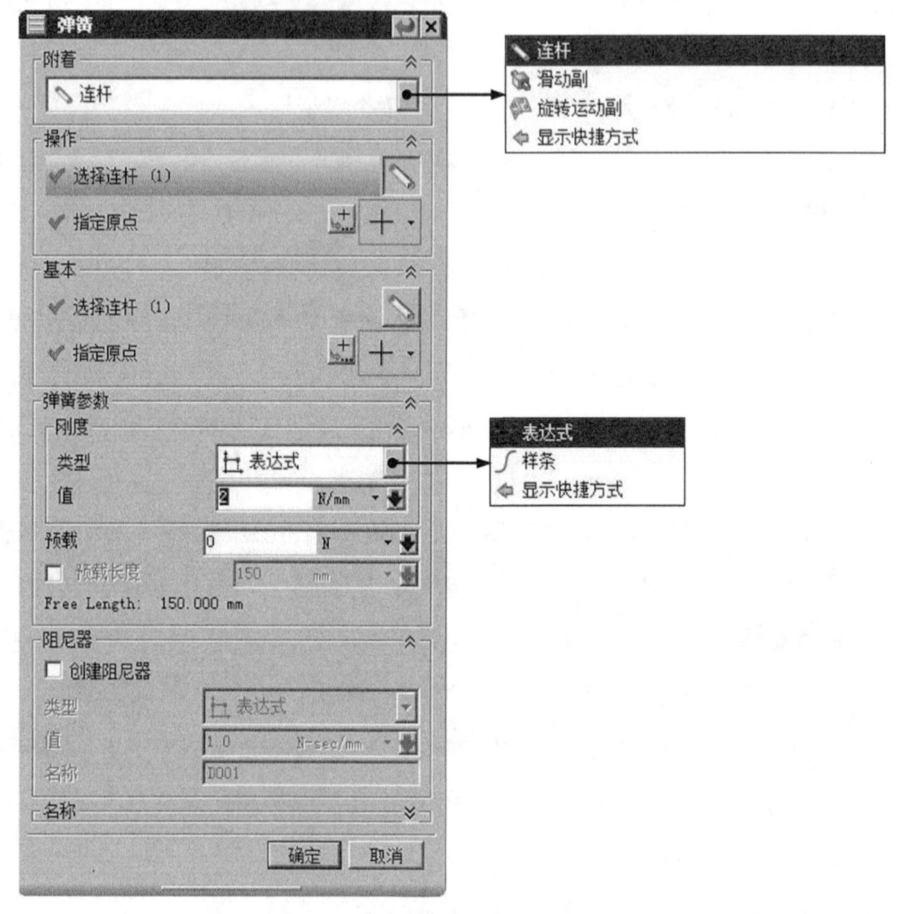

图 6.1.3 “弹簧”对话框

（4）定义基本对象。单击“弹簧”对话框基本区域中的 * 选择连杆 (0) 按钮，选取图 6.1.1 所示连杆 1 为基本连杆；单击基本区域中的指定原点按钮，在右侧下拉列表中选择“圆弧中心”选项，在模型中选取图 6.1.5 所示的边线 2 为原点参考。

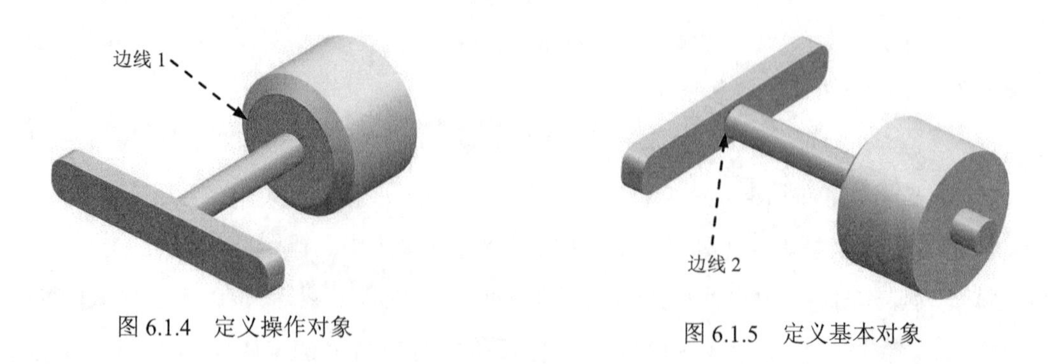

图 6.1.4 定义操作对象

图 6.1.5 定义基本对象

（5）定义弹簧参数。在弹簧参数区域刚度下方的类型下拉列表中选择表达式选项，在值文本框中输入值 2，在预载文本框中输入值 0，单击确定按钮，完成弹簧的定义。弹簧符号如图 6.1.6 所示。

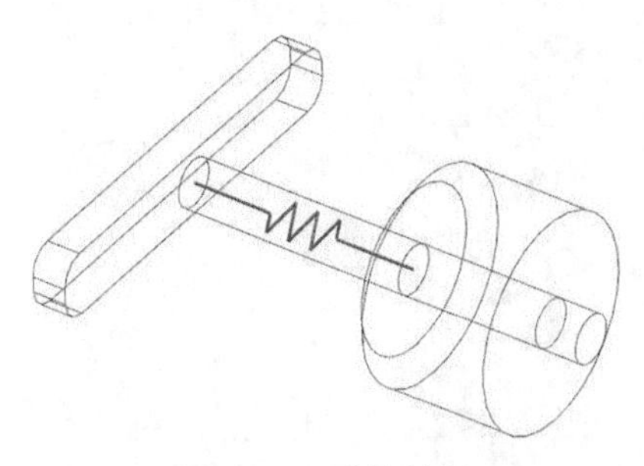

图 6.1.6 弹簧符号

图 6.1.3 所示“弹簧”对话框中的部分选项说明如下。

- 附着：该下拉列表用于选择弹簧的附着类型，包括连杆、滑动副和旋转运动副 3 种选项。
  - ☑ 连杆：通过定义连杆和原点来定义弹簧，原点的连线为弹簧的轴线，连线的长度为弹簧的长度。
  - ☑ 滑动副：指定一个滑动副为弹簧的参考，通过输入安装长度的值来定义弹簧的长度，如图 6.1.7 所示。

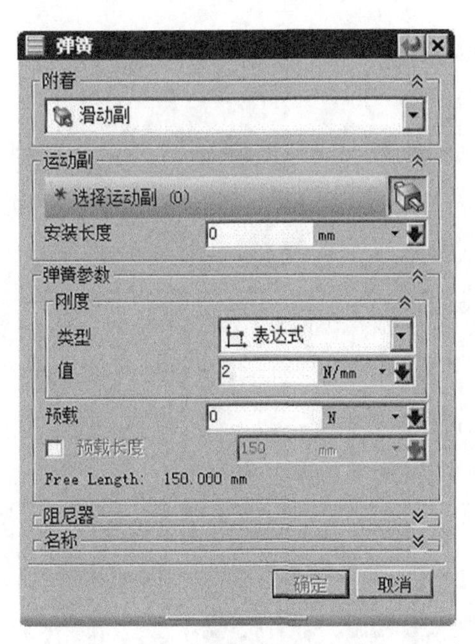

图 6.1.7 通过滑动副定义弹簧

☑ 旋转运动副：指定一个旋转副为弹簧的参考，可以用于扭转弹簧的仿真，如图 6.1.8 所示。

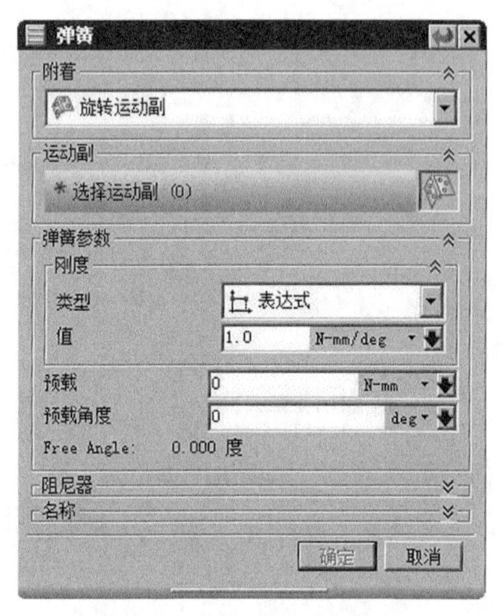

图 6.1.8 通过旋转副定义弹簧

- 弹簧参数：用于定义弹簧的参数。

☑ 表达式：通过值来定义弹簧的系数，默认单位是 N/mm。

☑ 样条：通过函数来定义弹簧的系数。

- 预载：用于定义预载力的大小和预载长度。

Step9. 定义解算方案并求解。

（1）选择下拉菜单 插入(S) → 解算方案(I)... 命令，系统弹出“解算方案”对话框；在 解算方案类型 下拉列表中选择 常规驱动 选项；在 分析类型 下拉列表中选择 运动学/动力学 选项；在 时间 文本框中输入值 15；在 步数 文本框中输入值 300；选中对话框中的 ☑ 通过按“确定”进行解算 复选框。

（2）设置重力方向。在“解算方案”对话框 重力 区域的矢量下拉列表中选择 ZC↑ 选项，其他重力参数按系统默认设置值。

（3）单击 确定 按钮，完成解算方案的定义。

Step10. 定义动画。在“动画控制”工具条中单击“播放”按钮 ▶，查看机构运动；单击“导出至电影”按钮，输入名称“spring_asm”，保存动画；单击“完成动画”按钮。

Step11. 选择下拉菜单 文件(F) → 保存(S) 命令，保存模型。

6.2 阻 尼 器

UG NX 运动仿真中阻尼器的概念与力学中的阻尼概念有所不同，这里的阻尼器是一个机构对象，可以看做一种负荷类型，它消耗能量，逐步降低运动的影响，对物体的运动起反作用力。例如在液压机构中，可使用阻尼器代表减慢活塞运动的液体粘性力。阻尼是运动机构的命令，和一般的滑动摩擦力不同的是阻力不是恒定的，阻尼器产生的力会消耗运动机构的能量并阻碍其运动，阻尼力始终和应用该阻尼器的图元的速度成比例，且与运动方向相反。创建阻尼，可以在连杆之间，还可以在滑动副和旋转副上面来创建，和弹簧的创建类似。

下面举例说明定义阻尼器的操作过程。在图 6.2.1 所示的模型中，滑块在导轨上因重力在导轨上滑动，可以在滑块的滑动副上添加一个阻尼来阻碍滑块的运动。

Step1. 打开装配模型。打开文件 D:\ug10.16\work\ch06.02\damper_asm.prt。

Step2. 进入运动仿真模块。选择 启动 → 运动仿真(O)... 命令，进入运动仿真模块。

Step3. 新建运动仿真文件。在“运动导航器”中右击“damper _asm”节点，在系统弹出的快捷菜单中选择 新建仿真 命令，系统弹出“环境”对话框。

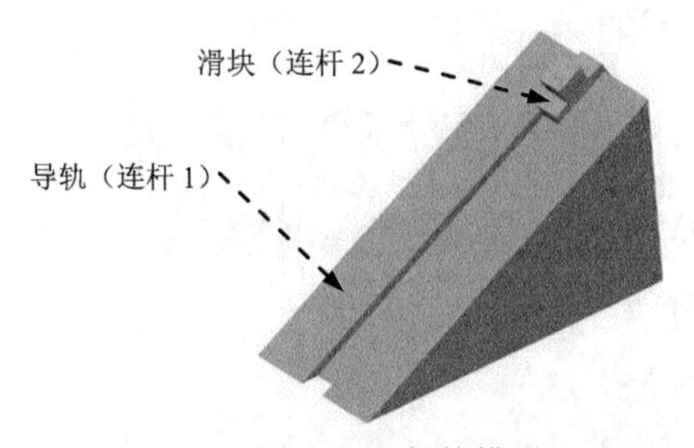

图 6.2.1 机构模型

Step4. 设置运动环境。在“环境”对话框中的 分析类型 区域选中 ⊙ 动力学 单选项；取消选中 高级解算方案选项 区域中的 3 个复选框；选中对话框中的 ☑ 基于组件的仿真 复选框；在 仿真名 下方的文本框中采用默认的仿真名称“motion_1”；单击 确定 按钮。

Step5. 定义固定连杆 1。选择下拉菜单 插入(S) → 链接(L)... 命令，系统弹出“连杆”对话框；选取图 6.2.1 所示的导轨为连杆 1；在 质量属性选项 下拉列表中选择 自动 选项；在 设置 区域中选中 ☑ 固定连杆 复选框；在 名称 文本框中采用默认的连杆名称“L001”；单击 应用 按钮，完成连杆 1 的定义。

Step6. 定义连杆 2。选取图 6.2.1 所示的滑块为连杆 2；在 质量属性选项 下拉列表中选择 自动选项；在设置区域中取消选中□固定连杆复选框；在名称文本框中采用默认的连杆名称“L002”；单击确定按钮，完成连杆2的定义。

Step7. 定义连杆2中的滑动副。选择下拉菜单插入(S) → 运动副(J)...命令，系统弹出“运动副”对话框；在“运动副”对话框定义选项卡的类型下拉列表中选择滑动副选项；在模型中选取图6.2.2所示的边线1为参考，系统自动选择连杆、原点及矢量方向；单击确定按钮，完成滑动副的定义。

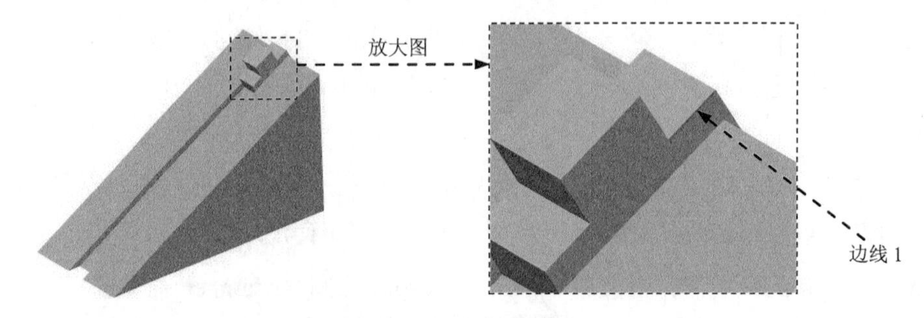

图6.2.2 定义滑动副

Step8. 定义阻尼器。

（1）选择命令。选择下拉菜单插入(S) → 连接器(N) → 阻尼器(D)...命令，系统弹出图6.2.3所示的“阻尼器”对话框。

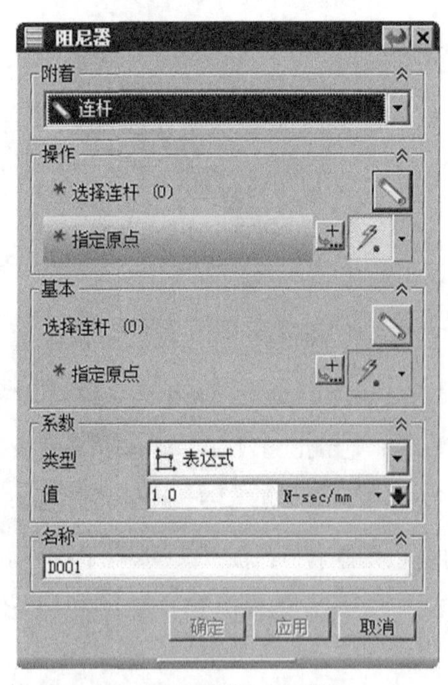

图6.2.3 “阻尼器”对话框（一）

（2）定义附着类型。在“阻尼器”对话框的附着下拉列表中选择滑动副选项。

（3）定义参考运动副。在“运动导航器”的 Joints 节点下选取滑动副 J002 为参考运动副。

（4）定义阻尼系数。在系数区域的类型下拉列表中选择表达式选项，在值文本框中输入值 0.05，如图 6.2.4 所示。

图 6.2.4 “阻尼器”对话框（二）

（5）单击确定按钮，完成阻尼器的定义。阻尼器符号如图 6.2.5 所示。

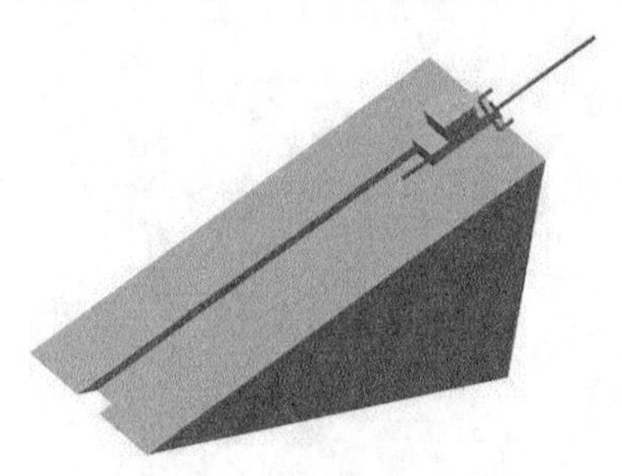

图 6.2.5 阻尼器符号

Step9. 定义解算方案并求解。

（1）选择下拉菜单插入(S) → 解算方案(I)...命令，系统弹出“解算方案”对话框；在解算方案类型下拉列表中选择常规驱动选项；在分析类型下拉列表中选择运动学/动力学选项；在时间文本框中输入值 15；在步数文本框中输入值 300；选中对话框中的☑通过按“确定”进行解算复选框。

（2）设置重力方向。在“解算方案”对话框重力区域的矢量下拉列表中选择-ZC选项，其他重力参数按系统默认设置值。

（3）单击确定按钮，完成解算方案的定义。

Step10. 定义动画。在“动画控制”工具条中单击“播放”按钮▶，查看机构运动；单击“导出至电影”按钮，输入名称“damper_asm”，保存动画；单击“完成动画”按钮。

Step11. 选择下拉菜单 文件(F) → 保存(S) 命令，保存模型。

6.3 衬　　套

衬套用于定义两个连杆之间的弹性关系，在仿真机构中建立一个柔性的运动副。衬套类似于骨骼的骨关节，骨关节之间有一定的弹性和韧性，可以在一定范围内转动、拉伸和缩短。衬套也相当于运动副，只是没有限制任何一个自由度。

选择下拉菜单 插入(S) → 连接器(N) → 衬套(B)... 命令，系统弹出图 6.3.1 所示的“衬套”对话框，在该对话框中可以定义衬套。

图 6.3.1　“衬套”对话框

定义衬套同样需要指定操作连杆、基本连杆、原点以及矢量，衬套连接的连杆有 6 个自由度，分别是 3 个平移自由度和 3 个旋转自由度。定义衬套时，可以通过刚度系数、阻尼系数和预载来约束和控制这些自由度。

UX NX 运动仿真中的衬套有两种，分别是圆柱衬套和常规衬套。圆柱衬套一般用于具有对称结构和均匀材质的弹性衬套仿真，对于此类衬套，系统将连接的自由度减少为 4 个，通过定义刚度系数和阻尼系数即可定义衬套参数，如图 6.3.2 所示；对于常规衬套，则需要定义平移系数和扭转系数等18个参数才能完全控制自由度，如图6.3.3所示。

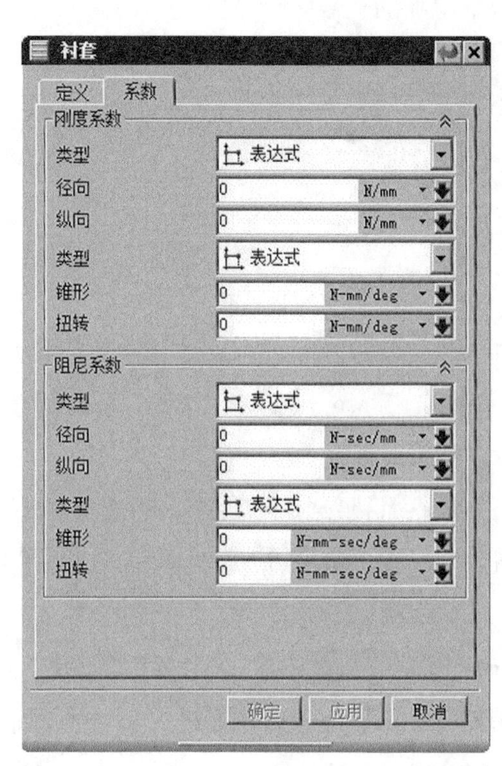

图6.3.2 圆柱衬套系数

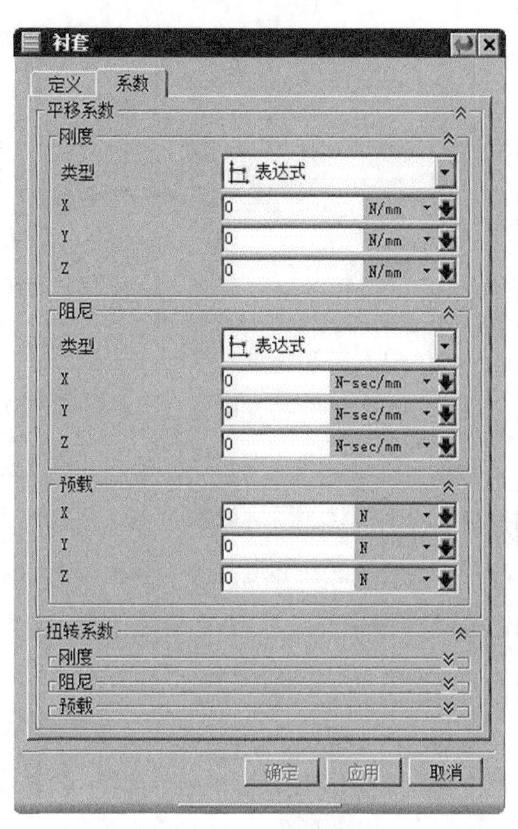

图6.3.3 常规衬套系数

6.4 3D 接 触

利用3D接触的功能可以实现机构中两连杆之间的接触不穿透以及碰撞的模拟，3D接触还可以进行表面接触力、接触面积和滑动速度等参数的分析研究。定义3D接触需要选择两个实体连杆，这两个连杆可以预先接触，也可以在运动中接触。3D接触在解算时，需要较长的时间，接触面越复杂，解算时间越长。

下面以图6.4.1所示的槽轮机构为例，说明定义3D接触的一般操作过程。在该机构中，当拨盘上的圆柱没有进入槽轮的径向槽时，槽轮的内凹锁止弧面被拨盘上的外凸锁止弧面卡住，槽轮静止不动。当圆柱销进入槽轮的径向槽时，锁止弧面被松开，则圆柱销驱动槽轮转动。当拨盘上的圆柱销离开径向槽时，下一个锁止弧面又被卡住，槽轮又静止不动。由此将主动件的连续转动转换为从动槽轮的间歇运动。定义该机构时，需要定义拨盘和槽轮中的旋转副，并定义拨盘和槽轮之间的3D接触。

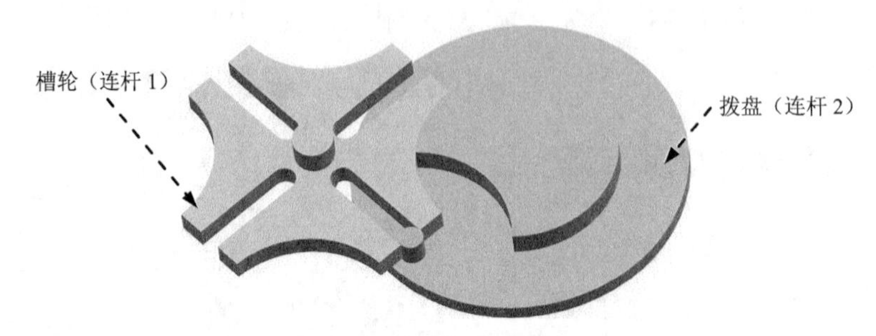

图6.4.1　槽轮机构模型

Step1. 打开装配模型。打开文件 D:\ug10.16\work\ch06.04\geneva_mech.prt。

Step2. 进入运动仿真模块。选择 启动 → 运动仿真(O)... 命令，进入运动仿真模块。

Step3. 新建运动仿真文件。在“运动导航器”中右击 geneva_mech 节点，在系统弹出的快捷菜单中选择 新建仿真 命令，系统弹出“环境”对话框。

Step4. 设置运动环境。在“环境”对话框中的 分析类型 区域选中 ⊙ 动力学 单选项；取消选中 高级解算方案选项 区域中的3个复选框；选中对话框中的 ☑ 基于组件的仿真 复选框；在 仿真名 下方的文本框中采用默认的仿真名称“motion_1”；单击 确定 按钮。

Step5. 定义连杆1。选择下拉菜单 插入(S) → 链接(L)... 命令，系统弹出“连杆”对话框；选取图6.4.1所示的槽轮为连杆1；在 质量属性选项 下拉列表中选择 自动 选项；在 设置 区域中取消选中 ☐ 固定连杆 复选框；在 名称 文本框中采用默认的连杆名称“L001”；单击 应用 按钮，完成连杆1的定义。

Step6. 定义连杆2。选取图6.4.1所示的拨盘为连杆2；在 质量属性选项 下拉列表中选择 自动 选项；在 设置 区域中取消选中 ☐ 固定连杆 复选框；在 名称 文本框中采用默认的连杆名称“L002”；单击 确定 按钮，完成连杆2的定义。

Step7. 定义连杆1中的旋转副。

（1）选择下拉菜单 插入(S) → 运动副(J)... 命令，系统弹出“运动副”对话框；在“运动副”对话框 定义 选项卡的 类型 下拉列表中选择 旋转副 选项；在模型中选取图6.4.2所示的边线1为参考，系统自动选择连杆、原点及矢量方向。

（2）单击 确定 按钮，完成旋转副的定义。

Step8. 定义连杆2中的旋转副。

（1）选择下拉菜单 插入(S) → 运动副(J)... 命令，系统弹出“运动副”对话框；在“运动副”对话框 定义 选项卡的 类型 下拉列表中选择 旋转副 选项；在模型中选择图6.4.2所示的边线2为参考，系统自动选择连杆、原点及矢量方向。

（2）单击“运动副”对话框中的驱动选项卡；在旋转下拉列表中选择恒定选项；在初速度文本框中输入值 120。

（3）单击确定按钮，完成旋转副的定义。

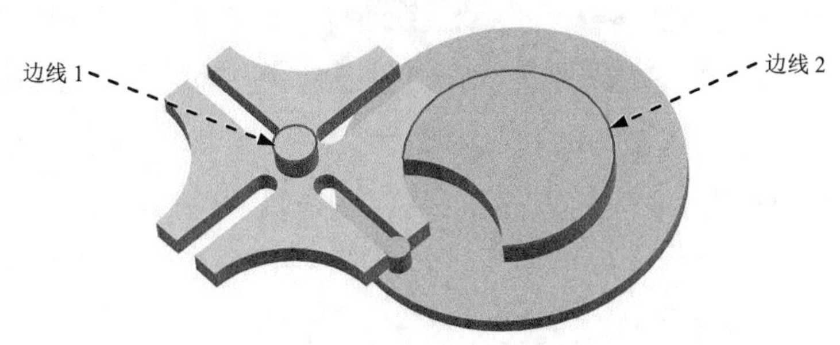

图 6.4.2 定义运动副

Step9. 定义 3D 接触。

（1）选择下拉菜单插入(S) ➡ 连接器(N) ➡ 3D 接触...命令，系统弹出图 6.4.3 所示的“3D 接触”对话框。

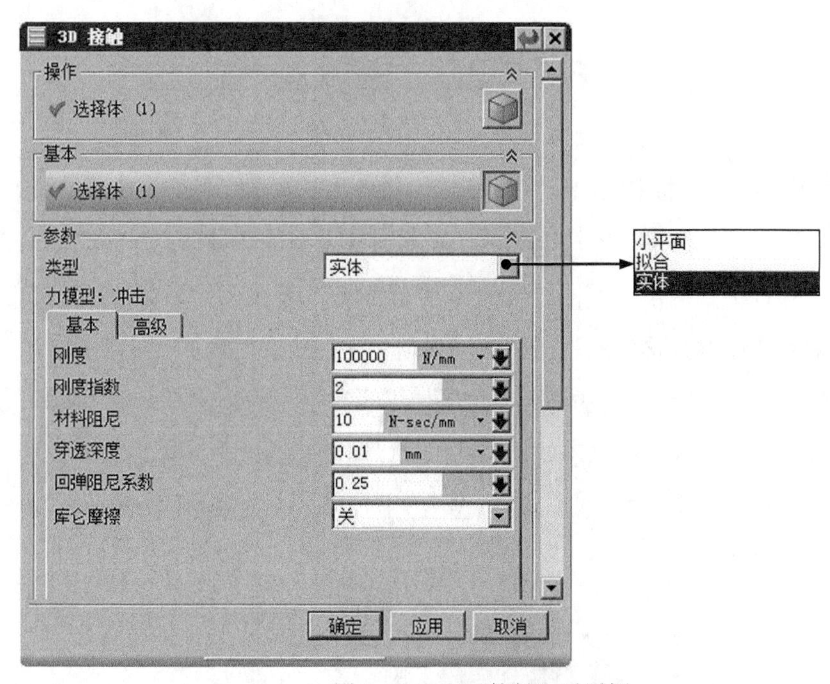

图 6.4.3 “3D 接触”对话框

（2）定义接触实体。单击“3D 接触”对话框操作区域中的* 选择体 (0)按钮，选取槽轮为操作体；单击基本区域中的* 选择体 (0)按钮，选取拨盘为基本体。

（3）定义接触类型。在“3D 接触”对话框参数区域的类型下拉列表中选择类型为实体选项，其余参数按图 6.4.3 进行设置。

（4）单击 确定 按钮，完成 3D 接触的定义。

Step10. 定义解算方案并求解。

（1）选择下拉菜单 插入(S) → 解算方案(I)... 命令，系统弹出“解算方案”对话框；在 解算方案类型 下拉列表中选择 常规驱动 选项；在 分析类型 下拉列表中选择 运动学/动力学 选项；在 时间 文本框中输入值 10；在 步数 文本框中输入值 300；选中对话框中的 ☑ 通过按“确定”进行解算 复选框。

（2）设置重力方向。在“解算方案”对话框 重力 区域的矢量下拉列表中选择 -ZC 选项，其他重力参数按系统默认设置值。

（3）单击 确定 按钮，完成解算方案的定义。

Step11. 定义动画。在“动画控制”工具条中单击“播放”按钮，查看机构运动；单击“导出至电影”按钮，输入名称“geneva_mech”，保存动画；单击“完成动画”按钮。

Step12. 选择下拉菜单 文件(F) → 保存(S) 命令，保存模型。

6.5　2D　接　触

2D 接触可以用于平面中的曲线接触仿真，它结合了线在线上约束类型和碰撞载荷类型的特点，允许用户设置作用在连杆上的两条平面曲线之间的碰撞载荷。定义 2D 接触时，可以将其设置在连杆上的两条平面曲线之间。2D 接触与线在线上约束类似，不同的是线在线上约束定义的对象始终是接触的，不管运动如何变化，定义对象始终不会脱离。

2D 接触可以用于凸轮机构的仿真，如果使用线在线上约束定义凸轮机构，滚轮和凸轮之间是没有摩擦力的，这与实际不符，因此，可以滚轮和凸轮之间添加 2D 接触，并能设置滚轮和凸轮在运动过程中的摩擦。下面以图 6.5.1 所示的凸轮压杆机构为例，说明定义 2D 接触的一般操作过程。

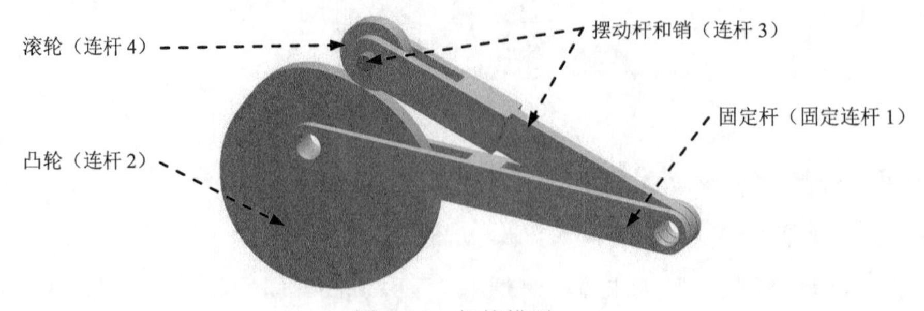

图 6.5.1　机构模型

Step1. 打开装配模型。打开文件 D:\ug10.16\work\ch06.05\ cam_mech.prt。

Step2. 进入运动仿真模块。选择 启动 → 运动仿真(O)... 命令，进入运动仿真模块。

Step3. 新建运动仿真文件。在“运动导航器”中右击 cam_mech 节点，在系统弹出的快捷菜单中选择 新建仿真 命令，系统弹出“环境”对话框。

Step4. 设置运动环境。在“环境”对话框中的 分析类型 区域选中 ⊙ 动力学 单选项；取消选中 高级解算方案选项 区域中的 3 个复选框；选中对话框中的 ☑ 基于组件的仿真 复选框；在 仿真名 下方的文本框中采用默认的仿真名称“motion_1”；单击 确定 按钮。

Step5. 定义固定连杆 1。选择下拉菜单 插入(S) → 链接(L)... 命令，系统弹出“连杆”对话框；选取图 6.5.1 所示的固定杆为连杆 1；在 质量属性选项 下拉列表中选择 自动 选项；在 设置 区域中选中 ☑ 固定连杆 复选框；在 名称 文本框中采用默认的连杆名称“L001”；单击 应用 按钮，完成固定连杆 1 的定义。

Step6. 定义连杆 2。选取图 6.5.1 所示的凸轮为连杆 2；在 质量属性选项 下拉列表中选择 自动 选项；在 设置 区域中取消选中 ☐ 固定连杆 复选框；在 名称 文本框中采用默认的连杆名称“L002”；单击 应用 按钮，完成连杆 2 的定义。

Step7. 定义连杆 3。选取图 6.5.1 所示的摆动杆和销为连杆 3；在 质量属性选项 下拉列表中选择 自动 选项；在 设置 区域中取消选中 ☐ 固定连杆 复选框；在 名称 文本框中采用默认的连杆名称“L003”；单击 应用 按钮，完成连杆 3 的定义。

Step8. 定义连杆 4。选取图 6.5.1 所示的滚轮为连杆 4；在 质量属性选项 下拉列表中选择 自动 选项；在 设置 区域中取消选中 ☐ 固定连杆 复选框；在 名称 文本框中采用默认的连杆名称“L004”；单击 确定 按钮，完成连杆 4 的定义。

Step9. 定义连杆 2 中的旋转副。

(1) 选择下拉菜单 插入(S) → 运动副(J)... 命令，系统弹出“运动副”对话框；在“运动副”对话框 定义 选项卡的 类型 下拉列表中选择 旋转副 选项；选取图 6.5.2 所示的连杆 2 为参考连杆；在“运动副”对话框 操作 区域的 ✔ 指定原点 下拉列表中选择“圆弧中心” ⊙ 选项，在模型中选取图 6.5.2 所示的圆弧边线为原点参考；在 操作 区域的 方位类型 下拉列表中选择 矢量 选项，在矢量下拉列表中选择 -ZC 选项。

(2) 单击“运动副”对话框中的 驱动 选项卡；在 旋转 下拉列表中选择 恒定 选项；在 初速度 文本框中输入值 112。

(3) 单击 确定 按钮，完成旋转副的创建。

图 6.5.2 定义连杆 2 中的旋转副

Step10. 定义连杆 3 中的旋转副。选择下拉菜单插入(S) → 运动副(J)...命令，系统弹出“运动副”对话框；在“运动副”对话框定义选项卡的类型下拉列表中选择旋转副选项；选取图 6.5.3 所示的连杆 3 为参考连杆；在“运动副”对话框操作区域的指定原点下拉列表中选择“圆弧中心”选项，在模型中选取图 6.5.3 所示的圆弧边线为原点参考；在操作区域的方位类型下拉列表中选择矢量选项，在模型中选取图 6.5.3 所示的面为矢量参考；单击确定按钮，完成旋转副的创建。

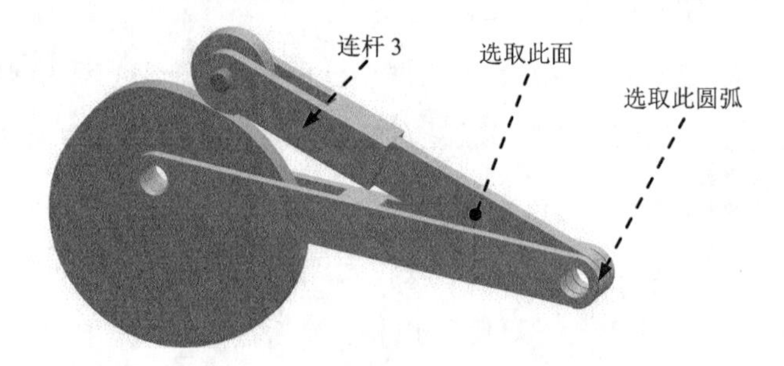

图 6.5.3 定义连杆 3 中的旋转副

Step11. 定义连杆 3 和连杆 4 中的旋转副。

（1）选择下拉菜单插入(S) → 运动副(J)...命令，系统弹出“运动副”对话框；在“运动副”对话框定义选项卡的类型下拉列表中选择旋转副选项；选取图 6.5.4 所示的连杆 3 为参考连杆；在“运动副”对话框操作区域的指定原点下拉列表中选择“圆弧中心”选项，在模型中选取图 6.5.4 所示的圆弧边线为原点参考；在操作区域的方位类型下拉列表中选择矢量选项，在模型中选取图 6.5.4 所示的曲面为矢量参考。

（2）在“运动副”对话框的基本区域中选中☑啮合连杆复选框；单击基本区域中的* 选择连杆 (0)按钮，选取图 6.5.4 所示的连杆 4 为啮合连杆；在基本区域的指定原点下拉列表中选择“圆弧中心”选项，在模型中选取图 6.5.4 所示的圆弧边线为原点参考；在基本区域的方位类型下拉列表中选择矢量选项，在模型中选取图 6.5.4 所示的曲面为矢量参考。

（3）单击确定按钮，完成旋转副的创建。

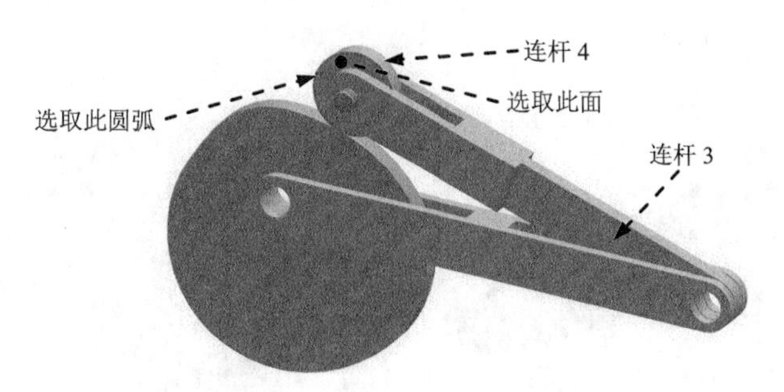

图 6.5.4　定义旋转副

Step12. 定义 2D 接触。

（1）选择下拉菜单 插入(S) → 连接器(N) → 2D 接触(Z)... 命令，系统弹出图 6.5.5 所示的“2D 接触”对话框。

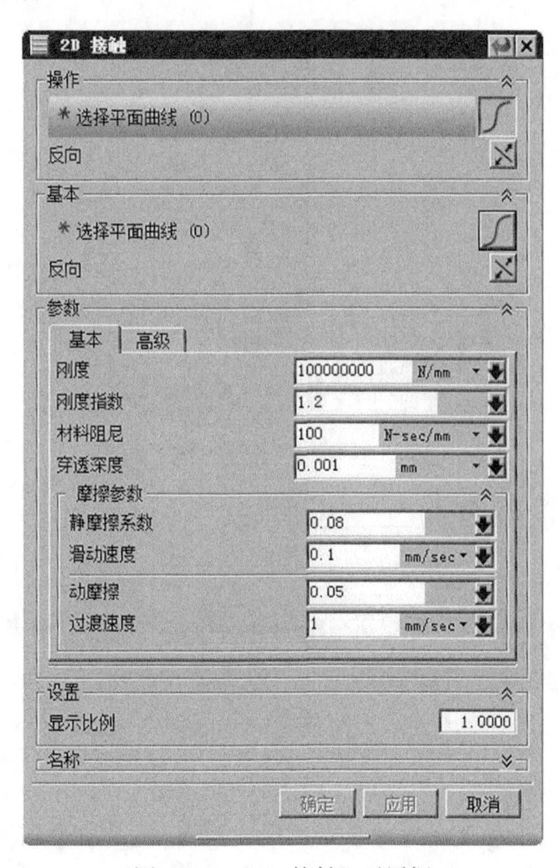

图 6.5.5　“2D 接触”对话框

（2）定义接触曲线。单击对话框 操作 区域中的 * 选择平面曲线 (0) 按钮，选取图 6.5.6 所示的曲线 1 为操作曲线；单击对话框 基本 区域中的 * 选择平面曲线 (0) 按钮，选取图 6.5.6 所示的曲线 2 为基本曲线，如有必要，单击反向按钮，使两曲线的材料侧箭头如图 6.5.7 所示。

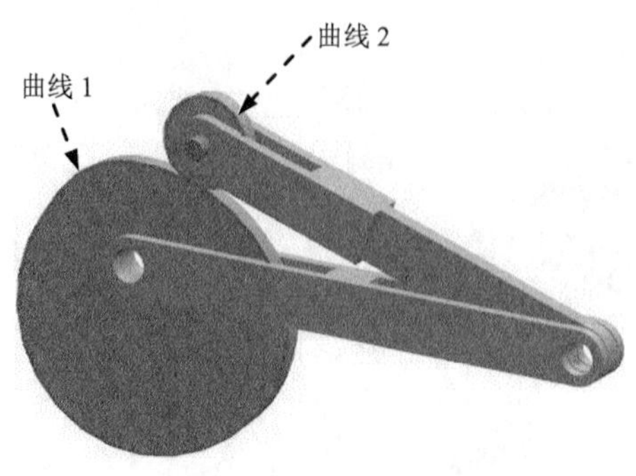

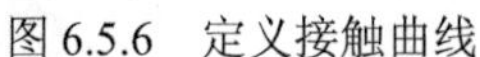
图 6.5.6 定义接触曲线

图 6.5.7 定义材料侧箭头方向

（3）定义基本参数。单击参数区域中的基本选项卡，设置图 6.5.5 所示的参数。

（4）定义高级参数。单击参数区域中的高级选项卡，设置图 6.5.8 所示的参数。

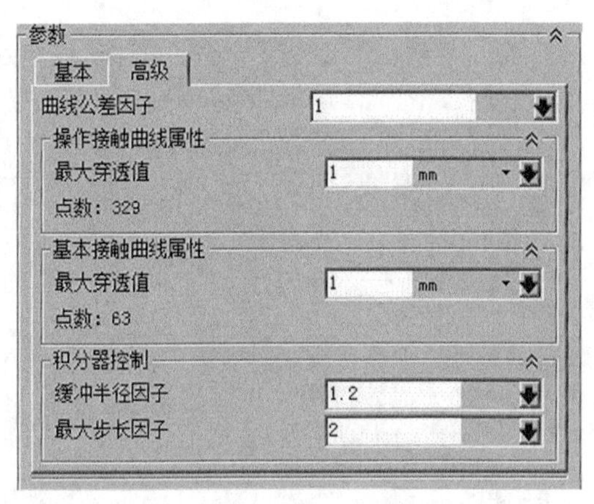

图 6.5.8 定义参数

（5）单击确定按钮，完成 2D 接触的定义。

Step13. 定义解算方案并求解。

（1）选择下拉菜单插入(S) → 解算方案(I)...命令，系统弹出“解算方案”对话框；在解算方案类型下拉列表中选择常规驱动选项；在分析类型下拉列表中选择运动学/动力学选项；在时间文本框中输入值 15；在步数文本框中输入值 300；选中对话框中的☑通过按“确定”进行解算复选框。

（2）设置重力方向。在“解算方案”对话框重力区域的矢量下拉列表中选择-YC选项，其他重力参数按系统默认设置值。

（3）单击确定按钮，完成解算方案的定义。

Step14. 定义动画。在“动画控制”工具条中单击“播放”按钮▶，查看机构运动；单击“导出至电影”按钮，输入名称“cam_mech”，保存动画；单击“完成动画”按钮。

Step15. 选择下拉菜单文件(F) → 保存(S)命令，保存模型。

6.6 本章范例 1——微型联轴器仿真

范例概述:

本范例模拟的是微型联轴器的运行状况，主要用到了旋转副和3D接触。在创建该机构模型时，一定要注意预先将联轴器和花键调整到互不干涉的设计位置，否则后面用3D接触会解算失败。读者可以打开视频文件 D:\ug10.16\work\ch06.06\coupling.avi 查看机构运行状况。机构模型如图 6.6.1 所示。

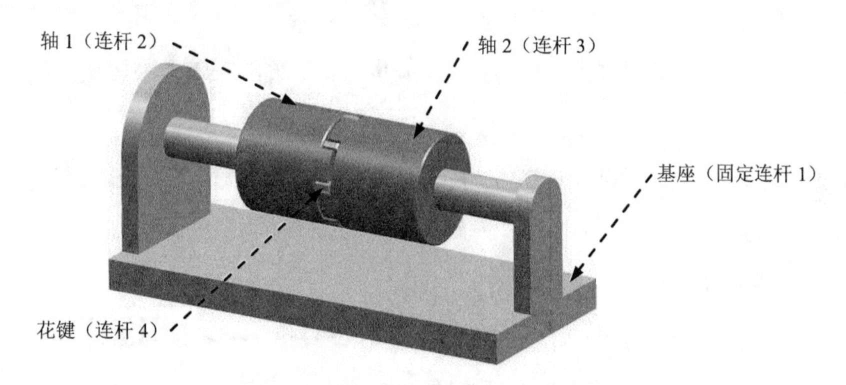

图 6.6.1 机构模型

Step1. 打开装配模型。打开文件 D:\ug10.16\work\ch06.06\coupling_asm.prt。

Step2. 进入运动仿真模块。选择 启动 → 运动仿真(O)... 命令，进入运动仿真模块。

Step3. 新建运动仿真文件。在“运动导航器”中右击 coupling_asm 节点，在系统弹出的快捷菜单中选择 新建仿真 命令，系统弹出“环境”对话框。

Step4. 设置运动环境。在“环境”对话框中的 分析类型 区域选中 ⊙ 动力学 单选项；取消选中 高级解算方案选项 区域中的 3 个复选框；选中对话框中的 ☑ 基于组件的仿真 复选框；在 仿真名 下方的文本框中采用默认的仿真名称“motion_1”；单击 确定 按钮。

Step5. 定义固定连杆 1。选择下拉菜单 插入(S) → 链接(L)... 命令，系统弹出“连杆”对话框；选取图 6.6.1 所示的基座为固定连杆 1；在 质量属性选项 下拉列表中选择 自动 选项；在 设置 区域中选中 ☑ 固定连杆 复选框；在 名称 文本框中采用默认的连杆名称“L001”；单击 应用 按钮，完成固定连杆 1 的定义。

Step6. 定义连杆 2。选取图 6.6.1 所示的轴 1 为连杆 2；在 质量属性选项 下拉列表中选择 自动 选项；在 设置 区域中取消选中 ☐ 固定连杆 复选框；在 名称 文本框中采用默认的连杆名称“L002”；单击 应用 按钮，完成连杆 2 的定义。

Step7. 定义连杆 3。选取图 6.6.1 所示的轴 2 为连杆 3；在 质量属性选项 下拉列表中选择 自动选项；在设置区域中取消选中☐固定连杆复选框；在名称文本框中采用默认的连杆名称“L003”；单击应用按钮，完成连杆3的定义。

Step8. 定义连杆4。选取图6.6.1所示的花键为连杆4；在质量属性选项下拉列表中选择自动选项；在设置区域中取消选中☐固定连杆复选框；在名称文本框中采用默认的连杆名称“L004”；单击确定按钮，完成连杆4的定义。

Step9. 定义连杆2中的旋转副。

（1）选择下拉菜单插入(S) ➡ 运动副(J)...命令，系统弹出“运动副”对话框；在“运动副”对话框定义选项卡的类型下拉列表中选择旋转副选项；在模型中选取图6.6.2所示的边线为参考，系统自动选择连杆、原点及矢量方向；单击确定按钮，完成旋转副的定义。

（2）单击“运动副”对话框中的驱动选项卡；在旋转下拉列表中选择恒定选项；在初速度文本框中输入值120。

（3）单击确定按钮，完成旋转副的创建。

Step10. 定义连杆3中的旋转副。选择下拉菜单插入(S) ➡ 运动副(J)...命令，系统弹出“运动副”对话框；在“运动副”对话框定义选项卡的类型下拉列表中选择旋转副选项；在模型中选取图6.6.3所示的边线为参考，系统自动选择连杆、原点及矢量方向；单击确定按钮，完成旋转副的定义。

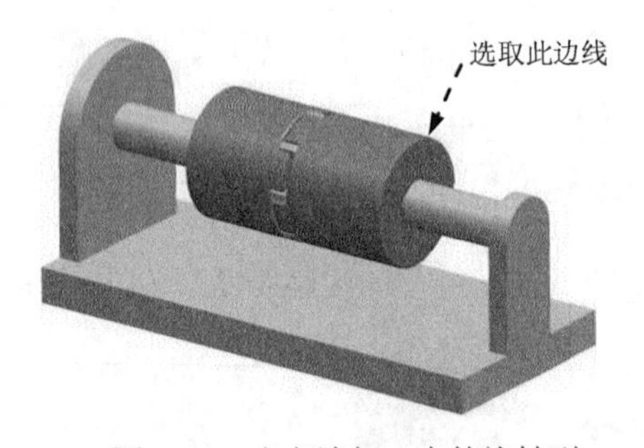

图6.6.2 定义连杆2中的旋转副

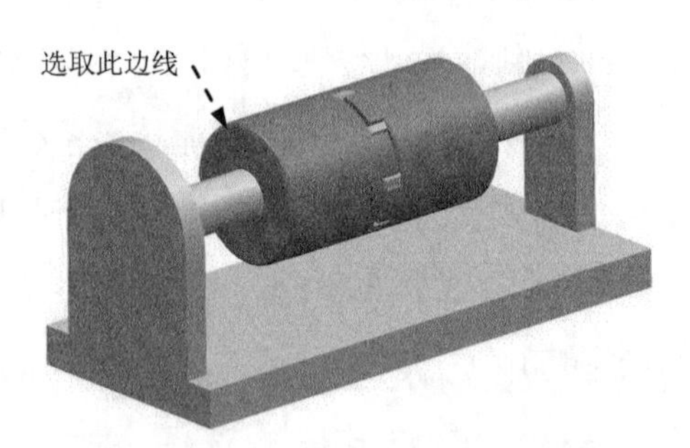

图6.6.3 定义连杆3中的旋转副

Step11. 定义连杆4中的旋转副。

（1）在“运动导航器”中隐藏连杆L002。

（2）选择下拉菜单插入(S) ➡ 运动副(J)...命令，系统弹出“运动副”对话框；在“运动副”对话框定义选项卡的类型下拉列表中选择旋转副选项；在模型中选取图6.6.4所示的边线为参考，系统自动选择连杆、原点及矢量方向；单击确定按钮，完成旋转副的定义。

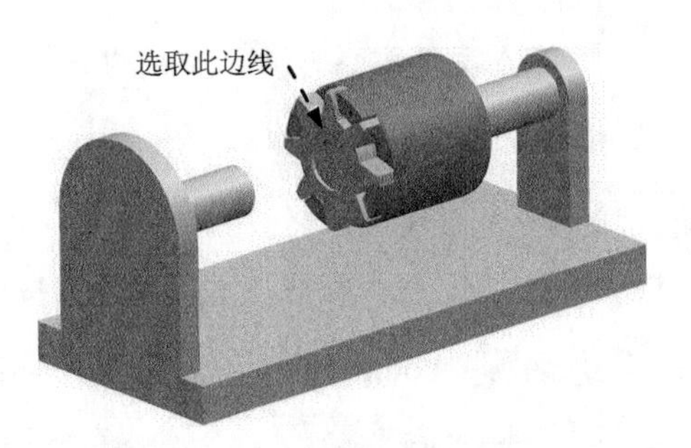

图 6.6.4 定义连杆 4 中的旋转副

Step12. 定义 3D 接触 1。

（1）在“运动导航器”中取消隐藏连杆 L002。

（2）选择下拉菜单 插入(S) → 连接器(N) → 3D 接触... 命令，系统弹出“3D 接触”对话框。

（3）定义接触实体。单击“3D 接触”对话框 操作 区域中的 * 选择体 (0) 按钮，选取图 6.6.5 所示的连杆 3 为操作体；单击 基本 区域中的 * 选择体 (0) 按钮，选取连杆 4 为基本体。

（4）定义接触类型。在“3D 接触”对话框 参数 区域的 类型 下拉列表中选择类型为 实体 选项。

（5）单击 确定 按钮，完成 3D 接触 1 的定义。

Step13. 定义 3D 接触 2。参照 Step12 的操作步骤，选取图 6.6.5 所示的连杆 4 为操作体；选取连杆 2 为基本体。

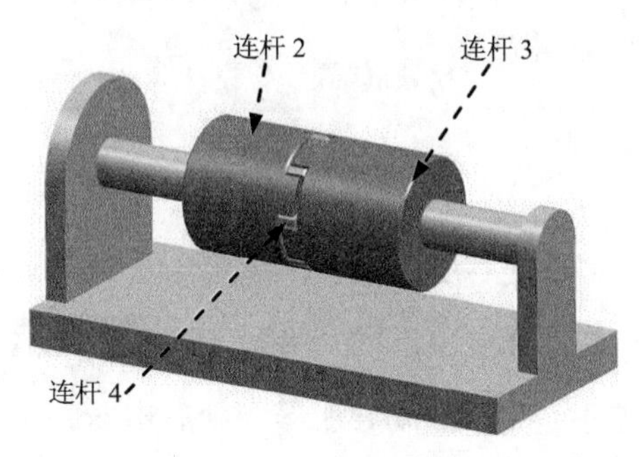

图 6.6.5 定义 3D 接触

Step14. 定义解算方案并求解。

（1）选择下拉菜单 插入(S) → 解算方案(I)... 命令，系统弹出“解算方案”对话框；在 解算方案类型 下拉列表中选择 常规驱动 选项；在 分析类型 下拉列表中选择 运动学/动力学 选项；在 时间 文本框中输入值 15；在 步数 文本框中输入值 300；选中对话框中的 ☑ 通过按“确定”进行解算 复选框。

（2）设置重力方向。在“解算方案”对话框重力区域的矢量下拉列表中选择-YC选项，其他重力参数按系统默认设置值。

（3）单击确定按钮，完成解算方案的定义。

Step15. 定义动画。在“动画控制”工具条中单击“播放”按钮▶，查看机构运动；单击“导出至电影”按钮，输入名称“coupling”，保存动画；单击“完成动画”按钮。

Step16. 选择下拉菜单文件(F) ➡ 保存(S)命令，保存模型。

6.7　本章范例2——弹性碰撞仿真

范例概述：

本范例模拟的是滑块受到一个初速度的作用，在底座上面滑动。然后与挡板接触一起运动压缩弹簧，压缩到一定程度后，弹簧反弹将滑块弹出，由于摩擦力的原因最终停止在某一位置。该实例综合运用了连杆初速度、3D接触、弹簧和运动副摩擦等功能。读者可以打开视频文件 D:\ug10.16\work\ch06.07\collision.avi 查看机构运行状况，机构模型如图6.7.1所示。

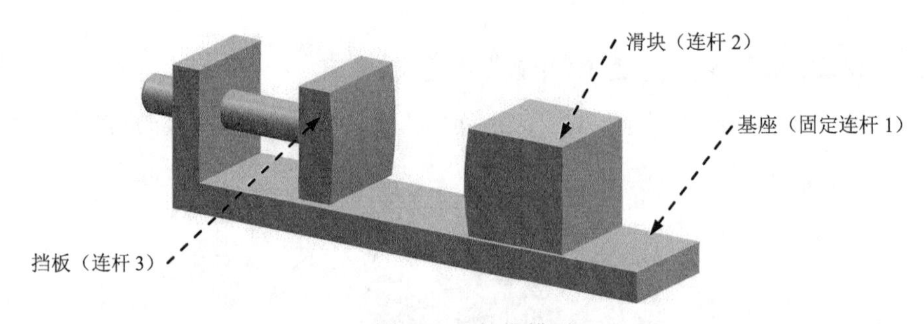

图6.7.1　机构模型

Step1. 打开装配模型。打开文件 D:\ug10.16\work\ch06.07\collision_asm.prt。

Step2. 进入运动仿真模块。选择启动 ➡ 运动仿真(O)...命令，进入运动仿真模块。

Step3. 新建运动仿真文件。在“运动导航器”中右击 collision _asm 节点，在系统弹出的快捷菜单中选择新建仿真命令，系统弹出“环境”对话框。

Step4. 设置运动环境。在“环境”对话框中的分析类型区域选中⊙动力学单选项；取消选中高级解算方案选项区域中的3个复选框；选中对话框中的☑基于组件的仿真复选框；在仿真名下方的文本框中采用默认的仿真名称“motion_1”；单击确定按钮。

Step5. 定义固定连杆1。选择下拉菜单插入(S) ➡ 链接(L)...命令，系统弹出“连杆”对话框；选取图6.7.1所示的基座为固定连杆1；在质量属性选项下拉列表中选择自动选项；在设置区域中选中☑固定连杆复选框；在名称文本框中采用默认的连杆名称“L001”；单击应用按钮，完成固定连杆1的定义。

Step6. 定义连杆2。

（1）选取图6.7.1所示的滑块为连杆2；在质量属性选项下拉列表中选择自动选项。

（2）定义初始平动速率。在初始平动速率区域中选中☑启用复选框；单击指定方向按钮，选取图6.7.2所示的平面为方向参考；在平移速度文本框中输入值2000，单击反向按钮，使速度方向如图6.7.2所示。

（3）在设置区域中取消选中☐固定连杆复选框；在名称文本框中采用默认的连杆名称“L002”；单击应用按钮，完成连杆2的定义。

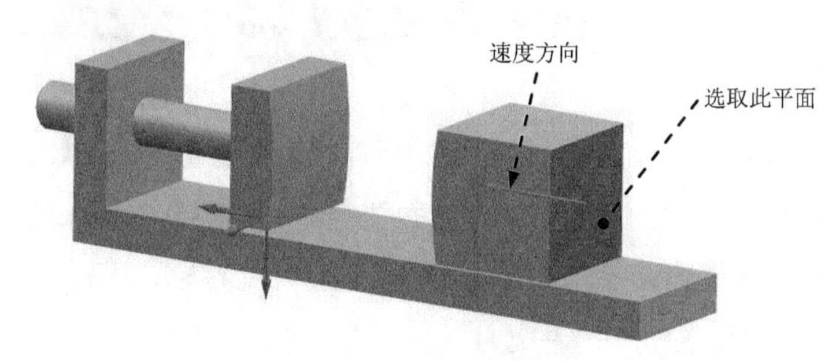

图6.7.2 定义初始平动速率

Step7. 定义连杆3。选取图6.7.1所示的挡板为连杆3；在质量属性选项下拉列表中选择自动选项；在设置区域中取消选中☐固定连杆复选框；在名称文本框中采用默认的连杆名称“L003”；单击确定按钮，完成连杆3的定义。

Step8. 定义连杆2中的滑动副。

（1）选择下拉菜单插入(S) ➡ 运动副(J)...命令，系统弹出“运动副”对话框；在“运动副”对话框定义选项卡的类型下拉列表中选择滑动副选项；在模型中选取图6.7.3所示的边线1为参考，系统自动选择连杆、原点及矢量方向。

（2）单击“运动副”对话框中的摩擦选项卡，选中☑启用摩擦复选框，在动摩擦文本框中输入值0.01。

（3）单击确定按钮，完成滑动副的定义。

Step9. 定义连杆3中的滑动副。选择下拉菜单插入(S) ➡ 运动副(J)...命令，系统弹出“运动副”对话框；在“运动副”对话框定义选项卡的类型下拉列表中选择滑动副选项；在模型中选取图6.7.3所示的边线2为参考，系统自动选择连杆、原点及矢量方向；单击“运动副”对话框中的摩擦选项卡，选中☑启用摩擦复选框，在动摩擦文本框中输入值0.01；单击确定按钮，完成滑动副的定义。

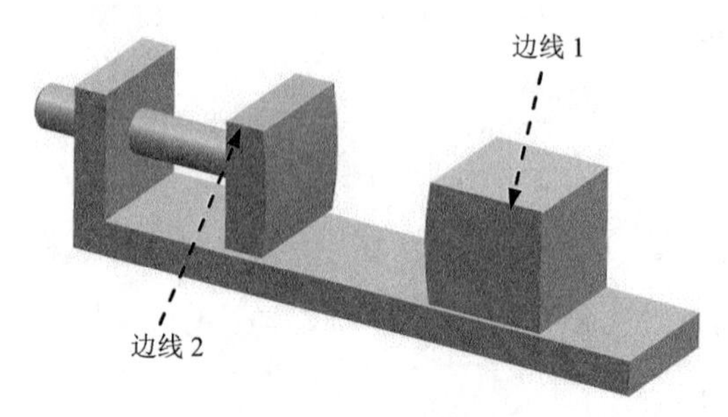

图 6.7.3　定义滑动副

Step10. 定义弹簧。

（1）选择命令。选择下拉菜单 插入(S) → 连接器(N) → 弹簧(S)... 命令，系统弹出“弹簧”对话框。

（2）定义附着类型。在“弹簧”对话框的 附着 下拉列表中选择 连杆 选项。

（3）定义操作对象。单击“弹簧”对话框 操作 区域中的 * 选择连杆 (0) 按钮，选取连杆 3（挡板）为操作连杆；单击 操作 区域中的 指定原点 按钮，在右侧下拉列表中选择“圆弧中心” 选项，在模型中选取图 6.7.4 所示的边线 1 为原点参考。

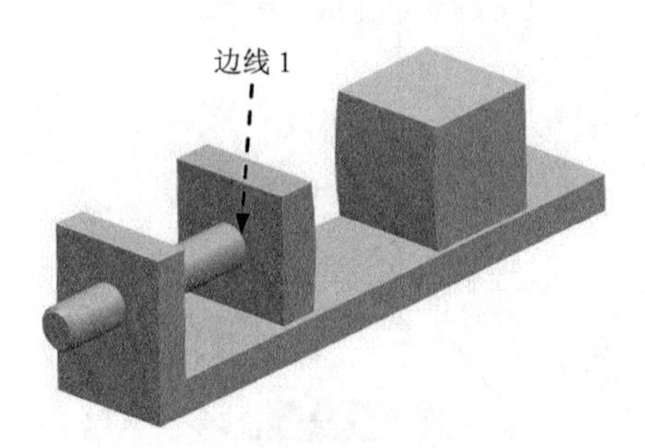

图 6.7.4　定义操作对象

（4）定义基本对象。单击“弹簧”对话框 基本 区域中的 * 选择连杆 (0) 按钮，选取连杆 1（固定基座）为基本连杆；单击 基本 区域中的 指定原点 按钮，在右侧下拉列表中选择“圆弧中心” 选项，在模型中选取图 6.7.5 所示的边线 2 为原点参考。

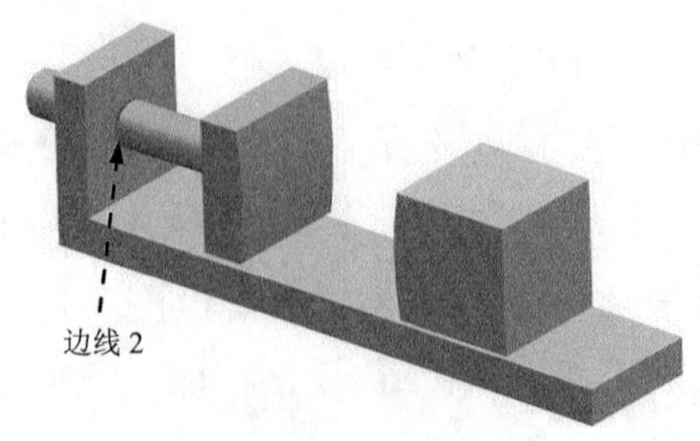

图 6.7.5　定义基本对象

（5）定义弹簧参数。在弹簧参数区域刚度下方的类型下拉列表中选择表达式选项，在值文本框中输入值10，在预载文本框中输入值0。

（6）定义阻尼器。在阻尼器区域中选中☑创建阻尼器复选框，在类型下拉列表中选择表达式选项，在值文本框中输入值0.1，如图6.7.6所示，单击确定按钮，完成弹簧的定义。

图6.7.6 定义参数

Step11. 定义3D接触。

（1）选择下拉菜单插入(S) ➡ 连接器(N) ➡ 3D接触...命令，系统弹出“3D接触”对话框。

（2）定义接触实体。单击“3D接触”对话框操作区域中的*选择体(0)按钮，选取图6.7.7所示的连杆2为操作体；单击基本区域中的*选择体(0)按钮，选取连杆3为基本体。

（3）定义接触类型。在“3D接触”对话框参数区域的类型下拉列表中选择类型为实体选项。

（4）单击确定按钮，完成3D接触的定义。

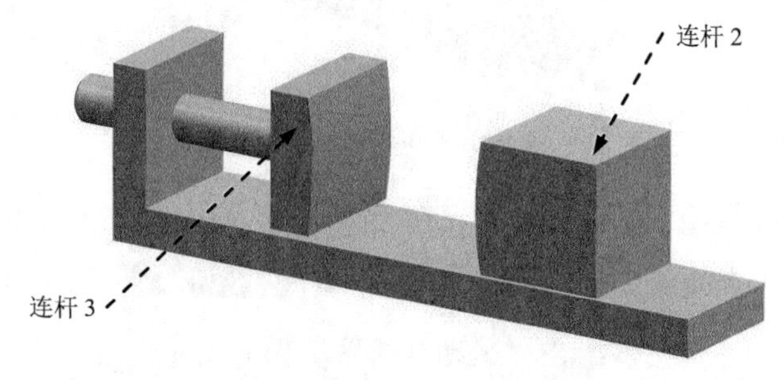

图6.7.7 定义3D接触

Step12. 定义解算方案并求解。

（1）选择下拉菜单插入(S) ➡ 解算方案(I)...命令，系统弹出“解算方案”对话框；在解算方案类型下拉列表中选择常规驱动选项；在分析类型下拉列表中选择运动学/动力学选项；在时间文本框中输入值 1.5；在步数文本框中输入值 600；选中对话框中的☑通过按“确定”进行解算复选框。

（2）设置重力方向。在“解算方案”对话框重力区域的矢量下拉列表中选择ZC↑选项，其他重力参数按系统默认设置值。

（3）单击确定按钮，完成解算方案的定义。

Step13. 定义动画。在“动画控制”工具条中单击“播放”按钮▶，查看机构运动；单击“导出至电影”按钮，输入名称“collision”，保存动画；单击“完成动画”按钮。

Step14. 选择下拉菜单文件(F) ➡ 保存(S)命令，保存模型。

6.8 本章范例3——滚子反弹仿真

范例概述：

本范例模拟的是球形滚子由于重力原因从圆弧形斜面上滚落下来，与斜面下端的滑块发生碰撞后反弹，待滚子再次落在斜面上后又沿斜面下滑，再次与滑块碰撞。注意在解算机构前，滚子与基座之间不能有干涉，否则在仿真时滚子由于干涉碰撞不能沿斜面下滑。读者可以打开视频文件 D:\ug10.16\work\ch06.08\roll.avi 查看机构运行状况。机构模型如图 6.8.1 所示。

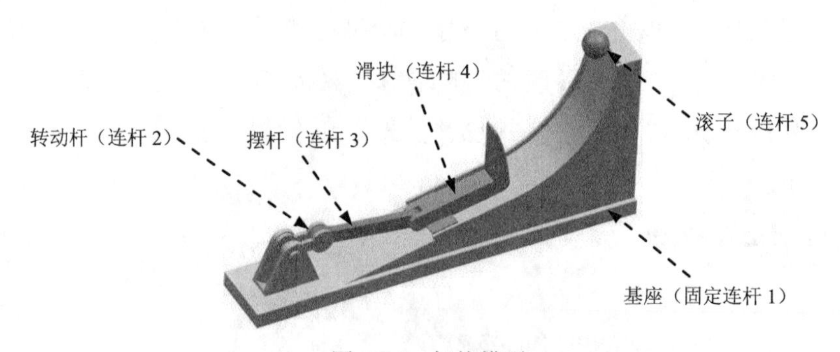

图 6.8.1 机构模型

Step1. 打开装配模型。打开文件 D:\ug10.16\work\ch06.08\roll_asm.prt。

Step2. 进入运动仿真模块。选择启动 ➡ 运动仿真(O)...命令，进入运动仿真模块。

Step3. 新建运动仿真文件。在“运动导航器”中右击 roll_asm 节点，在系统弹出的快捷菜单中选择新建仿真命令，系统弹出“环境”对话框。

Step4. 设置运动环境。在“环境”对话框中的分析类型区域选中⊙动力学单选项；取消选中高级解算方案选项区域中的 3 个复选框；选中对话框中的☑基于组件的仿真复选框；在仿真名下方的文本框中采用默认的仿真名称“motion_1”；单击确定按钮。

Step5. 定义固定连杆1。选择下拉菜单插入(S) → 链接(L)...命令，系统弹出“连杆”对话框；选取图6.8.1所示的基座为固定连杆1；在质量属性选项下拉列表中选择自动选项；在设置区域中选中☑固定连杆复选框；在名称文本框中采用默认的连杆名称“L001”；单击应用按钮，完成固定连杆1的定义。

Step6. 定义连杆2。选择下拉菜单插入(S) → 链接(L)...命令，系统弹出“连杆”对话框；选取图6.8.1所示的转动杆为连杆2；在质量属性选项下拉列表中选择自动选项；在设置区域中取消选中☐固定连杆复选框；在名称文本框中采用默认的连杆名称“L002”；单击应用按钮，完成连杆2的定义。

Step7. 定义连杆3。选取图6.8.1所示的摆杆为连杆3；单击应用按钮。

Step8. 定义连杆4。选取图6.8.1所示的滑块为连杆4；单击应用按钮。

Step9. 定义连杆5。选取图6.8.1所示的滚子为连杆5；单击确定按钮。

Step10. 定义连杆2中的旋转副。

（1）选择下拉菜单插入(S) → 运动副(J)...命令，系统弹出“运动副”对话框；在“运动副”对话框定义选项卡的类型下拉列表中选择旋转副选项；选取图6.8.2所示的连杆2为参考连杆；在“运动副”对话框操作区域的指定原点下拉列表中选择“圆弧中心”⊙选项，在模型中选取图6.8.2所示的圆弧边线为原点参考；在操作区域的方位类型下拉列表中选择矢量选项，在矢量下拉列表中选择-XC选项。

（2）单击“运动副”对话框中的驱动选项卡；在旋转下拉列表中选择恒定选项；在初速度文本框中输入值300。

（3）单击确定按钮，完成旋转副的创建。

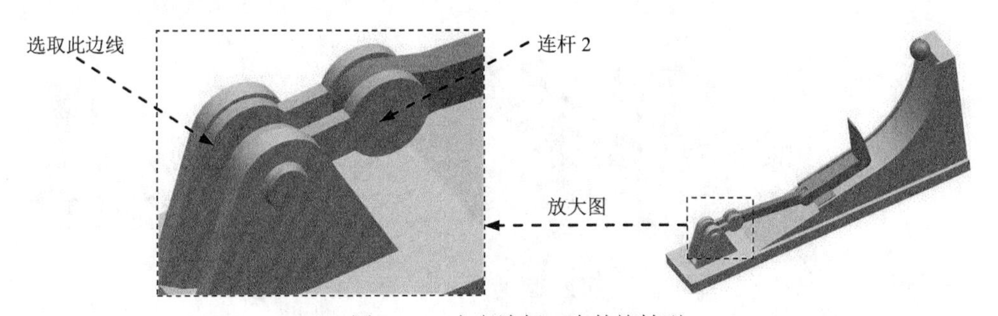

图6.8.2 定义连杆2中的旋转副

Step11. 定义连杆2和连杆3中的旋转副。

（1）选择下拉菜单插入(S) → 运动副(J)...命令，系统弹出“运动副”对话框；在“运动副”对话框定义选项卡的类型下拉列表中选择旋转副选项；选取图6.8.3所示的连杆

2 为参考连杆；在“运动副”对话框操作区域的指定原点下拉列表中选择“圆弧中心”⊙选项，在模型中选取图 6.8.3 所示的圆弧边线为原点参考；在操作区域的方位类型下拉列表中选择矢量选项，在模型中选取图 6.8.3 所示的曲面为矢量参考。

（2）在“运动副”对话框基本区域中选中☑啮合连杆复选框；单击基本区域中的*选择连杆 (0)按钮，选取图 6.8.3 所示的连杆 3 为啮合连杆；在基本区域的指定原点下拉列表中选择“圆弧中心”⊙选项，在模型中选取图 6.8.3 所示的圆弧边线为原点参考；在基本区域的方位类型下拉列表中选择矢量选项，在模型中选取图 6.8.3 所示的曲面为矢量参考。

（3）单击确定按钮，完成旋转副的创建。

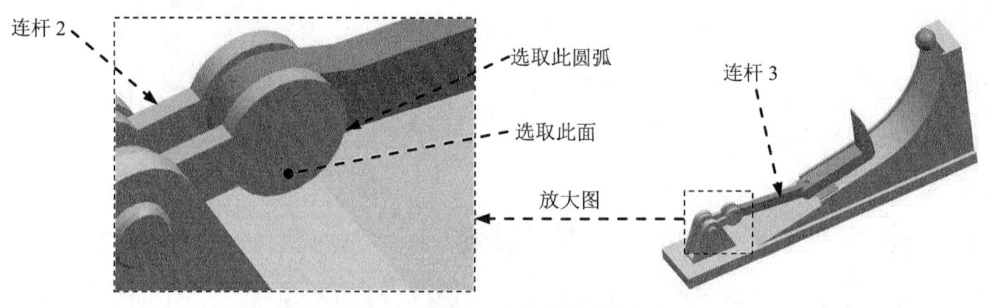

图 6.8.3　定义旋转副

Step12. 定义连杆 3 和连杆 4 中的共线副。

（1）选择下拉菜单插入(S) ➡ 运动副(J)...命令，系统弹出“运动副”对话框；在“运动副”对话框定义选项卡的类型下拉列表中选择共线选项；选取图 6.8.4 所示的连杆 3 为参考连杆；在“运动副”对话框操作区域的指定原点下拉列表中选择“圆弧中心”⊙选项，在模型中选取图 6.8.4 所示的圆弧边线为原点参考；在操作区域的方位类型下拉列表中选择矢量选项，在模型中选取图 6.8.4 所示的曲面为矢量参考。

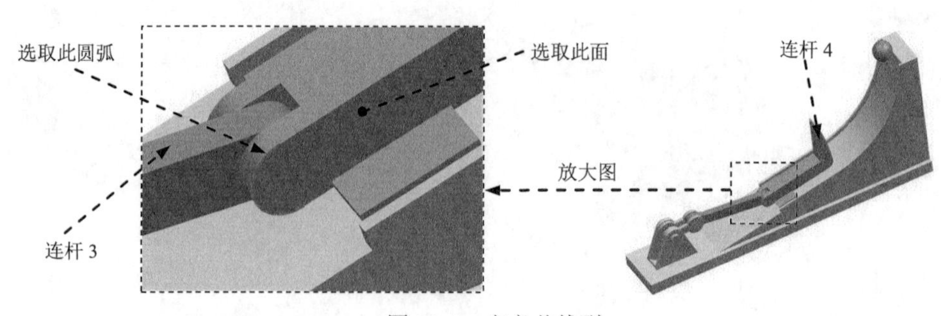

图 6.8.4　定义共线副

（2）在“运动副”对话框的基本区域中选中☑啮合连杆复选框；单击基本区域中的*选择连杆 (0)按钮，选取图 6.8.4 所示的连杆 4 为啮合连杆；在基本区域的指定原点下拉列表中选择“圆弧中心”⊙选项，在模型中选取图 6.8.4 所示的圆弧边线为原点参考；在基本区域的方位类型下拉列表中选择矢量选项，在模型中选取图 6.8.4 所示的曲面为矢量参考。

（3）单击确定按钮，完成共线副的创建。

Step13. 定义连杆 4 中的滑动副。选择下拉菜单插入(S) → 运动副(T)...命令，系统弹出“运动副”对话框；在“运动副”对话框定义选项卡的类型下拉列表中选择滑动副选项；在模型中选取图 6.8.5 所示的边线为参考，系统自动选择连杆、原点及矢量方向；单击确定按钮，完成滑动副的定义。

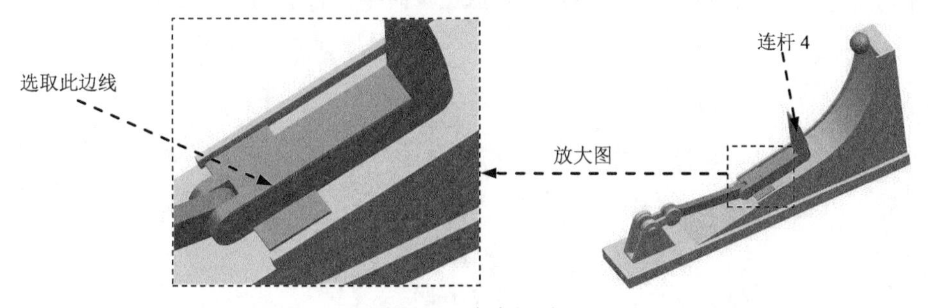

图 6.8.5 定义滑动副

Step14. 定义 3D 接触 1。选择下拉菜单插入(S) → 连接器(N) → 3D 接触...命令，系统弹出“3D 接触”对话框；单击操作区域中的* 选择体 (0)按钮，选取图 6.8.6 所示的连杆 5 为操作体；单击基本区域中的* 选择体 (0)按钮，选取固定连杆 1 为基本体；在参数区域的类型下拉列表中选择类型为实体选项；单击确定按钮，完成 3D 接触 1 的定义。

Step15. 定义 3D 接触 2。参照 Step14 的操作步骤，选取图 6.8.6 所示的连杆 5 为操作体；选取连杆 4 为基本体。

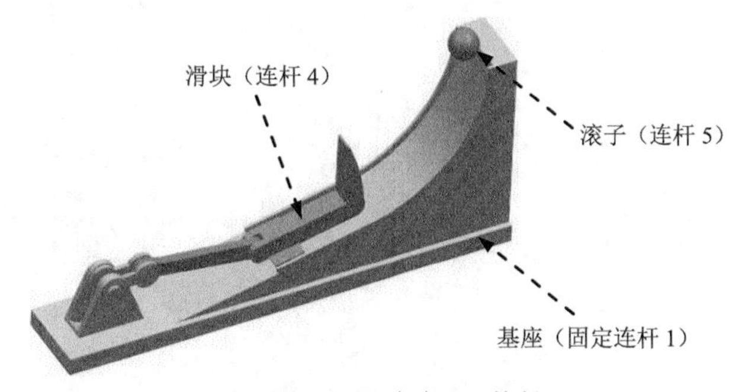

图 6.8.6 定义 3D 接触

Step16. 定义解算方案并求解。

（1）选择下拉菜单插入(S) → 解算方案(I)...命令，系统弹出“解算方案”对话框；在解算方案类型下拉列表中选择常规驱动选项；在分析类型下拉列表中选择运动学/动力学选项；在时间文本框中输入值 10；在步数文本框中输入值 400；选中对话框中的

☑ 通过按"确定"进行解算复选框。

（2）设置重力方向。在"解算方案"对话框重力区域的矢量下拉列表中选择ZC↑选项，其他重力参数按系统默认设置值。

（3）单击确定按钮，完成解算方案的定义。

Step17. 定义动画。在"动画控制"工具条中单击"播放"按钮▶，查看机构运动；单击"导出至电影"按钮，输入名称"roll"，保存动画；单击"完成动画"按钮。

Step18. 选择下拉菜单文件(F) → 保存(S)命令，保存模型。

第 7 章　驱动与函数

本章提要　UG NX 运动仿真中的驱动可以规定机构以特定方式运动，驱动不仅可以控制机构的运动速度，还可以控制机构的位移和加速度，同时系统也提供了多种驱动方法。本章主要介绍驱动的定义方法，主要包括以下内容：

- 概述
- 简谐驱动
- 函数驱动
- 铰接运动驱动
- 电子表格驱动

7.1　概　　述

在本书前面章节中列举的运动仿真实例，其运动驱动都比较简单，设置好运动时间和解算步数之后，机构就在规定的时间和步数范围之内进行解算运动，这种驱动叫做“恒定”驱动。如果需要定义一些比较复杂的运动，比如，需要定义一个连杆在不同的时间段内以不同的速度进行运动，使用“恒定”驱动将无法实现，此时需要借助其他的驱动方法来实现复杂的运动。

驱动可以在创建运动副时在“运动副”对话框的驱动选项卡中（图 7.1.1）进行定义；也可以在运动副创建完成后，选择下拉菜单插入(S) → 驱动体(V)...命令，在“驱动” 对话框中（图 7.1.2）进行定义。

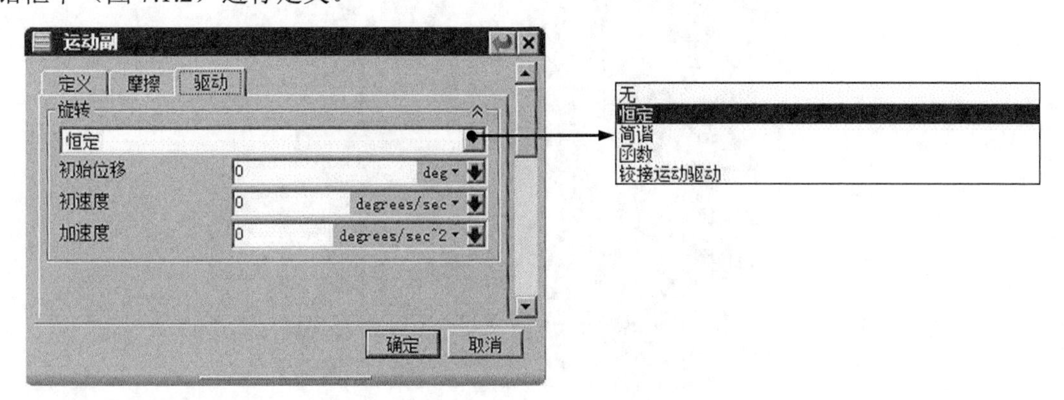

图 7.1.1　“驱动”选项卡

UG NX 运动仿真中的驱动除了恒定驱动外，还有简谐驱动、函数驱动和铰接运动驱动等方法，其中函数驱动的功能最为强大，可以使用数学函数和运动函数实现较复杂的机构运动。

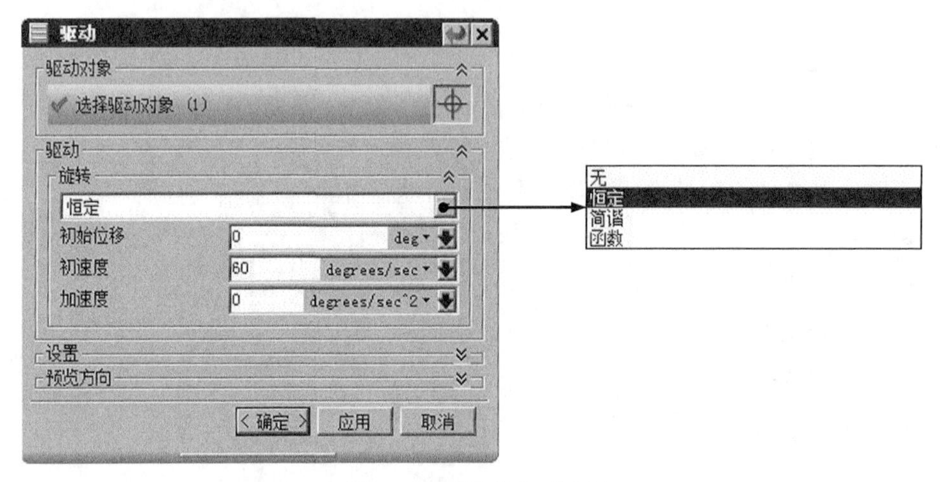

图 7.1.2　“驱动”对话框

7.2　简 谐 驱 动

简谐驱动就是使用简谐函数驱动运动副中的位移变化。简谐函数的波形为正弦曲线，它可以生成一个光滑的正弦运动。定义驱动时，在下拉列表中选择简谐选项，即可使用简谐驱动（图 7.2.1）。

图 7.2.1　简谐驱动

由图 7.2.1 所示的“驱动”对话框可知，简谐驱动共有 4 个参数，分写是幅值、频率、相位角和位移，其数学方程式定义如下：

$$SHF = b + a\sin（wt-phi）$$

- *SHF*：输出。
- *b*：位移。
- *a*：幅值。
- *w*：频率。
- *t*：自变量，一般是时间。
- *phi*：相位角。

简谐函数的曲线图形如图 7.2.2 所示。

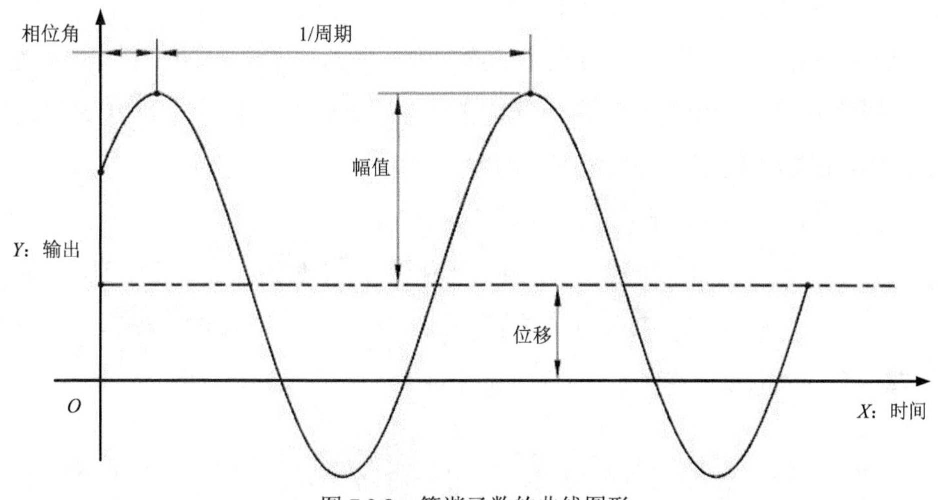

图 7.2.2　简谐函数的曲线图形

下面举例说明简谐驱动的应用。在图 7.2.3 所示的钟摆机构中，摆杆的摆动幅值（角度）为 45°，如果规定摆杆在 10s 内完成 4 次摆动，则“频率”值应设置为 144（计算方法为 360×4/10，单位为°/s）。

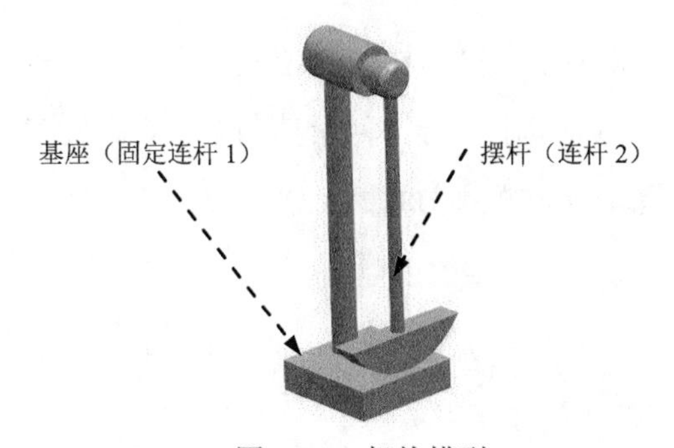

图 7.2.3　机构模型

Step1. 打开装配模型。打开文件 D:\ug10.16\work\ch07.02\SHF.prt。

Step2. 进入运动仿真模块。选择开始 ➡ 运动仿真(O)...命令，进入运动仿真模块。

Step3. 新建运动仿真文件。在“运动导航器”中右击 SHF 节点，在系统弹出的快捷菜单中选择新建仿真命令，系统弹出“环境”对话框。

Step4. 设置运动环境。在“环境”对话框中的分析类型区域选中动力学单选项，取消选中高级解算方案选项区域中的 3 个复选框，选中对话框中的基于组件的仿真复选框，在仿真名下方的文本框中采用默认的仿真名称“motion_1”，单击确定按钮。

Step5. 定义固定连杆 1。选择下拉菜单插入(S) ➡ 链接(L)...命令，系统弹出“连杆”对话框；选取图 7.2.3 所示的基座为固定连杆 1；在质量属性选项下拉列表中选择自动选项，在设置区域中选中固定连杆复选框，在名称文本框中采用默认的连杆名称“L001”；单击应用按钮，完成固定连杆 1 的定义。

Step6. 定义连杆 2。选取图 7.2.3 所示的摆杆为连杆 2，在质量属性选项下拉列表中选择自动选项，在设置区域中取消选中固定连杆复选框，在名称文本框中采用默认的连杆名称“L002”；单击确定按钮，完成连杆 2 的定义。

Step7. 定义连杆 2 中的旋转副。

（1）定义运动副。选择下拉菜单插入(S) ➡ 运动副(J)...命令，系统弹出“运动副”对话框；在“运动副”对话框定义选项卡的类型下拉列表中选择旋转副选项；在模型中选取图 7.2.4 所示的边线为参考，系统自动选择连杆、原点及矢量方向。

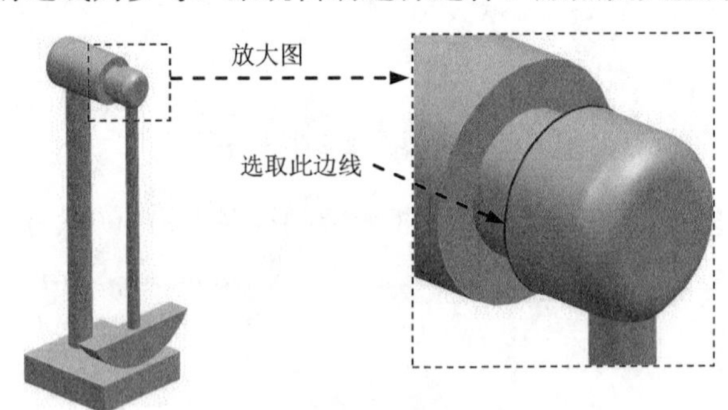

图 7.2.4　定义连杆 2 中的旋转副

（2）定义简谐驱动。单击“运动副”对话框中的驱动选项卡；在旋转下拉列表中选择简谐选项；在幅值文本框中输入值 45；在频率文本框中输入值 144，如图 7.2.5 所示。

（3）单击确定按钮，完成旋转副的创建。

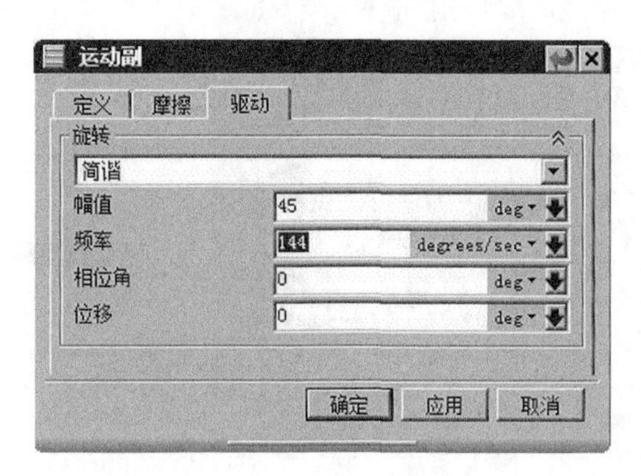

图 7.2.5　定义简谐驱动

Step8. 定义解算方案并求解。选择下拉菜单 插入(S) → 解算方案(I)... 命令，系统弹出“解算方案”对话框；在 解算方案类型 下拉列表中选择 常规驱动 选项；在 分析类型 下拉列表中选择 运动学/动力学 选项；在 时间 文本框中输入值 10；在 步数 文本框中输入值 400；选中对话框中的 ☑ 通过按“确定”进行解算 复选框；单击 确定 按钮，完成解算方案的定义。

Step9. 定义动画。在“动画控制”工具条中单击“播放”按钮，查看机构运动；单击“导出至电影”按钮，输入名称“SHF”，保存动画；单击“完成动画”按钮。

Step10. 选择下拉菜单 文件(F) → 保存(S) 命令，保存模型。

7.3　函 数 驱 动

7.3.1　概述

前面介绍的简谐驱动实际上就是使用简谐函数驱动机构的运动，要注意的是在“运动副”对话框和“驱动”对话框中定义的简谐驱动，只能驱动角度或位移的变化，如果要使用简谐驱动速度和加速度，或者需要定义其他类型的函数驱动，则需要使用 UG NX 中的“XY 函数管理器”工具。

使用函数驱动的一般操作过程如下。

Step1. 在“运动副”对话框 驱动 选项卡的下拉列表中选择 函数 选项。

Step2. 在 函数数据类型 下拉列表中选择函数驱动的对象，函数可以驱动运动副中的位移、速度和加速度，如图 7.3.1 所示。

Step3. 单击 函数 后的按钮，选择 f(x) 函数管理器 选项，系统弹出图 7.3.2 所示的“XY 函数管理器”对话框。

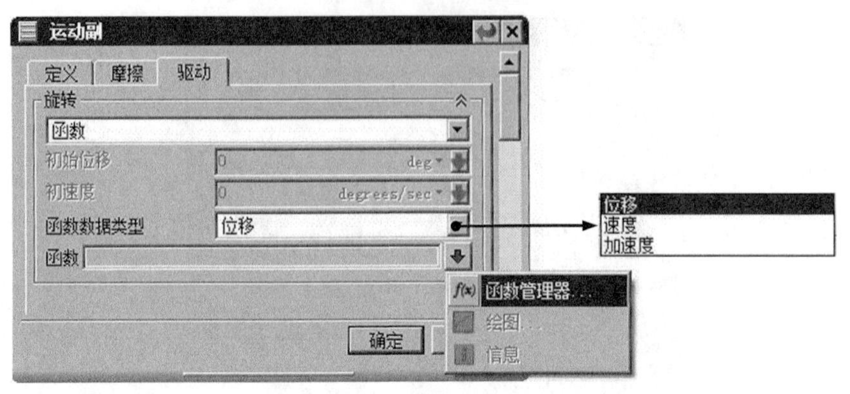

图 7.3.1 “运动副”对话框

图 7.3.2 “XY 函数管理器”对话框

图 7.3.2 所示的“XY 函数管理器”对话框中的部分选项说明如下。

- 函数属性区域：包含 ⊙ 数学和 ⊙ AFU 格式的表两个单选项。该下拉列表用于选择为运动副添加驱动的类型。
  - ☑ ⊙ 数学：使用数学函数或运动函数进行驱动。
  - ☑ ⊙ AFU 格式的表：使用 AFU 格式的表格进行驱动。
- 用途下拉列表：用于选择驱动的用途类型，包括运动驱动、常规驱动和相应仿真。
- 函数类型下拉列表：用于选择驱动的函数类型，包括时间函数、计时图函数以及刚度和阻尼函数。
- 按钮：新建一个函数。
- 按钮：编辑现有函数。
- 按钮：复制现有函数。
- 按钮：移除选中函数。
- 预览区域：预览函数的图形，如图 7.3.3 所示。

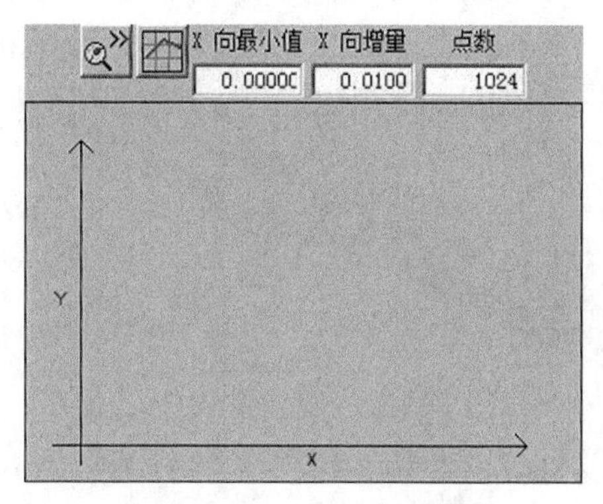

图 7.3.3　函数预览区域

Step4. 单击“XY 函数管理器”对话框中的“新建”按钮，系统弹出图 7.3.4 所示的“XY 函数编辑器”对话框，在该对话框中可以定义各种函数。

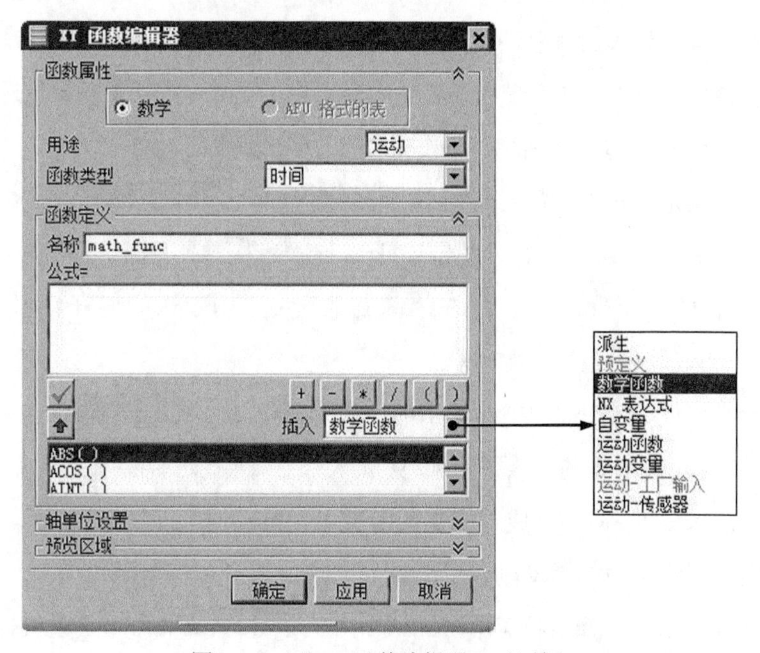

图 7.3.4　“XY 函数编辑器”对话框

7.3.2　数学函数驱动

数学函数驱动使用数学和编程语言中的函数来定义驱动，常用的有绝对值函数 ABS（X）、正弦函数 SIN（X）和余弦函数 COS（X）。

下面举例说明数学函数驱动的应用。在图 7.3.5 所示的机构中，定义滑块在导轨上的位移呈余弦变化。

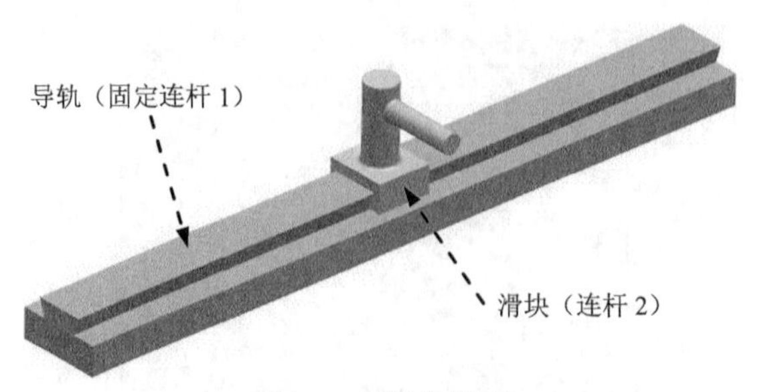

图 7.3.5 机构模型

Step1. 打开装配模型。打开文件 D:\ug10.16\work\ch07.03.02\cos_asm.prt。

Step2. 进入运动仿真模块。选择 启动 → 运动仿真(O)... 命令，进入运动仿真模块。

Step3. 新建运动仿真文件。在“运动导航器”中右击 cos_asm 节点，在系统弹出的快捷菜单中选择 新建仿真 命令，系统弹出“环境”对话框。

Step4. 设置运动环境。在“环境”对话框中的 分析类型 区域选中 动力学 单选项，取消选中 高级解算方案选项 区域中的 3 个复选框，选中对话框中的 基于组件的仿真 复选框，在 仿真名 下方的文本框中采用默认的仿真名称“motion_1”，单击 确定 按钮。

Step5. 定义固定连杆 1。选择下拉菜单 插入(S) → 链接(L)... 命令，系统弹出“连杆”对话框；选取图 7.3.5 所示的导轨为固定连杆 1，在 质量属性选项 下拉列表中选择 自动 选项，在 设置 区域中选中 固定连杆 复选框，在 名称 文本框中采用默认的连杆名称“L001”，单击 应用 按钮，完成固定连杆 1 的定义。

Step6. 定义连杆 2。选取图 7.3.5 所示的滑块为连杆 2；在 质量属性选项 下拉列表中选择 自动 选项；在 设置 区域中取消选中 固定连杆 复选框；在 名称 文本框中采用默认的连杆名称“L002”；单击 确定 按钮，完成连杆 2 的定义。

Step7. 定义连杆 2 中的滑动副。

（1）定义滑动副。选择下拉菜单 插入(S) → 运动副(J)... 命令，系统弹出“运动副”对话框；在“运动副”对话框 定义 选项卡的 类型 下拉列表中选择 滑动副 选项；在模型中选取图 7.3.6 所示的边线为参考，系统自动选择连杆、原点及矢量方向。

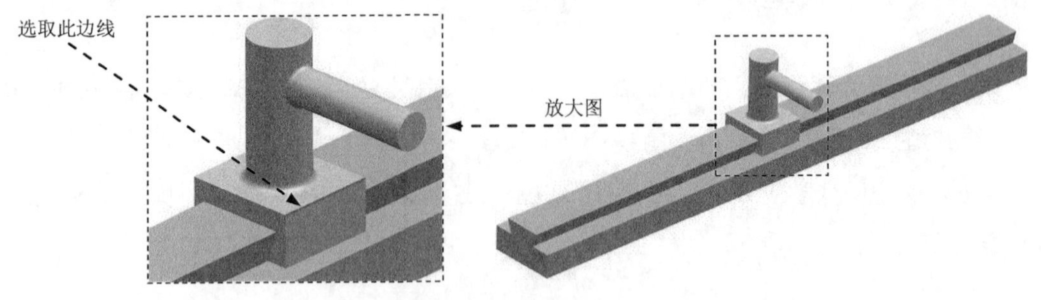

图 7.3.6 定义滑动副

（2）定义函数驱动。

① 单击“运动副”对话框中的驱动选项卡；在平移下拉列表中选择函数选项。

② 在函数数据类型下拉列表中选择位移选项；单击函数后的按钮，选择f(x) 函数管理器...选项，系统弹出“XY 函数管理器”对话框。

③ 单击“XY 函数管理器”对话框中的“新建”按钮，系统弹出“XY 函数编辑器”对话框。

④ 在“XY 函数编辑器”对话框的函数列表区域双击余弦函数COS( )，在公式=区域的文本框中修改函数表达式为“90*COS（X）”，如图 7.3.7 所示。

图 7.3.7 定义余弦函数

⑤ 单击“XY 函数编辑器”对话框预览区域中的“预览”按钮，查看函数的图形，如图 7.3.8 所示。

说明：

- 在“XY 函数编辑器”对话框中单击“预览”按钮，即可预览函数的图形，在图形区空白处单击，预览图形会消失。
- 在“XY 函数编辑器”对话框中单击“绘图”按钮，可以在图形区中显示具体的函数图形，如图 7.3.9 所示；在图 7.3.10 所示的“布局管理器”工具条中单击“返回到模型”按钮，可以返回到运动仿真环境。

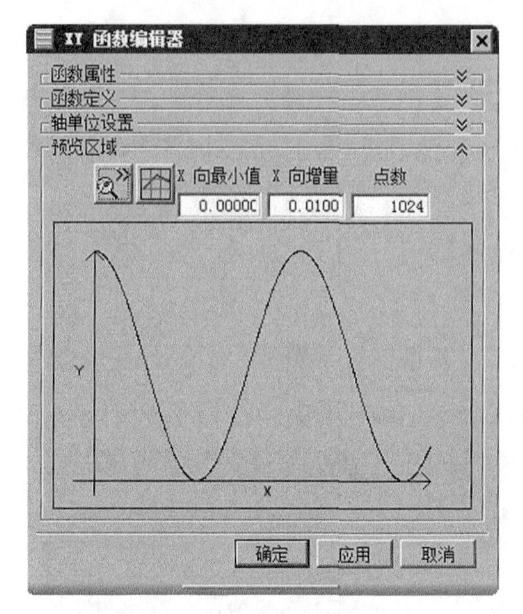

图 7.3.8　预览函数图形

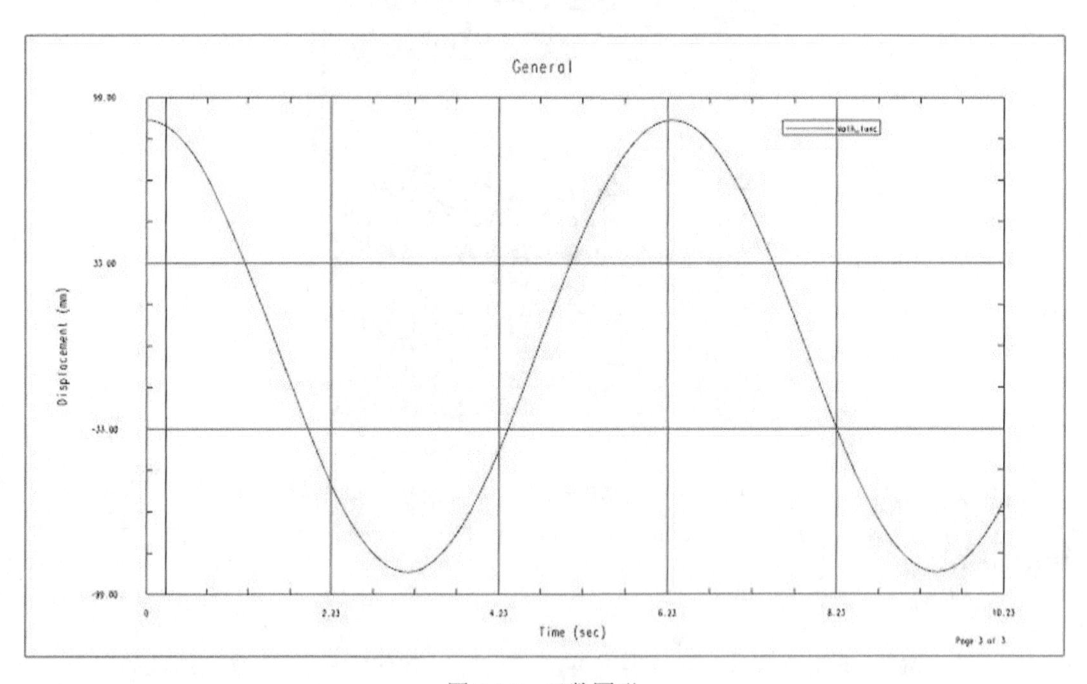

图 7.3.9　函数图形

图 7.3.10　“布局管理器”工具条

（3）单击 确定 按钮 3 次，完成运动副及驱动的定义。

Step8. 定义解算方案并求解。

（1）选择下拉菜单 插入(S) → 解算方案(I)... 命令，系统弹出“解算方案”对话框；在 解算方案类型 下拉列表中选择 常规驱动 选项，在 分析类型 下拉列表中选择 运动学/动力学 选项，在 时间 文本框中输入值 20，在 步数 文本框中输入值 400，选中对话框中的 ☑ 通过按“确定”进行解算 复选框。

（2）设置重力方向。在“解算方案”对话框 重力 区域的矢量下拉列表中选择 -YC 选项，其他重力参数按系统默认设置值。

（3）单击 确定 按钮，完成解算方案的定义。

Step9. 定义动画。在“动画控制”工具条中单击“播放”按钮，查看机构运动；单击“导出至电影”按钮，输入名称“cos_asm”，保存动画；单击“完成动画”按钮。

Step10. 选择下拉菜单 文件(F) → 保存(S) 命令，保存模型。

7.3.3　运动函数驱动

UG NX 运动仿真中常用的运动函数有多项式函数和间歇运动函数等，本节将举例说明这两种函数的定义方法。

1. 多项式函数驱动

UG NX 运动仿真中的多项式函数格式为 POLY（x，x_0，a_0，a_1，…，a_n），可以创建光顺变化的函数驱动，主要用于递增或递减的速度、加速度以及位移驱动中。多项式函数的方程式定义如下：

$$p(x)=\sum_{j=0}^{n}a_j(x-x_0)^j$$
$$=a_0+a_1(x-x_0)+a_2(x-x_0)^2+\ldots+a_n(x-x_0)^n$$

其中：

- x 是自变量，一般是时间（time），可默认不设置。
- x_0 是多项式的偏移量，可以定义为任何常数。
- a_1~a_n 是多项式的系数，系数越大，函数值也越大。

下面举例说明多项式函数驱动的应用。在图 7.3.11 所示的机构中，定义叶轮在轴上的转动速度呈二次曲线变化，且设定速度曲线方程为 $y=x^2+4x+1$，则多项式函数格式为 POLY（x_1，0，1，4，1）。

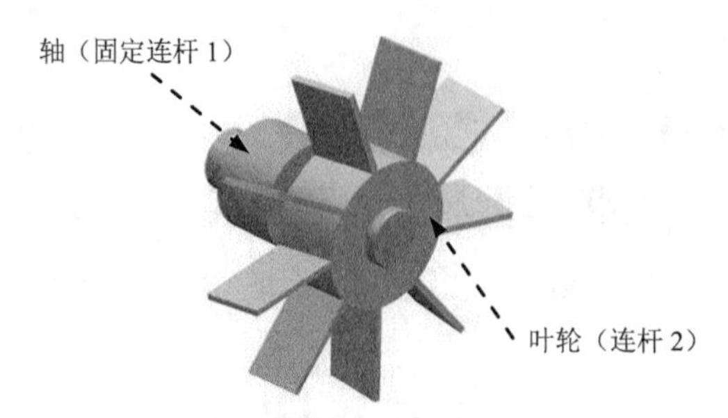

图 7.3.11　机构模型

Step1. 打开装配模型。打开文件 D:\ug10.16\work\ch07.03.03.01\poly_asm.prt。

Step2. 进入运动仿真模块。选择开始 → 运动仿真(O)...命令，进入运动仿真模块。

Step3. 新建运动仿真文件。在“运动导航器”中右击 poly_asm 节点，在系统弹出的快捷菜单中选择新建仿真命令，系统弹出“环境”对话框。

Step4. 设置运动环境。在“环境”对话框中的分析类型区域选中动力学单选项；取消选中高级解算方案选项区域中的 3 个复选框；选中对话框中的基于组件的仿真复选框；在仿真名下方的文本框中采用默认的仿真名称“motion_1”；单击确定按钮。

Step5. 定义固定连杆 1。选择下拉菜单插入(S) → 链接(L)...命令，系统弹出“连杆”对话框；选取图 7.3.11 所示的轴为固定连杆 1；在质量属性选项下拉列表中选择自动选项；在设置区域中选中固定连杆复选框；在名称文本框中采用默认的连杆名称“L001”；单击应用按钮，完成固定连杆 1 的定义。

Step6. 定义连杆 2。选取图 7.3.11 所示的叶轮为连杆 2；在质量属性选项下拉列表中选择自动选项；在设置区域中取消选中固定连杆复选框；在名称文本框中采用默认的连杆名称“L002”；单击确定按钮，完成连杆 2 的定义。

Step7. 定义连杆 2 中的旋转副。

（1）定义旋转副。选择下拉菜单插入(S) → 运动副(J)...命令，系统弹出“运动副”对话框；在“运动副”对话框定义选项卡的类型下拉列表中选择旋转副选项；在模型中选取图 7.3.12 所示的边线为参考，系统自动选择连杆、原点及矢量方向。

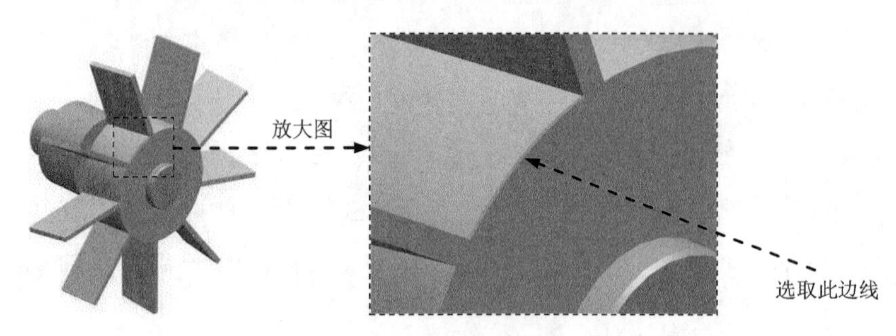

图 7.3.12　定义旋转副

（2）定义函数驱动。

① 单击“运动副”对话框中的驱动选项卡；在旋转下拉列表中选择函数选项。

② 在函数数据类型下拉列表中选择速度选项；单击函数后的按钮，选择f(x) 函数管理器...选项，系统弹出“XY 函数管理器”对话框。

③ 单击“XY 函数管理器”对话框中的新建按钮，系统弹出“XY 函数编辑器”对话框。

④ 在“XY 函数编辑器”对话框的插入下拉列表中选择运动函数选项；在函数列表区域双击多项式函数POLY(x, x0, a0, ..., a30)，在公式=区域的文本框中修改函数表达式为“POLY（*x*，0，1，4，1）”，如图 7.3.13 所示。

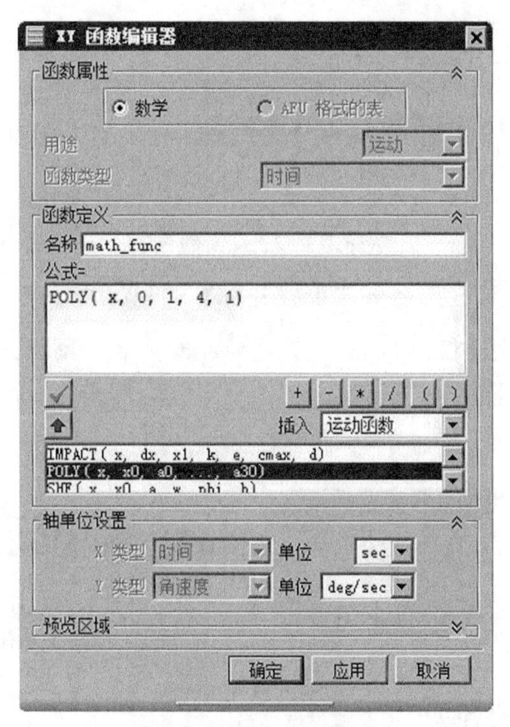

图 7.3.13 定义多项式函数

说明：对于某些版本的软件，多项式函数图形无法在“XY 函数编辑器”对话框中预览，单击“预览”按钮，系统会弹出图 7.3.14 所示的“警告”对话框。

图 7.3.14 “警告”对话框

（3）单击 确定 按钮 3 次，完成运动副及驱动的定义。

Step8. 定义解算方案并求解。

（1）选择下拉菜单 插入(S) → 解算方案(I)... 命令，系统弹出“解算方案”对话框；在 解算方案类型 下拉列表中选择 常规驱动 选项；在 分析类型 下拉列表中选择 运动学/动力学 选项；在 时间 文本框中输入值 15；在 步数 文本框中输入值 400；选中对话框中的 ☑ 通过按“确定”进行解算 复选框。

（2）设置重力方向。在“解算方案”对话框 重力 区域的矢量下拉列表中选择 -YC 选项，其他重力参数按系统默认设置值。

（3）单击 确定 按钮，完成解算方案的定义。

Step9. 定义动画。在“动画控制”工具条中单击“播放”按钮，查看机构运动；单击“导出至电影”按钮，输入名称“poly_asm”，保存动画；单击“完成动画”按钮。

Step10. 选择下拉菜单 文件(F) → 保存(S) 命令，保存模型。

说明：

- 方案解算完成后，如果要查看输入函数的图形，可以采用下面的方法进行查看。选择下拉菜单 分析(L) → 运动(N) → 图表(G)... 命令，系统弹出图 7.3.15 所示的“图表”对话框；单击其中的 函数 选项卡（图 7.3.16），选中现有的函数 math_func（used by）；单击 + 按钮，然后单击 确定 按钮，即可生成图 7.3.17 所示的函数图形。

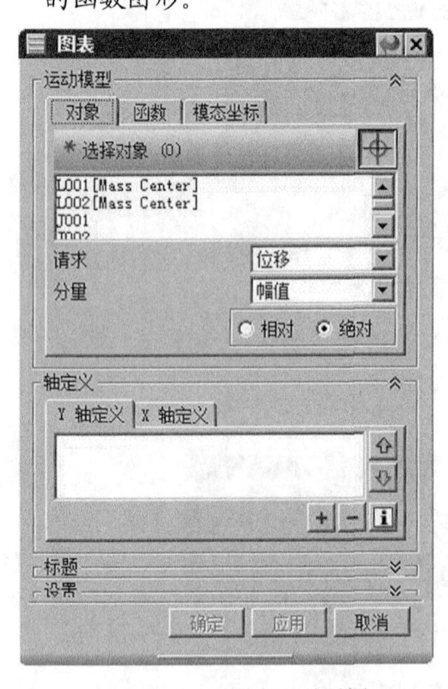

图 7.3.15 “图表”对话框

图 7.3.16 “函数”选项卡

- 在“布局管理器”工具条中单击“返回到模型”按钮，可以返回到运动仿真环境。

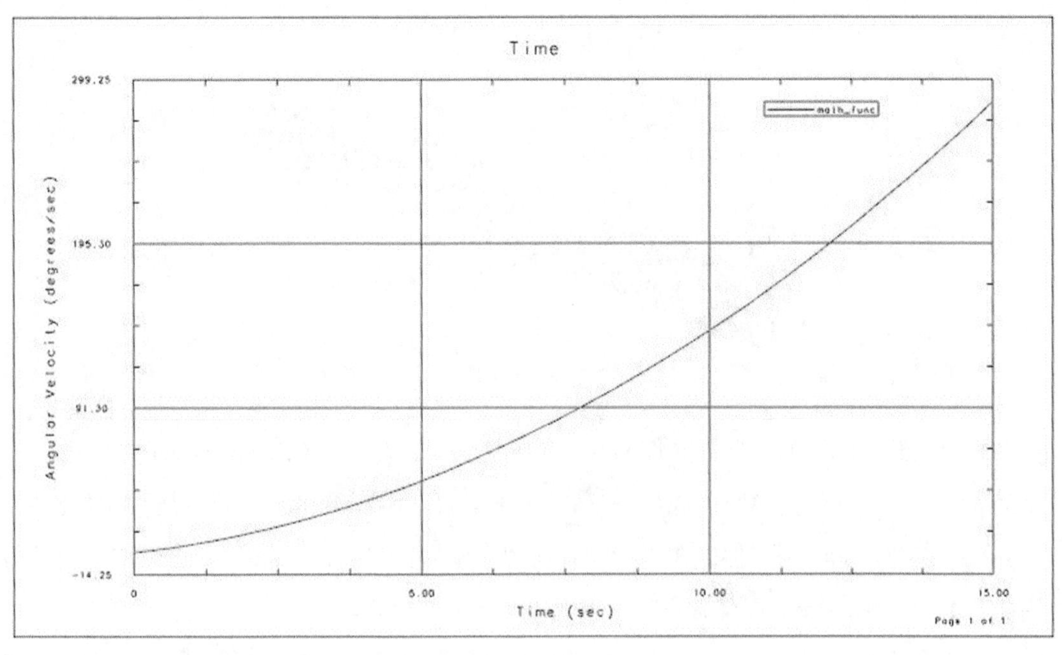

图 7.3.17 函数图形

2. 间歇函数驱动

间歇函数的格式为 STEP（x，x_0，h_0，x_1，h_1），可以设置某个时间段内的速度、加速度以及位移的变化，主要用于设置机构的间歇运动和多驱动的联动。间歇函数的方程式定义如下：

$$a = h_1 - h_0$$

$$\Delta = (x - x_0)/(x_1 - x_0)$$

$$\text{STEP=} \left\{ \begin{array}{ll} h_0 & x \leqslant x_0 \\ h_0 + \alpha\Delta^2(3 - 2\Delta) & x_0 < x < x_1 \\ h_1 & x \geqslant x_1 \end{array} \right\}$$

其方程式各参数定义如下：

- x 是自变量，可以是 time 或 time 的任一函数。
- x_0 是自变量的 STEP 函数开始值，可以是常数、函数表达式或设计变量。
- x_1 是自变量的 STEP 函数结束值，可以是常数、函数表达式或设计变量。
- h_0 是 STEP 函数的初始值，可以是常数、设计变量或其他函数表达式。
- h_1 是 STEP 函数的最终值，可以是常数、设计变量或其他函数表达式。

下面举例说明间歇函数驱动的应用。在图 7.3.18 所示的机构中，定义滑块在 2s 内从初始位置运动到 150mm 的位置，然后停止 10s，最后在 3s 内再次前进 150mm，则间歇函数定义为“STEP（x, 0, 0, 2, 150）+STEP（x, 12, 0, 15, 150）”。

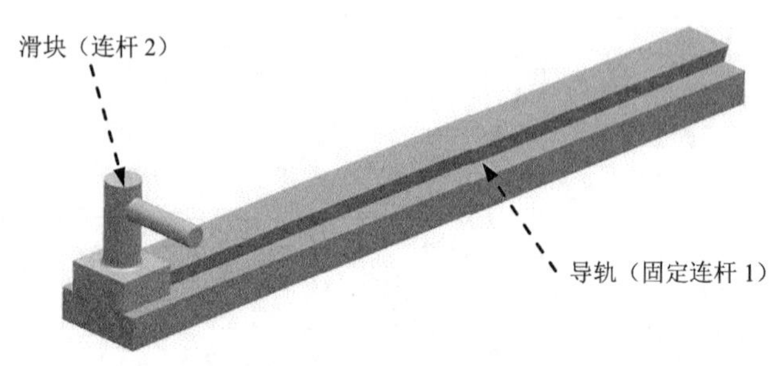

图 7.3.18 机构模型

Step1. 打开装配模型。打开文件 D:\ug10.16\work\ch07.03.03.02\step_asm.prt。

Step2. 进入运动仿真模块。选择 开始 → 运动仿真(O)... 命令，进入运动仿真模块。

Step3. 新建运动仿真文件。在“运动导航器”中右击“step _asm”节点，在系统弹出的快捷菜单中选择 新建仿真 命令，系统弹出“环境”对话框。

Step4. 设置运动环境。在“环境”对话框中的 分析类型 区域选中 动力学 单选项；取消选中 高级解算方案选项 区域中的 3 个复选框；选中对话框中的 基于组件的仿真 复选框；在 仿真名 下方的文本框中采用默认的仿真名称“motion_1”；单击 确定 按钮。

Step5. 定义固定连杆 1。选择下拉菜单 插入(S) → 链接(L)... 命令，系统弹出“连杆”对话框；选取图 7.3.18 所示的导轨为固定连杆 1；在 质量属性选项 下拉列表中选择 自动 选项；在 设置 区域中选中 固定连杆 复选框；在 名称 文本框中采用默认的连杆名称“L001”；单击 应用 按钮，完成固定连杆 1 的定义。

Step6. 定义连杆 2。选取图 7.3.18 所示的滑块为连杆 2；在 质量属性选项 下拉列表中选择 自动 选项；在 设置 区域中取消选中 固定连杆 复选框；在 名称 文本框中采用默认的连杆名称“L002”；单击 确定 按钮，完成连杆 2 的定义。

Step7. 定义连杆 2 中的滑动副。

（1）定义滑动副。选择下拉菜单 插入(S) → 运动副(J)... 命令，系统弹出“运动副”对话框；在“运动副”对话框 定义 选项卡的 类型 下拉列表中选择 滑动副 选项；在模型中选取图 7.3.19 所示的边线为参考，系统自动选择连杆和原点；单击反向按钮，调整矢量方向如图 7.3.20 所示。

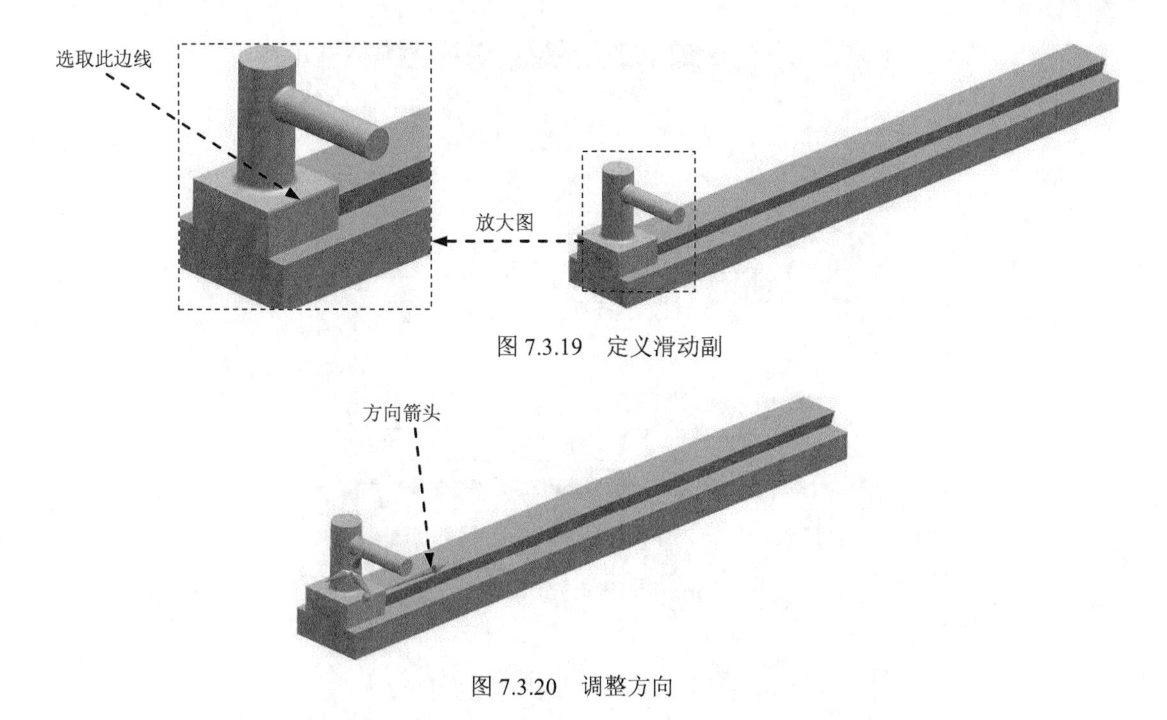

图 7.3.19　定义滑动副

图 7.3.20　调整方向

（2）定义函数驱动。

① 单击“运动副”对话框中的驱动选项卡；在平移下拉列表中选择函数选项。

② 在函数数据类型下拉列表中选择位移选项；单击函数后的按钮，选择 f(x) 函数管理器...选项，系统弹出“XY 函数管理器”对话框。

③ 单击“XY 函数管理器”对话框中的新建按钮，系统弹出“XY 函数编辑器”对话框。

④ 在“XY 函数编辑器”对话框的插入下拉列表中选择运动函数选项；在函数列表区域双击多项式函数 STEP(x, x0, h0, x1, h1)，在公式=区域的文本框中修改函数表达式为“STEP（x, 0, 0, 2, 150）+STEP（x, 12, 0, 15, 150）”，如图 7.3.21 所示。

（3）单击确定按钮 3 次，完成运动副及驱动的定义。

Step8. 定义解算方案并求解。

（1）选择下拉菜单插入(S) → 解算方案(I)...命令，系统弹出“解算方案”对话框；在解算方案类型下拉列表中选择常规驱动选项；在分析类型下拉列表中选择运动学/动力学选项；在时间文本框中输入值 15；在步数文本框中输入值 600；选中对话框中的☑ 通过按“确定”进行解算复选框。

（2）设置重力方向。在“解算方案”对话框重力区域的矢量下拉列表中选择 -YC 选项，其他重力参数按系统默认设置值。

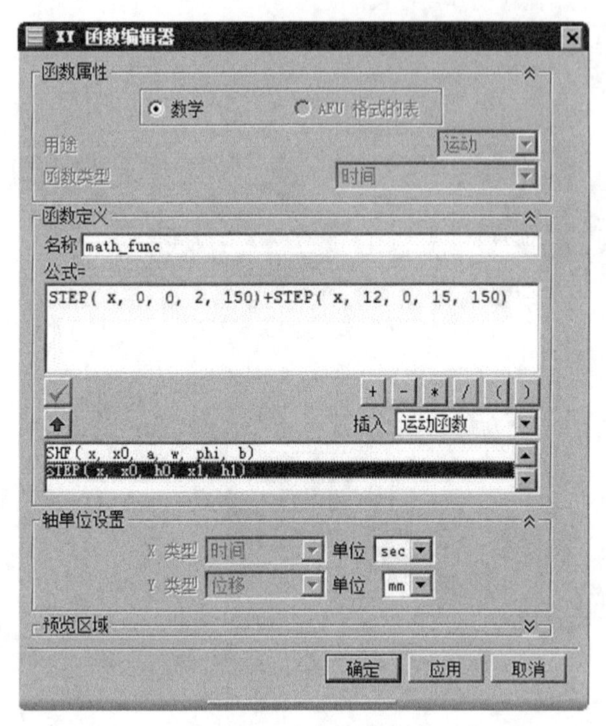

图 7.3.21 定义间歇函数

（3）单击 确定 按钮，完成解算方案的定义。

Step9. 定义动画。在“动画控制”工具条中单击“播放”按钮，查看机构运动；单击“导出至电影”按钮，输入名称“step_asm”，保存动画；单击“完成动画”按钮。

Step10. 选择下拉菜单 文件(F) → 保存(S) 命令，保存模型。

说明：使用下拉菜单 分析(L) → 运动(M) → 图表(G)... 命令，得到滑块的位移函数图形如图 7.3.22 所示。

7.3.4 AFU 表格驱动

AFU 表格驱动是使用一个 AFU 格式的表格来驱动机构运动的变化，表格可以通过输入数据、绘制图形、随机变化、波形扫掠和自定义函数等方式创建。

1. 随机数字

使用“随机数字”工具可以在指定的时间范围内自动生成一定数量的无规律数据来创建 AFU 表格，常用来模拟机构中连杆的振动。

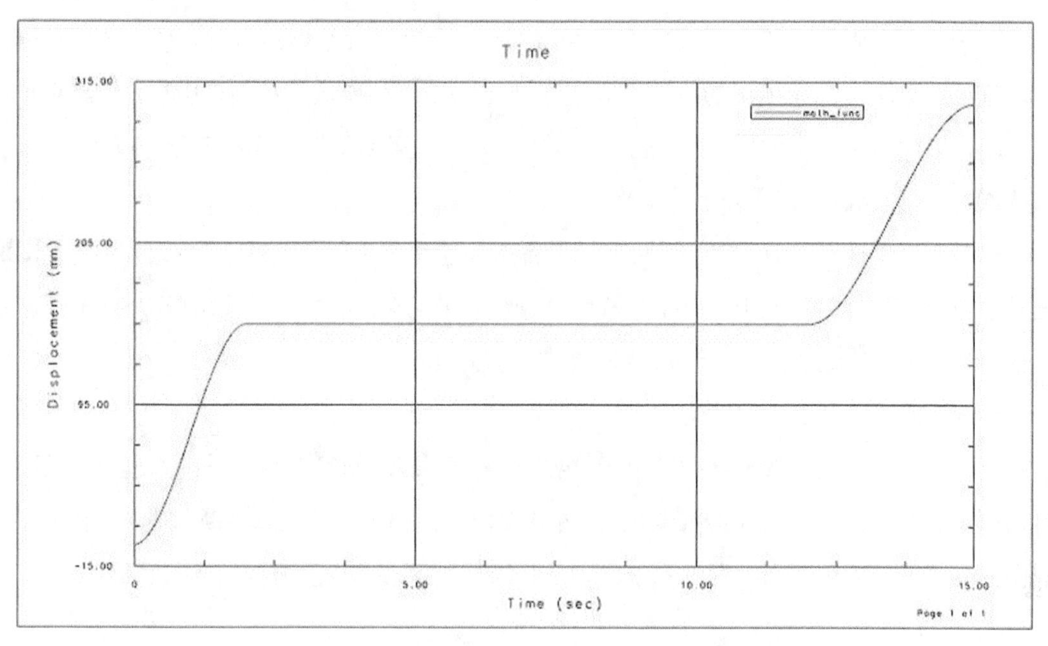

图 7.3.22　位移函数图形

下面举例说明随机数字驱动的应用。在图 7.3.23 所示的机构中，电动筛在基座上进行振动，此时可以使用随机数字工具创建一个 AFU 表格驱动机构中的滑动副进行运动，以达到振动仿真的目的。

Step1. 打开装配模型。打开文件 D:\ug10.16\work\ch07.03.04.01\ random_asm.prt。

Step2. 进入运动仿真模块。选择 启动 → 运动仿真(Q)... 命令，进入运动仿真模块。

Step3. 新建运动仿真文件。在“运动导航器”中右击 random _asm 节点，在系统弹出的快捷菜单中选择 新建仿真 命令，系统弹出“环境”对话框。

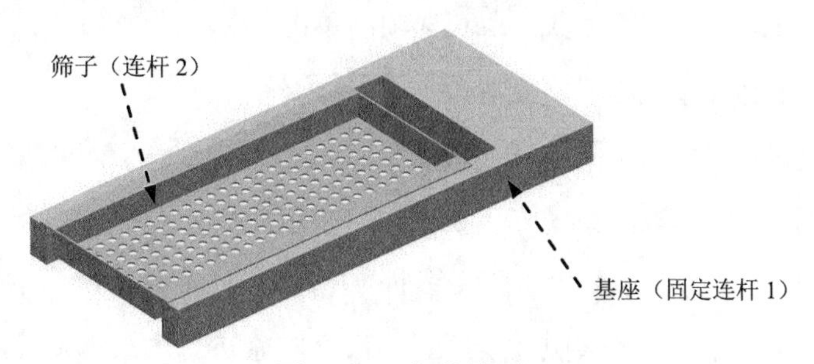

图 7.3.23　机构模型

Step4. 设置运动环境。在“环境”对话框中的 分析类型 区域选中 动力学 单选项；取消选中 高级解算方案选项 区域中的 3 个复选框；选中对话框中的 基于组件的仿真 复选框；在 仿真名 下方的文本框中采用默认的仿真名称“motion_1”；单击 确定 按钮。

Step5. 定义固定连杆 1。选择下拉菜单 插入(S) → 链接(L)... 命令，系统弹出“连杆”对话框；选取图 7.3.23 所示的基座为固定连杆 1；在 质量属性选项 下拉列表中选择 自动 选项；在 设置 区域中选中 ☑ 固定连杆 复选框；在 名称 文本框中采用默认的连杆名称“L001”；单击 应用 按钮，完成固定连杆 1 的定义。

Step6. 定义连杆 2。选取图 7.3.23 所示的筛子为连杆 2；在 质量属性选项 下拉列表中选择 自动 选项；在 设置 区域中取消选中 ☐ 固定连杆 复选框；在 名称 文本框中采用默认的连杆名称“L002”；单击 确定 按钮，完成连杆 2 的定义。

Step7. 定义连杆 2 中的滑动副。

（1）定义滑动副。选择下拉菜单 插入(S) → 运动副(J)... 命令，系统弹出“运动副”对话框；在“运动副”对话框 定义 选项卡的 类型 下拉列表中选择 滑动副 选项；在模型中选取图 7.3.24 所示的边线为参考，系统自动选择连杆、原点和矢量方向。

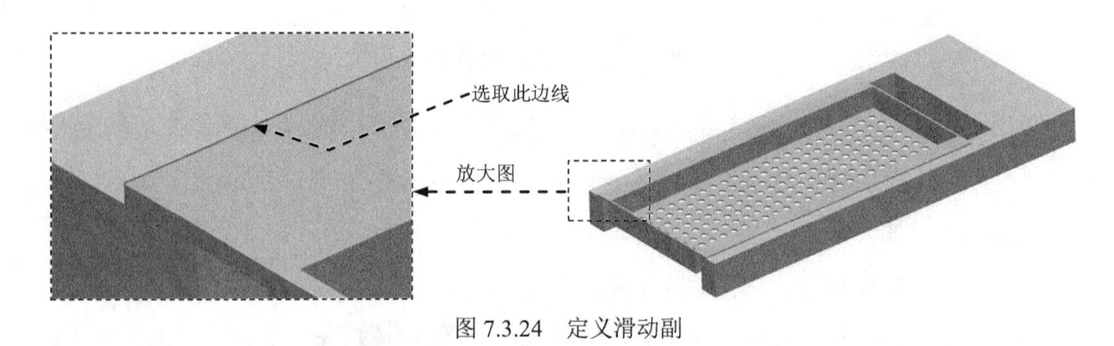

图 7.3.24　定义滑动副

（2）定义函数驱动。

① 单击“运动副”对话框中的 驱动 选项卡；在 平移 下拉列表中选择 函数 选项。

② 在 函数数据类型 下拉列表中选择 位移 选项；单击 函数 后的 按钮，选择 f(x) 函数管理器... 选项，系统弹出“XY 函数管理器”对话框。

③ 在“XY 函数管理器”对话框的 函数属性 区域中选中 ⊙ AFU 格式的表 单选项，如图 7.3.25 所示，单击“新建”按钮，系统弹出图 7.3.26 所示的“XY 函数编辑器”对话框。

说明：由于系统会自动记录以前在软件中创建的 AFU 函数，所以下次再创建函数时，“XY 函数编辑器”对话框可能会有历史记录，如果要删除历史记录，找到对应目录下的 AFU 文件将其移动或删除即可。

说明：图 7.3.26 显示的是“XY 函数编辑器”对话框的 ID 界面，在该界面中可以编辑函数的名称，AFU 文件的保存路径、用途、类型以及 ID 信息等参数。

图 7.3.25　“XY 函数管理器”对话框

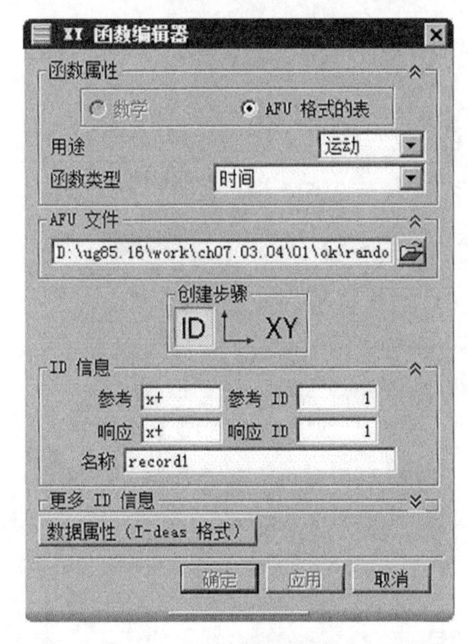

图 7.3.26　“XY 函数编辑器”对话框

④ 在“XY 函数编辑器”对话框中单击“XY 轴定义”按钮，在XY 轴定义区域的间距下拉列表中选择等距选项，如图 7.3.27 所示。

说明：

- 图 7.3.27 所示的是“XY 函数编辑器”对话框的“XY 轴定义”界面，在该界面中可以编辑函数的横坐标和纵坐标的间距、格式、单位名以及标签等参数。
- XY 轴定义区域间距下拉列表中的 3 个选项说明如下。

☑ 等距选项：以恒定增量增加横坐标，使用该选项，可以采用文本输入、表格输入、随机数字、波形扫掠以及函数的方法来创建表格数据。

☑ 非等距选项：指定将每个横坐标值都视为唯一的。使用该选项，可以采用文本输入、表格输入、栅格数字化、数据数字化以及绘图数字化的方法来创建表格数据。

☑ 序列选项：按顺序显示 X 轴数据并按顺序标记 X 轴的值，而不论实际 X 值如何。软件以递增方式将每个值放置在图表的 X 轴上，而不用 X 值替代 X 轴的位置。

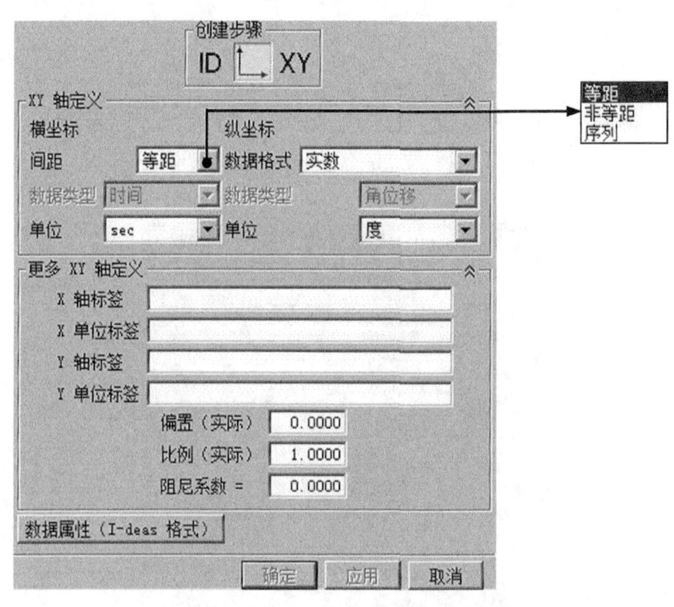

图 7.3.27 “XY 轴定义”界面

⑤ 在“XY 函数编辑器”对话框中单击“XY 数据”按钮XY，在XY 数据创建区域X 向最小值下方的文本框中输入值 0，在X 向增量文本框中输入值 0.02，在点数文本框中输入值 500，如图 7.3.28 所示。

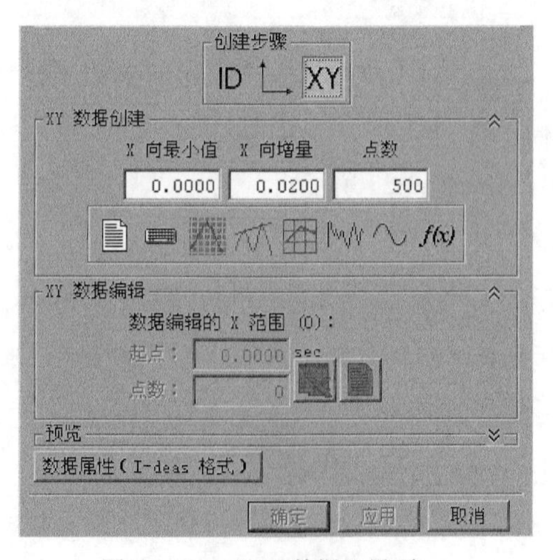

图 7.3.28 “XY 数据”界面

说明：

- 图 7.3.28 显示的是“XY 函数编辑器”对话框的“XY 数据”界面，在该界面中可以选择各种数据创建的方法来创建 AFU 表格。
- XY 数据创建 区域的部分选项说明如下。
  - ☑ X 向最小值：定义横坐标的最小值，只有当 X 轴的 间距 类型是 等距 时可用。
  - ☑ X 向增量：对于 等距 类型的数据，定义横坐标的增量。
  - ☑ 点数：定义在图表上绘出的点数。
- 按钮：从文本编辑器输入。可以通过将 XY 数据点输入到文本文件来生成 XY 点的数据。
- 按钮：从电子表格输入。可以通过将数据输入到 Excel 电子表格中的两列来生成 XY 点的数据，输入完成后，需要在 Excel 中选择下拉菜单 工具 ➡ 更新表函数 命令更新表函数，然后再退出电子表格。
- 按钮：从栅格数字化。仅当横坐标间距设置为 非等距 或 序列 时可用，可以通过选择栅格上的 XY 点来生成数据。
- 按钮：从数据数字化。仅当横坐标间距设置为 非等距 或 序列 时可用，可以通过选择一个现有的表函数，然后在绘出的曲线上选择数据点来生成 XY 点数据。
- 按钮：从绘图数字化。仅当横坐标间距设置为 非等距 或 序列 时可用，可以通过在另一个绘图函数的绘制曲线上选择 XY 点来生成数据。前提是必须对一个现有函数绘图，然后可以选择此选项并在绘图上选择想要的数据点。
- 按钮：随机。仅当横坐标间距设置为 等距 时可用，随机生成 XY 点的数据。
- 按钮：波形扫掠。仅当横坐标间距设置为 等距 时可用，通过执行波形扫掠生成 XY 点的数据，共有 4 种扫掠类型：正弦、余弦、正方形和已过滤正方形。
- *f(x)* 按钮：方程。仅当横坐标间距设置为 等距 时可用，使用数学表达式生成 XY 点的数据。

⑥ 在“XY 函数编辑器”对话框的 XY 数据创建 区域中单击“随机”按钮。

说明：

- 此时将激活 XY 数据编辑 区域中的选项，在该区域中可以设置要编辑的起点以及点数，通过 Excel 电子表格或文本编辑器来编辑随机的数据，如图 7.3.29 所示。
- 对于同一个函数，每次单击“随机”按钮生成的数据均不同。
- 在“XY 函数编辑器”对话框中单击 预览 区域中的“预览”按钮，即可预览函数的图形，如图 7.3.30 所示。

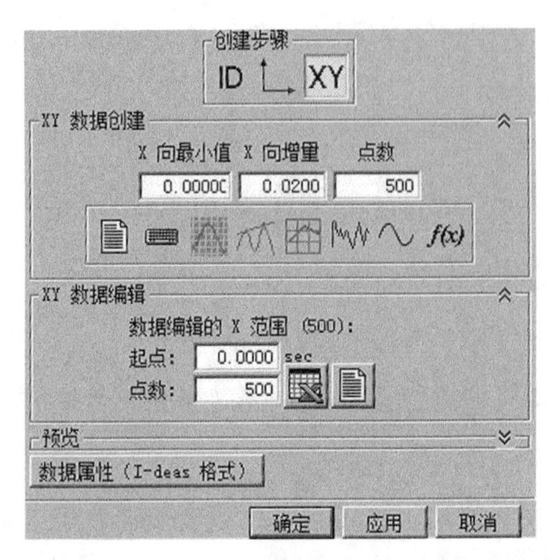

图 7.3.29　“XY 数据编辑”界面

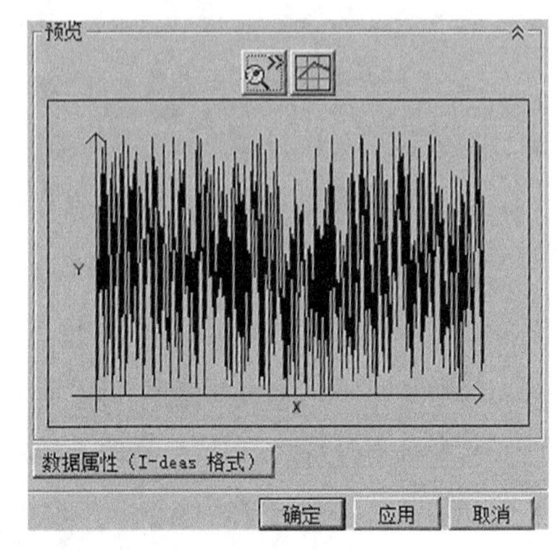

图 7.3.30　预览函数图形

- 在“XY 函数编辑器”对话框中单击“绘图”按钮，可以在图形区中显示具体的函数图形，如图 7.3.31 所示；在“布局管理器”工具条中单击“返回到模型”按钮，可以返回到运动仿真环境。

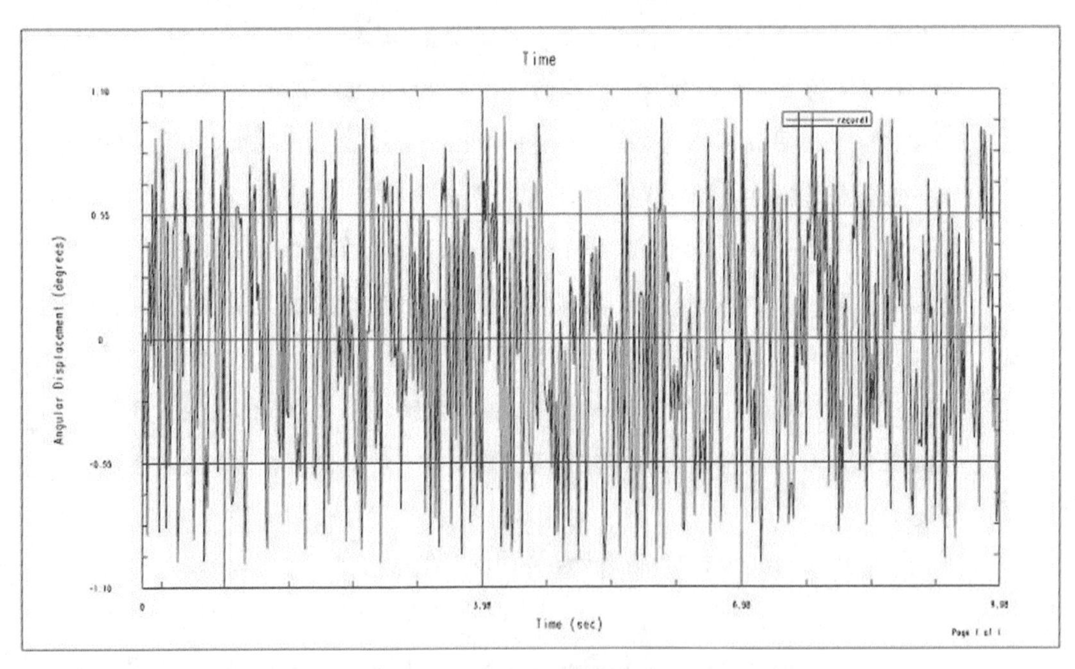

图 7.3.31　函数图形

（3）单击 确定 按钮 3 次，完成运动副及驱动的定义。

Step8. 定义解算方案并求解。选择下拉菜单 插入(S) → 解算方案(I)... 命令，系统弹出“解算方案”对话框；在 解算方案类型 下拉列表中选择 常规驱动 选项，在 分析类型 下拉列表中选择运动学/动力学选项；在时间文本框中输入值 10；在步数文本框中输入值 400；选中对话框中的☑通过按“确定”进行解算复选框；单击确定按钮，完成解算方案的定义。

Step9. 定义动画。在“动画控制”工具条中单击“播放”按钮▶，查看机构运动；单击“导出至电影”按钮，输入名称“random_asm”，保存动画；单击“完成动画”按钮。

Step10. 选择下拉菜单文件(F) ➡ 保存(S)命令，保存模型。

2. 使用文本

“使用文本”工具可以在文本文件中输入 XY 的值来定义 AFU 表格中的数据。

下面举例说明使用文本驱动的应用。在图 7.3.32 所示的机构中，模拟旋钮在安装底座上旋转运动。

Step1. 打开装配模型。打开文件 D:\ug10.16\work\ch07.03.04.02\ text_asm.prt。

Step2. 进入运动仿真模块。选择启动 ➡ 运动仿真(O)...命令，进入运动仿真模块。

Step3. 新建运动仿真文件。在“运动导航器”中右击 text_asm 节点，在系统弹出的快捷菜单中选择新建仿真命令，系统弹出“环境”对话框。

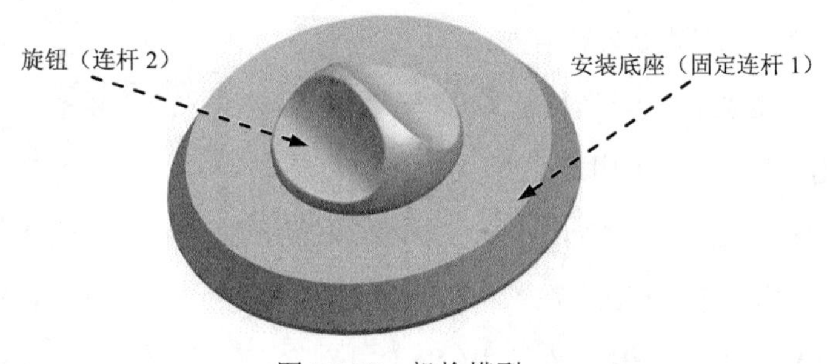

图 7.3.32 机构模型

Step4. 设置运动环境。在“环境”对话框中的分析类型区域选中⊙动力学单选项；取消选中高级解算方案选项区域中的 3 个复选框；选中对话框中的☑基于组件的仿真复选框；在仿真名下方的文本框中采用默认的仿真名称“motion_1”；单击确定按钮。

Step5. 定义固定连杆 1。选择下拉菜单插入(S) ➡ 链接(L)...命令，系统弹出“连杆”对话框；选取图 7.3.32 所示的安装底座为固定连杆 1；在质量属性选项下拉列表中选择自动选项；在设置区域中选中☑固定连杆复选框；在名称文本框中采用默认的连杆名称“L001”；单击应用按钮，完成固定连杆 1 的定义。

Step6. 定义连杆 2。选取图 7.3.32 所示的旋钮为连杆 2；在质量属性选项下拉列表中选择自动选项；在设置区域中取消选中☐固定连杆复选框；在名称文本框中采用默认的连杆名称“L002”；单击确定按钮，完成连杆 2 的定义。

Step7. 定义连杆 2 中的旋转副。

（1）定义旋转副。选择下拉菜单插入(S) → 运动副(J)...命令，系统弹出“运动副”对话框；在“运动副”对话框定义选项卡的类型下拉列表中选择旋转副选项；在模型中选取图 7.3.33 所示的边线为参考，系统自动选择连杆、原点及矢量方向。

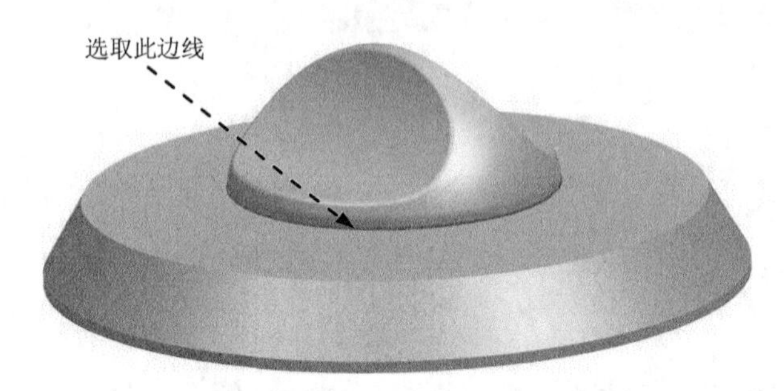

图 7.3.33　定义旋转副

（2）定义函数驱动。

① 单击“运动副”对话框中的驱动选项卡；在旋转下拉列表中选择函数选项。

② 在函数数据类型下拉列表中选择位移选项；单击函数后的按钮，选择函数管理器...选项，系统弹出“XY 函数管理器”对话框。

③ 在“XY 函数管理器”对话框的函数属性区域中选中 AFU 格式的表单选项，单击新建按钮，系统弹出“XY 函数编辑器”对话框。

④ 单击“XY 轴定义”按钮，在XY 轴定义区域的间距下拉列表中选择等距选项。

⑤ 单击“XY 数据”按钮XY，在XY 数据创建区域X 向最小值下方的文本框中输入值 1，在X 向增量文本框中输入值 1，在点数文本框中输入值 10。

⑥ 单击XY 数据创建区域中的“从文本编辑器输入”按钮，在“键入”对话框中输入图 7.3.34 所示的参数。

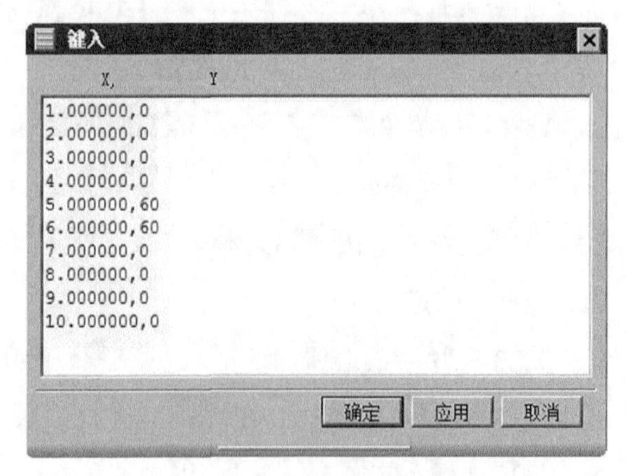

图 7.3.34　“键入”对话框

（3）单击 确定 按钮4次，完成运动副及驱动的定义。

Step8. 定义解算方案并求解。选择下拉菜单 插入(S) → 解算方案(I)... 命令，系统弹出“解算方案”对话框；在 解算方案类型 下拉列表中选择 常规驱动 选项；在 分析类型 下拉列表中选择 运动学/动力学 选项；在 时间 文本框中输入值10；在 步数 文本框中输入值1000；选中对话框中的 ☑ 通过按“确定”进行解算 复选框；单击 确定 按钮，完成解算方案的定义。

Step9. 定义动画。在“动画控制”工具条中单击“播放”按钮，查看机构运动；单击“导出至电影”按钮，输入名称“text_asm”，保存动画；单击“完成动画”按钮。

Step10. 选择下拉菜单 文件(F) → 保存(S) 命令，保存模型。

说明：使用下拉菜单 分析(L) → 运动(N) → 图表(G)... 命令，得到文本驱动的函数图形如图7.3.35所示。

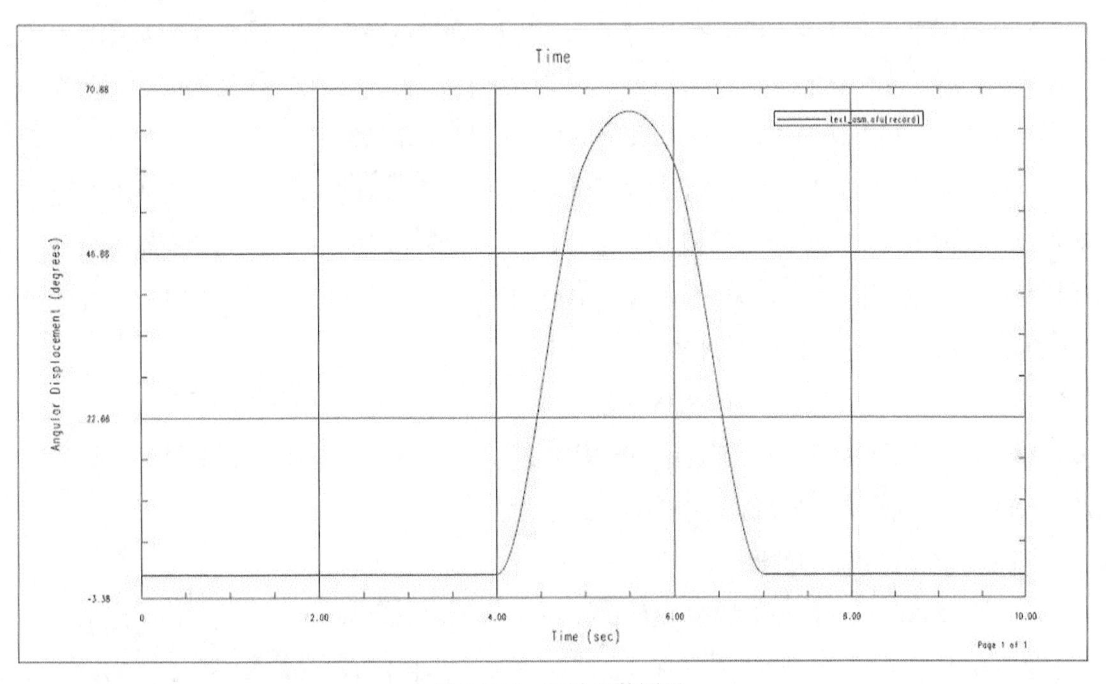

图7.3.35　驱动函数图形

3. 使用栅格化数字

使用“栅格数字化”工具可以在XY坐标系的栅格中单击任意位置取点，来绘制大致的函数图形，所取的点还可以进行编辑修改。

下面举例说明使用栅格数字化驱动的应用。在图7.3.36所示的机构中，模拟球形滚子在导槽内的滑动。

Step1. 打开装配模型。打开文件D:\ug10.16\work\ch07.03.04.03\ lattice_asm.prt。

Step2. 进入运动仿真模块。选择启动 → 运动仿真(O)...命令，进入运动仿真模块。

Step3. 新建运动仿真文件。在“运动导航器”中右击“lattice_asm”节点，在系统弹出的快捷菜单中选择新建仿真命令，系统弹出“环境”对话框。

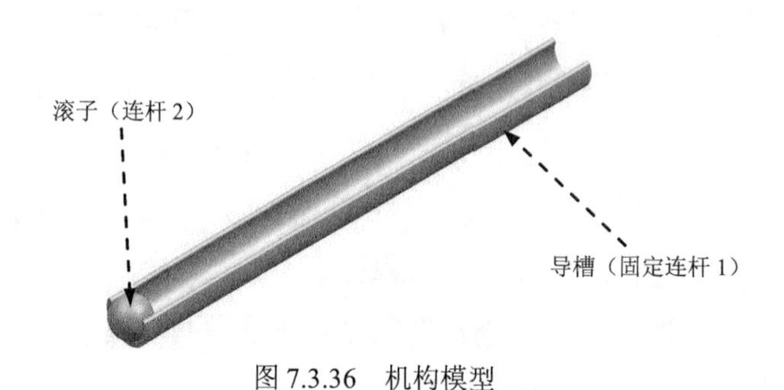

图 7.3.36 机构模型

Step4. 设置运动环境。在“环境”对话框中的分析类型区域选中动力学单选项；取消选中高级解算方案选项区域中的 3 个复选框；选中对话框中的基于组件的仿真复选框；在仿真名下方的文本框中采用默认的仿真名称“motion_1”；单击确定按钮。

Step5. 定义固定连杆 1。选择下拉菜单插入(S) → 链接(L)...命令，系统弹出“连杆”对话框；选取图 7.3.36 所示的导槽为固定连杆 1；在质量属性选项下拉列表中选择自动选项；在设置区域中选中固定连杆复选框；在名称文本框中采用默认的连杆名称“L001”；单击应用按钮，完成固定连杆 1 的定义。

Step6. 定义连杆 2。选取图 7.3.36 所示的球形滚子为连杆 2；在质量属性选项下拉列表中选择自动选项；在设置区域中取消选中固定连杆复选框；在名称文本框中采用默认的连杆名称“L002”；单击确定按钮，完成连杆 2 的定义。

Step7. 定义连杆 2 中的滑动副。

（1）定义滑动副。选择下拉菜单插入(S) → 运动副(J)...命令，系统弹出“运动副”对话框；在“运动副”对话框定义选项卡的类型下拉列表中选择滑动副选项；选取图 7.3.37 所示的连杆 2 为参考连杆；在“运动副”对话框操作区域的指定原点下拉列表中选择“圆弧中心”选项，在模型中选取图 7.3.37 所示的球面为原点参考；在操作区域的方位类型下拉列表中选择矢量选项，在矢量下拉列表中选择ZC选项。

（2）定义函数驱动。

① 单击“运动副”对话框中的驱动选项卡；在平移下拉列表中选择函数选项。

② 在函数数据类型下拉列表中选择位移选项；单击函数后的按钮，选择函数管理器...选项，系统弹出“XY 函数管理器”对话框。

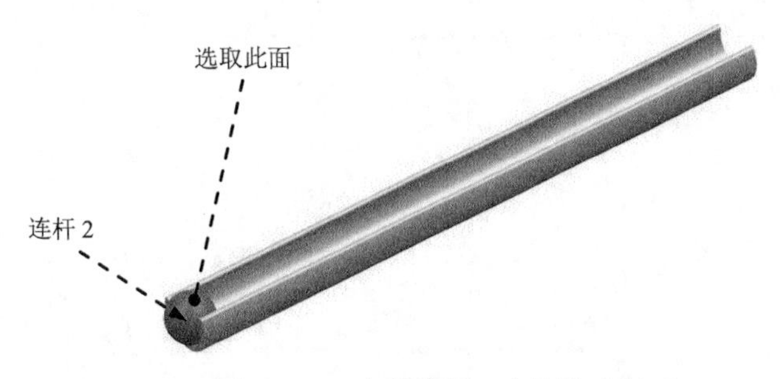

图 7.3.37　定义连杆 2 中的滑动副

③ 在“XY 函数管理器”对话框的函数属性区域中选中AFU 格式的表单选项，单击新建按钮，系统弹出“XY 函数编辑器”对话框。

④ 单击“XY 轴定义”按钮，在XY 轴定义区域的间距下拉列表中选择非等距选项。

⑤ 单击“XY 数据”按钮XY，然后单击XY 数据创建区域中的“从栅格数字化”按钮，在系统弹出的“数据点设置”对话框中设置图 7.3.38 所示的参数。

说明：图 7.3.38 所示的“数据点设置”对话框用于设置所绘制的函数图形的起始点和终止点。

⑥ 单击“数据点设置”对话框中的确定按钮，系统弹出图 7.3.39 所示的“拾取值”对话框，并进入函数图形的栅格显示界面。

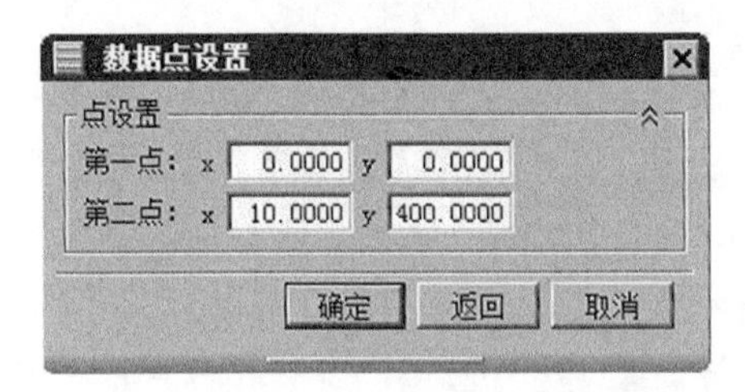

图 7.3.38　“数据点设置”对话框

图 7.3.39　“拾取值”对话框

⑦ 在栅格显示界面中依次单击图 7.3.40 所示的位置 1~位置 4（大致位置即可），在栅格中取 4 个点绘制函数图形。

⑧ 单击“拾取值”对话框中的“完成”按钮，完成函数图形的创建，如图 7.3.41 所示。

（3）单击确定按钮 3 次，完成运动副及驱动的定义。

（4）在“布局管理器”工具条中单击“返回到模型”按钮，返回到运动仿真环境。

Step8. 定义解算方案并求解。

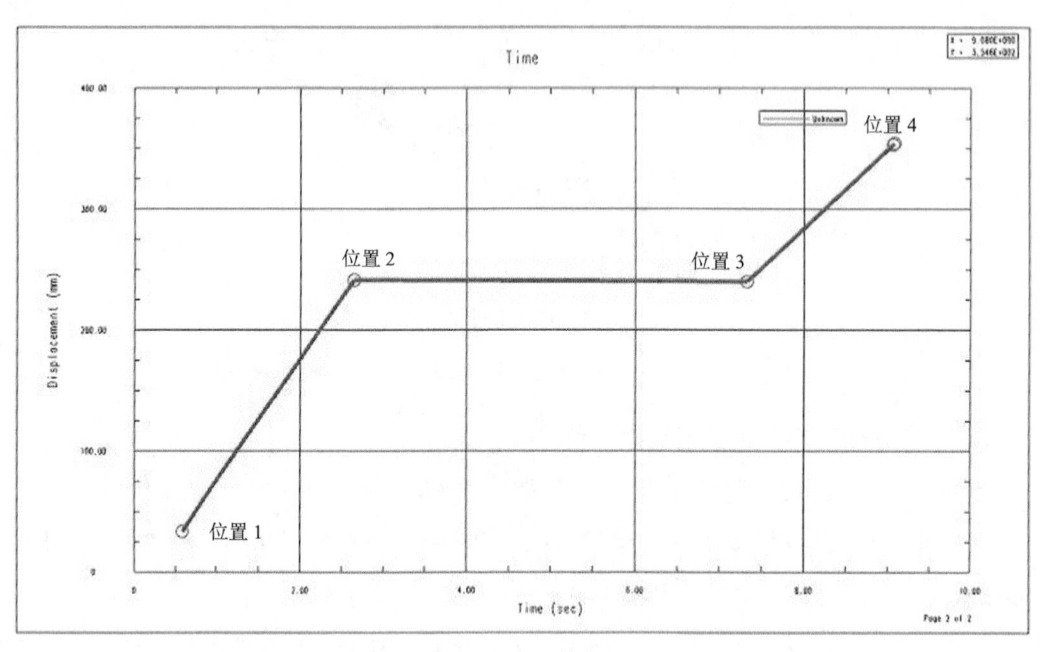

图 7.3.40 定义连杆 2 中的滑动副

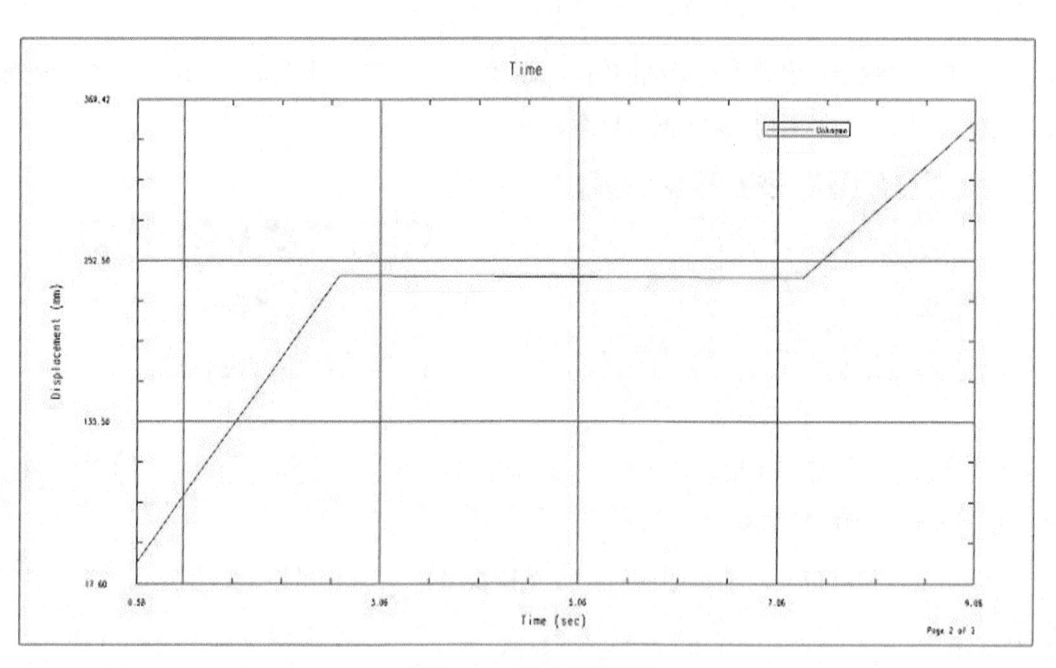

图 7.3.41 驱动函数图形

（1）选择下拉菜单 插入(S) → 解算方案(I)... 命令，系统弹出“解算方案”对话框；在 解算方案类型 下拉列表中选择 常规驱动 选项；在 分析类型 下拉列表中选择 运动学/动力学 选项；在 时间 文本框中输入值 10；在 步数 文本框中输入值 1000；选中对话框中的 ☑ 通过按“确定”进行解算 复选框。

（2）设置重力方向。在“解算方案”对话框重力区域的矢量下拉列表中选择-YC选项，其他重力参数按系统默认设置值。

（3）单击确定按钮，完成解算方案的定义。

Step9. 定义动画。在“动画控制”工具条中单击“播放”按钮，查看机构运动；单击“导出至电影”按钮，输入名称“lattice_asm”，保存动画；单击“完成动画”按钮。

Step10. 选择下拉菜单文件(F) → 保存(S)命令，保存模型。

4. 使用波形扫掠

“波形扫掠”工具可以使用正弦波形、余弦波形、正方形波形和已过滤正方形波形来创建 AFU 表格驱动。

下面举例说明使用波形扫掠驱动的应用。在图 7.3.42 所示的机构中，模拟翅片在卡槽内的振动，采用正方形波形定义的 AFU 表格驱动旋转副的角度。

Step1. 打开装配模型。打开文件 D:\ug10.16\work\ch07.03.04.04\ waveform_asm.prt。

Step2. 进入运动仿真模块。选择启动 → 运动仿真(O)...命令，进入运动仿真模块。

Step3. 新建运动仿真文件。在“运动导航器”中右击 waveform_asm 节点，在系统弹出的快捷菜单中选择新建仿真命令，系统弹出“环境”对话框。

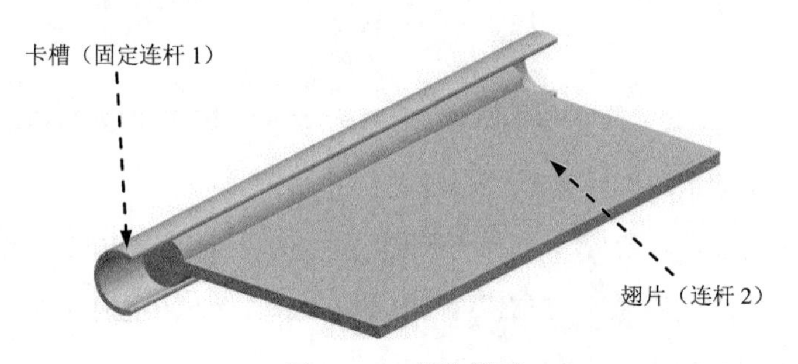

图 7.3.42 机构模型

Step4. 设置运动环境。在“环境”对话框中的分析类型区域选中动力学单选项；取消选中高级解算方案选项区域中的 3 个复选框；选中对话框中的基于组件的仿真复选框；在仿真名下方的文本框中采用默认的仿真名称“motion_1”；单击确定按钮。

Step5. 定义固定连杆 1。选择下拉菜单插入(S) → 链接(L)...命令，系统弹出“连杆”对话框；选取图 7.3.42 所示的卡槽为固定连杆 1；在质量属性选项下拉列表中选择自动选项；在设置区域中选中固定连杆复选框；在名称文本框中采用默认的连杆名称“L001”；单击应用按钮，完成固定连杆 1 的定义。

Step6. 定义连杆 2。选取图 7.3.42 所示的翅片为连杆 2；在质量属性选项下拉列表中选择自动选项；在设置区域中取消选中□ 固定连杆复选框；在名称文本框中采用默认的连杆名称“L002”；单击确定按钮，完成连杆 2 的定义。

Step7. 定义连杆 2 中的旋转副。

（1）定义旋转副。选择下拉菜单插入(S) → 运动副(J)...命令，系统弹出“运动副”对话框；在“运动副”对话框定义选项卡的类型下拉列表中选择旋转副选项；在模型中选取图 7.3.43 所示的边线为参考，系统自动选择连杆、原点及矢量方向。

（2）定义函数驱动。

① 单击“运动副”对话框中的驱动选项卡；在旋转下拉列表中选择函数选项。

② 在函数数据类型下拉列表中选择位移选项；单击函数后的按钮，选择f(x) 函数管理器...选项，系统弹出“XY 函数管理器”对话框。

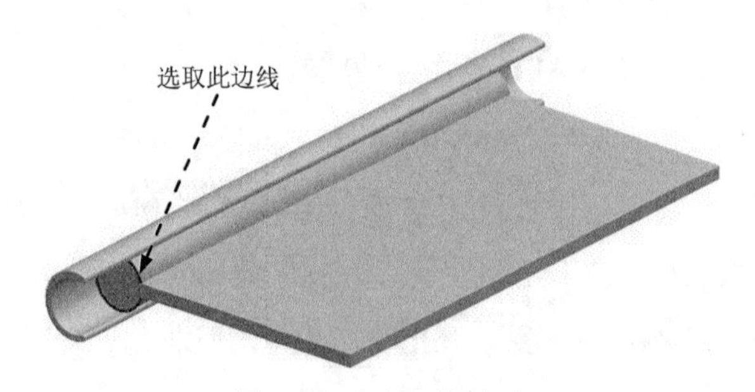

图 7.3.43　定义旋转副

③ 在“XY 函数管理器”对话框的函数属性区域中选中⊙ AFU 格式的表单选项，单击新建按钮，系统弹出“XY 函数编辑器”对话框。

④ 单击“XY 轴定义”按钮，在XY 轴定义区域的间距下拉列表中选择等距选项。

⑤ 单击“XY 数据”按钮XY，在XY 数据创建区域X 向最小值下方的文本框中输入值 0，在X 向增量文本框中输入值 0.02，在点数文本框中输入值 500。

⑥ 单击XY 数据创建区域中的“波形扫掠”按钮，在系统弹出的“波形扫掠创建”对话框中设置图 7.3.44 所示的参数。

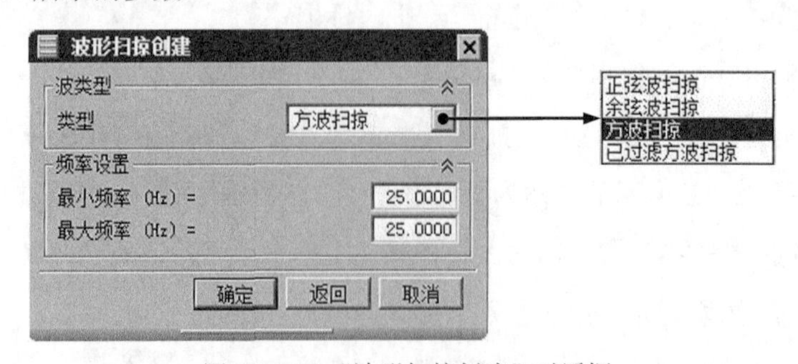

图 7.3.44　“波形扫掠创建”对话框

说明：

- 在“XY 函数编辑器”对话框中单击预览区域中的“预览”按钮，即可预览函数的图形。
- 在“XY 函数编辑器”对话框中单击“绘图”按钮，可以在图形区中显示具体的函数图形，如图 7.3.45 所示；在“布局管理器”工具条中单击“返回到模型”按钮，可以返回到运动仿真环境。

（3）单击确定按钮 4 次，完成运动副及驱动的定义。

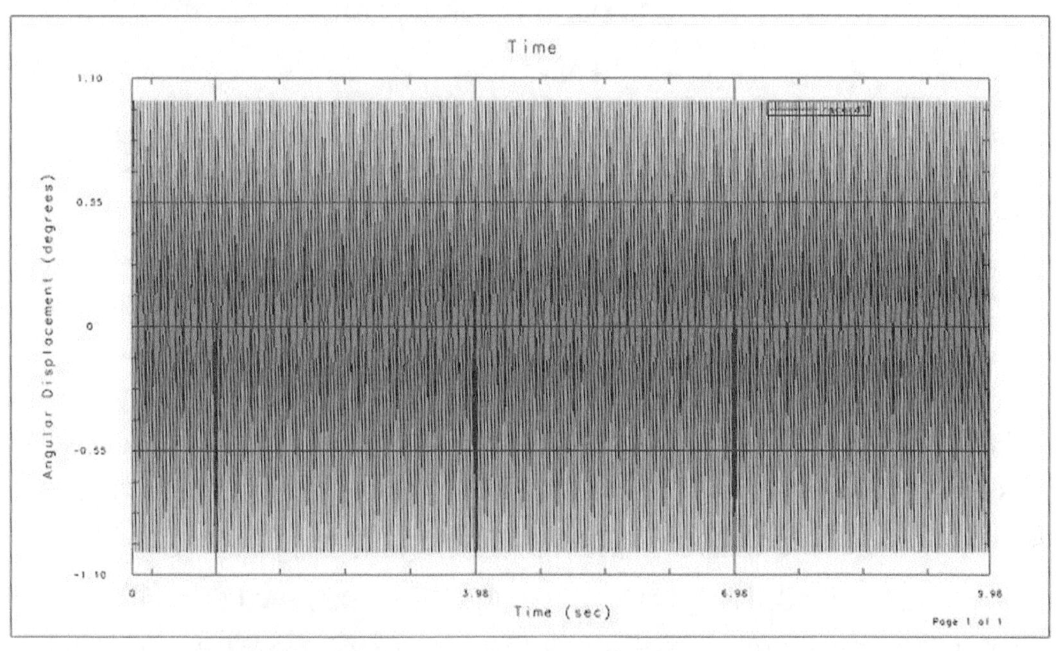

图 7.3.45 函数图形

Step8. 定义解算方案并求解。选择下拉菜单插入(S) → 解算方案(I)...命令，系统弹出“解算方案”对话框；在解算方案类型下拉列表中选择常规驱动选项；在分析类型下拉列表中选择运动学/动力学选项；在时间文本框中输入值 10；在步数文本框中输入值 1000；选中对话框中的通过按“确定”进行解算复选框；单击确定按钮，完成解算方案的定义。

Step9. 定义动画。在“动画控制”工具条中单击“播放”按钮，查看机构运动；单击“导出至电影”按钮，输入名称“waveform_asm”，保存动画；单击“完成动画”按钮。

Step10. 选择下拉菜单文件(F) → 保存(S)命令，保存模型。

7.4 铰接运动驱动

铰接运动驱动又称为关节驱动，是通过设置运动副的运动步长及步数来驱动机构的运动，常用来观察机构每个步数的运行状况，以优化机构的设计位置。

下面举例说明铰接运动驱动的应用。在图 7.4.1 所示的机构中，模拟推杆在固定座上的滑动。

Step1. 打开装配模型。打开文件 D:\ug10.16\work\ch07.04\ push_asm.prt。

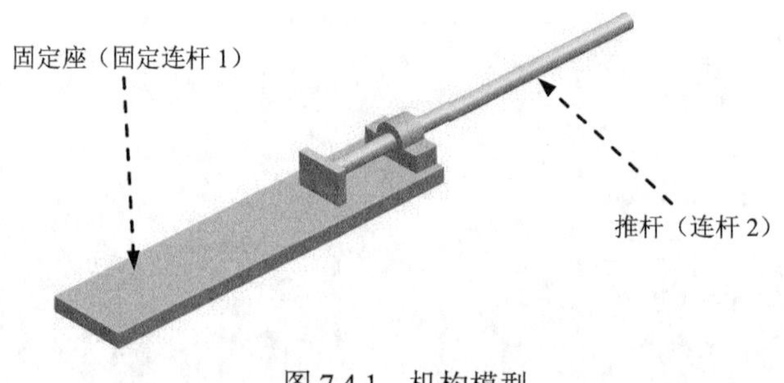

图 7.4.1 机构模型

Step2. 进入运动仿真模块。选择 启动 → 运动仿真(O)... 命令，进入运动仿真模块。

Step3. 新建运动仿真文件。在“运动导航器”中右击“push_asm”节点，在系统弹出的快捷菜单中选择 新建仿真 命令，系统弹出“环境”对话框。

Step4. 设置运动环境。在“环境”对话框中的 分析类型 区域选中 ⊙ 动力学 单选项；取消选中 高级解算方案选项 区域中的 3 个复选框；选中对话框中的 ☑ 基于组件的仿真 复选框；在 仿真名 下方的文本框中采用默认的仿真名称“motion_1”；单击 确定 按钮，

Step5. 定义固定连杆 1。选择下拉菜单 插入(S) → 链接(L)... 命令，系统弹出“连杆”对话框；选取图 7.4.1 所示的固定座为固定连杆 1；在 质量属性选项 下拉列表中选择 自动 选项；在 设置 区域中选中 ☑ 固定连杆 复选框；在 名称 文本框中采用默认的连杆名称“L001”；单击 应用 按钮，完成固定连杆 1 的定义。

Step6. 定义连杆 2。选取图 7.4.1 所示的推杆为连杆 2；在 质量属性选项 下拉列表中选择 自动 选项；在 设置 区域中取消选中 ☐ 固定连杆 复选框；在 名称 文本框中采用默认的连杆名称“L002”；单击 确定 按钮，完成连杆 2 的定义。

Step7. 定义连杆 2 中的滑动副。

（1）定义滑动副。选择下拉菜单 插入(S) → 运动副(J)... 命令，系统弹出“运动副”

对话框；在“运动副”对话框定义选项卡的类型下拉列表中选择滑动副选项；选取图 7.4.2 所示的连杆 2 为参考连杆；在“运动副”对话框操作区域的指定原点下拉列表中选择“圆弧中心”选项，在模型中选取图 7.4.2 所示的圆弧边线为原点参考；在操作区域的方位类型下拉列表中选择矢量选项，在矢量下拉列表中选择-ZC选项。

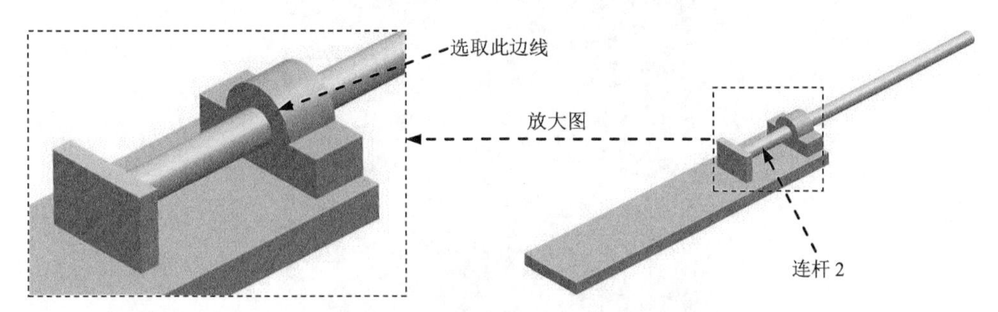

图 7.4.2　定义连杆 2 中的滑动副

（2）定义驱动。单击“运动副”对话框中的驱动选项卡；在平移下拉列表中选择铰接运动驱动选项，如图 7.4.3 所示。

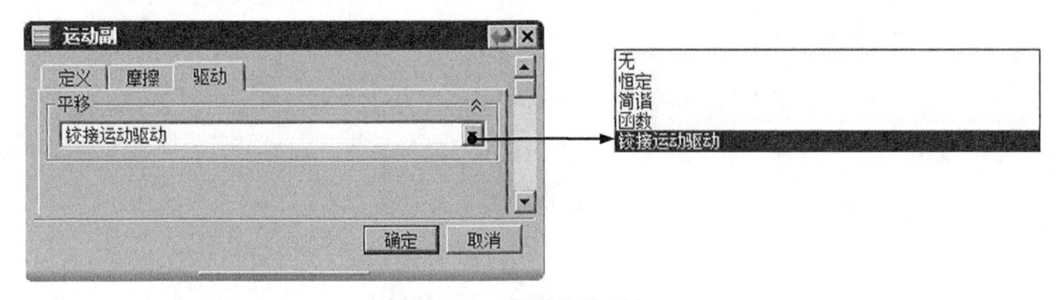

图 7.4.3　“驱动”选项卡

（3）单击确定按钮，完成运动副及驱动的定义。

Step8. 定义解算方案并求解。

（1）选择下拉菜单插入(S) → 解算方案(I)...命令，系统弹出“解算方案”对话框；在解算方案类型下拉列表中选择铰接运动驱动选项，选中对话框中的☑通过按“确定”进行解算复选框，如图 7.4.4 所示。

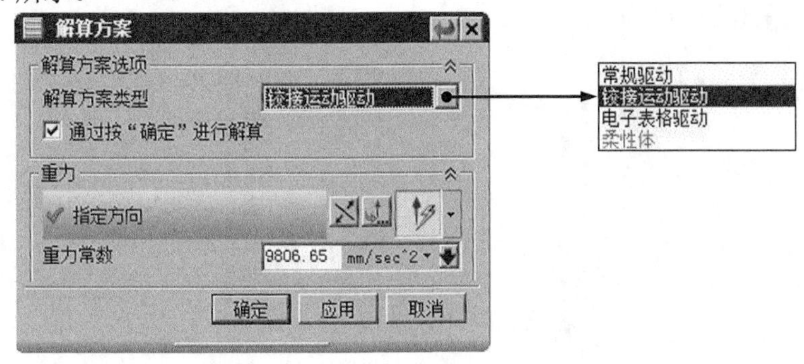

图 7.4.4　“解算方案”对话框

（2）单击“解算方案”对话框中的 确定 按钮，系统弹出“铰接运动驱动”对话框，在该对话框中选中☑ J002复选框，在步长文本框中输入值 1，在步数文本框中输入值 500，如图 7.4.5 所示。

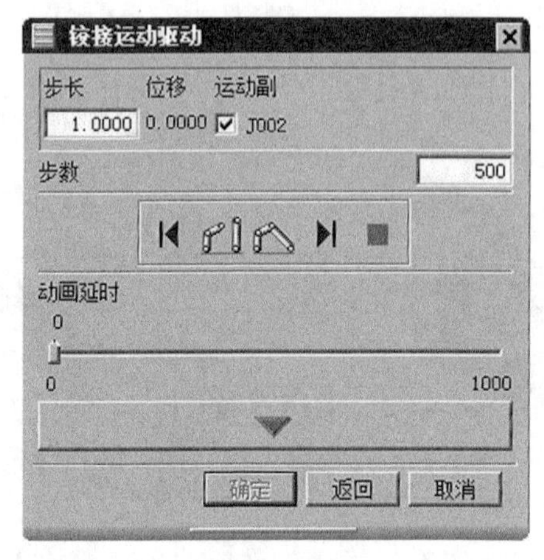

图 7.4.5 “铰接运动驱动”对话框

（3）在“铰接运动驱动”对话框中单击“单步向前”按钮，查看机构的运动。

（4）单击 返回 按钮，完成驱动的定义。

Step9. 定义动画。在“动画控制”工具条中单击“播放”按钮，查看机构运动；单击“导出至电影”按钮，输入名称“push_asm”，保存动画；单击“完成动画”按钮。

Step10. 选择下拉菜单 文件(F) → 保存(S) 命令，保存模型。

7.5 电子表格驱动

电子表格是预先使用 Excel 电子表格设置好机构中各驱动运动副的位置与时间关系数据，然后导入到解算方案中，以驱动机构的运动。

下面举例说明电子表格驱动的应用。在图 7.5.1 所示的机构中，模拟滑块在框架内的滑动以及吸盘在滑块导杆中的滑动。

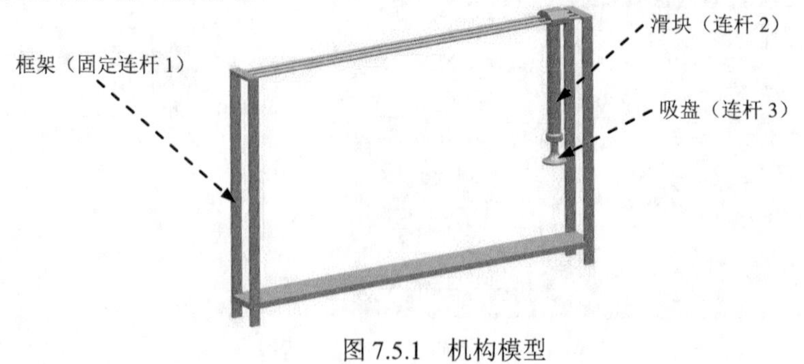

图 7.5.1 机构模型

说明：在本节对应随书光盘目录中，已预先使用 Excel 电子表格创建好了机构中各驱动的位置时间数据，如图 7.5.2 所示。表格第一行中的“timestep”表示时间，“J002”和“J003”是驱动运动副的名称，名称必须与机构中的运动副名称相对应，与时间对应的驱动位置中不允许有空白。

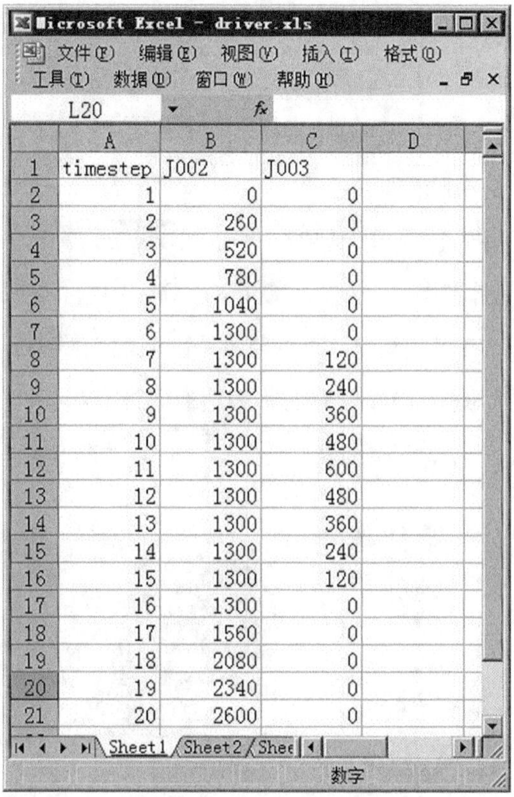

Microsoft Excel - driver.xls

文件(F) 编辑(E) 视图(V) 插入(I) 格式(O) 工具(T) 数据(D) 窗口(W) 帮助(H)

L20 fx

	A	B	C	D
1	timestep	J002	J003	
2	1	0	0	
3	2	260	0	
4	3	520	0	
5	4	780	0	
6	5	1040	0	
7	6	1300	0	
8	7	1300	120	
9	8	1300	240	
10	9	1300	360	
11	10	1300	480	
12	11	1300	600	
13	12	1300	480	
14	13	1300	360	
15	14	1300	240	
16	15	1300	120	
17	16	1300	0	
18	17	1560	0	
19	18	2080	0	
20	19	2340	0	
21	20	2600	0	

Sheet1 / Sheet2 / Shee

数字

图 7.5.2 Excel 电子表格数据

Step1. 打开装配模型。打开文件 D:\ug10.16\work\ch07.05\ auto_asm.prt。

Step2. 进入运动仿真模块。选择 启动 → 运动仿真(Q)... 命令，进入运动仿真模块。

Step3. 新建运动仿真文件。在“运动导航器”中右击 auto_asm 节点，在系统弹出的快捷菜单中选择 新建仿真 命令，系统弹出“环境”对话框。

Step4. 设置运动环境。在“环境”对话框中的 分析类型 区域选中 ⊙ 动力学 单选项；取消选中 高级解算方案选项 区域中的 3 个复选框；选中对话框中的 ☑ 基于组件的仿真 复选框；在 仿真名 下方的文本框中采用默认的仿真名称“motion_1”；单击 确定 按钮。

Step5. 定义固定连杆 1。选择下拉菜单 插入(S) → 链接(L)... 命令，系统弹出“连杆”对话框；选取图 7.5.1 所示的框架为固定连杆 1；在 质量属性选项 下拉列表中选择 自动 选项；在 设置 区域中选中 ☑ 固定连杆 复选框；在 名称 文本框中采用默认的连杆名称“L001”；单击应用按钮，完成固定连杆 1 的定义。

Step6. 定义连杆 2。选取图 7.5.1 所示的滑块为连杆 2；在质量属性选项下拉列表中选择自动选项；在设置区域中取消选中□ 固定连杆复选框；在名称文本框中采用默认的连杆名称“L002”；单击应用按钮，完成连杆 2 的定义。

Step7. 定义连杆 3。选取图 7.5.1 所示的吸盘为连杆 3；在质量属性选项下拉列表中选择自动选项；在设置区域中取消选中□ 固定连杆复选框；在名称文本框中采用默认的连杆名称“L003”；单击确定按钮，完成连杆 3 的定义。

Step8. 定义连杆 2 中的滑动副。

（1）定义滑动副。选择下拉菜单插入(S) → 运动副(J)...命令，系统弹出“运动副”对话框；在“运动副”对话框定义选项卡的类型下拉列表中选择滑动副选项；选取图 7.5.3 所示的连杆 2 为参考连杆；在“运动副”对话框操作区域的指定原点下拉列表中选择“圆弧中心”选项，在模型中选取图 7.5.3 所示的圆弧边线为原点参考；在操作区域的方位类型下拉列表中选择矢量选项，在矢量下拉列表中选择-XC选项。

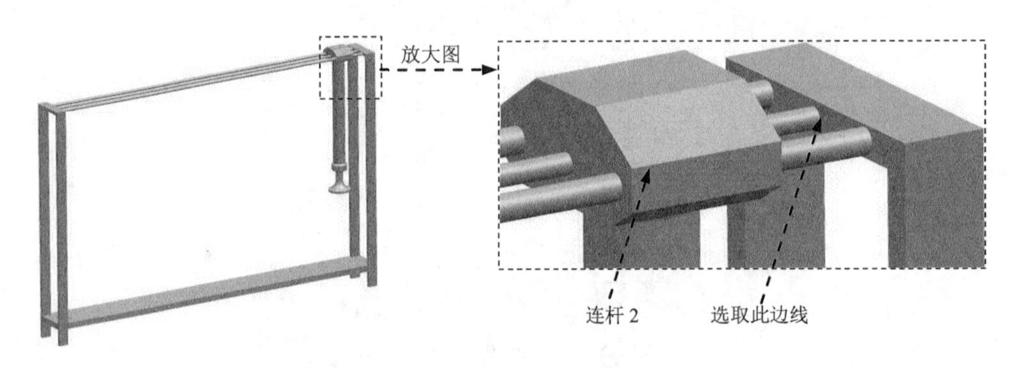

图 7.5.3 定义连杆 2 中的滑动副

（2）定义驱动。单击“运动副”对话框中的驱动选项卡；在平移下拉列表中选择铰接运动驱动选项。

（3）单击确定按钮，完成运动副及驱动的定义。

Step9. 定义连杆 3 和连杆 2 之间中的滑动副。

（1）定义滑动副。选择下拉菜单插入(S) → 运动副(J)...命令，系统弹出“运动副”对话框；在“运动副”对话框定义选项卡的类型下拉列表中选择滑动副选项；选取图 7.5.4 所示的连杆 3 为参考连杆；在“运动副”对话框操作区域的指定原点下拉列表中选择“圆弧中心”选项，在模型中选取图 7.5.4 所示的圆弧边线为原点参考；在操作区域的方位类型下拉列表中选择矢量选项，在矢量下拉列表中选择-YC选项；在“运动副”对话框的基本区域中选中☑ 啮合连杆复选框；单击基本区域中的选择连杆 (0)按钮，选取图 7.5.3 所示的连杆

2为啮合连杆；在“运动副”对话框操作区域的指定原点下拉列表中选择“圆弧中心”选项，在模型中选取图7.5.4所示的圆弧为原点参考；在操作区域的方位类型下拉列表中选择矢量选项，在矢量下拉列表中选择-YC选项。

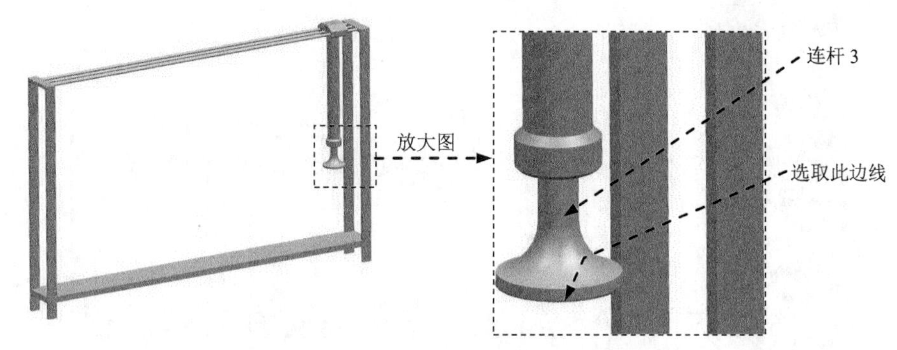

图7.5.4 定义连杆3中的滑动副

（2）定义驱动。单击“运动副”对话框中的驱动选项卡；在平移下拉列表中选择铰接运动驱动选项。

（3）单击确定按钮，完成运动副及驱动的定义。

Step10. 定义解算方案并求解。

（1）选择下拉菜单插入(S) → 解算方案(I)...命令，系统弹出“解算方案”对话框；在解算方案类型下拉列表中选择电子表格驱动选项，选中对话框中的☑通过按“确定”进行解算复选框，如图7.5.5所示。

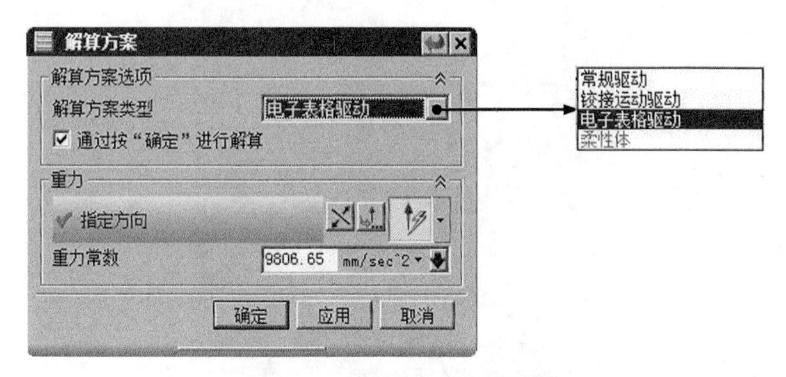

图7.5.5 “解算方案”对话框

（2）单击“解算方案”对话框中的确定按钮，系统弹出“电子表格文件”对话框，在该对话框的文件类型(T):下拉列表中选择Excel 电子表格 (*.xls)选项，如图7.5.6所示，然后选择对应目录中的文件“driver.xls”，单击OK按钮，系统弹出“电子表格驱动”对话框。

图 7.5.6 “电子表格文件”对话框

（3）在“电子表格文件”对话框中将动画延时区域中的滑块调整到“1000”的位置（最右侧），如图 7.5.7 所示，单击“播放”按钮，查看机构运动。

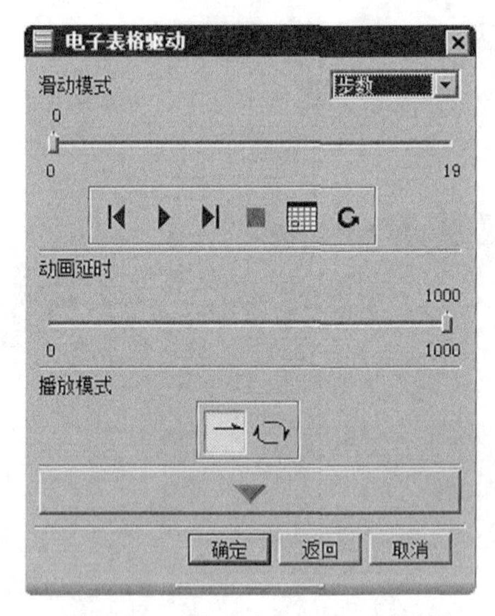

图 7.5.7 “电子表格驱动”对话框

（4）单击确定按钮，完成驱动的定义。

Step11. 定义动画。在“动画控制”工具条中单击“播放”按钮，查看机构运动；单击“导出至电影”按钮，输入名称“auto_asm”，保存动画；单击“完成动画”按钮。

Step12. 选择下拉菜单文件(F) → 保存(S)命令，保存模型。

第 8 章　分析与测量

本章提要　使用 UG NX 运动分析的目的之一是需要研究机构中零件的位移、速度、加速度、作用力与反作用力以及力矩等参数，要达到研究目的，必须使用 UG NX 运动分析中的分析与测量工具。本章主要介绍在机构中进行分析与测量的一般操作，主要包括以下内容。

- 分析结果输出
- 智能点、标记与传感器
- 干涉、测量和跟踪

8.1　分析结果输出

当解算方案求解完成后，除了可使用“动画”工具输出机构运动视频外，还可以对机构中某个连杆和运动副的速度以及位置数据进行输出，以便进行进一步研究，输出的方式主要有图表输出和表格输出等。

8.1.1　图表输出

图表是将机构中的某个连杆和运动副的运动数据以图形的形式进行表达仿真，可以用于生成位移、速度、加速度和力的结果曲线。

下面以图 8.1.1 所示的破碎机机构模型为例，说明图表输出的一般过程。在该机构中，曲柄通过连杆带动摆杆转动，破碎机座中的物料，现在需要研究摆杆的角度位移、角速度和角加速度曲线，并分析破碎物料时摆杆的反作用力。

Stage1．创建机构模型。

Step1．打开模型。打开文件 D:\ug10.16\work\ch08.01.01\ dis_asm.prt。

Step2．进入运动仿真模块。选择 启动 → 运动仿真(O)... 命令，进入运动仿真模块。

Step3．新建运动仿真文件。在“运动导航器”中右击 dis_asm 节点，在系统弹出的快捷菜单中选择 新建仿真 命令，系统弹出“环境”对话框。

Step4. 设置运动环境。在"环境"对话框中的分析类型区域选中⊙动力学单选项；取消选中高级解算方案选项区域中的3个复选框；选中对话框中的☑基于组件的仿真复选框；在仿真名下方的文本框中采用默认的仿真名称"motion_1"；单击确定按钮。

Step5. 定义固定连杆1。选择下拉菜单插入(S) → 链接(L)...命令，系统弹出"连杆"对话框；选取图8.1.1所示的机座为固定连杆1；在质量属性选项下拉列表中选择自动选项；在设置区域中选中☑固定连杆复选框；在名称文本框中采用默认的连杆名称"L001"；单击应用按钮，完成固定连杆1的定义。

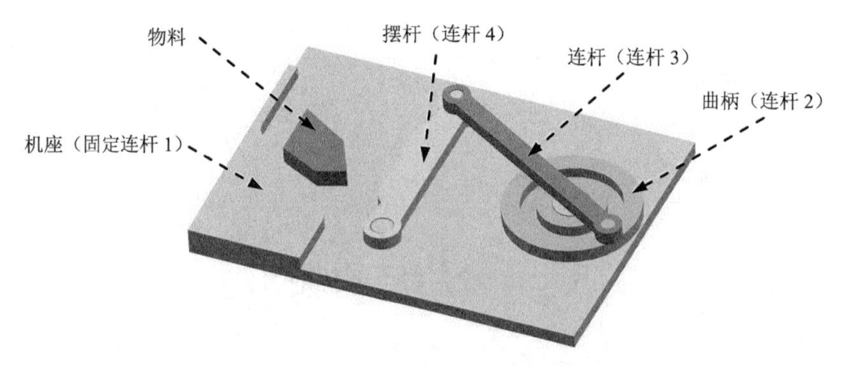

图8.1.1 破碎机机构模型

Step6. 定义连杆2。选取图8.1.1所示的曲柄为连杆2；在质量属性选项下拉列表中选择自动选项；在设置区域中取消选中☐固定连杆复选框；在名称文本框中采用默认的连杆名称"L002"；单击应用按钮，完成连杆2的定义。

Step7. 定义连杆3。选取图8.1.1所示的连杆为连杆3；在质量属性选项下拉列表中选择自动选项；在设置区域中取消选中☐固定连杆复选框；在名称文本框中采用默认的连杆名称"L003"；单击应用按钮，完成连杆3的定义。

Step8. 定义连杆4。选取图8.1.1所示的摆杆为连杆4；在质量属性选项下拉列表中选择自动选项；在设置区域中取消选中☐固定连杆复选框；在名称文本框中采用默认的连杆名称"L004"；单击确定按钮，完成连杆4的定义。

说明： 本例首先分析模拟的是机构空载时的运行状况，此时暂不用考虑将物料定义为连杆。

Step9. 定义连杆2中的旋转副。

（1）选择下拉菜单插入(S) → 运动副(J)...命令，系统弹出"运动副"对话框；在"运动副"对话框定义选项卡的类型下拉列表中选择旋转副选项；在模型中选取图8.1.2所示的圆弧边线为参考，系统自动选择连杆、原点及矢量方向。

（2）单击“运动副”对话框中的驱动选项卡；在旋转下拉列表中选择恒定选项；在初速度文本框中输入值360。

（3）单击确定按钮，完成旋转副的创建。

图8.1.2　定义连杆2中的旋转副

Step10. 定义连杆3和连杆2中的旋转副。

（1）选择下拉菜单插入(S) ➡ 运动副(J)...命令，系统弹出“运动副”对话框；在“运动副”对话框定义选项卡的类型下拉列表中选择旋转副选项；在模型中选取图8.1.3所示的连杆3中的边线1为参考，系统自动选择连杆、原点及矢量方向。

（2）在“运动副”对话框的基本区域中选中☑啮合连杆复选框；单击基本区域中的*选择连杆(0)按钮，在模型中选取图8.1.3所示的连杆2中的边线2为参考。

（3）单击确定按钮，完成旋转副的创建。

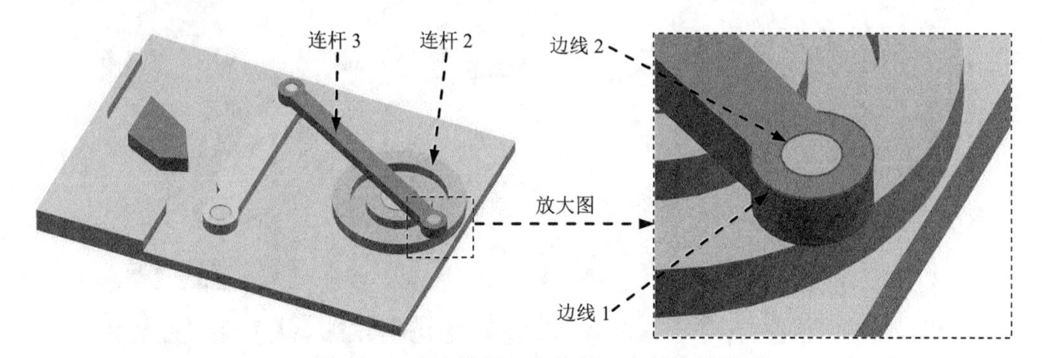

图8.1.3　定义连杆2和连杆3中的旋转副

Step11 定义连杆3和连杆4中的共线副。

（1）选择下拉菜单插入(S) ➡ 运动副(J)...命令，系统弹出“运动副”对话框；在“运动副”对话框定义选项卡的类型下拉列表中选择共线选项；在模型中选取图8.1.4所示的连杆3中的边线1为参考，系统自动选择连杆、原点及矢量方向。

（2）在“运动副”对话框的基本区域中选中☑啮合连杆复选框；单击基本区域中的*选择连杆 (0)按钮，在模型中选取图 8.1.4 所示的连杆 4 中的边线 2 为参考。

（3）单击确定按钮，完成共线副的创建。

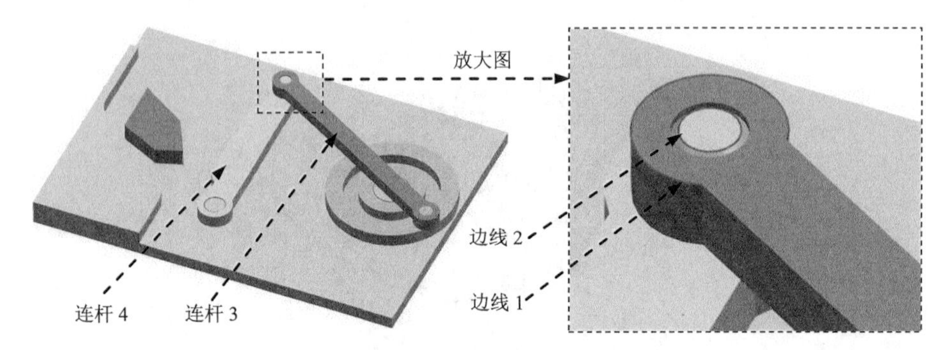

图 8.1.4　定义连杆 3 和连杆 4 中的共线副

Step12. 定义连杆 4 中的旋转副。选择下拉菜单插入(S) ➡ 运动副(J)...命令，系统弹出“运动副”对话框；在“运动副”对话框定义选项卡的类型下拉列表中选择旋转副选项；在模型中选取图 8.1.5 所示的圆弧边线为参考，系统自动选择连杆、原点及矢量方向；单击确定按钮，完成旋转副的创建。

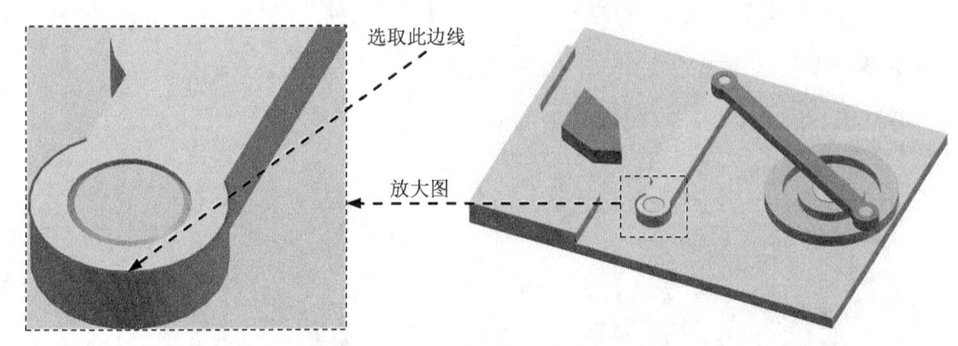

图 8.1.5　定义连杆 4 中的旋转副

Step13. 定义解算方案并求解。选择下拉菜单插入(S) ➡ 解算方案(I)...命令，系统弹出“解算方案”对话框；在解算方案类型下拉列表中选择常规驱动选项；在分析类型下拉列表中选择运动学/动力学选项；在时间文本框中输入值 1；在步数文本框中输入值 500；选中对话框中的☑通过按“确定”进行解算复选框；单击确定按钮，完成解算方案的定义。

Step14. 定义动画。在“动画控制”工具条中单击“播放”按钮▶，查看机构运动；单击“导出至电影”按钮，输入名称“dis_asm01”，保存动画；单击“完成动画”按钮。

Step15. 选择下拉菜单文件(F) ➡ 保存(S)命令，保存模型。

Stage2．输出位移、速度和加速度数据图表。

Step1．选择命令。选择下拉菜单 分析(L) → 运动(M) ▸ → 图表(G)... 命令，或者在“运动”工具栏中单击 → 作图 命令（图 8.1.6），系统弹出“图表”对话框，单击其中的 对象 选项卡，如图 8.1.7 所示。

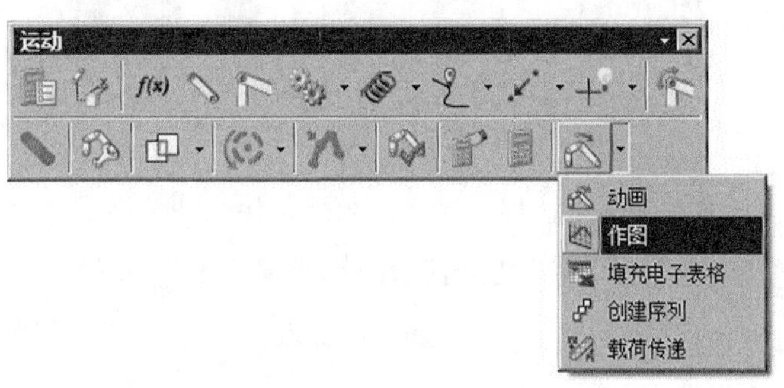

图 8.1.6　“运动”工具栏

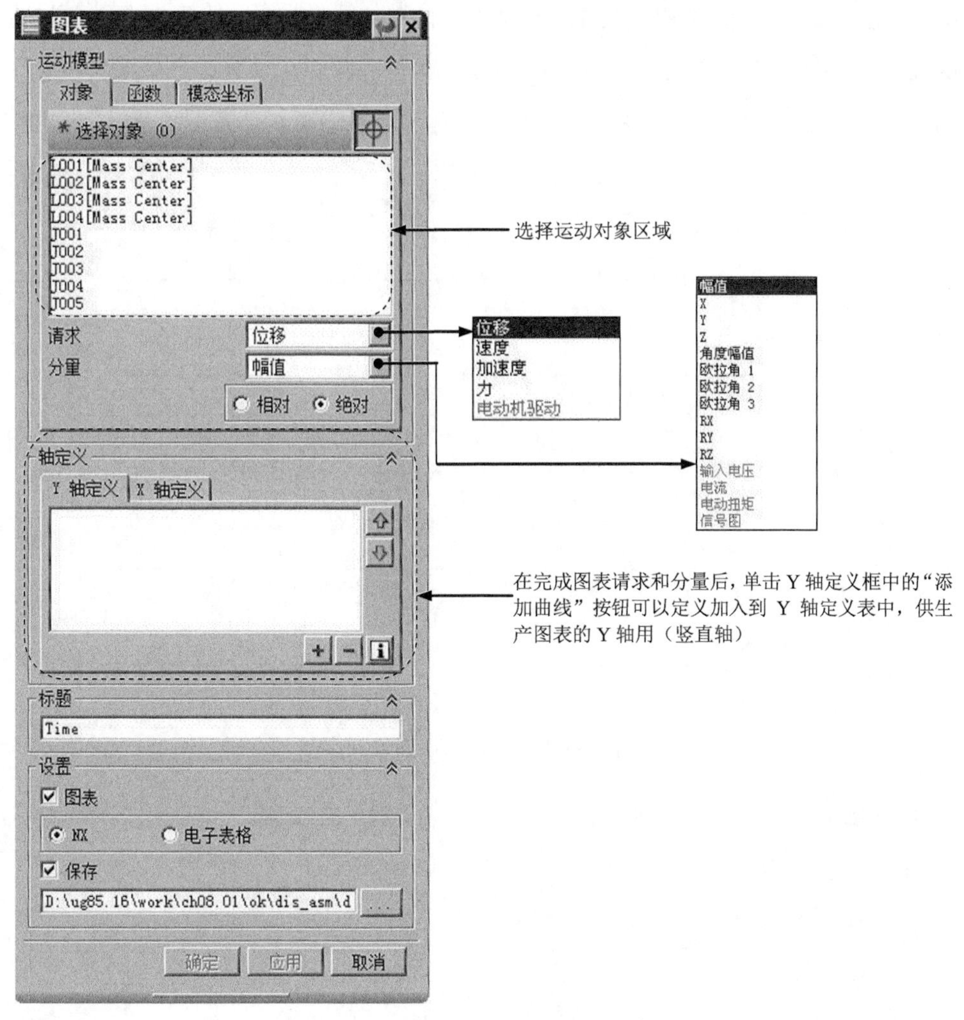

图 8.1.7　“图表”对话框

图 8.1.7 所示的“图表”对话框说明如下。

- 请求：该下拉列表用于定义分析模型的数据类型，其中包括位移、速度、加速度和力选项。
- 分量：该下拉列表用于定义要分析的数据的值，也就是图表上竖直轴上的值，其中包括幅值、X、Y、Z、角度幅值、RX、RY和RZ等选项。
- ⊙ 相对：选中该单选项，图表显示的数值是按所选取的运动副或标记的坐标系测量获得的。
- ⊙ 绝对：选中该单选项，图表显示的数值是按绝对坐标系测量获得的。

Step2. 设置输出对象。在“图表”对话框的运动模型区域选择旋转副J005，在请求下拉列表中选择位移选项，在分量下拉列表中选择角度幅值选项，单击Y 轴定义区域中的+按钮，图表对话框中的参数设置完成。

Step3. 定义保存路径。选中“图表”对话框中的☑ 保存复选框，然后单击...按钮，选择 D:\ug10.16\work\ch08.01.01\dis_asm\dis_asm.afu 为保存路径。

Step4. 单击确定按钮，系统进入函数显示环境并显示旋转副J005的角度位移-时间曲线，如图 8.1.8 所示。

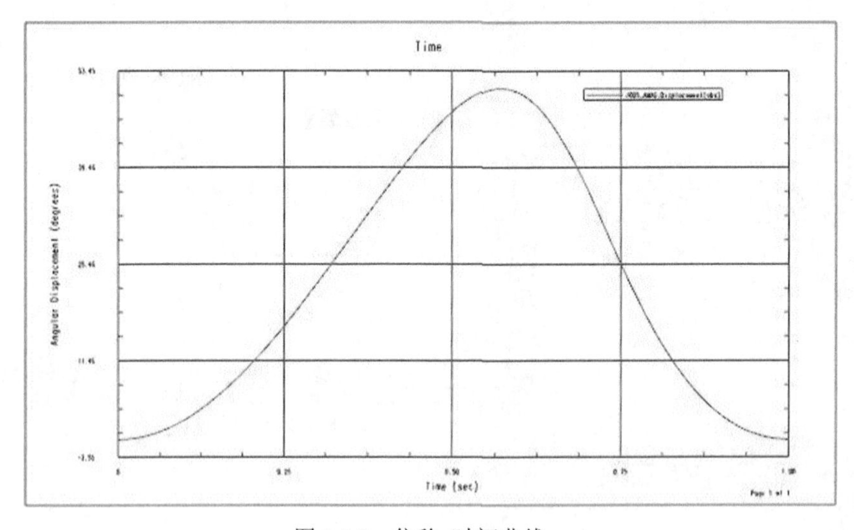

图 8.1.8　位移-时间曲线

说明：在函数显示环境中，可以使用图 8.1.9 所示的“XY 图标”工具条对函数图形进行编辑、探测和缩放等操作。

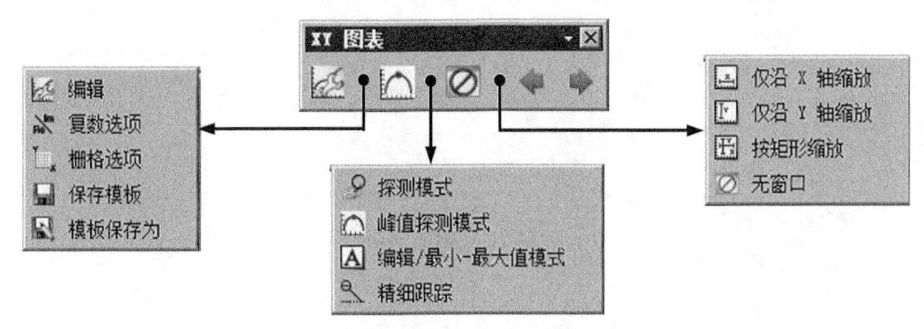

图 8.1.9　“XY 图标”工具条

Step5. 在“布局管理器”工具条中单击“返回到模型”按钮，返回到运动仿真环境。

说明：如果返回到运动仿真环境后不能通过单击“播放”按钮播放机构运行动画，可以尝试对机构再次进行求解，或者在“运动导航器”中展开Solution_1节点，然后选中其中的Default Animation复选框，如图 8.1.10 所示。

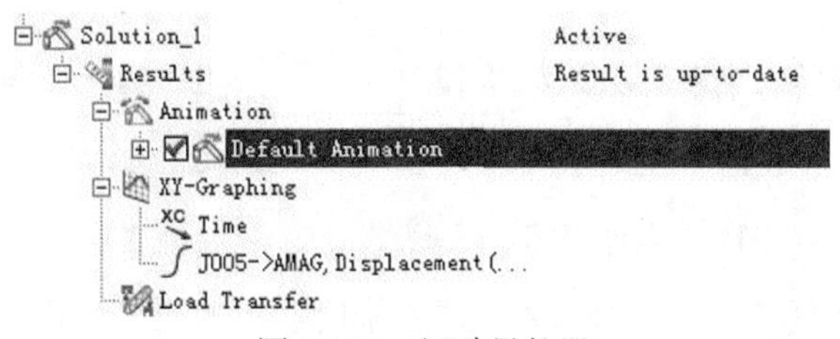

图 8.1.10　运动导航器

Step6. 输出速度与加速度联合曲线。

（1）选择下拉菜单分析(L) → 运动(M) → 图表(G)...命令，或者在“运动”工具栏中单击 → 作图命令，系统弹出“图表”对话框，单击其中的对象选项卡。

（2）在“图表”对话框的运动模型区域选择旋转副J005，在请求下拉列表中选择速度选项，在分量下拉列表中选择角度幅值选项，单击Y 轴定义区域中的按钮。

（3）在请求下拉列表中选择加速度选项，在分量下拉列表中选择角度幅值选项，单击Y 轴定义区域中的按钮。

（4）选中“图表”对话框中的保存复选框，然后单击...按钮，选择 D:\ug10.16\work\ch08.01.01\ok\dis_asm\dis_asm.afu 为保存路径。

（5）单击确定按钮，系统进入函数显示环境并显示旋转副J005的速度-加速度-时间曲线，如图 8.1.11 所示。

Step7. 在“布局管理器”工具条中单击“返回到模型”按钮，返回到运动仿真环境。

Step8. 选择下拉菜单文件(F) → 保存(S)命令，保存模型。

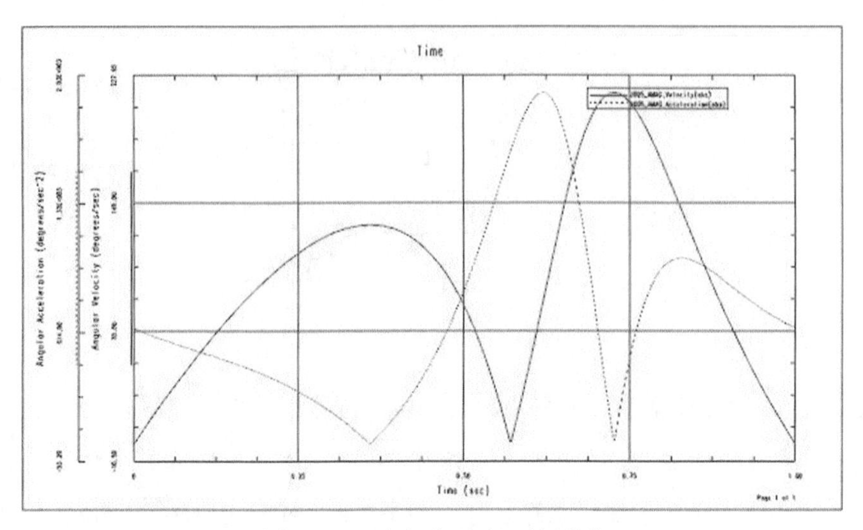

图 8.1.11 速度-加速度-时间曲线

Stage3. 输出反作用力数据图表。

说明： 下面的操作将“物料”引入机构模型，以分析摆杆和物料接触时的反作用力。

Step1. 定义连杆 5。选择下拉菜单 插入(S) → 链接(L)... 命令，系统弹出“连杆”对话框；选取图 8.1.12 所示的物料为连杆 5；在 质量属性选项 下拉列表中选择 自动 选项；在 设置 区域中取消选中 □ 固定连杆 复选框；在 名称 文本框中采用默认的连杆名称“L005”；单击 确定 按钮，完成连杆 5 的定义。

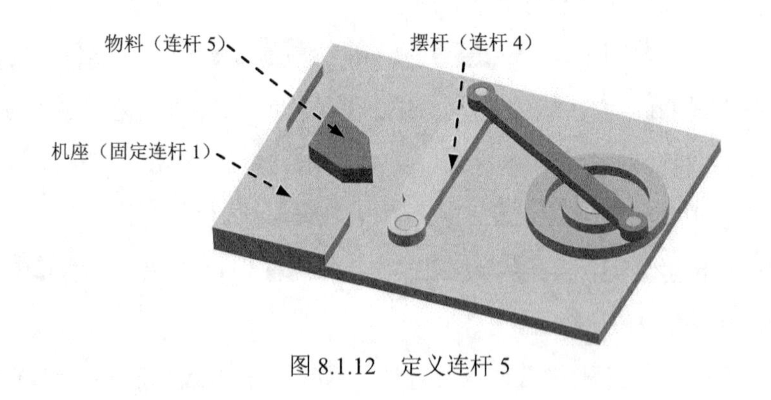

图 8.1.12 定义连杆 5

Step2. 定义 3D 接触 1。

（1）选择下拉菜单 插入(S) → 连接器(N) → 3D 接触... 命令，系统弹出“3D 接触”对话框。

（2）定义接触实体。单击“3D 接触”对话框 操作 区域中的 * 选择体 (0) 按钮，选取图 8.1.12 所示的连杆 4 为操作体；单击 基本 区域中的 * 选择体 (0) 按钮，选取连杆 5 为基本体。

（3）定义接触类型。在“3D 接触”对话框参数区域的类型下拉列表中选择类型为实体选项。

（4）单击确定按钮，完成 3D 接触 1 的定义。

Step3. 定义 3D 接触 2。参照 Step2 的操作步骤，选取图 8.1.12 所示的连杆 5 为操作体；选取连杆 1 为基本体。

Step4. 对解算方案再次进行求解。选择下拉菜单分析(L) → 运动(N) → 求解(S)...命令（或者在“运动”工具条中单击“求解”按钮），对解算方案再次进行求解。

Step5. 定义动画。在“动画控制”工具条中单击“播放”按钮，查看机构运动；单击“导出至电影”按钮，输入名称“dis_asm02”，保存动画；单击“完成动画”按钮。

Step6. 输出力-时间曲线。

（1）选择下拉菜单分析(L) → 运动(N) → 图表(G)...命令（或者在“运动”工具栏中单击 → 作图命令），系统弹出“图表”对话框，单击其中的对象选项卡。

（2）在“图表”对话框的运动模型区域选择 3D 碰撞G001，在请求下拉列表中选择力选项，在分量下拉列表中选择力幅值选项，单击Y 轴定义区域中的按钮。

（3）选中“图表”对话框中的☑保存复选框，然后单击...按钮，选择 D:\ug10.16\work\ch08.01.01\ok\dis_asm\dis_asm.afu 为保存路径。

（4）单击确定按钮，系统进入函数显示环境并显示摆杆与物料的反作用力-时间曲线，如图 8.1.13 所示。

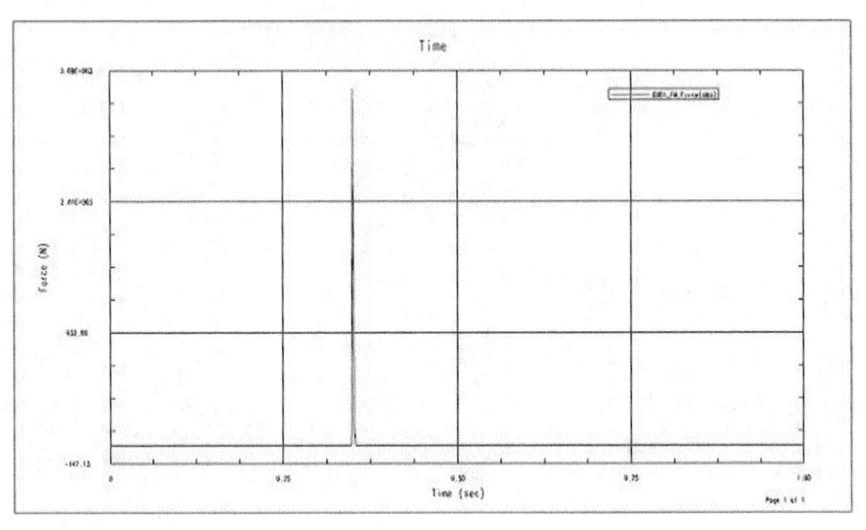

图 8.1.13　力-时间曲线

Step7. 在“布局管理器”工具条中单击“返回到模型”按钮，返回到运动仿真环境。

Step8. 选择下拉菜单 文件(F) → 保存(S) 命令，保存模型。

8.1.2 电子表格输出

机构在运动时，系统内部将自动生成一组数据表，在运动分析过程中，该数据表连续记录数据，每一次更新分析，数据表都将重新记录数据，电子表格的数据与图形输出的数据一致。

下面举例说明电子表格输出的一般过程。

Step1. 打开模型。打开文件 D:\ug10.16\work\ch08.01.02\dis_asm.prt。

Step2. 进入运动仿真模块。选择 启动 → 运动仿真(O)... 命令，进入运动仿真模块。

Step3. 激活仿真文件。在“运动导航器”中选择 motion_1，右击，在系统弹出的快捷菜单中选择 设为工作状态 命令。

Step4. 输出运动副驱动的 Excel 电子表格。

（1）选择下拉菜单 分析(L) → 运动(N) → 填充电子表格(P)... 命令（或者在“运动”工具栏中选择 → 填充电子表格 命令），系统弹出图 8.1.14 所示的“填充电子表格”对话框，该对话框中可以设置 Excel 文件的保存路径。

（2）单击 确定 按钮，系统自动生成图 8.1.15 所示电子表格。

图 8.1.14 “填充电子表格”对话框

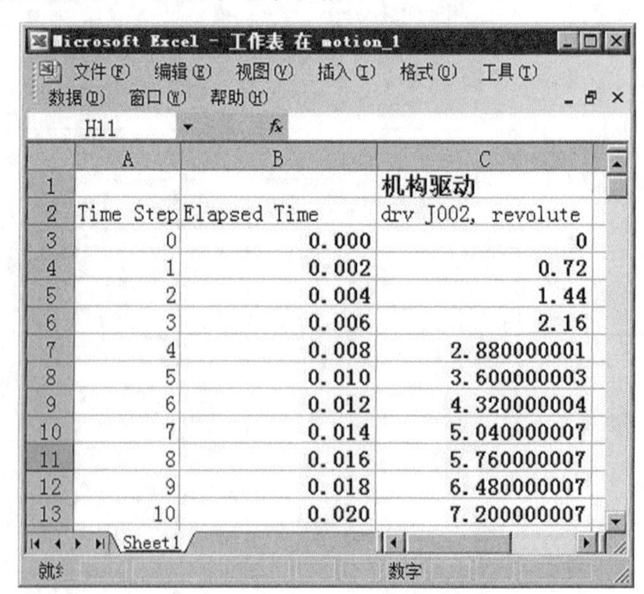

	A	B	C
1			机构驱动
2	Time Step	Elapsed Time	drv J002, revolute
3	0	0.000	0
4	1	0.002	0.72
5	2	0.004	1.44
6	3	0.006	2.16
7	4	0.008	2.880000001
8	5	0.010	3.600000003
9	6	0.012	4.320000004
10	7	0.014	5.040000007
11	8	0.016	5.760000007
12	9	0.018	6.480000007
13	10	0.020	7.200000007

图 8.1.15 Excel 窗口

（3）关闭系统弹出的电子表格。

Step5. 输出现有分析结果的 Excel 电子表格。

（1）在“运动导航器”中展开Solution_1节点，右击其中的G001->FM, Force (abs)节点，如图 8.1.16 所示，然后选择绘图至电子表格命令，系统自动生成图 8.1.17 所示的电子表格及 Excel 电子图形。

图 8.1.16　运动导航器

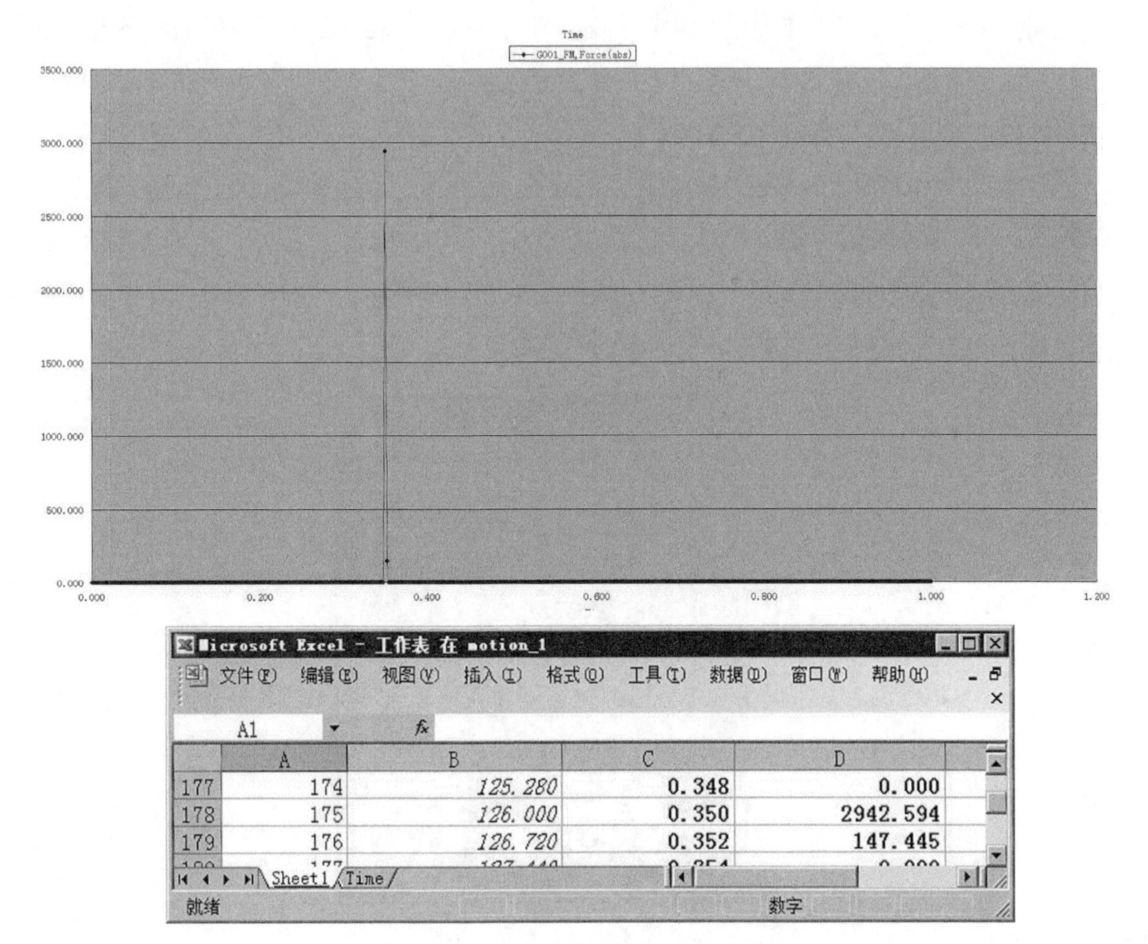

图 8.1.17　有分析结果的 Excel 电子表格

（2）在电子表格对话框中将文件另存到当前工作目录中。

（3）关闭电子表格。

Step6. 选择下拉菜单 文件(F) → 保存(S) 命令，保存模型。

8.2 智能点、标记与传感器

智能点、标记与传感器用于分析机构连杆中某一点处的运动学和动力学数据。当要分析与测量某一点的位移、速度、加速度、力、弹簧的位移、弯曲量以及其他运动学和动力学数据时，均会用到此类测量工具。

8.2.1 智能点

智能点用于在机构空间中创建一个位置参考点。智能点不会作为连杆的一部分，与连杆也完全无关，只是单纯作为位置参考，智能点也可以作为运动副和弹簧的创建参考。在进行图形和表格分析输出时，智能点不能作为可选对象，只有标记才能用于图表功能中，但是智能点可以作为标记的放置参考。

智能点的创建方法与普通点的创建方法完全一样。在运动仿真模块中选择下拉菜单 插入(S) → 智能点(M)... 命令，系统弹出图 8.2.1 所示的“点”对话框，定义位置参考之后，单击 确定 按钮，即可完成智能点的创建，在机构模块中创建的智能点在建模环境中不会显示。智能点的具体应用在本章的实例中会有说明。

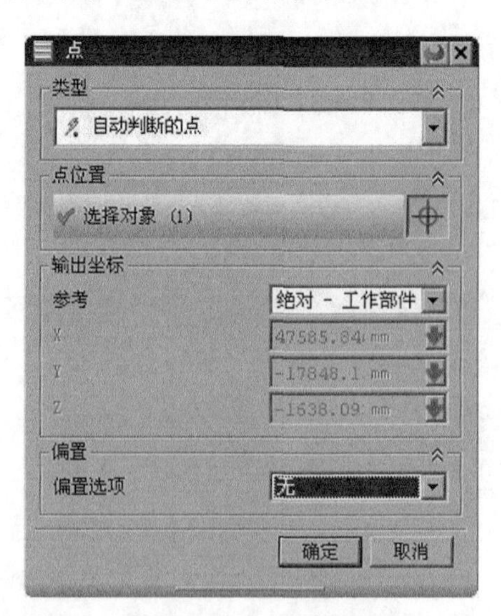

图 8.2.1 “点”对话框

8.2.2　标记

标记是在连杆中指定一个点位置，用于分析、研究连杆该点处的机构数据。标记不仅与连杆有关，而且需要有明确的方向定义。标记的方向特性在复杂的动力学分析中非常有用，常用于分析某个点的线性速度或加速度以及绕某个特定轴旋转的角速度和角加速度等。

下面举例说明标记的一般创建过程。在图 8.2.2 所示的破碎机机构中，如果要绘制连杆 3 中的上表面中心点处关于水平方向（绝对坐标系的 X 方向）的线速度曲线，就需要先在指定位置放置一个标记，然后在输出图形时将标记设置为参考对象即可。

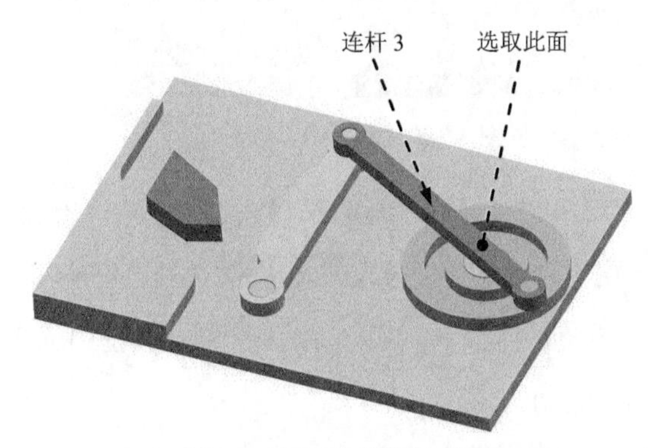

图 8.2.2　破碎机机构模型

Step1. 打开模型。打开文件 D:\ug10.16\work\ch08.02.02\dis_asm.prt。

Step2. 进入运动仿真模块。选择 启动 → 运动仿真(O)... 命令，进入运动仿真模块。

Step3. 激活仿真文件。在“运动导航器”中选择 motion_1，右击，在系统弹出的快捷菜单中选择 设为工作状态 命令。

Step4. 创建标记。

（1）选择命令。选择下拉菜单 插入(S) → 标记(K)... 命令，系统弹出图 8.2.3 所示的“标记”对话框。

图 8.2.3 所示的“标记”对话框中的选项说明如下。

- 关联链接 区域：用于选择定义标记位置的连杆。
- 方向 区域：用于定义标记显示的位置及方位。
- 显示比例 文本框：在该文本框中输入的数值是用于定义标记显示的大小。
- 名称 文本框：在该文本框中可以输入用于定义标记显示的名称。

（2）定义参考连杆。在系统 选择连杆来定义标记位置 的提示下，选择图 8.2.2 所示的连杆 3 为参考连杆。

图 8.2.3 “标记”对话框

（3）定义参考点。在方向区域中单击*指定点按钮，然后在右侧单击“点对话框”按钮，在“点”对话框的类型下拉列表中选择点在面上选项，在模型中选取图 8.2.2 所示的曲面为点的参考，然后在“点”对话框的U 向参数和V 向参数文本框中输入值 0.5，单击确定按钮，完成点的定义，如图 8.2.4 所示。

（4）定义参考坐标系。在方向区域中单击*指定 CSYS，然后在右侧单击“CSYS 对话框”按钮，在系统弹出的“CSYS”对话框的类型下拉列表中选择动态选项，单击确定按钮，完成参考坐标系的定义，如图 8.2.4 所示。

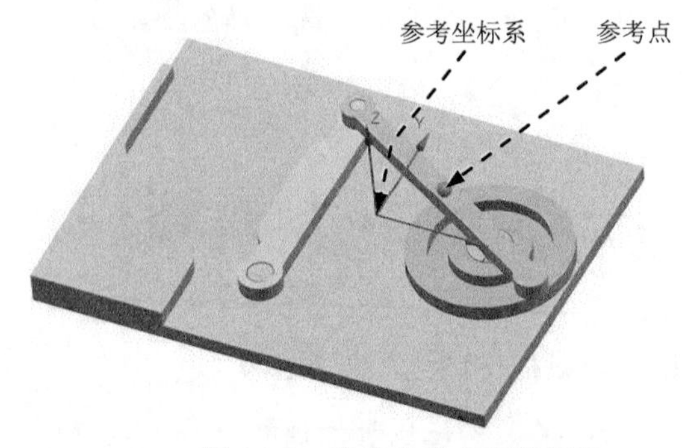

图 8.2.4 定义参考点和坐标系

（5）采用系统默认的显示比例和名称，单击确定按钮，完成标记的创建。

Step5. 对解算方案进行求解。选择下拉菜单分析(L) → 运动(N) → 求解(S)...命令，对解算方案进行求解。

Step6. 输出速度曲线。

（1）选择下拉菜单分析(L) → 运动(N) → 图表(G)...命令（或者在“运动”工具栏

中单击 → 作图命令），系统弹出“图表”对话框，单击其中的对象选项卡。

（2）在“图表”对话框的运动模型区域选择标记A001，在请求下拉列表中选择速度选项，在分量下拉列表中选择X选项，单击Y 轴定义区域中的按钮。

（3）选中“图表”对话框中的☑保存复选框，然后单击按钮，选择 D:\ug10.16\work\ch08.02.02\dis_asm\dis_asm.afu 为保存路径。

（4）单击确定按钮，系统进入函数显示环境并显示连杆 3 的上表面中心点处参考坐标系 X 方向的速度曲线，如图 8.2.5 所示。

Step7. 在“布局管理器”工具条中单击“返回到模型”按钮，返回到运动仿真环境。

Step8. 选择下拉菜单文件(F) → 保存(S)命令，保存模型。

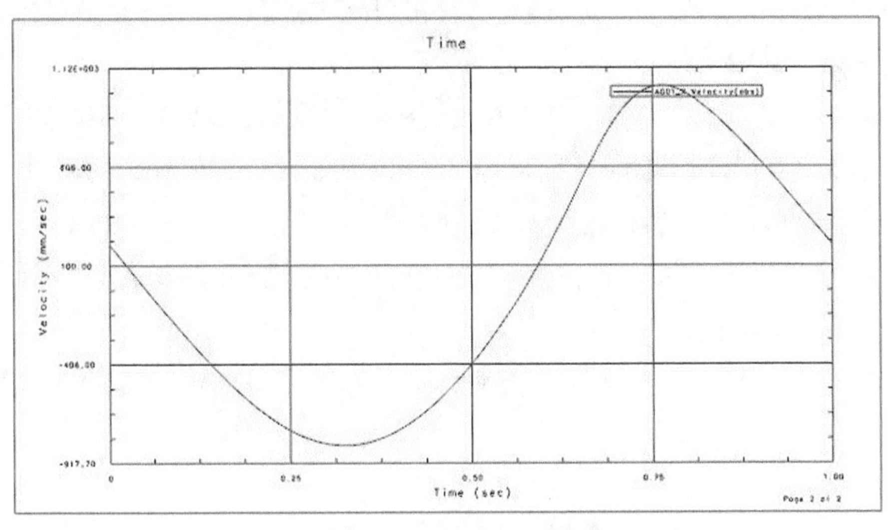

图 8.2.5　速度-时间曲线

8.2.3　传感器

传感器可以设置在标记或运动副上，能够对设置的对象进行精确的测量，也可以测量两个标记之间的相对参考数据。

下面介绍创建传感器的一般操作过程。在图 8.2.6 所示的飞轮机构中，现欲求得滑块右侧端面（曲面 1）与底座上导槽右侧表面（曲面 2）之间的距离-时间曲线，创建方法是在这两个表面上分别放置两个标记，然后在这两个标记之间设置一个传感器，解算后将传感器的位移-时间曲线输出即可。

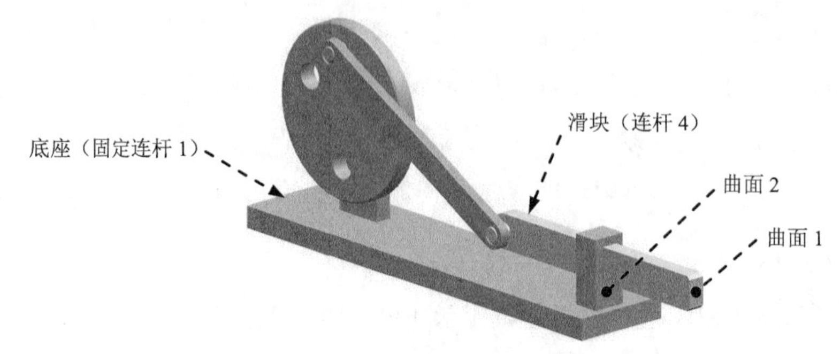

图 8.2.6 飞轮机构模型

Step1. 打开模型。打开文件 D:\ug10.16\work\ch08.02.03\mech.prt。

Step2. 进入运动仿真模块。选择启动 → 运动仿真(O)...命令，进入运动仿真模块。

Step3. 激活仿真文件。在“运动导航器”中选择motion_1，右击，在系统弹出的快捷菜单中选择设为工作状态命令。

Step4. 定义标记 1。选择下拉菜单插入(S) → 标记(K)...命令，系统弹出“标记”对话框；在系统选择连杆来定义标记位置的提示下，选取图 8.2.6 所示的曲面 1 为参考，系统自动定义连杆及参考点；在方向区域中单击* 指定 CSYS，然后在右侧单击“CSYS”对话框按钮，在系统弹出的“CSYS”对话框的类型下拉列表中选择动态选项；单击确定按钮两次，完成标记 1 的定义。

Step5. 定义标记 2。参考 Step4 的操作步骤，选取图 8.2.6 所示的曲面 2 为参考，定义标记 2，如图 8.2.7 所示。

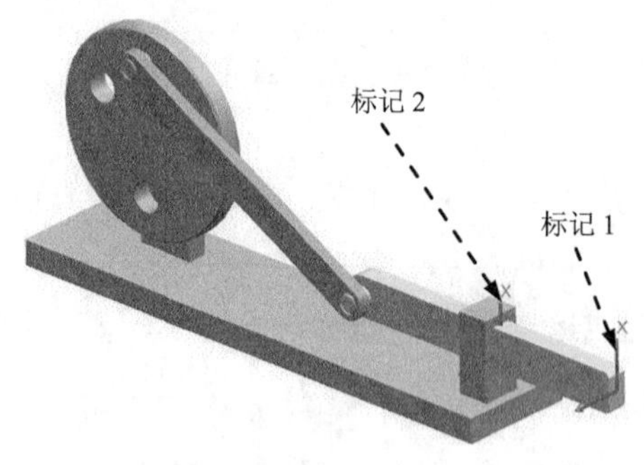

图 8.2.7 定义标记

Step6. 定义传感器。

（1）选择命令。选择下拉菜单插入(S) → 传感器(S)...命令，系统弹出图 8.2.8 所示的“传感器”对话框。

图 8.2.8　“传感器”对话框

（2）设置传感器参数。在“传感器”对话框的类型下拉列表中选择位移选项，在设置区域的分量下拉列表中选择线性幅值选项，在参考框下拉列表中选择相对选项。

（3）定义参考。单击“传感器”对话框对象选择区域中的* 测量 (0)按钮，在“运动导航器”中选取标记“A001”为测量对象；然后单击* 相对 (0)按钮，在“运动导航器”中选取标记“A002”为相对标记。

（4）单击确定按钮，完成传感器的创建。

Step7. 对解算方案进行求解。选择下拉菜单分析(L) → 运动(N) → 求解(S)...命令，对解算方案进行求解。

Step8. 输出位移曲线。

（1）选择下拉菜单分析(L) → 运动(N) → 图表(G)...命令（或者在“运动”工具栏中单击 → 作图命令），系统弹出“图表”对话框，单击其中的对象选项卡。

（2）在“图表”对话框的运动模型区域选择传感器Se001，在请求下拉列表中选择位移选项，在分量下拉列表中选择幅值选项，单击Y 轴定义区域中的按钮。

（3）选中“图表”对话框中的☑ 保存复选框，然后单击...按钮，选择 D:\ug10.16\work\ch08.02.03\ mech \ mech.afu 为保存路径。

（4）单击确定按钮，系统进入函数显示环境并显示两个标记之间的位移-时间曲线，如图 8.2.9 所示。

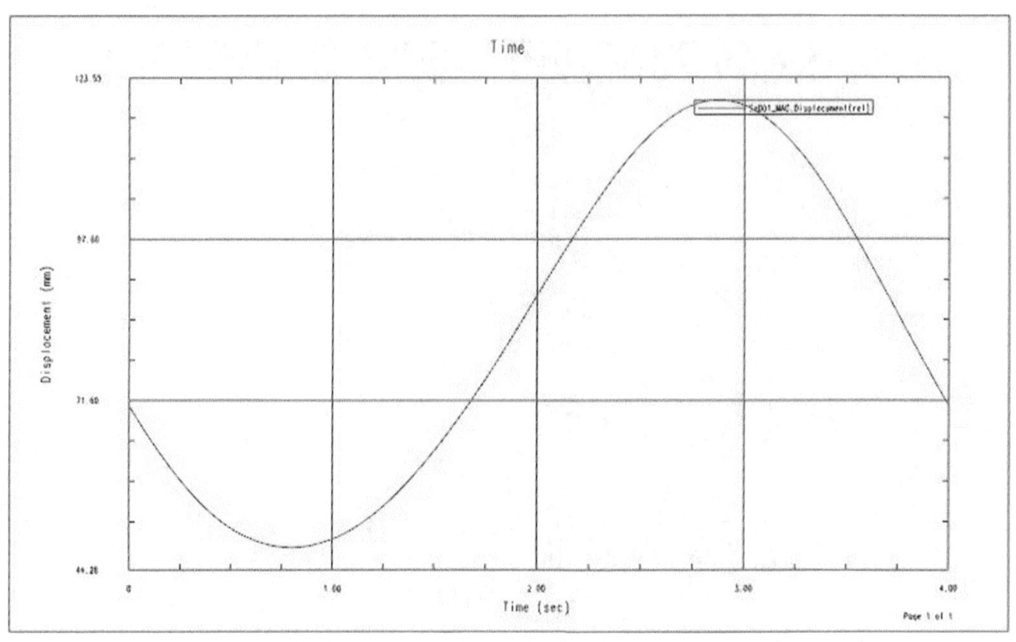

图 8.2.9 位移-时间曲线

Step9. 在“布局管理器”工具条中单击“返回到模型”按钮，返回到运动仿真环境。

Step10. 选择下拉菜单 文件(F) → 保存(S) 命令，保存模型。

8.3 干涉、测量和跟踪

干涉、测量和跟踪可以用于检查机构中的动态干涉和最小间隙，获得机构的特定运行位置，以便对设计进行进一步的改进。注意这里的测量工具不是获得位置和角度曲线，只是限定极限距离后设置机构在这些位置停止，要想得到准确的距离和角度数据，必须使用前面介绍的标记和传感器工具。

8.3.1 干涉

干涉检测功能可以用于检查机构的动态干涉，定义干涉时需要预先定义两组检查实体，然后在动画中启动干涉检查，即可定义机构在干涉时停止运动。

下面举例说明机构动态干涉检查的一般操作过程。在图 8.3.1 所示的机构中，滑动轴在导套内滑动，现在需要检查轴与导套的动态干涉，并定义机构在干涉时停止。

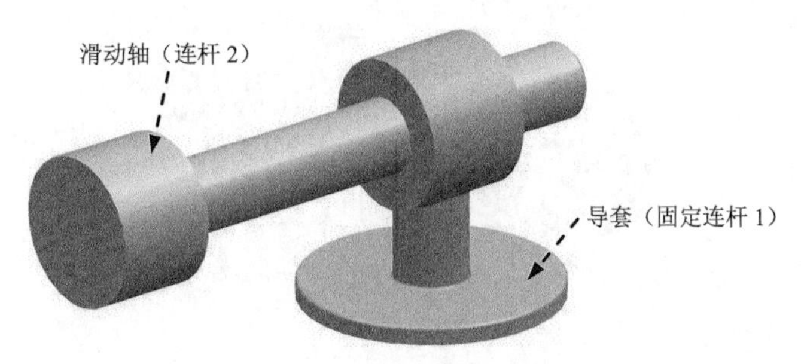

图 8.3.1　机构模型

Step1. 打开装配模型。打开文件 D:\ug10.16\work\ch08.03.01\interference.prt。

Step2. 进入运动仿真模块。选择 启动 → 运动仿真(O)... 命令，进入运动仿真模块。

Step3. 新建运动仿真文件。在“运动导航器”中右击 interference 节点，在系统弹出的快捷菜单中选择 新建仿真 命令，系统弹出“环境”对话框。

Step4. 设置运动环境。在“环境”对话框中的 分析类型 区域选中 动力学 单选项；取消选中 高级解算方案选项 区域中的 3 个复选框；选中对话框中的 基于组件的仿真 复选框；在 仿真名 下方的文本框中采用默认的仿真名称“motion_1”；单击 确定 按钮，

Step5. 定义固定连杆 1。选择下拉菜单 插入(S) → 链接(L)... 命令，系统弹出“连杆”对话框；选取图 8.3.1 所示的导套为固定连杆 1；在 质量属性选项 下拉列表中选择 自动 选项；在 设置 区域中选中 固定连杆 复选框；在 名称 文本框中采用默认的连杆名称“L001”；单击 应用 按钮，完成连杆 1 的定义。

Step6. 定义连杆 2。选取图 8.3.1 所示的轴为连杆 2；在 质量属性选项 下拉列表中选择 自动 选项；在 设置 区域中取消选中 固定连杆 复选框；在 名称 文本框中采用默认的连杆名称“L002”；单击 确定 按钮，完成连杆 2 的定义。

Step7. 定义连杆 2 中的滑动副。

（1）定义滑动副。选择下拉菜单 插入(S) → 运动副(J)... 命令，系统弹出“运动副”对话框；在“运动副”对话框 定义 选项卡的 类型 下拉列表中选择 滑动副 选项；在模型中选取图 8.3.2 所示的边线为参考，系统自动选择连杆和原点；在 操作 区域的 方位类型 下拉列表中选择 矢量 选项，在矢量下拉列表中选择 YC 选项。

（2）单击“运动副”对话框中的 驱动 选项卡；在 平移 下拉列表中选择 恒定 选项；在 初速度 文本框中输入值 20；单击 确定 按钮，完成滑动副的创建。

Step8. 定义干涉分析。

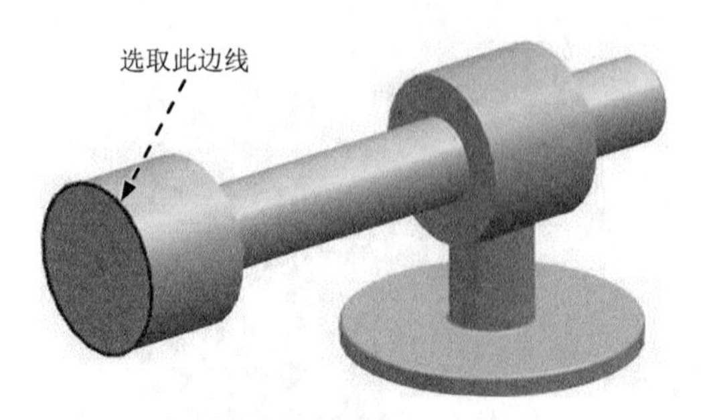

图 8.3.2　定义运动副

（1）选择命令。选择下拉菜单 工具(T) → 封装(P) → 干涉(I)... 命令（或者在“运动”工具栏中单击“干涉”按钮），系统弹出图 8.3.3 所示的“干涉”对话框。

（2）定义参考对象。在“干涉”对话框的 类型 下拉列表中选择 高亮显示 选项，然后单击 第一组 区域中的 * 选择对象 (0) 按钮，选取图 8.3.1 所示的连杆 1 为第一组检查对象；再单击 第二组 区域中的 * 选择对象 (0) 按钮，选取连杆 2 为第二组检查对象。

（3）设置检查参数。在 设置 区域的 模式 下拉列表中选择 精确实体 选项，其他采用图 8.3.3 所示的设置，单击 确定 按钮，完成干涉分析的定义。

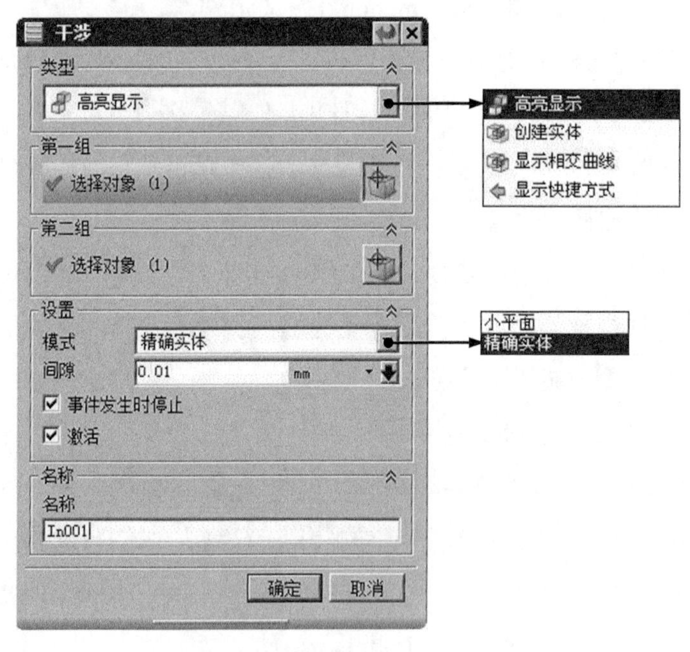

图 8.3.3　“干涉”对话框

图 8.3.3 所示的“干涉”对话框说明如下。

- 类型 下拉列表中包括 高亮显示、创建实体 和 显示相交曲线 选项。
  - ☑ 高亮显示：选择该选项，在分析时出现干涉，干涉物体会变亮显示。
  - ☑ 创建实体：选择该选项，在分析时出现干涉，系统会生成一个非参数化的相交实体用来描述干涉体积。

☑ 显示相交曲线：选择该选项，在分析时出现干涉，系统会生成曲线来显示干涉部分。

- 模式：下拉列表中包括小平面和精确实体选项。

☑ 小平面：选择该选项，是以小平面为干涉对象进行干涉分析。

☑ 精确实体：选择该选项，是以精确的实体为干涉对象进行干涉分析。

- 间隙：该文本框中输入的数值是定义分析时的安全参数。

Step9. 定义解算方案并求解。选择下拉菜单 插入(S) → 解算方案(I)... 命令，系统弹出“解算方案”对话框；在 解算方案类型 下拉列表中选择 常规驱动 选项；在 分析类型 下拉列表中选择 运动学/动力学 选项；在 时间 文本框中输入值 10；在 步数 文本框中输入值 400；选中对话框中的 ☑ 通过按“确定”进行解算 复选框；单击 确定 按钮，完成解算方案的定义。

Step10. 检查动态干涉。

（1）选择命令。选择下拉菜单 分析(L) → 运动(N) ▸ → 动画(A)... 命令，系统弹出图 8.3.4 所示的“动画”对话框。

（2）激活干涉检查和碰撞暂停。在该对话框中选中 ☑ 干涉 和 ☑ 暂停事件 复选框，然后单击“播放” ▶ 按钮，此时机构开始运行，当机构产生干涉时，系统会弹出图 8.3.5 所示的“动画事件”对话框，动画停止并提示部件干涉，同时模型加亮显示。

（3）单击两次 确定 按钮，完成干涉检查。

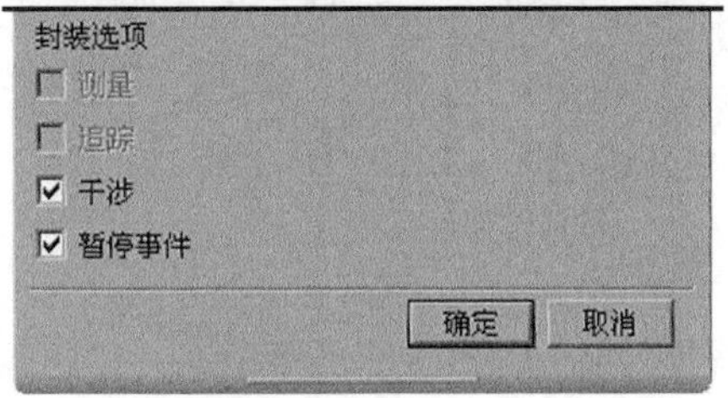

图 8.3.4　“动画”对话框

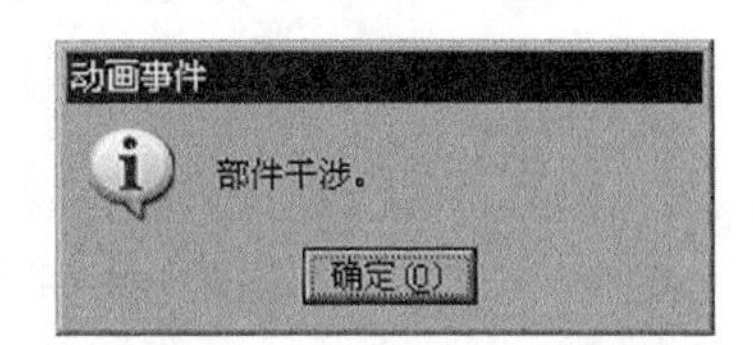

图 8.3.5　“动画事件”对话框

Step11. 单击“导出至电影”按钮，输入名称“interference”，保存动画；单击“完成动画”按钮。

Step12. 选择下拉菜单文件(F) → 保存(S)命令，保存模型。

8.3.2 测量

测量功能可以用于定义机构中的一组几何对象的极限距离和极限角度，当机构的运转超出极限范围时会自动停止。

下面举例说明机构动态测量的一般操作过程。在图 8.3.6 所示的机构中，定义滑动轴中的面 1 和导套中的面 2 的最小距离为 10mm，当机构运行到此位置时自动停止。

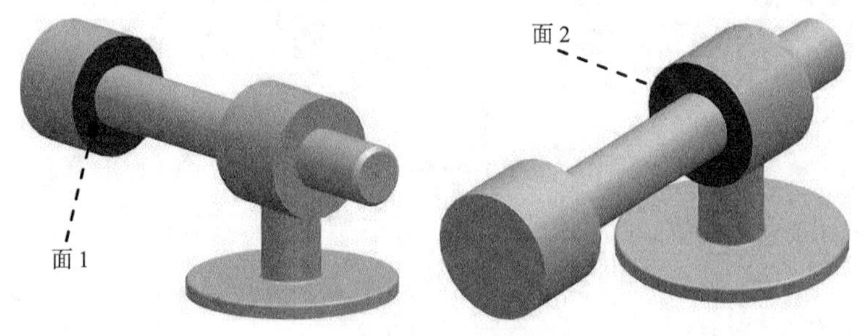

图 8.3.6 机构模型

Step1. 打开装配模型。打开文件 D:\ug10.16\work\ch08.03.02\interference.prt。

Step2. 进入运动仿真模块。选择启动 → 运动仿真(O)...命令，进入运动仿真模块。

Step3. 激活仿真文件。在“运动导航器”中选择motion_1，右击，在系统弹出的快捷菜单中选择设为工作状态命令。

Step4. 定义动态测量。

（1）选择命令。选择下拉菜单工具(T) → 封装(P) → 测量(M)...命令（或者在“运动”工具栏中选择 → 测量命令），系统弹出图 8.3.7 所示的“测量”对话框。

（2）定义参考对象。在“测量”对话框的类型下拉列表中选择最小距离选项，然后单击第一组区域中的* 选择对象 (0)按钮，选取图 8.3.6 所示的面 1 为第一组检查对象；再单击第二组区域中的* 选择对象 (0)按钮，选取面 2 为第二组检查对象。

注意： *在选取面时可以使用选择过滤器进行选取。*

（3）设置检查参数。在设置区域的阈值文本框中输入值 10，在测量条件下拉列表中选择目标选项，在公差文本框中输入值 0.01，其他采用图 8.3.7 所示的设置，单击确定按钮，完成动态测量的定义。

图 8.3.7 “测量”对话框

图 8.3.7 所示的“测量”对话框说明如下。

- 类型下拉列表中包括最小距离和角度两种选项。
  - ☑ 最小距离：选择该选项，测量的是两连杆的最小距离值。
  - ☑ 角度：选择该选项，测量的是两连杆的角度值。
- 阈值：该文本框中输入的数值定义阈值（参照值）。
- 测量条件：下拉列表中包括小于、大于和目标选项。
  - ☑ 小于：选择该选项，测量值小于参照值。
  - ☑ 大于：选择该选项，测量值大于参照值。
  - ☑ 目标：选择该选项，测量值等于参照值。
- 公差：在该文本框中输入的数值定义比参照值大或小一个定值都能符合测量条件。

Step5. 分析测量结果。

（1）选择命令。选择下拉菜单分析(L) → 运动(N) → 动画(A)...命令，系统弹出“动画”对话框。

（2）激活测量检查和暂停。在该对话框中选中☑ 测量、☑ 干涉和☑ 暂停事件复选框，然后单击“播放”▶按钮，此时机构开始运行并动态显示测量的距离值，如图 8.3.8 所示；当机构运行到极限距离时动画停止，系统会弹出图 8.3.9 所示的“动画事件”对话框，并提示测量距离阈值已被超出。

（3）单击两次 确定 按钮，完成测量检查。

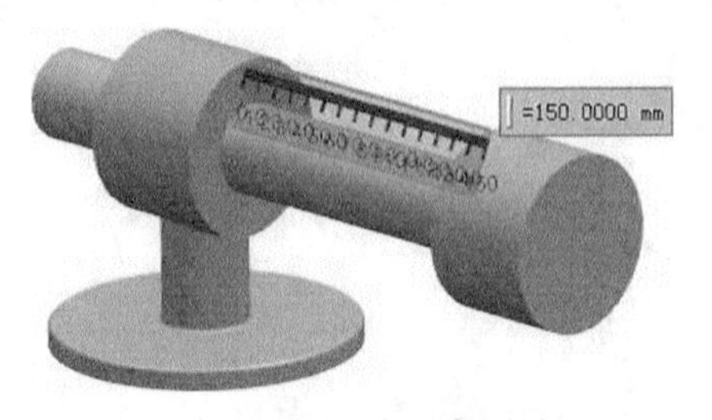

图 8.3.8 动态距离测量

图 8.3.9 “动画事件”对话框

Step6. 选择下拉菜单 文件(F) → 保存(S) 命令，保存模型。

8.3.3 追踪

追踪功能可以在机构运动的每一个步骤中创建一个复制的指定几何对象，追踪的几何对象可以是实体、片体、曲线以及标记点。当追踪的对象为标记点时，可以用于分析查看机构中某个点的运行轨迹。

下面举例说明追踪的一般创建过程。在图 8.3.10 所示的破碎机机构中，如果需要绘制连杆 3 左侧圆孔中心点的轨迹曲线，可以先在此点处放置一个标记，然后追踪该标记即可。

Step1. 打开模型。打开文件 D:\ug10.16\work\ch08.03.03\dis_asm.prt。

Step2. 进入运动仿真模块。选择 启动 → 运动仿真(O)... 命令，进入运动仿真模块。

Step3. 激活仿真文件。在“运动导航器”中选择 motion_1，右击，在系统弹出的快捷菜单中选择 设为工作状态 命令。

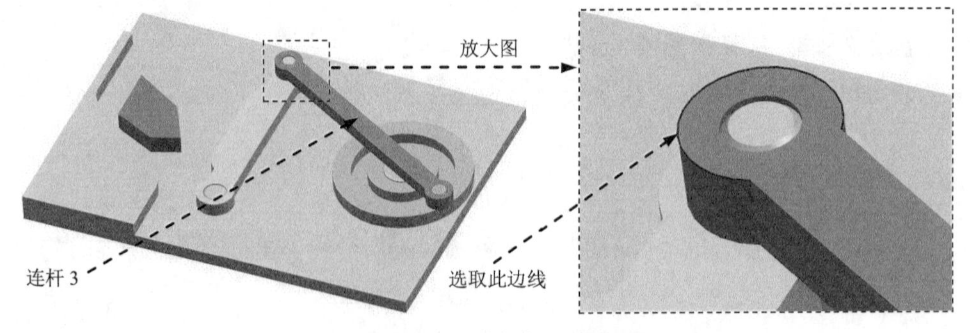

图 8.3.10 破碎机机构模型

Step4. 创建标记。选择下拉菜单 插入(S) → 标记(K)... 命令，系统弹出“标记”对话框；在系统 选择连杆来定义标记位置 的提示下，选择图 8.3.10 所示的边线为参考，系统自动指定连杆及参考点；在方向区域中单击*指定 CSYS，然后在右侧单击“CSYS”对话框按钮，在系统弹出的“CSYS”对话框的类型下拉列表中选择动态选项，单击确定按钮，完成参考坐标系的定义；再次单击确定按钮，完成标记的创建。

Step5. 定义追踪。

（1）选择命令。选择下拉菜单工具(T) ➡ 封装(P) ➡ 追踪命令（或在“运动”工具栏中选择 ➡ 追踪命令），系统弹出图 8.3.11 所示的“追踪”对话框。

（2）定义追踪对象，在“运动导航器”中选取标记“A001”为追踪对象；其他参数采用系统默认设置，单击确定按钮，完成追踪对象的定义。

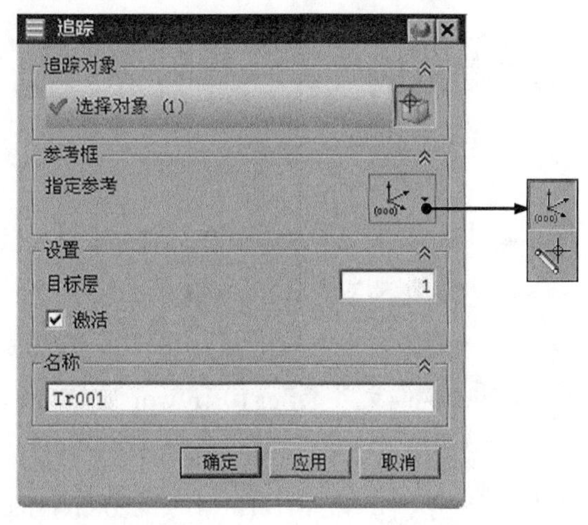

图 8.3.11　“追踪”对话框

图 8.3.11 所示的“追踪”对话框说明如下。

- 参考框：指定被跟踪对象以一个坐标为中心运动。
- 目标层：指定被跟踪对象的放置层。
- ☑ 激活：选中该复选框，激活目标层。

Step6. 对解算方案进行求解。选择下拉菜单分析(L) ➡ 运动(N) ▸ ➡ 求解(S)...命令，对解算方案进行求解。

Step7. 分析追踪结果。

（1）选择命令。选择下拉菜单分析(L) ➡ 运动(N) ▸ ➡ 动画(A)...命令，系统弹出“动画”对话框。

（2）激活测量检查和暂停。在该对话框中选中☑ 追踪复选框，然后单击“播放”▶按钮，此时机构开始运行并显示追踪结果，如图 8.3.12 所示。

（3）单击确定按钮，完成追踪操作。

Step8. 选择下拉菜单 文件(F) → 保存(S) 命令，保存模型。

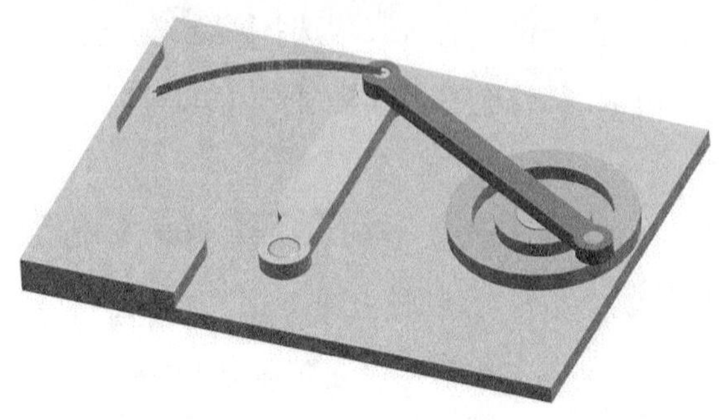

图 8.3.12 追踪结果

8.4 本章范例 1——弹簧悬挂机构仿真

范例概述:

本范例模拟的是弹簧悬挂机构静止状态的仿真，机构模型如图 8.4.1 所示。在该机构中，左侧柱销零件固定，右侧的重物在弹簧的作用下悬挂在连杆之上，保持静止状态。现要求输出左侧柱销和连杆连接处的反作用力图形曲线以及弹簧的受力曲线，注意创建弹簧时用到了智能点工具。读者可以打开视频文件 D:\ug10.16\work\ch08.04\ hang_asm.avi 查看机构运行状况。

Step1. 打开装配模型。打开文件 D:\ug10.16\work\ ch08.04\ hang_asm.prt。

Step2. 进入运动仿真模块。选择 启动 → 运动仿真(O)... 命令，进入运动仿真模块。

Step3. 新建运动仿真文件。在“运动导航器”中右击 hang_asm 节点，在系统弹出的快捷菜单中选择 新建仿真 命令，系统弹出“环境”对话框。

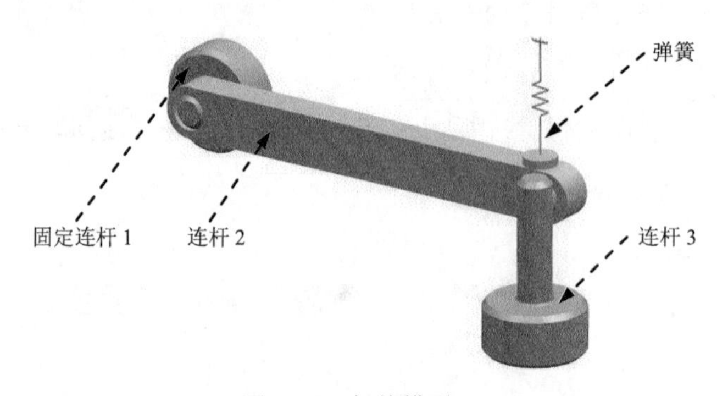

图 8.4.1 机构模型

Step4. 设置运动环境。在“环境”对话框中的 分析类型 区域选中 ⊙ 动力学 单选项；取消选中 高级解算方案选项 区域中的 3 个复选框；选中对话框中的 ☑ 基于组件的仿真 复选框；在 仿真名 下方的文本框中采用默认的仿真名称“motion_1”；单击确定按钮。

Step5. 定义固定连杆 1。选择下拉菜单插入(S) → 链接(L)...命令，系统弹出“连杆”对话框；选取图 8.4.1 所示的柱销零件为固定连杆 1；在质量属性选项下拉列表中选择自动选项；在设置区域中选中☑固定连杆复选框；在名称文本框中采用默认的连杆名称“L001”；单击应用按钮，完成固定连杆 1 的定义。

Step6. 定义连杆 2。选取图 8.4.1 所示的连杆零件为连杆 2；在质量属性选项下拉列表中选择自动选项；在设置区域中取消选中□固定连杆复选框；在名称文本框中采用默认的连杆名称“L002”；单击应用按钮，完成连杆 2 的定义。

Step7. 定义连杆 3。选取图 8.4.1 所示的重物为连杆 3；在质量属性选项下拉列表中选择自动选项；在设置区域中取消选中□固定连杆复选框；在名称文本框中采用默认的连杆名称“L003”；单击确定按钮，完成连杆 3 的定义。

Step8. 定义连杆 2 中的旋转副。选择下拉菜单插入(S) → 运动副(J)...命令，系统弹出“运动副”对话框；在“运动副”对话框定义选项卡的类型下拉列表中选择旋转副选项；在模型中选取图 8.4.2 所示的圆弧边线为参考，系统自动选择连杆、原点及矢量方向；单击确定按钮，完成旋转副的创建。

Step9. 定义连杆 2 和连杆 3 中的旋转副。

（1）选择下拉菜单插入(S) → 运动副(J)...命令，系统弹出“运动副”对话框；在“运动副”对话框定义选项卡的类型下拉列表中选择旋转副选项；在模型中选取图 8.4.3 所示的连杆 2 中的边线 1 为参考，系统自动选择连杆、原点及矢量方向。

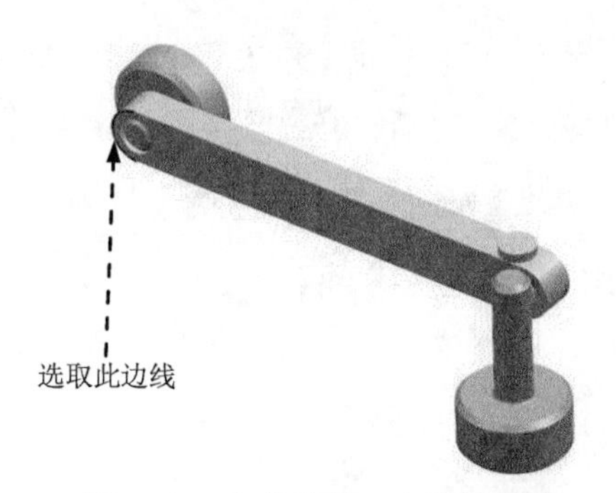

图 8.4.2 定义连杆 2 中的旋转副

（2）在“运动副”对话框的基本区域中选中☑啮合连杆复选框；单击基本区域中的选择连杆 (0)按钮，在模型中选取图 8.4.3 所示的连杆 3 中的边线 2 为参考。

（3）单击确定按钮，完成旋转副的创建。

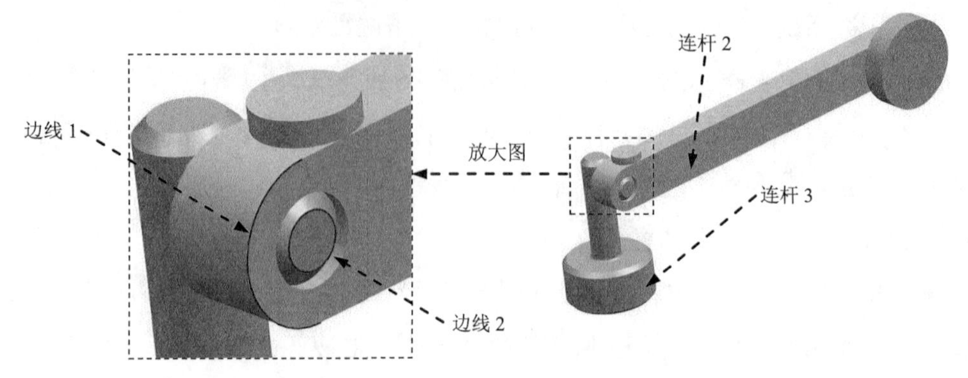

图 8.4.3 定义连杆 2 和连杆 3 中的旋转副

Step10. 定义智能点。

（1）选择命令。选择下拉菜单 插入(S) → 智能点(M)... 命令，系统弹出“点”对话框。

（2）选择参考。在 类型 下拉列表中选择“圆弧中心” 选项，在模型中选取图 8.4.4 所示的圆弧为原点参考。

（3）定义偏置参数。在 偏置选项 下拉列表中选择 直角坐标系 选项，然后在 Z 增量 文本框中输入值 65。

（4）单击 确定 按钮，完成智能点的创建。

Step11. 定义弹簧。

（1）选择命令。选择下拉菜单 插入(S) → 连接器(N) → 弹簧(S)... 命令，系统弹出“弹簧”对话框。

（2）定义附着类型。在“弹簧”对话框的 附着 下拉列表中选择 连杆 选项。

（3）定义操作对象。单击“弹簧”对话框 操作 区域中的 * 选择连杆 (0) 按钮，选取连杆 2 为操作连杆；单击 操作 区域中的 ✔ 指定原点 按钮，在右侧下拉列表中选择“圆弧中心” 选项，在模型中选取图 8.4.4 所示的边线为参考。

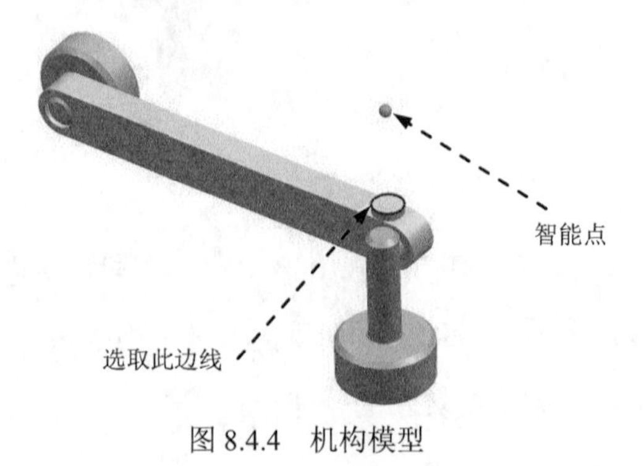

图 8.4.4 机构模型

（4）定义基本对象。单击基本区域中的指定原点按钮，然后在右侧单击“点”对话框按钮，在“点”对话框的类型下拉列表中选择现有点选项，在模型中选取Step10创建的智能点为参考，单击确定按钮，完成点的定义。

（5）定义弹簧参数。在弹簧参数区域刚度下方的类型下拉列表中选择表达式选项，在值文本框中输入值5，在预载文本框中输入值0。

（6）定义弹簧阻尼参数。选中阻尼器区域中的☑创建阻尼器复选框，然后在值文本框中输入值0.4。

（7）单击确定按钮，完成弹簧的定义。

Step12. 定义解算方案并求解。

（1）选择下拉菜单插入(S) → 解算方案(I)...命令，系统弹出“解算方案”对话框；在解算方案类型下拉列表中选择常规驱动选项；在分析类型下拉列表中选择运动学/动力学选项；在时间文本框中输入值1；在步数文本框中输入值200；选中对话框中的☑通过按“确定”进行解算复选框。

（2）设置重力方向。在“解算方案”对话框重力区域的矢量下拉列表中选择-ZC选项，其他重力参数按系统默认设置值。

（3）单击确定按钮，完成解算方案的定义。

Step13. 定义动画。在“动画控制”工具条中单击“播放”按钮，查看机构运动；单击“导出至电影”按钮，输入名称“hang_asm”，保存动画；单击“完成动画”按钮。

Step14. 输出旋转副J002处的反作用力-时间曲线。

（1）选择下拉菜单分析(L) → 运动(N) → 图表(G)...命令，系统弹出“图表”对话框，单击其中的对象选项卡。

（2）在“图表”对话框的运动模型区域选择旋转副J002，在请求下拉列表中选择力选项，在分量下拉列表中选择力幅值选项，单击Y轴定义区域中的按钮。

（3）选中“图表”对话框中的☑保存复选框，然后单击...按钮，选择D:\ug10.16\work\ch08.04\hang_asm\ hang _asm.afu为保存路径。

（4）单击确定按钮，系统进入函数显示环境并显示旋转副J002处的反作用力-时间曲线，如图8.4.5所示。

Step15. 输出弹簧的反作用力-时间曲线。

（1）选择下拉菜单分析(L) → 运动(N) → 图表(G)...命令，系统弹出“图表”对话框，单击其中的对象选项卡。

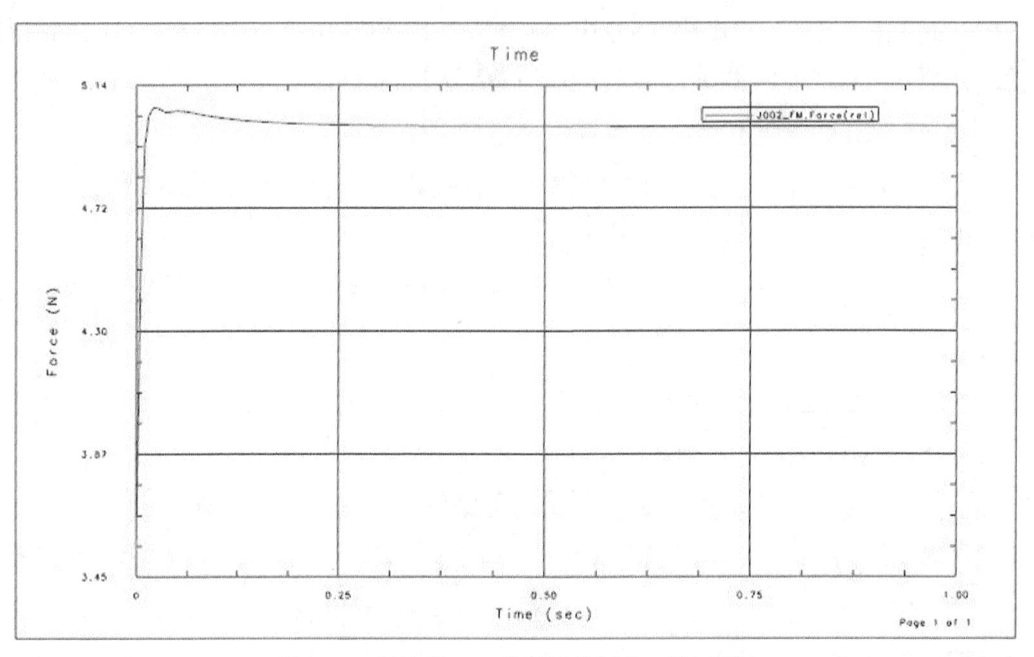

图 8.4.5 旋转副 J002 处的反作用力-时间曲线

（2）在“图表”对话框的运动模型区域选择弹簧 S001，在请求下拉列表中选择力选项，在分量下拉列表中选择力幅值选项，单击Y 轴定义区域中的+按钮。

（3）选中“图表”对话框中的☑ 保存复选框，然后单击...按钮，选择 D:\ug10.16\work\ch08.04\hang_asm\ hang _asm.afu 为保存路径。

（4）单击确定按钮，系统进入函数显示环境并显示弹簧的反作用力-时间曲线，如图 8.4.6 所示。

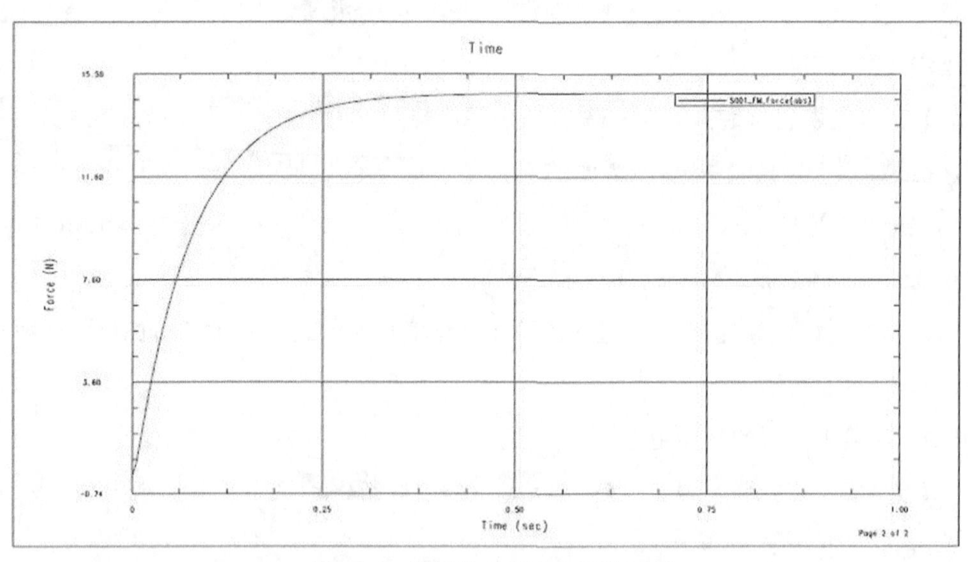

图 8.4.6 弹簧的反作用力-时间曲线

Step16. 在“布局管理器”工具条中单击“返回到模型”按钮，返回到运动仿真环境。

Step17. 选择下拉菜单文件(F) → 保存(S)命令，保存模型。

8.5 本章范例2——曲柄齿轮齿条机构仿真

范例概述:

本范例模拟的是曲柄齿轮齿条机构仿真。在该机构中，曲柄通过连杆带动部分齿轮摆动，从而使齿条进行运动。现需要求出齿轮、齿条的速度曲线以及齿条与底座上左侧挡板之间的距离曲线。读者可以打开视频文件 D:\ug10.16\work\ch08.05\winch.avi 查看机构的运行状况，机构模型如图 8.5.1 所示。

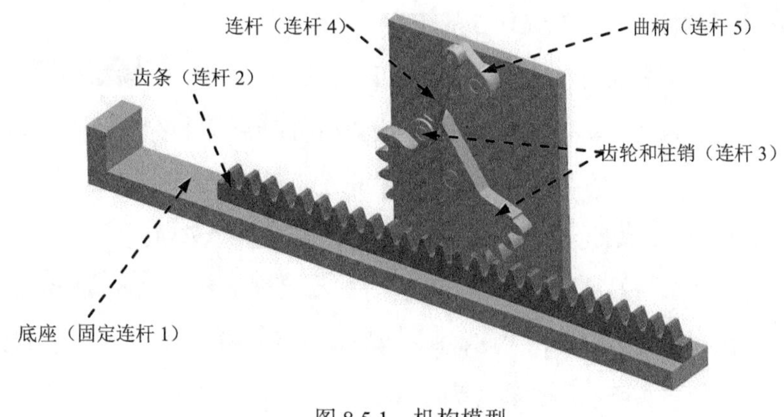

图 8.5.1 机构模型

Step1. 打开装配模型。打开文件 D:\ug10.16\work\ ch08.05\ winch_mech.prt。

Step2. 进入运动仿真模块。选择启动 → 运动仿真(O)...命令，进入运动仿真模块。

Step3. 新建运动仿真文件。在“运动导航器”中右击“winch_mech”节点，在系统弹出的快捷菜单中选择新建仿真命令，系统弹出“环境”对话框。

Step4. 设置运动环境。在“环境”对话框中的分析类型区域选中动力学单选项；取消选中高级解算方案选项区域中的3个复选框；选中对话框中的基于组件的仿真复选框；在仿真名下方的文本框中采用默认的仿真名称“motion_1”；单击确定按钮。

Step5. 定义固定连杆1。选择下拉菜单插入(S) → 链接(L)...命令，系统弹出“连杆”对话框；选取图 8.5.1 所示的底座为固定连杆1；在质量属性选项下拉列表中选择自动选项；在设置区域中选中固定连杆复选框；在名称文本框中采用默认的连杆名称“L001”；单击应用按钮，完成固定连杆1的定义。

Step6. 定义连杆2。选取图 8.5.1 所示的齿条为连杆2；在质量属性选项下拉列表中选择自动选项；在设置区域中取消选中□固定连杆复选框；在名称文本框中采用默认的连杆名称“L002”；单击应用按钮，完成连杆 2 的定义。

Step7. 定义连杆 3。选取图 8.5.1 所示的齿轮和柱销为连杆 3；在质量属性选项下拉列表中选择自动选项；在设置区域中取消选中□固定连杆复选框；在名称文本框中采用默认的连杆名称“L003”；单击应用按钮，完成连杆 3 的定义。

Step8. 定义连杆 4。选取图 8.5.1 所示的连杆为连杆 4；在质量属性选项下拉列表中选择自动选项；在设置区域中取消选中□固定连杆复选框；在名称文本框中采用默认的连杆名称“L004”；单击应用按钮，完成连杆 4 的定义。

Step9. 定义连杆 5。选取图 8.5.1 所示的曲柄为连杆 5；在质量属性选项下拉列表中选择自动选项；在设置区域中取消选中□固定连杆复选框；在名称文本框中采用默认的连杆名称“L005”；单击确定按钮，完成连杆 5 的定义。

Step10. 定义连杆 2 中的滑动副。选择下拉菜单插入(S) → 运动副(J)...命令，系统弹出“运动副”对话框；在“运动副”对话框定义选项卡的类型下拉列表中选择滑动副选项；在模型中选取图 8.5.2 所示的边线 1 为参考，系统自动选择连杆和原点；在操作区域的方位类型下拉列表中选择矢量选项，在矢量下拉列表中选择YC选项。

Step11. 定义连杆 3 中的旋转副。选择下拉菜单插入(S) → 运动副(J)...命令，系统弹出“运动副”对话框；在“运动副”对话框定义选项卡的类型下拉列表中选择旋转副选项；在模型中选取图 8.5.2 所示的边线 2 为参考，系统自动选择连杆、原点及矢量方向；单击确定按钮，完成旋转副的创建。

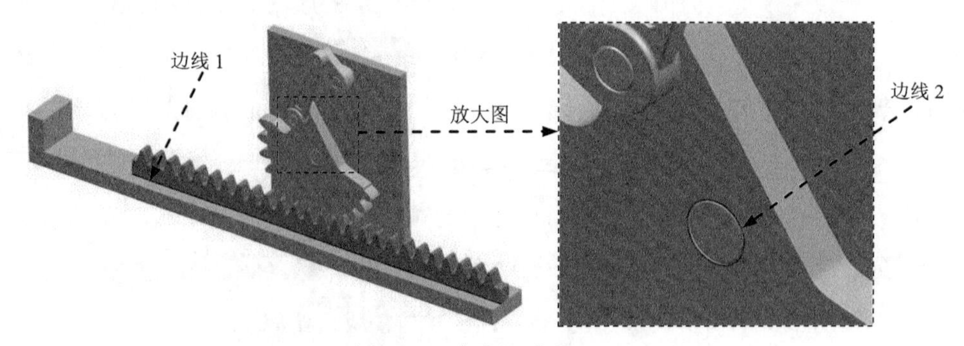

图 8.5.2　定义运动副

Step12 定义连杆 3 和连杆 4 中的共线副。

（1）选择下拉菜单插入(S) → 运动副(J)...命令，系统弹出“运动副”对话框；在“运动副”对话框定义选项卡的类型下拉列表中选择共线选项；在模型中选取图 8.5.3 所示的连杆 3 中的边线 1 为参考，系统自动选择连杆、原点及矢量方向。

（2）在“运动副”对话框的基本区域中选中☑啮合连杆复选框；单击基本区域中的*选择连杆 (0)按钮，在模型中选取图 8.5.3 所示的连杆 4 中的边线 2 为参考。

（3）单击确定按钮，完成共线副的创建。

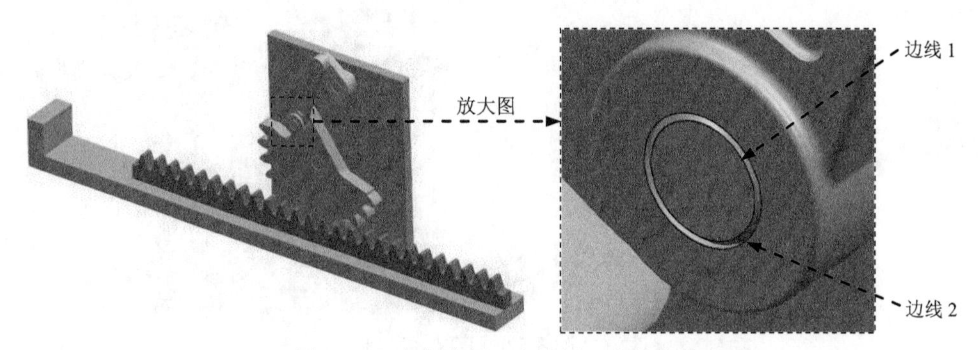

图 8.5.3　定义连杆 3 和连杆 4 中的共线副

Step13. 定义连杆 4 和连杆 5 中的旋转副。

（1）选择下拉菜单插入(S) ➡ 运动副(J)...命令，系统弹出“运动副”对话框；在“运动副”对话框定义选项卡的类型下拉列表中选择旋转副选项；在模型中选取图 8.5.4 所示的连杆 4 中的边线 1 为参考，系统自动选择连杆、原点及矢量方向。

（2）在“运动副”对话框的基本区域中选中☑啮合连杆复选框；单击基本区域中的*选择连杆 (0)按钮，在模型中选取图 8.5.4 所示的连杆 5 中的边线 2 为参考。

（3）单击确定按钮，完成旋转副的创建。

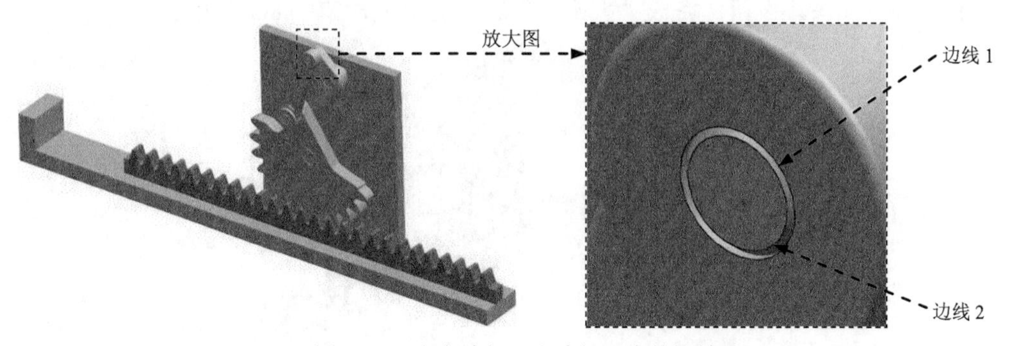

图 8.5.4　定义连杆 4 和连杆 5 中的旋转副

Step14. 定义连杆 5 中的旋转副。

（1）选择下拉菜单插入(S) ➡ 运动副(J)...命令，系统弹出“运动副”对话框；在“运动副”对话框定义选项卡的类型下拉列表中选择旋转副选项；在模型中选取图 8.5.5 所示的边线为参考，系统自动选择连杆、原点及矢量方向。

（2）单击“运动副”对话框中的驱动选项卡；在旋转下拉列表中选择恒定选项；在初速度文本框中输入值 120。

（3）单击确定按钮，完成旋转副的创建。

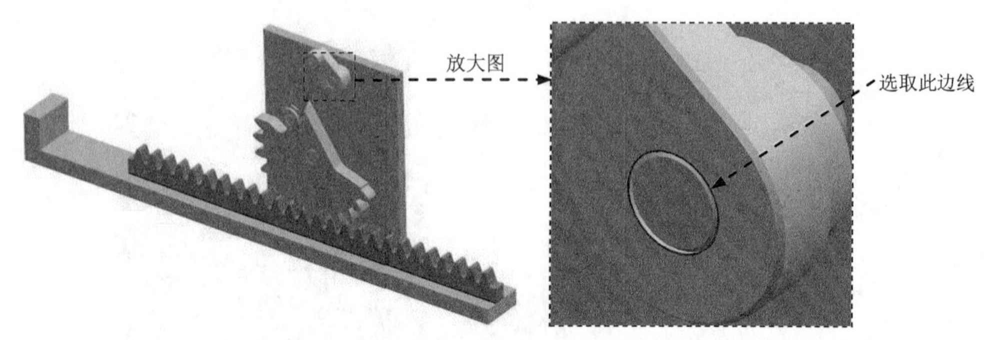

图 8.5.5　定义运动副

Step15. 定义齿轮齿条副。

（1）选择命令。选择下拉菜单插入(S) → 传动副(E) → 齿轮齿条副(K)...命令，系统弹出“齿轮齿条副”对话框。

（2）选择运动副驱动。单击“齿轮齿条副”对话框第一个运动副区域中的*选择运动副 (0)按钮，在“运动导航器”的 Joints 节点下选取滑动副 J002 为第一个运动副；单击第二运动副传动区域中的*选择运动副 (0)按钮，选取旋转副 J003 为第二个运动副。

（3）设置传动比率。在设置区域比率（销半径）后的文本框中输入值 325，其余参数接受系统默认设置。

（4）单击确定按钮，完成“齿轮齿条副”的定义，如图 8.5.6 所示。

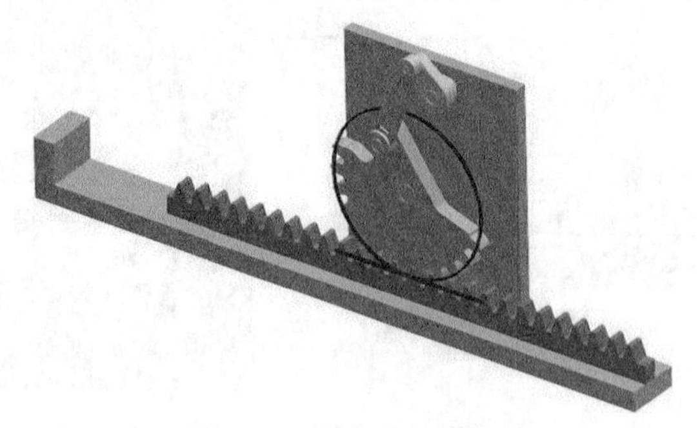

图 8.5.6　定义齿轮齿条副

Step16. 定义解算方案并求解。

（1）选择下拉菜单插入(S) → 解算方案(I)...命令，系统弹出“解算方案”对话框；在解算方案类型下拉列表中选择常规驱动选项；在分析类型下拉列表中选择运动学/动力学选项；在时间文本框中输入值 10；在步数文本框中输入值 500；选中对话框中的

☑ 通过按“确定”进行解算复选框。

（2）设置重力方向。在“解算方案”对话框重力区域的矢量下拉列表中选择 -XC 选项，其他重力参数按系统默认设置值。

（3）单击 确定 按钮，完成解算方案的定义。

Step17. 定义动画。在“动画控制”工具条中单击“播放”按钮，查看机构运动；单击“导出至电影”按钮，输入名称“winch_mech”，保存动画；单击“完成动画”按钮。

Step18. 输出齿条的速度-时间曲线。

（1）选择下拉菜单 分析(L) ➡ 运动(N) ▸ ➡ 图表(G)... 命令，系统弹出“图表”对话框，单击其中的 对象 选项卡。

（2）在“图表”对话框的 运动模型 区域选择滑动副 J002，在 请求 下拉列表中选择 速度 选项，在 分量 下拉列表中选择 幅值 选项，单击 Y 轴定义 区域中的 ➕ 按钮。

（3）选中“图表”对话框中的 ☑ 保存 复选框，然后单击 ... 按钮，选择 D:\ug10.16\work\ch08.05\ winch_mech \winch_mech.afu 为保存路径。

（4）单击 确定 按钮，系统进入函数显示环境并显示齿条的速度-时间曲线，如图 8.5.7 所示。

Step19. 输出齿轮的速度-时间曲线。

（1）选择下拉菜单 分析(L) ➡ 运动(N) ▸ ➡ 图表(G)... 命令，系统弹出“图表”对话框，单击其中的 对象 选项卡。

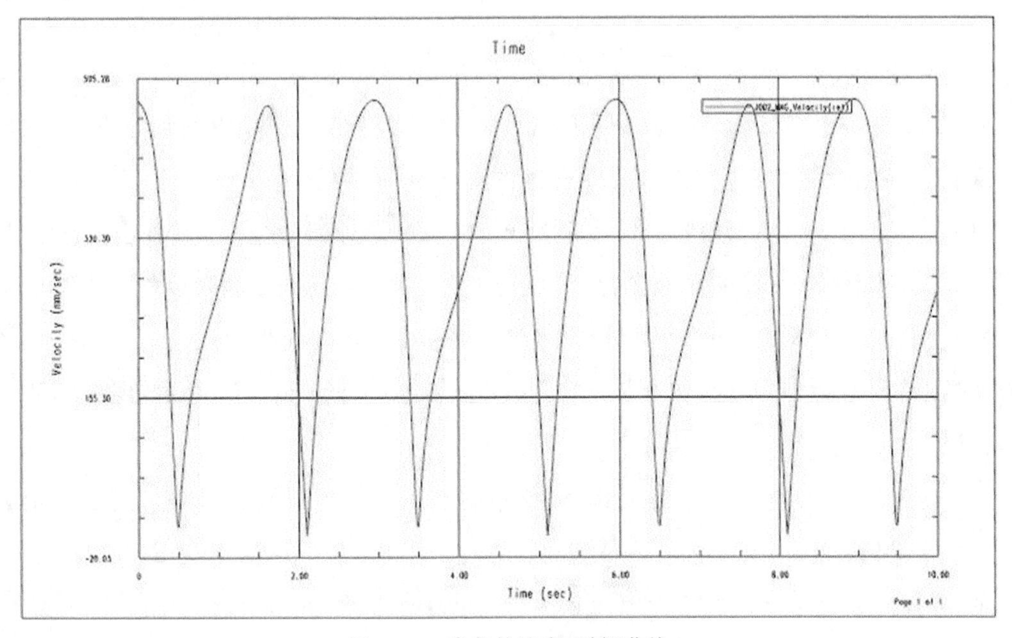

图 8.5.7　齿条的速度-时间曲线

（2）在“图表”对话框的运动模型区域选择旋转副 J003，在请求下拉列表中选择速度选项，在分量下拉列表中选择角度幅值选项，单击Y 轴定义区域中的+按钮。

（3）选中“图表”对话框中的☑保存复选框，然后单击...按钮，选择 D:\ug10.16\work\ch08.05\ winch_mech \winch_mech.afu 为保存路径。

（4）单击确定按钮，系统进入函数显示环境并显示齿轮的速度-时间曲线，如图 8.5.8 所示。

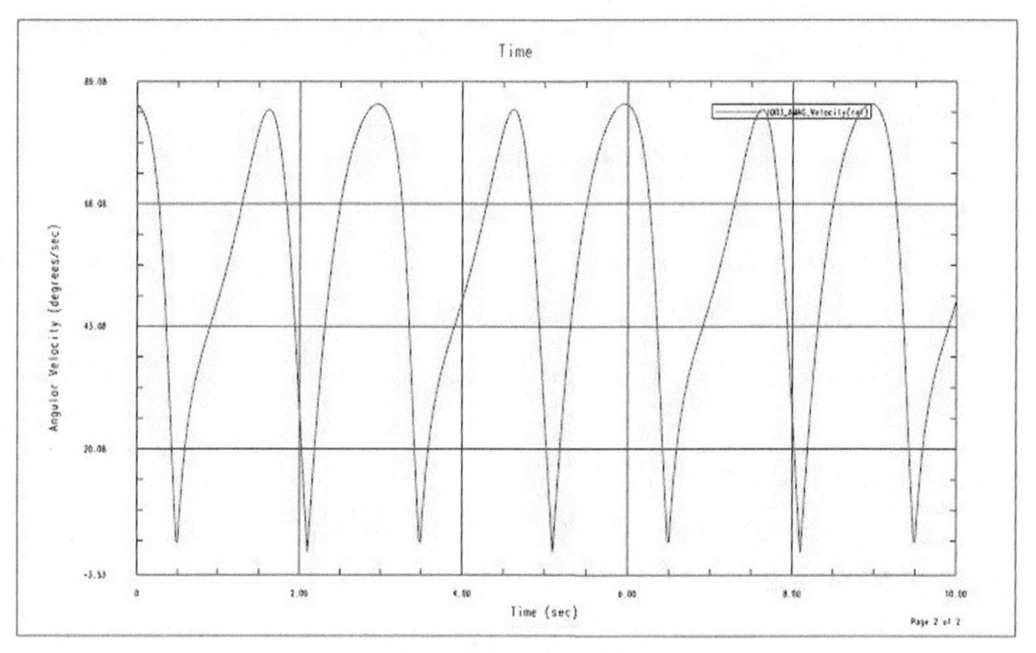

图 8.5.8 齿轮的速度-时间曲线

Step20. 在“布局管理器”工具条中单击“返回到模型”按钮，返回到运动仿真环境。

Step21. 输出齿条与底座上左侧挡板之间的距离-时间曲线。

（1）定义标记 1。选择下拉菜单插入(S) → 标记(K)...命令，系统弹出“标记”对话框；在系统选择连杆来定义标记位置的提示下，选取图 8.5.9 所示的曲面为参考，系统自动定义连杆及参考点；在方向区域中单击* 指定 CSYS，然后在右侧单击“CSYS”对话框按钮，在系统弹出的“CSYS”对话框的类型下拉列表中选择动态选项；单击确定按钮两次，完成标记 1 的定义。

（2）定义标记 2。参考上述操作步骤，选取图 8.5.10 所示的曲面为参考，定义标记 2。

（3）定义传感器。

① 选择命令。选择下拉菜单插入(S) → 传感器(S)...命令，系统弹出“传感器”对

话框。

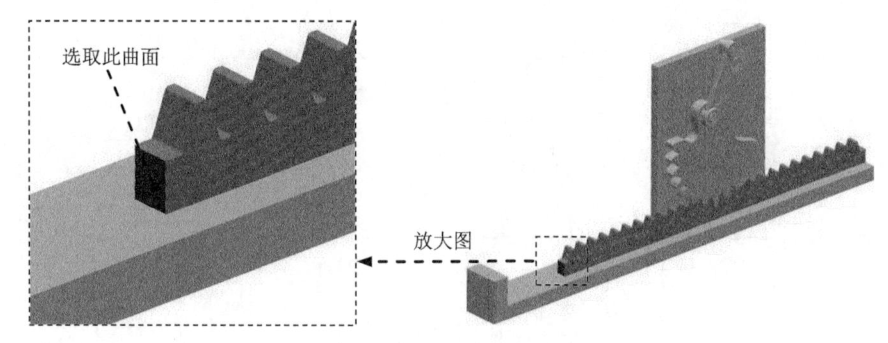

图 8.5.9　定义标记 1

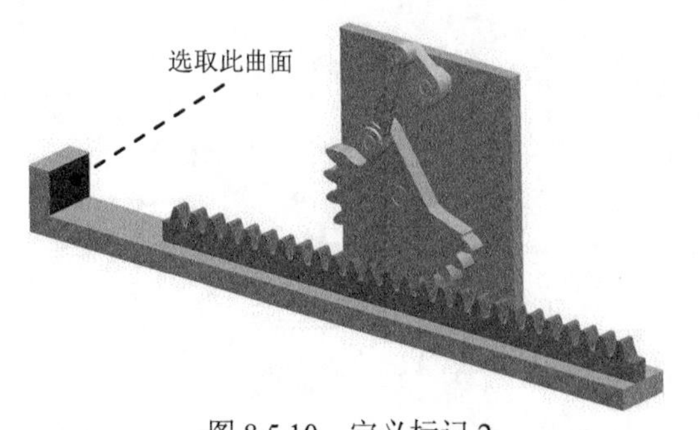

图 8.5.10　定义标记 2

② 设置传感器参数。在“传感器”对话框的类型下拉列表中选择位移选项，在设置区域的分量下拉列表中选择Y选项，在参考框下拉列表中选择相对选项。

③ 定义参考。单击“传感器”对话框对象选择区域中的* 测量 (0)按钮，在“运动导航器”中选取标记“A001”为测量对象；然后单击* 相对 (0)按钮，在“运动导航器”中选取标记“A002”为相对标记。

④ 单击确定按钮，完成传感器的创建。

（4）对解算方案再次进行求解。选择下拉菜单分析(L) → 运动(N) → 求解(S)...命令，对解算方案再次进行求解。

（5）输出位移曲线。

① 选择下拉菜单分析(L) → 运动(N) → 图表(G)...命令（或者在“运动”工具栏中单击 → 作图命令），系统弹出“图表”对话框，单击其中的对象选项卡。

② 在“图表”对话框的运动模型区域选择传感器Se001，单击Y 轴定义区域中的按钮。

③ 选中“图表”对话框中的☑ 保存复选框，然后单击...按钮，选择 D:\ug10.16\work\ch08.05\ winch_mech \winch_mech.afu 为保存路径。

④ 单击 确定 按钮，系统进入函数显示环境并显示两个标记之间的位移-时间曲线，如图 8.5.11 所示。

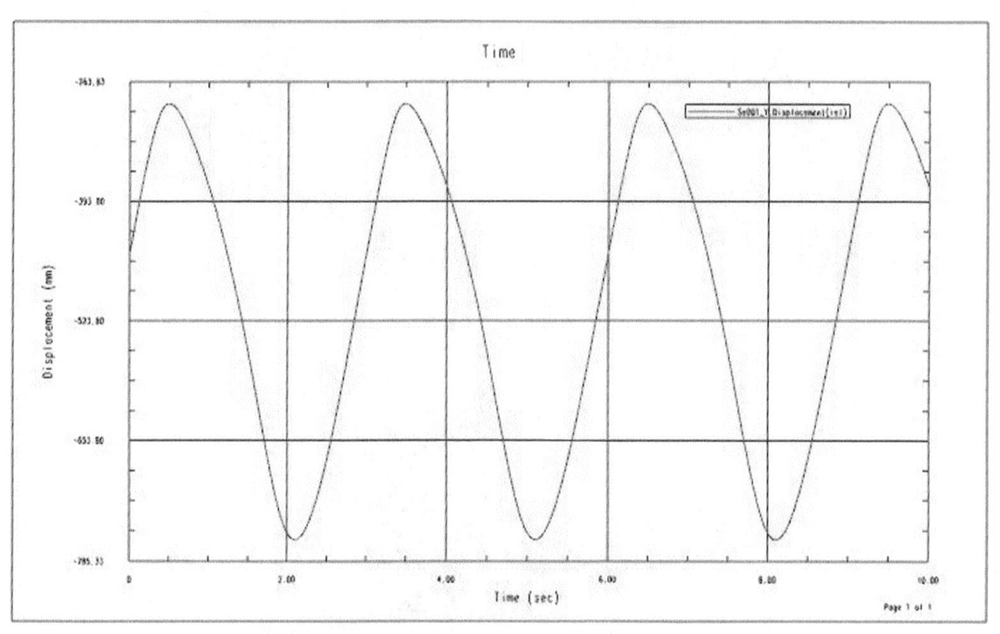

图 8.5.11　位移-时间曲线

Step22. 在“布局管理器”工具条中单击“返回到模型”按钮，返回到运动仿真环境。

Step23. 选择下拉菜单 文件(F) → 保存(S) 命令，保存模型。

第9章 力 学 对 象

本章提要 在机构的运动分析中，为了使分析结果更加接近真实水平，需要在机构中设置零件属性并添加一些力学对象，如添加质量属性，设置重力、力和力矩等。力学对象是影响机构运动的重要因素，UG NX运动仿真中的力学对象除了重力之外，还有标量力、矢量力、标量扭矩和矢量扭矩4种。本章主要介绍在机构中定义力学对象的一般操作方法，主要包括以下内容。

- 标量力
- 矢量力
- 标量扭矩
- 矢量扭矩

9.1 标 量 力

标量力指的是通过空间直线方向、具有一定大小的力。标量力可以使机构中的某个连杆运动，也可以作为限制和延缓连杆的反作用力，还能够作为静止连杆的载荷。

定义标量力需要指定一组连杆，分别是“操作连杆”和“基本连杆”，并在连杆上定义力的原点，也就是力的作用点；也可以将力的起点固定，在单个连杆上定义标量力。

在机构运动过程中，标量力的方向始终处在“操作连杆”原点和“基本连杆”原点的连线上，这意味着，标量力的方向可能会随着机构的位置变化而改变。标量力的大小可以是恒定的，也可以通过函数管理器来定义大小变化的力。

下面举例说明定义标量力的一般操作过程。在图9.1.1所示的机构模型中，零件与固定底座上右侧的柱销之间有一个旋转副，在零件上添加一个标量力，使连杆绕着底座上的右侧柱销旋转，由于标量力的“基本原点”固定，所以力的方向会随着零件的转动而变化，零件的转动表现为摆动运动。

Step1. 打开模型。打开文件D:\ug10.16\work\ch09.01\force_asm.prt。

Step2. 进入运动仿真模块。选择 启动 → 运动仿真(O)... 命令，进入运动仿真模块。

Step3. 新建运动仿真文件。在“运动导航器”中右击force_asm节点，在系统弹出的快捷菜单中选择新建仿真命令，系统弹出“环境”对话框。

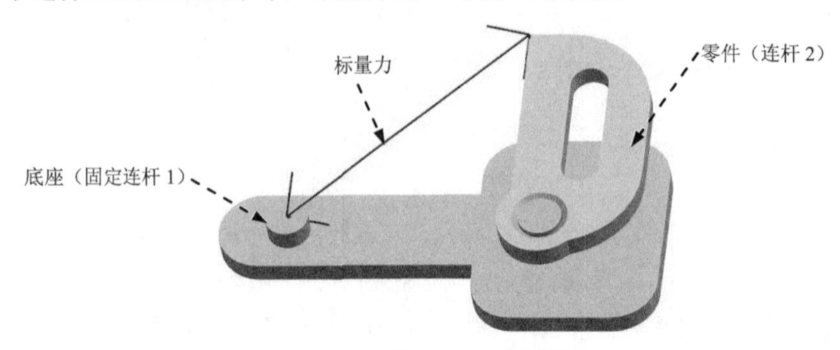

图 9.1.1 机构模型

Step4. 设置运动环境。在“环境”对话框中的分析类型区域选中动力学单选项；取消选中高级解算方案选项区域中的 3 个复选框；选中对话框中的基于组件的仿真复选框；在仿真名下方的文本框中采用默认的仿真名称“motion_1”；单击确定按钮。

Step5. 定义固定连杆 1。选择下拉菜单插入(S) → 链接(L)...命令，系统弹出“连杆”对话框；选取图 9.1.1 所示的底座为固定连杆 1；在质量属性选项下拉列表中选择自动选项；在设置区域中选中固定连杆复选框；在名称文本框中采用默认的连杆名称“L001”；单击应用按钮，完成固定连杆 1 的定义。

Step6. 定义连杆 2。选取图 9.1.1 所示的零件为连杆 2；在质量属性选项下拉列表中选择自动选项；在设置区域中取消选中固定连杆复选框；在名称文本框中采用默认的连杆名称“L002”；单击确定按钮，完成连杆 2 的定义。

Step7. 定义连杆 2 中的旋转副。选择下拉菜单插入(S) → 运动副(J)...命令，系统弹出“运动副”对话框；在“运动副”对话框定义选项卡的类型下拉列表中选择旋转副选项；在模型中选取图 9.1.2 所示的圆弧边线为参考，系统自动选择连杆、原点及矢量方向；单击确定按钮，完成旋转副的创建。

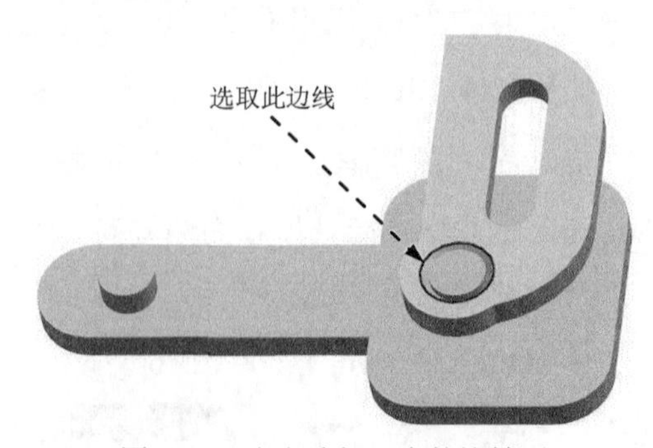

图 9.1.2 定义连杆 2 中的旋转副

Step8. 在机构中添加一个标量力。

（1）选择命令。选择下拉菜单插入(S) ➡ 载荷(O) ➡ 标量力(F)...命令，系统弹出图 9.1.3 所示的“标量力”对话框。

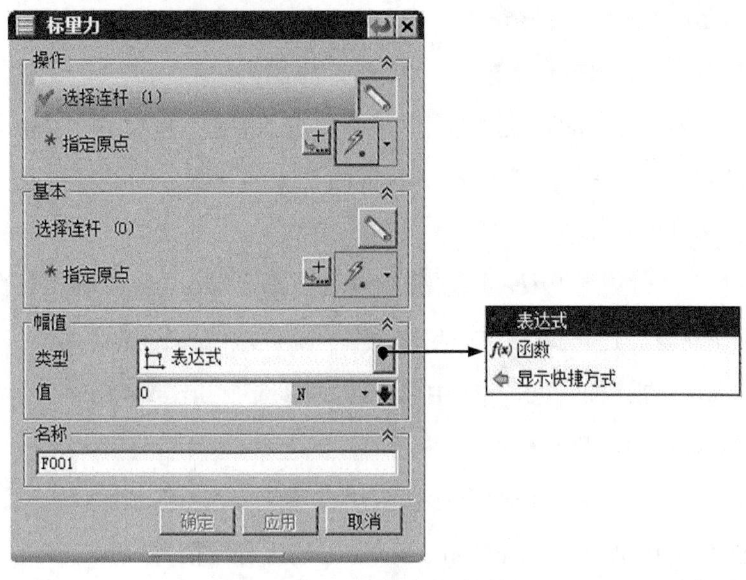

图 9.1.3 “标量力”对话框

（2）定义操作对象。单击“标量力”对话框操作区域中的* 选择连杆 (0)按钮，选取图 9.1.1 所示连杆 2 为操作连杆；单击操作区域中的✔ 指定原点按钮，在右侧下拉列表中选择“终点” 选项，在模型中选取图 9.1.4 所示的边线 1 为原点参考。

（3）定义基本对象。单击“标量力”对话框基本区域中的* 选择连杆 (0)按钮，选取图 9.1.1 所示连杆 1 为基本连杆；单击基本区域中的✔ 指定原点按钮，在右侧下拉列表中选择“圆弧中心” 选项，在模型中选取图 9.1.4 所示的边线 2 为原点参考。

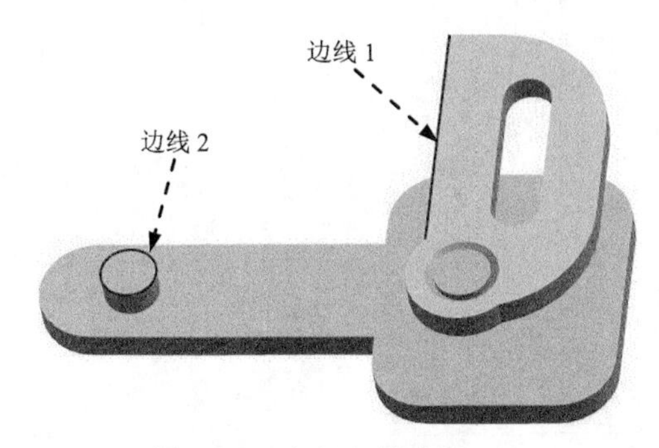

图 9.1.4 定义参考对象

（4）定义力的大小。在幅值区域的类型下拉列表中选择表达式选项，在值文本框中输入值 10。

（5）单击确定按钮，完成标量力的定义，符号如图 9.1.1 所示。

Step9. 定义解算方案并求解。选择下拉菜单 插入(S) → 解算方案(I)... 命令，系统弹出“解算方案”对话框；在 解算方案类型 下拉列表中选择 常规驱动 选项；在 分析类型 下拉列表中选择 运动学/动力学 选项；在 时间 文本框中输入值 1；在 步数 文本框中输入值 500；选中对话框中的 ☑ 通过按“确定”进行解算 复选框；单击 确定 按钮，完成解算方案的定义。

Step10. 定义动画。在“动画控制”工具条中单击“播放”按钮，查看机构运动；单击“导出至电影”按钮，输入名称“force_asm 01”，保存动画；单击“完成动画”按钮。

Step11. 输出零件的转速曲线。

（1）选择下拉菜单 分析(L) → 运动(N) → 图表(G)... 命令，单击其中的 对象 选项卡。

（2）设置输出对象。在“图表”对话框的 运动模型 区域选择旋转副 J002，在 请求 下拉列表中选择 速度 选项，在 分量 下拉列表中选择 角度幅值 选项，单击 Y 轴定义 区域中的 + 按钮，完成“图表”对话框中的参数设置。

（3）定义保存路径。选中“图表”对话框中的 ☑ 保存 复选框，然后单击 ... 按钮，选择 D:\ug10.16\work\ch09.01\ok\force_asm\force_asm.afu 为保存路径。

（4）单击 确定 按钮，系统进入函数显示环境并显示旋转副 J002 的速度-时间曲线，如图 9.1.5 所示。

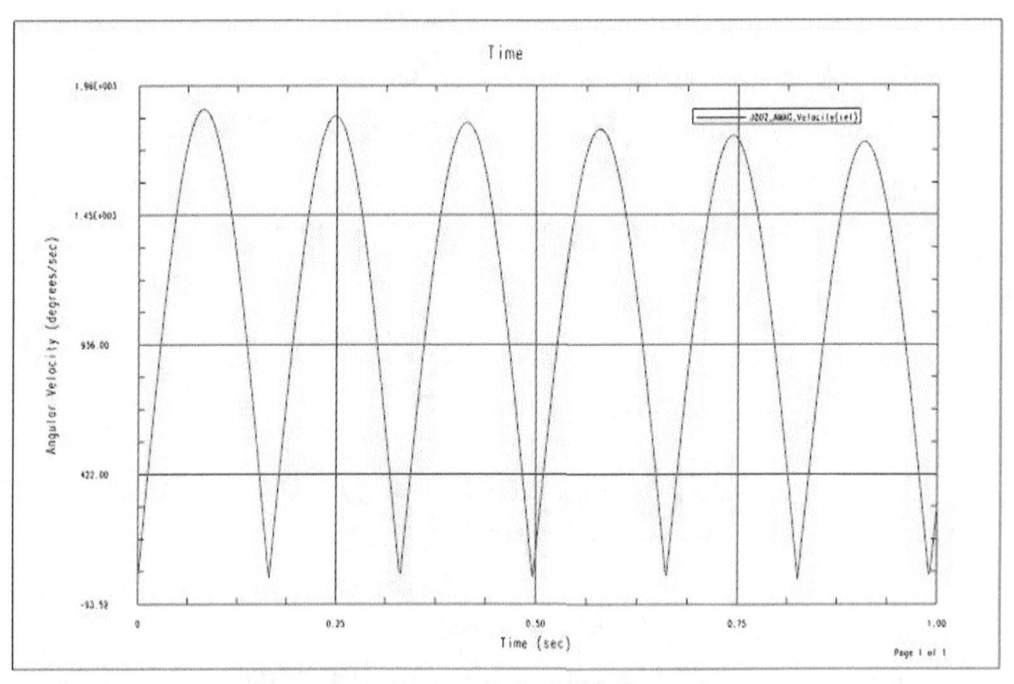

图 9.1.5 速度-时间曲线

Step12. 在“布局管理器”工具条中单击“返回到模型”按钮，返回到运动仿真环境。

Step13. 选择下拉菜单 文件(F) → 保存(S) 命令，保存模型。

9.2 矢 量 力

矢量力指的是方向相对固定，具有一定大小的力。矢量力的创建方法和标量力相似，矢量力和标量力的不同之处在于标量力的方向可能会变化，而矢量力的方向可以保持绝对不变或者相对于某一坐标系保持不变。

下面举例说明定义矢量力的一般操作过程。在 9.1 小节介绍的模型中，介绍了标量力的定义方法，现在在机构中将标量力替换为矢量力，位置和大小均不变，观察机构的运行状态并比较零件的转速曲线，可以发现矢量力和标量力的不同。

Step1. 打开模型。打开文件 D:\ug10.16\work\ch09.02\force_asm.prt。

Step2. 进入运动仿真模块。选择 启动 → 运动仿真(O)... 命令，进入运动仿真模块。

Step3. 激活仿真文件。在“运动导航器”中选择 motion_1，右击，在系统弹出的快捷菜单中选择 设为工作状态 命令。

Step4. 在机构中添加一个矢量力。

（1）选择命令。选择下拉菜单 插入(S) → 载荷(O) → 矢量力(V)... 命令，系统弹出图 9.2.1 所示的“矢量力”对话框。

图 9.2.1 “矢量力”对话框

（2）定义创建类型。在类型下拉列表中选择幅值和方向选项。

（3）定义操作对象。

① 定义连杆。单击“矢量力”对话框操作区域中的* 选择连杆 (0)按钮，选取图 9.2.2 所示连杆 2 为操作连杆。

② 定义原点。 单击操作区域中的✔ 指定原点按钮，在右侧下拉列表中选择“终点”选项，在模型中选取图 9.2.2 所示的边线 1 为原点参考。

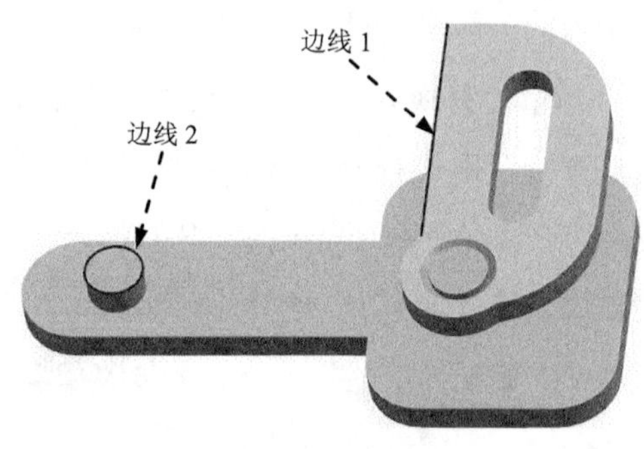

图 9.2.2　定义参考对象

③ 定义矢量方向。 单击操作区域中的* 指定方位按钮，在右侧下拉列表中选择“两点”选项；单击“矢量对话框”按钮，系统弹出“矢量”对话框；单击其中的* 指定出发点按钮，选取图 9.2.2 所示的边线 2 为起点参考；单击* 指定终止点按钮，在右侧下拉列表中选择“终点”选项，在模型中选取图 9.2.2 所示的边线 1 为参考；单击确定按钮，完成矢量的定义，如图 9.2.3 所示。

（4）定义基本对象。单击“矢量力”对话框基本区域中的* 选择连杆 (0)按钮，选取连杆 1 为基本连杆。

图 9.2.3　定义矢量

（5）定义力的大小。在幅值区域的类型下拉列表中选择表达式选项，在值文本框中输入值 10。

（6）单击确定按钮，完成矢量力的定义，符号如图 9.2.4 所示。

图 9.2.4 矢量力符号

Step5. 定义解算方案并求解。选择下拉菜单 插入(S) → 解算方案(I)... 命令，系统弹出“解算方案”对话框；在 解算方案类型 下拉列表中选择 常规驱动 选项；在 分析类型 下拉列表中选择 运动学/动力学 选项；在 时间 文本框中输入值 1；在 步数 文本框中输入值 500；选中对话框中的 ☑ 通过按“确定”进行解算 复选框；单击 确定 按钮，完成解算方案的定义。

Step6. 定义动画。在“动画控制”工具条中单击“播放”按钮，查看机构运动；单击“导出至电影”按钮，输入名称“force_asm02”，保存动画；单击“完成动画”按钮。

Step7. 输出零件的转速曲线。

（1）选择下拉菜单 分析(L) → 运动(N) → 图表(G)... 命令，单击其中的 对象 选项卡。

（2）设置输出对象。在“图表”对话框的 运动模型 区域选择旋转副 J002，在 请求 下拉列表中选择 速度 选项，在 分量 下拉列表中选择 角度幅值 选项，单击 Y 轴定义 区域中的 按钮，完成“图表”对话框中的参数设置。

（3）定义保存路径。选中“图表”对话框中的 ☑ 保存 复选框，然后单击 ... 按钮，选择 D:\ug10.16\work\ch09.02\force_asm\force_asm.afu 为保存路径。

（4）单击 确定 按钮，系统进入函数显示环境并显示旋转副 J002 的速度-时间曲线，如图 9.2.5 所示。

Step8. 在“布局管理器”工具条中单击“返回到模型”按钮，返回到运动仿真环境。

Step9. 选择下拉菜单 文件(F) → 保存(S) 命令，保存模型。

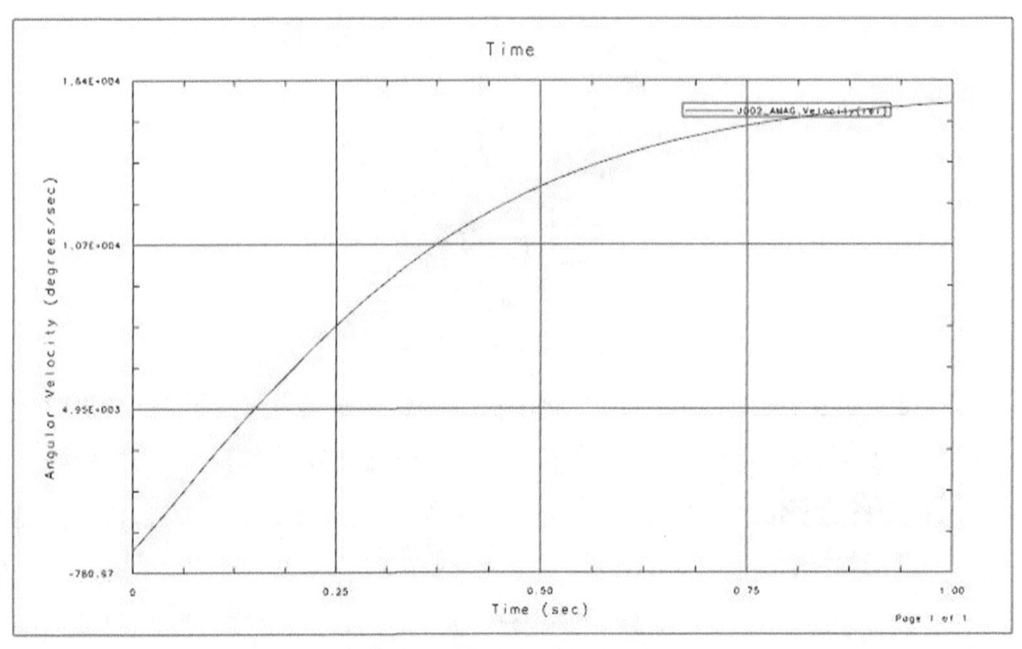

图 9.2.5　速度-时间曲线

9.3 标 量 扭 矩

扭矩可以使连杆作旋转运动，也可以作为限制和延缓连杆的反作用扭矩，定义扭矩的主要设置参数是扭矩的大小和旋转轴，扭矩的大小可以是恒定的，也可是由函数控制的变量。

标量扭矩只能定义在旋转副上，扭矩的轴线就是旋转副的轴线。

下面举例说明定义标量扭矩的一般操作过程。在图 9.3.1 所示的机构模型中，通过施加在旋转副上的扭矩驱动连杆的旋转，并分析连杆的速度曲线。

图 9.3.1　机构模型

Step1．打开模型。打开文件 D:\ug10.16\work\ch09.03\torque_asm.prt。

Step2. 进入运动仿真模块。选择启动 → 运动仿真(M)...命令，进入运动仿真模块。

Step3. 新建运动仿真文件。在“运动导航器”中右击“torque_asm”节点，在系统弹出的快捷菜单中选择新建仿真命令，系统弹出“环境”对话框。

Step4. 设置运动环境。在“环境”对话框中的分析类型区域选中动力学单选项；取消选中高级解算方案选项区域中的3个复选框；选中对话框中的基于组件的仿真复选框；在仿真名下方的文本框中采用默认的仿真名称“motion_1”；单击确定按钮。

Step5. 定义固定连杆1。选择下拉菜单插入(S) → 链接(L)...命令，系统弹出“连杆”对话框；选取图9.3.1所示的底座为固定连杆1；在质量属性选项下拉列表中选择自动选项；在设置区域中选中固定连杆复选框；在名称文本框中采用默认的连杆名称“L001”；单击应用按钮，完成固定连杆1的定义。

Step6. 定义连杆2。选取图9.3.1所示的零件为连杆2；在质量属性选项下拉列表中选择自动选项；在设置区域中取消选中固定连杆复选框；在名称文本框中采用默认的连杆名称“L002”；单击确定按钮，完成连杆2的定义。

Step7. 定义连杆2中的旋转副。选择下拉菜单插入(S) → 运动副(J)...命令，系统弹出“运动副”对话框；在“运动副”对话框定义选项卡的类型下拉列表中选择旋转副选项；在模型中选取图9.3.2所示的圆弧边线为参考，系统自动选择连杆、原点及矢量方向；单击确定按钮，完成旋转副的创建。

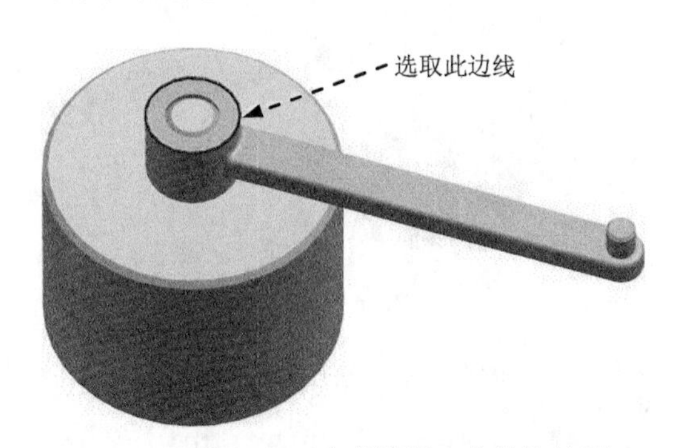

图9.3.2 定义连杆2中的旋转副

Step8. 在机构中添加一个标量扭矩。

（1）选择命令。选择下拉菜单插入(S) → 载荷(O) → 标量扭矩(T)...命令，系统弹出图9.3.3所示的“标量扭矩”对话框。

（2）定义参考运动副。在“运动导航器”中选择旋转副J002为参考。

（3）定义扭矩的大小。在幅值区域的类型下拉列表中选择表达式选项，在值文本框中输入值10。

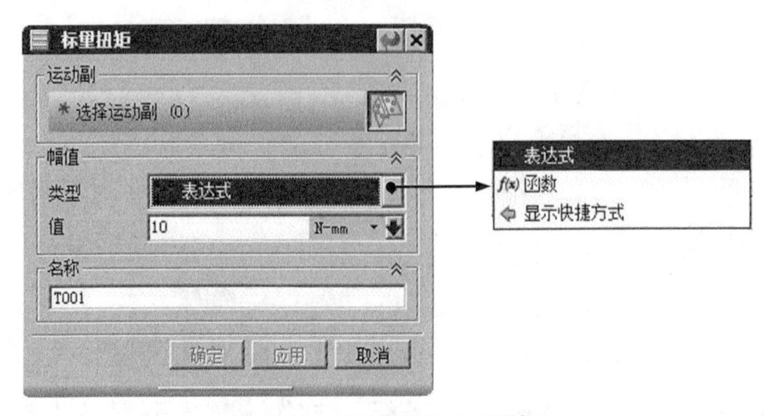

图 9.3.3 “标量扭矩”对话框

（4）单击 确定 按钮，完成标量扭矩的定义，符号如图 9.3.4 所示。

Step9. 定义解算方案并求解。选择下拉菜单 插入(S) → 解算方案(I)... 命令，系统弹出“解算方案”对话框；在 解算方案类型 下拉列表中选择 常规驱动 选项；在 分析类型 下拉列表中选择 运动学/动力学 选项；在 时间 文本框中输入值 1；在 步数 文本框中输入值 500；选中对话框中的 ☑ 通过按“确定”进行解算 复选框；单击 确定 按钮，完成解算方案的定义。

说明：在“标量扭矩”对话框的 值 文本框中输入负值，可以定义反方向的扭矩。

图 9.3.4 定义标量扭矩

Step10. 定义动画。在“动画控制”工具条中单击“播放”按钮，查看机构运动；单击“导出至电影”按钮，输入动画名称“torque_asm 01”，保存动画；单击“完成动画”按钮。

Step11. 输出零件的转速曲线。

（1）选择下拉菜单 分析(L) → 运动(N) ▸ → 图表(G)... 命令，单击其中的 对象 选项卡。

（2）设置输出对象。在“图表”对话框的 运动模型 区域选择旋转副 J002，在 请求 下拉列表中选择 速度 选项，在 分量 下拉列表中选择 角度幅值 选项，单击 Y 轴定义 区域中的 按钮，完成“图表”对话框中的参数设置。

（3）定义保存路径。选中“图表”对话框中的☑保存复选框，然后单击...按钮，选择D:\ug10.16\work\ch09.03\ torque_asm\ torque_asm.afu 为保存路径。

（4）单击确定按钮，系统进入函数显示环境并显示旋转副 J002 的速度-时间曲线，如图 9.3.5 所示。

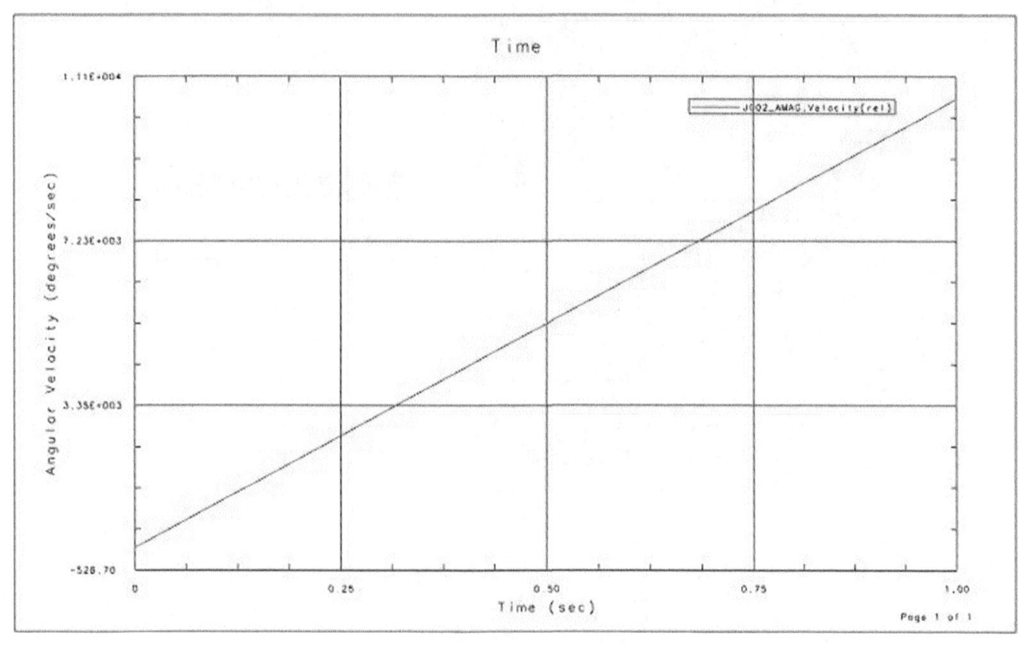

图 9.3.5 速度-时间曲线

Step12. 在“布局管理器”工具条中单击“返回到模型”按钮，返回到运动仿真环境。

Step13. 选择下拉菜单文件(F) ➡ 保存(S)命令，保存模型。

9.4 矢量扭矩

矢量扭矩和标量扭矩的作用一样，只是创建方法不同，矢量扭矩可以添加在连杆的任意轴上。

选择下拉菜单插入(S) ➡ 载荷(O) ➡ 矢量扭矩(E)...命令，系统弹出图 9.4.1 所示的“矢量扭矩”对话框，定义好参考连杆、原点以及方位后即可创建矢量扭矩。矢量扭矩的图标如图 9.4.2 所示。

图 9.4.1　矢量扭矩图标

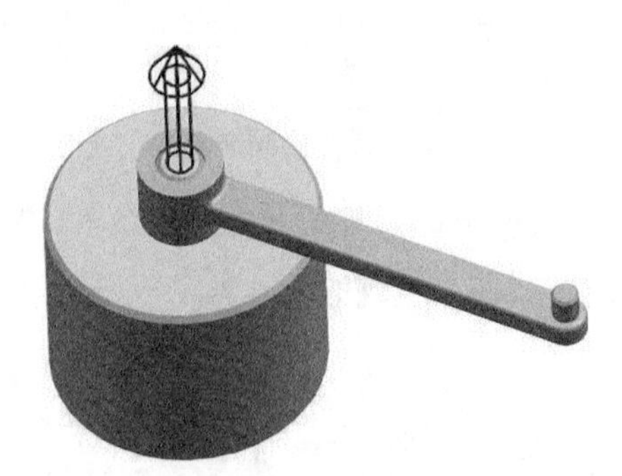

图 9.4.2　矢量扭矩图标

9.5　本章范例——大炮射击模拟仿真

范例概述:

本范例介绍的是大炮射击的模拟仿真。在该模型中,炮管与炮弹之间添加一个 3D 接触,使用函数工具给炮弹添加一个瞬时的矢量力，然后利用标记及追踪工具查看炮弹的飞行轨迹，并求出炮弹的速度曲线。读者可以打开视频文件 D:\ug10.16\work\ch09.05\ cannon.avi 查看机构的运行状况，机构模型如图 9.5.1 所示。

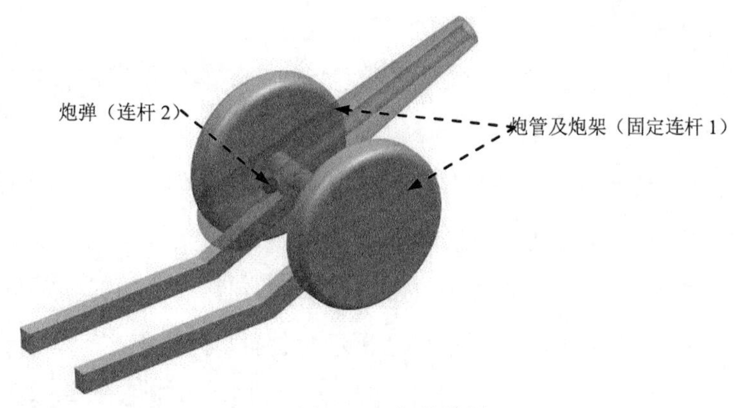

图 9.5.1 机构模型

Step1. 打开装配模型。打开文件 D:\ug10.16\work\ ch09.05\cannon_asm.prt。

Step2. 进入运动仿真模块。选择 启动 → 运动仿真(O)... 命令，进入运动仿真模块。

Step3. 新建运动仿真文件。在“运动导航器”中右击 cannon_asm 节点，在系统弹出的快捷菜单中选择 新建仿真 命令，系统弹出“环境”对话框。

Step4. 设置运动环境。在“环境”对话框中的 分析类型 区域选中 ⊙ 动力学 单选项；取消选中 高级解算方案选项 区域中的 3 个复选框；选中对话框中的 ☑ 基于组件的仿真 复选框；在 仿真名 下方的文本框中采用默认的仿真名称“motion_1”；单击 确定 按钮。

Step5. 定义固定连杆 1。选择下拉菜单 插入(S) → 链接(L)... 命令，系统弹出“连杆”对话框；选取图 9.5.1 所示的炮管及炮架为固定连杆 1；在 质量属性选项 下拉列表中选择 自动 选项；在 设置 区域中选中 ☑ 固定连杆 复选框；在 名称 文本框中采用默认的连杆名称“L001”；单击 确定 按钮，完成固定连杆 1 的定义。

Step6. 定义连杆 2。选取图 9.5.1 所示的炮弹为连杆 2；在 质量属性选项 下拉列表中选择 自动 选项；在 设置 区域中取消选中 ☐ 固定连杆 复选框；在 名称 文本框中采用默认的连杆名称“L002”；单击 确定 按钮，完成连杆 2 的定义。

Step7. 定义 3D 接触。选择下拉菜单 插入(S) → 连接器(N) → 3D 接触... 命令，系统弹出“3D 接触”对话框；单击 操作 区域中的 * 选择体 (0) 按钮，选取炮管实体为操作体；单击 基本 区域中的 * 选择体 (0) 按钮，选取炮弹实体为基本体；在 参数 区域的 类型 下拉列表中选择类型为 实体 选项；单击 确定 按钮，完成 3D 接触的定义。

Step8. 在模型中添加一个矢量力。

（1）选择命令。选择下拉菜单 插入(S) → 载荷(O) → 矢量力(V)... 命令，系统弹出“矢量力”对话框。

（2）定义创建类型。在 类型 下拉列表中选择 幅值和方向 选项。

（3）定义操作对象。

① 定义连杆。单击“矢量力”对话框 操作 区域中的 * 选择连杆 (0) 按钮，选取图 9.5.1 所示的炮弹（连杆 2）为操作连杆。

② 定义原点。单击 操作 区域中的 ✔ 指定原点 按钮，在右侧下拉列表中选择“圆弧中心” 选项，在模型中选取图 9.5.2 所示的曲面 1 为原点参考。

③ 定义矢量方向。单击 操作 区域中的 * 指定方位 按钮，在右侧下拉列表中选择“自动判断的矢量”选项，在模型中选取图 9.5.2 所示的曲面 2 为参考。

（4）定义基本对象。单击“矢量力”对话框 基本 区域中的 * 选择连杆 (0) 按钮，选取连杆 1 为基本连杆。

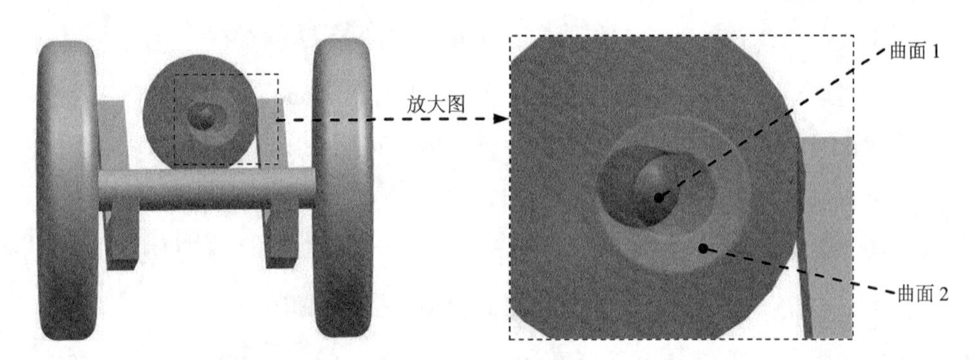

图 9.5.2 定义矢量力

（5）定义力的大小。

① 在 幅值 区域的 类型 下拉列表中选择 函数 选项；单击 函数 后的 按钮，选择 f(x) 函数管理器... 选项，系统弹出“XY 函数管理器”对话框。

② 单击“XY 函数管理器”对话框中的新建按钮，系统弹出“XY 函数编辑器”对话框。

③ 在“XY 函数编辑器”对话框的 插入 下拉列表中选择 运动函数 选项；在函数列表区域双击多项式函数 STEP(x, x0, h0, x1, h1)，在 公式= 区域的文本框中修改函数表达式为“STEP（x，0， 0，0.01，500）”。

（6）单击 确定 按钮 3 次，完成矢量力的定义。

Step9. 创建标记。

（1）选择命令。选择下拉菜单 插入(S) ➡ 标记(K)... 命令，系统弹出“标记”对话框。

（2）定义参考连杆。在系统 **选择连杆来定义标记位置** 的提示下，选取连杆 2 为参考连杆。

（3）定义参考点。在方向区域中单击* 指定点按钮，在右侧下拉列表中选择“圆弧中心”⊙选项，在模型中选取图 9.5.2 所示的曲面 1 为原点参考。

（4）定义参考坐标系。在方向区域中单击* 指定 CSYS按钮，然后在右侧单击“CSYS”对话框按钮，在系统弹出的“CSYS”对话框的类型下拉列表中选择动态选项，单击确定按钮，完成参考坐标系的定义，如图 9.5.3 所示。

（5）采用系统默认的显示比例和名称，单击确定按钮，完成标记的创建。

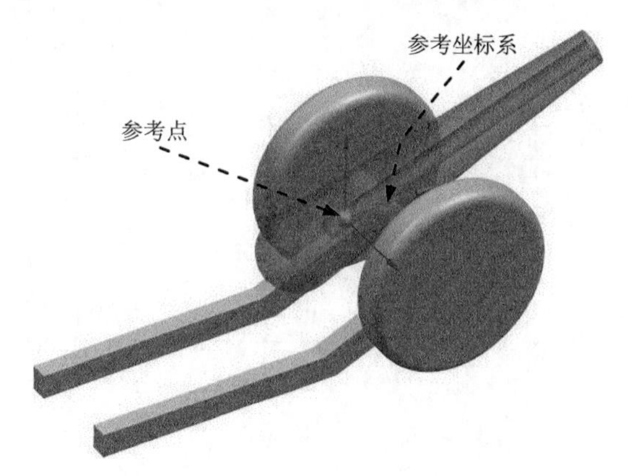

图 9.5.3 定义参考点和坐标系

Step10. 定义解算方案并求解。

（1）选择下拉菜单插入(S) → 解算方案(I)...命令，系统弹出“解算方案”对话框；在解算方案类型下拉列表中选择常规驱动选项；在分析类型下拉列表中选择运动学/动力学选项；在时间文本框中输入值 0.5；在步数文本框中输入值 200；选中对话框中的☑ 通过按“确定”进行解算复选框。

（2）设置重力方向。在“解算方案”对话框重力区域的矢量下拉列表中选择-YC选项，其他重力参数按系统默认设置值。

（3）单击确定按钮，完成解算方案的定义。

Step11. 定义动画。在“动画控制”工具条中单击“播放”按钮▶，查看机构运动；单击“导出至电影”按钮，输入名称“cannon_asm”，保存动画；单击“完成动画”按钮。

Step12. 输出炮弹的转速曲线。

（1）选择下拉菜单分析(L) → 运动(N) ▸ → 图表(G)...命令，单击其中的对象选项卡。

（2）设置输出对象。在“图表”对话框的运动模型区域选择标记 A001，在请求下拉列表中选择速度选项，在分量下拉列表中选择幅值选项，单击Y 轴定义区域中的✚按钮，完成“图表”对话框中的参数设置。

（3）定义保存路径。选中“图表”对话框中的☑保存复选框，然后单击...按钮，选择 D:\ug10.16\work\ch09.05\ cannon_asm\ cannon_asm.afu 为保存路径。

（4）单击确定按钮，系统进入函数显示环境并显示旋转副 J002 的速度-时间曲线，如图 9.5.4 所示。

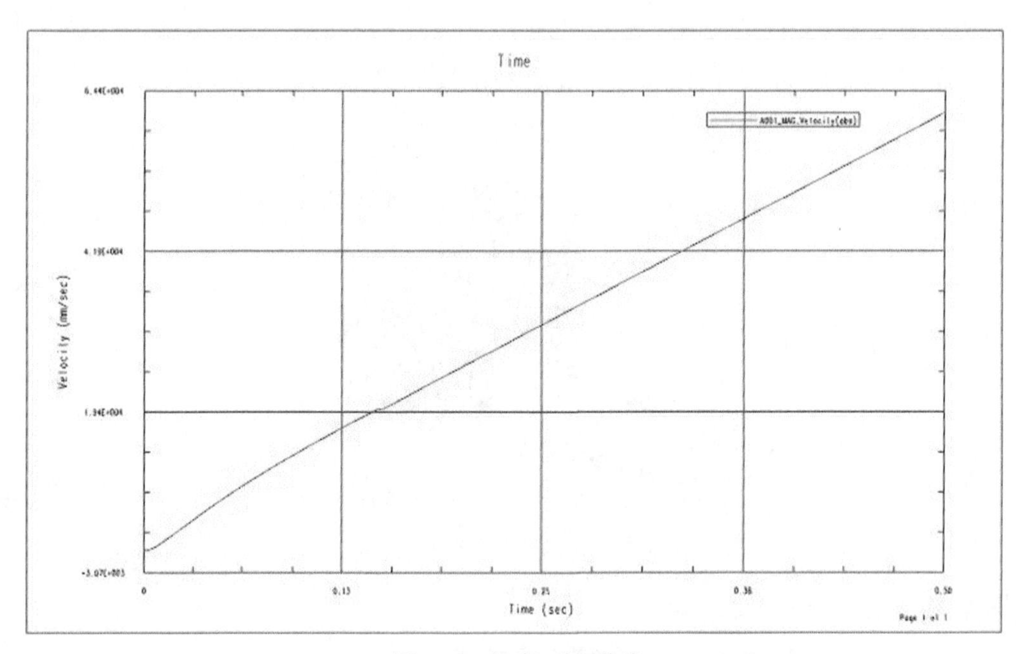

图 9.5.4 速度-时间曲线

Step13. 在“布局管理器”工具条中单击“返回到模型”按钮，返回到运动仿真环境。

Step14. 追踪炮弹轨迹。

（1）选择命令。选择下拉菜单工具(T) → 封装(P) → 追踪命令，系统弹出“追踪”对话框。

（2）定义追踪对象，在“运动导航器”中选取标记“A001”为追踪对象；其他参数采用系统默认设置，单击确定按钮，完成追踪对象的定义。

Step15. 选择下拉菜单分析(L) → 运动(N) → 求解(S)...命令，对解算方案再次进行求解。

Step16. 分析追踪结果。

（1）选择命令。选择下拉菜单分析(L) → 运动(N) → 动画(A)...命令，系统弹出“动画”对话框。

（2）激活测量检查和暂停。在该对话框中选中☑追踪复选框，然后单击“播放”按钮，此时机构开始运行并显示追踪结果，如图 9.5.5 所示。

（3）单击 确定 按钮，完成追踪操作。

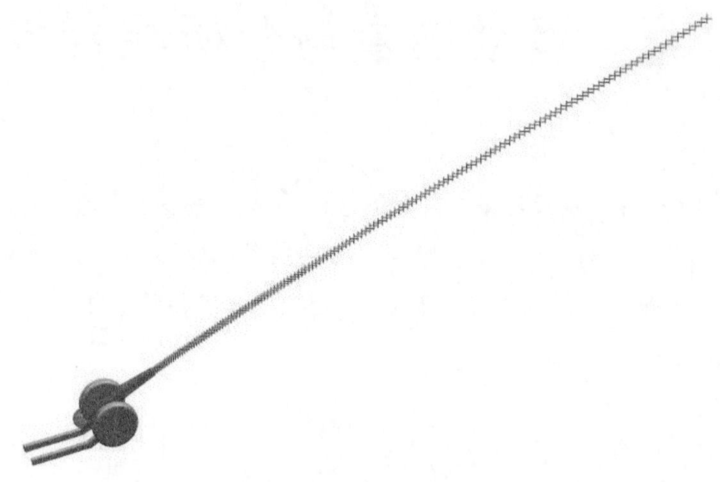

图 9.5.5 追踪结果

Step17. 选择下拉菜单 文件(F) → 保存(S) 命令，保存模型。

第 10 章　运动仿真与分析综合范例

本章提要　本章主要通过综合范例来介绍 UG NX 运动仿真与分析的应用，读者在学习时，要注意综合运用连杆、运动副、传动副与连接器创建机构模型，并熟练掌握采用标记、图形曲线及表格输出分析数据的操作过程。本章主要包括以下内容。

- 正弦机构
- 传送机构
- 机械手
- 发动机
- 平行升降平台
- 轴承拆卸器
- 瓶塞开启器
- 挖掘机工作部件
- 牛头刨床机构

10.1 正 弦 机 构

范例概述：

正弦机构是一种利用杆件的摆动得到直线运动的平面机构，并且驱动杆的运动角度与直线运动杆件的位移呈正弦变化。图 10.1.1 所示的是由齿轮驱动的正弦机构模型，本节将介绍该机构的创建与运动仿真过程，并研究直线运动杆件的速度与位移曲线。读者可以打开视频文件 D:\ug10.16\work\ch10.01\ sine_mech.avi 查看机构的运行状况。

图 10.1.1　正弦机构模型

Step1. 打开文件 D:\ug10.16\work\ch10.01\sine_mech_asm.prt。

Step2. 选择 启动 → 运动仿真(O)... 命令，进入运动仿真模块。

Step3. 新建仿真文件。

（1）在“运动导航器”中右击 sine_mech_asm，在系统弹出的快捷菜单中选择 新建仿真 命令，系统弹出“环境”对话框。

（2）在“环境”对话框中选中 动力学 单选项；选中 组件选项 区域中的 基于组件的仿真 复选框；输入仿真的名称为“motion_1”，单击 确定 按钮。

Step4. 定义连杆。

（1）定义连杆 L001。选择下拉菜单 插入(S) → 链接(L)... 命令，系统弹出“连杆”对话框，选中 固定连杆 复选框，选取图 10.1.2 所示的零件为连杆 L001，其余参数接受系统默认，在“连杆”对话框中单击 应用 按钮。

（2）定义连杆 L002。在“连杆”对话框中取消选中 固定连杆 复选框，选取图 10.1.2 所示的零件为连杆 L002，在“连杆”对话框中单击 应用 按钮。

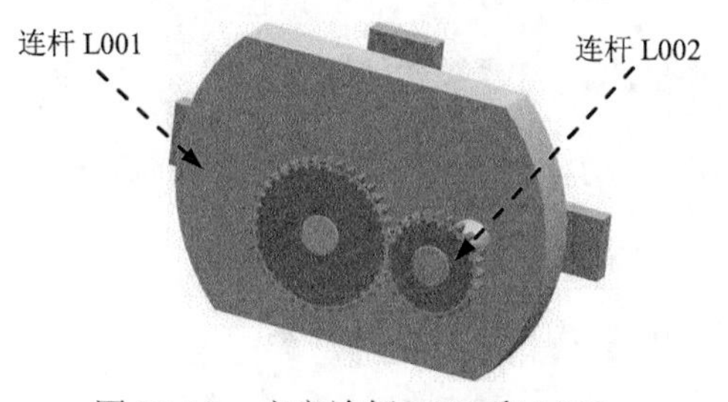

图 10.1.2　定义连杆 L001 和 L002

(3) 定义连杆 L003。选取图 10.1.3（此图将连杆 L001 进行隐藏）所示的组件（共两个零件）为连杆 L003，在“连杆”对话框中单击 应用 按钮。

(4) 定义连杆 L004。选取图 10.1.4 所示的零件为连杆 L004，在“连杆”对话框中单击 应用 按钮。

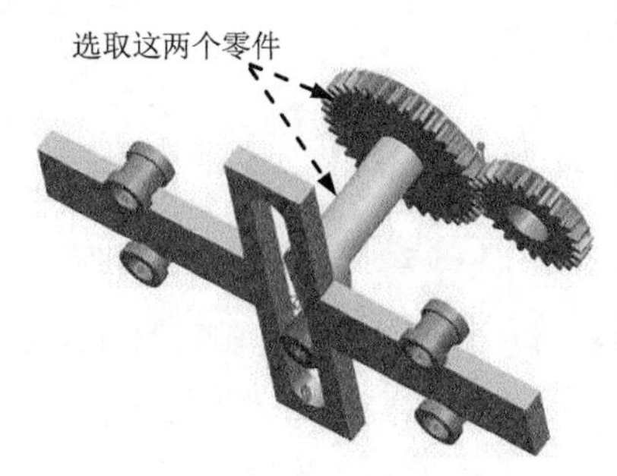

图 10.1.3　定义连杆 L003

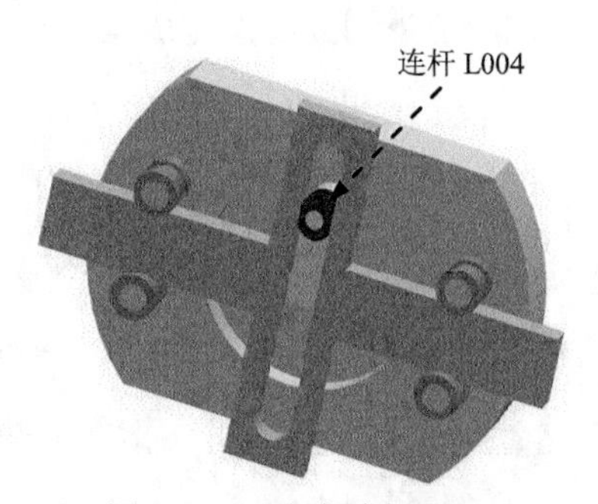

图 10.1.4　定义连杆 L004

(5) 定义连杆 L005。选取图 10.1.5 所示的零件为连杆 L005，在“连杆”对话框中单击 应用 按钮。

(6) 定义连杆 L006、L007、L008 和 L009。参照前面的方法，选取图 10.1.6 所示的零件为连杆 L006、L007、L008 和 L009。定义完连杆 L009 后，在“连杆”对话框中单击 确定 按钮，完成所有连杆的定义。

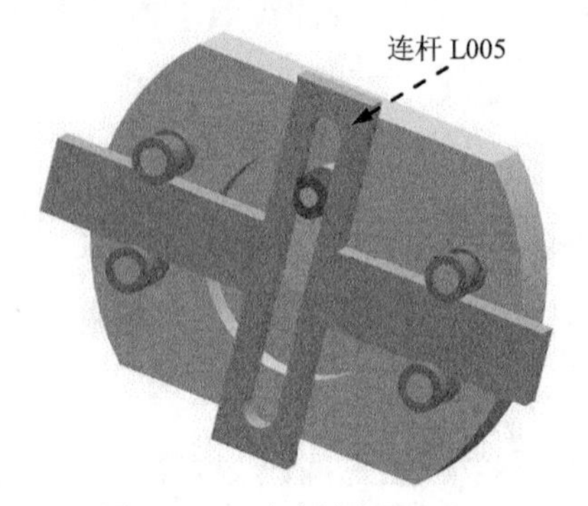

图 10.1.5 定义连杆 L005

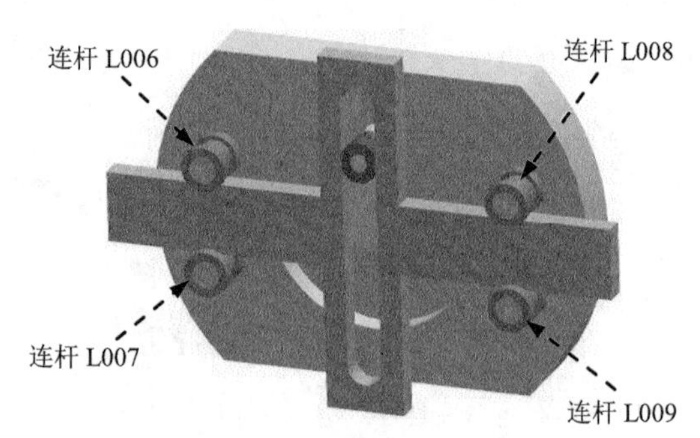

图 10.1.6 定义连杆 L006~L009

Step5. 定义旋转副 1。

（1）选择下拉菜单 插入(S) → 运动副(J)... 命令，系统弹出“运动副”对话框。

（2）定义运动副类型。在“运动副”对话框 定义 选项卡的 类型 下拉列表中选择 旋转副 选项。

（3）选择连杆。选取图 10.1.7 所示的连杆 L002。

（4）定义原点及矢量。在“运动副”对话框的 指定原点 下拉列表中选择“圆弧中心” 选项，在模型中选取图 10.1.7 所示的圆弧为定位原点参照；选取图 10.1.7 所示的面作为矢量参考面。

（5）定义驱动。在“运动副”对话框中单击 驱动 选项卡，在 旋转 下拉列表中选择 恒定 选项，并在其下的 初速度 文本框中输入值 60。

（6）单击 应用 按钮，完成第一个运动副的添加。

Step6. 定义旋转副 2。

（1）选择连杆。选取图 10.1.8 所示的连杆 L003。

（2）定义原点及矢量。在“运动副”对话框 操作 区域的 指定原点 下拉列表中选择“圆弧中心” 选项，在模型中选取图 10.1.8 所示的圆弧为定位原点参照；选取图 10.1.8 所示的面作为矢量参考面，方向朝里（指向齿轮一侧）。

（3）单击 确定 按钮，完成第二个运动副的添加。

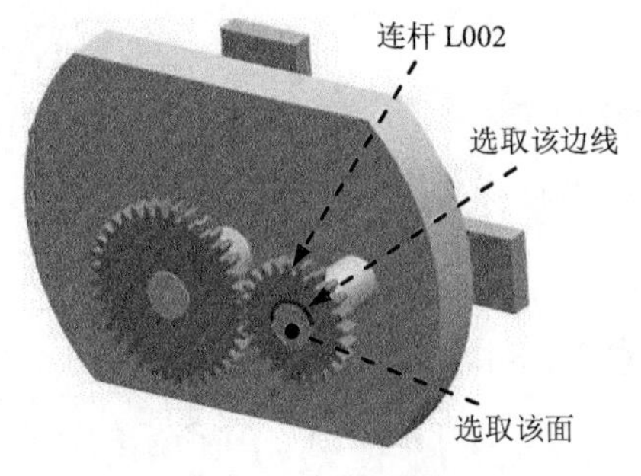

图 10.1.7　定义旋转副 1

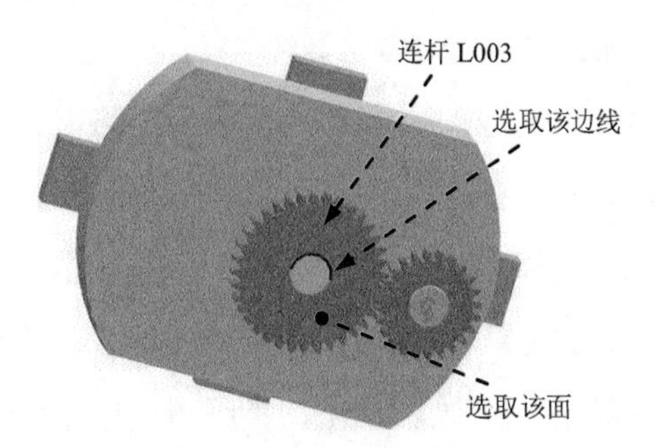

图 10.1.8　定义旋转副 2

Step7. 定义齿轮副。

（1）选择下拉菜单 插入(S) → 传动副(E) → 齿轮副(G)... 命令，系统弹出“齿轮副”对话框。

（2）定义齿轮的旋转副。在“运动导航器”中选取 J002 为第一个齿轮的旋转副，选取 J003 为第二个齿轮的旋转副。

（3）定义参数。在“齿轮副”对话框 设置 区域的 比率 文本框中输入值 2/3，其余参数接受系统默认设置。

（4）单击 确定 按钮，完成第二个运动副的添加。

Step8. 定义旋转副 3。

（1）选择下拉菜单 插入(S) → 运动副(J)... 命令，系统弹出“运动副”对话框。

（2）定义运动副类型。在“运动副”对话框 定义 选项卡的 类型 下拉列表中选择 旋转副 选项。

（3）选择连杆。在“运动导航器”中将连杆 L001 进行隐藏，然后选取图 10.1.9 所示的连杆 L003。

（4）定义原点及矢量。在“运动副”对话框的 指定原点 下拉列表中选择“圆弧中心” 选项，在模型中选取图 10.1.9 所示的圆弧为定位原点参照；选取图 10.1.9 所示的面作为矢量参考面。

（5）添加啮合连杆。在“运动副”对话框的 基本 区域中选中 ☑ 啮合连杆 复选框，单击 选择连杆 (0)，选取图 10.1.9 所示的连杆 L004。

（6）定义啮合连杆原点及矢量。在“运动副”对话框 基本 区域的 指定原点 下拉列表中选择“圆弧中心” 选项，在模型中选取图 10.1.9 所示的圆弧为定位原点参照；选取图 10.1.9 所示的面作为矢量参考面。

（7）单击 确定 按钮，完成第四个运动副的添加。

Step9. 定义滑动副 1。

（1）定义运动副类型。选择下拉菜单 插入(S) → 运动副(J)... 命令，系统弹出“运动副”对话框；在“运动副”对话框 定义 选项卡的 类型 下拉列表中选择 滑动副 选项。

（2）选择连杆。选取图 10.1.10 所示的连杆 L004。

（3）定义原点及矢量。在“运动副”对话框 指定原点 下拉列表中选择“圆弧中心” 选项，在模型中选取图 10.1.10 所示的圆弧为定位原点参照；选取图 10.1.10 所示的边作为矢量参考边，方向向下。

（4）添加啮合连杆。在“运动副”对话框的 基本 区域中选中 啮合连杆 复选框，单击 选择连杆 (0)，选取图 10.1.10 所示的连杆 L005。

（5）定义啮合连杆原点及矢量。在“运动副”对话框 基本 区域的 指定原点 下拉列表中选择“圆弧中心” 选项，在模型中选取图 10.1.10 所示的圆弧为定位原点参照；选取图 10.1.10 所示的边作为矢量参考边，方向向下。

（6）单击 确定 按钮，完成第五个运动副的添加。

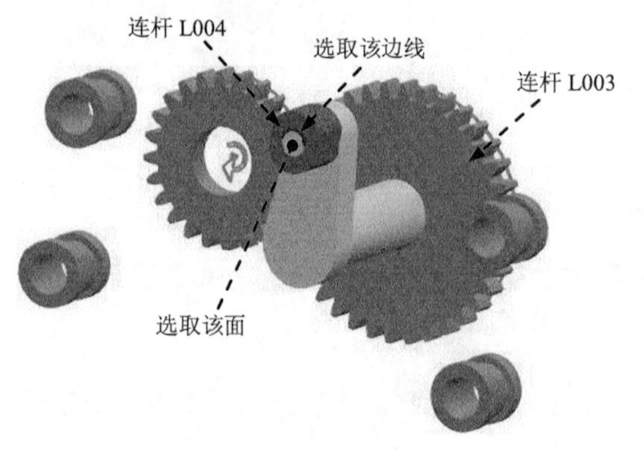

图 10.1.9 定义旋转副 3

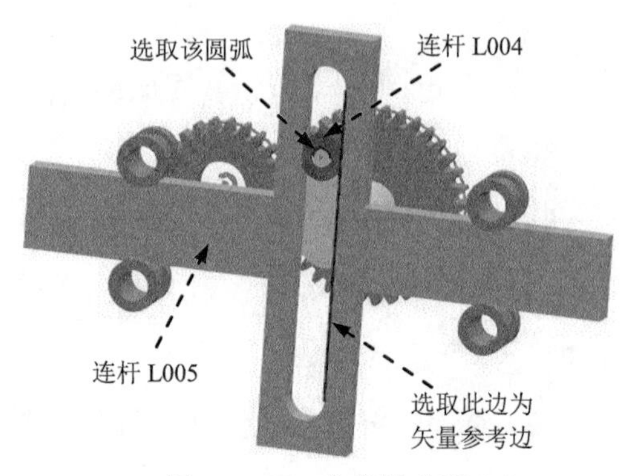

图 10.1.10 定义滑动副 1

Step10. 定义旋转副 4。

（1）选择下拉菜单 插入(S) → 运动副(J)... 命令，系统弹出“运动副”对话框。

（2）定义运动副类型。在“运动副”对话框的 定义 选项卡的 类型 下拉列表中选择 旋转副 选项。

（3）选择连杆。选取图 10.1.11 所示的连杆 L006。

（4）定义原点及矢量。在“运动副”对话框 指定原点 下拉列表中选择“圆弧中心” 选项，在模型中选取图 10.1.11 所示的圆弧为定位原点参照；选取图 10.1.11 所示的面作为矢量参考面。

（5）单击 应用 按钮，完成第六个运动副的添加。

Step11. 定义旋转副 5。

（1）选择连杆。选取图 10.1.12 所示的连杆 L007。

（2）定义原点及矢量。在“运动副”对话框的 指定原点 下拉列表中选择“圆弧中心” 选项，在模型中选取图 10.1.12 所示的圆弧为定位原点参照；选取图 10.1.12 所示的面作为矢量参考面。

（3）单击 应用 按钮，完成第七个运动副的添加。

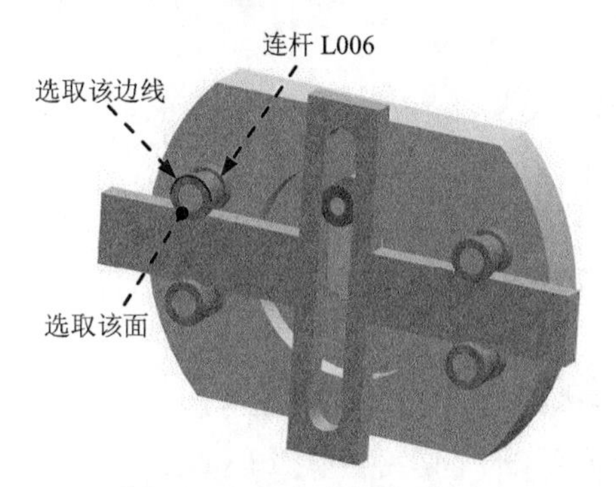

图 10.1.11　定义旋转副 4

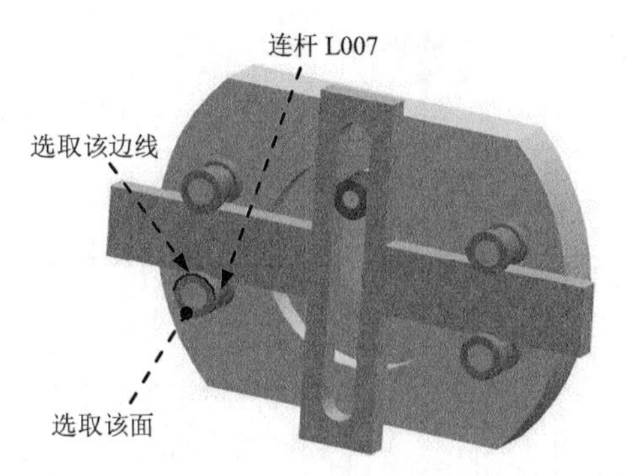

图 10.1.12　定义旋转副 5

Step12. 定义旋转副 6。

（1）选择连杆。选取图 10.1.13 所示的连杆 L008。

（2）定义原点及矢量。在“运动副”对话框的 指定原点 下拉列表中选择“圆弧中心” 选项，在模型中选取图 10.1.13 所示的圆弧为定位原点参照；选取图 10.1.13 所示的面作为矢量参考面。

（3）单击 应用 按钮，完成第八个运动副的添加。

Step13. 定义旋转副 7。

（1）选择连杆。选取图 10.1.14 所示的连杆 L009。

（2）定义原点及矢量。在“运动副”对话框的 指定原点 下拉列表中选择“圆弧中心” 选项，在模型中选取图 10.1.14 所示的圆弧为定位原点参照；选取图 10.1.14 所示的面作为矢量参考面。

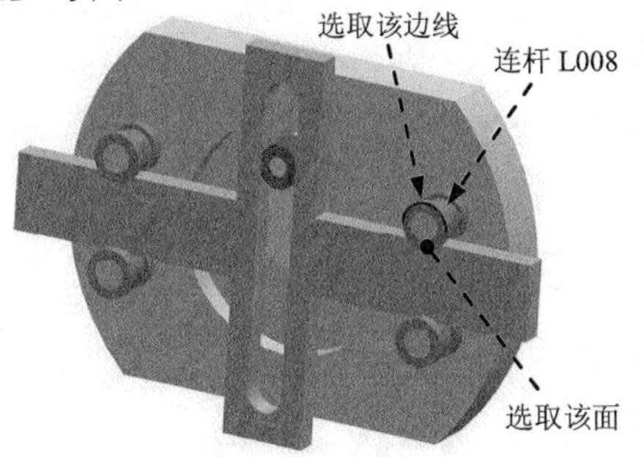

图 10.1.13　定义旋转副 6

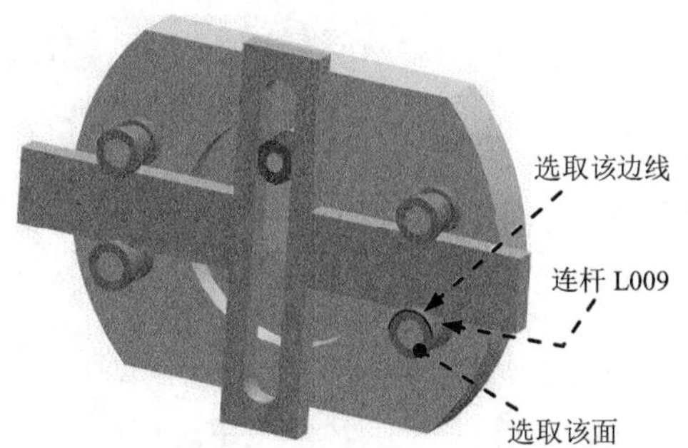

图 10.1.14　定义旋转副 7

（3）单击 确定 按钮，完成第九个运动副的添加。

Step14. 定义 3D 接触 1。

（1）选择下拉菜单 插入(S) → 连接器(N) → 3D 接触... 命令，系统弹出“3D 接触”对话框。

（2）定义接触连杆。单击“3D 接触”对话框 操作 区域中的 * 选择体 (0) 按钮，然后选取图 10.1.15 所示的连杆 L005；单击“3D 接触”对话框 基本 区域中的 * 选择体 (0) 按钮，然后选取图 10.1.15 所示的连杆 L007。

（3）定义接触类型。在“3D 接触”对话框 参数 区域的 类型 下拉列表中选择类型为 实体，其余参数接受系统默认。

（4）单击 应用 按钮，完成 3D 接触 1 的定义。

Step15. 定义 3D 接触 2。

（1）定义接触连杆。单击“3D 接触”对话框 操作 区域中的 * 选择体 (0) 按钮，然后选取图 10.1.16 所示的连杆 L005；单击“3D 接触”对话框 基本 区域中的 * 选择体 (0) 按钮，然后选取图 10.1.16 所示的连杆 L009。

（2）定义接触类型。在“3D 接触”对话框 参数 区域的 类型 下拉列表中选择类型为 实体，其余参数接受系统默认值。

（3）单击 确定 按钮，完成 3D 接触 2 的定义。

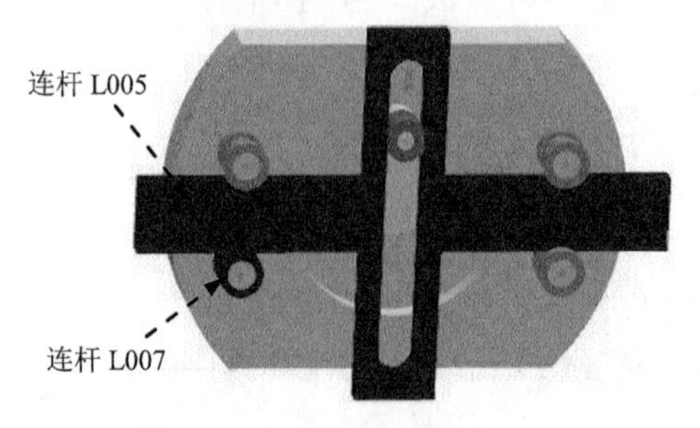

图 10.1.15 定义 3D 接触 1

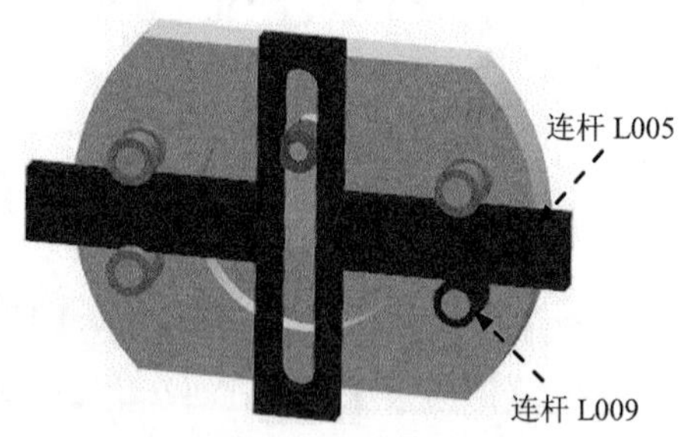

图 10.1.16 定义 3D 接触 2

Step16. 定义解算方案。

（1）选择下拉菜单 插入(S) → 解算方案(I)... 命令，系统弹出“运算方案”对话框。

（2）在“运算方案”对话框 解算方案选项 区域的 时间 文本框中输入数值 30，在 步数 文本框中输入数值 200，选中 ☑ 通过按“确定”进行解算 复选框。

（3）单击 确定 按钮，完成运算器的添加。

Step17. 播放动画。在“动画控制”工具栏中单击“播放” 按钮，即可播放动画。

Step18. 在“动画控制”工具栏中单击“导出至电影” 按钮，系统弹出“录制电影”

对话框，输入名称“sine_mech”，单击 OK 按钮，单击（完成动画）按钮，完成运动仿真的创建。

Step19. 创建标记。

（1）选择命令。选择下拉菜单 插入(S) → 标记(K)... 命令，系统弹出“标记”对话框。

（2）在系统 选择连杆来定义标记位置 的提示下，选择图 10.1.17 所示的连杆 L005，在 * 指定点 右侧的下拉列表中选择选项，然后选取图 10.1.17 所示的面；单击 * 指定 CSYS 右侧的“CSYS 对话框”按钮，在系统弹出的“CSYS”对话框的 类型 下拉列表中选择 动态 选项，单击 确定 按钮。

（3）采用系统默认的显示比例和名称，单击 确定 按钮，完成标记的创建。

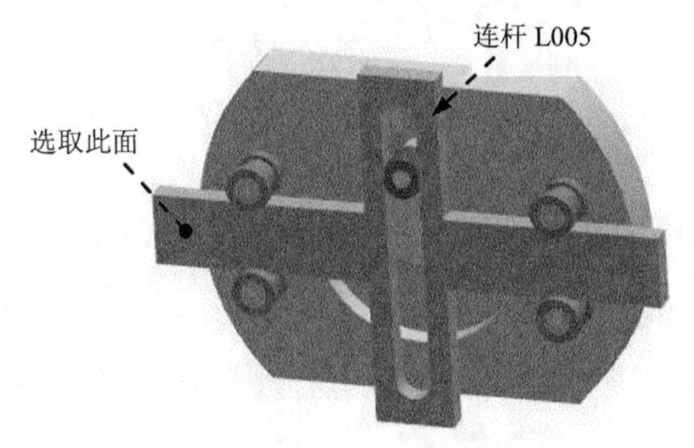

图 10.1.17　定义参照对象

Step20. 求解。选择下拉菜单 分析(L) → 运动(N) ▸ → 求解(S)... 命令，系统进行求解。

Step21. 输出位移曲线。

（1）选择下拉菜单 分析(L) → 运动(N) ▸ → 图表(G)... 命令，单击其中的 对象 选项卡。

（2）设置输出对象。在“图表”对话框的 运动模型 区域选择标记 A001，在 请求 下拉列表中选择 位移 选项，在 分量 下拉列表中选择 X 选项，单击 Y 轴定义 区域中的按钮，完成“图表”对话框中的参数设置。

（3）定义保存路径。选中“图表”对话框中的 ☑ 保存 复选框，然后单击 ... 按钮，选择 D:\ug10.16\work\ch10.01\ok\sine_mech_asm\sine_mech_asm.afu 为保存路径。

（4）单击 确定 按钮，系统进入函数显示环境并显示杆件的位移-时间曲线，如图 10.1.18 所示。

Step22. 输出速度曲线。

（1）选择下拉菜单 分析(L) → 运动(N) ▸ → 图表(G)... 命令，单击其中的 对象 选项卡。

（2）设置输出对象。在“图表”对话框的 运动模型 区域选择标记 A001，在 请求 下拉列表中选择 速度 选项，在 分量 下拉列表中选择 幅值 选项，单击 Y 轴定义 区域中的按钮，完成

“图表”对话框中的参数设置。

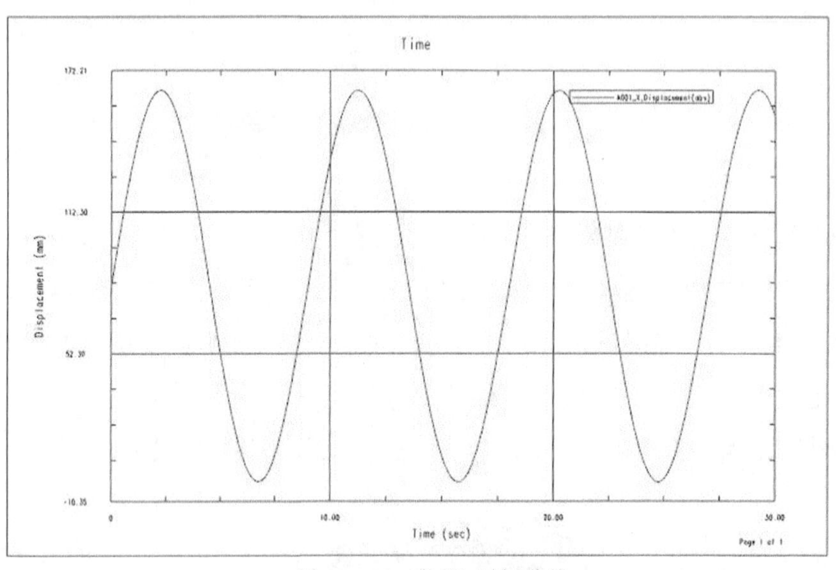

图 10.1.18 位移-时间曲线

（3）定义保存路径。选中“图表”对话框中的☑保存复选框，然后单击...按钮，选择D:\ug10.16\work\ch10.01\ok\sine_mech_asm\sine_mech_asm.afu 为保存路径。

（4）单击确定按钮，系统进入函数显示环境并显示杆件的速度-时间曲线，如图10.1.19 所示。

Step23. 单击按钮，返回到模型，然后选择下拉菜单文件(F) ➡ 保存(S)命令，保存模型。

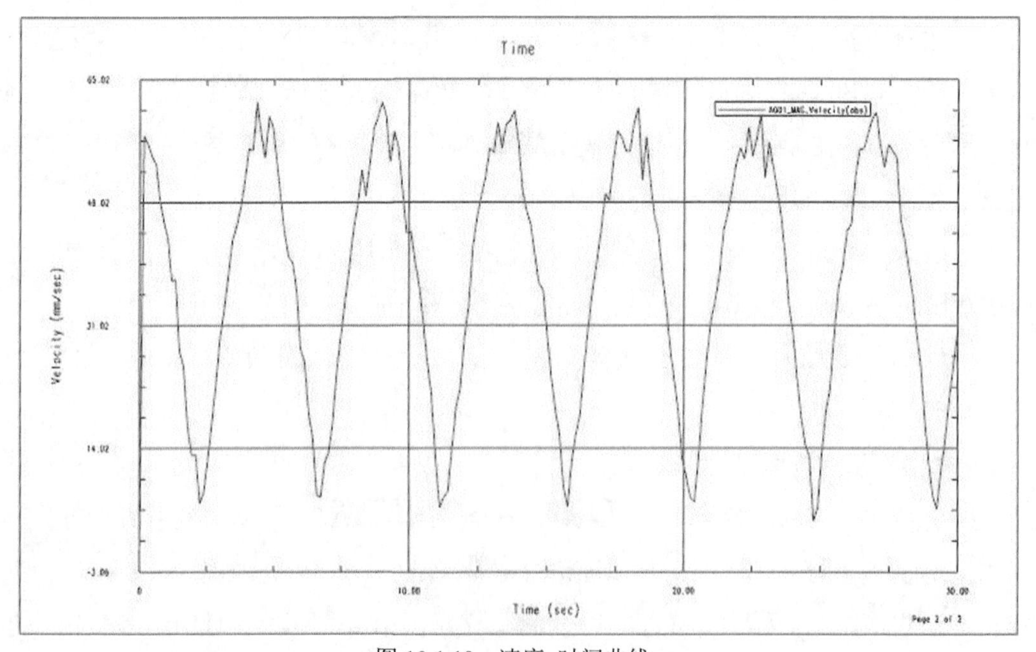

图 10.1.19 速度-时间曲线

10.2 传 送 机 构

范例概述：

本范例模拟的是一个传送机构的运行状况，如图 10.2.1 所示，在该机构中，由连杆机构驱动的翻斗将高位的物体传送到低位。本范例将介绍该机构运动仿真的操作过程，并分析翻斗的位移和运动轨迹。读者可以打开视频文件 D:\ug10.16\work\ch10.02\ auto_arm.avi 查看机构的运行状况。

Step1. 打开模型。打开文件 D:\ug10.16\work\ch10.02\auto_arm_asm.prt。

Step2. 进入运动仿真模块。选择 启动 → 运动仿真(O)... 命令，进入运动仿真模块。

Step3. 新建运动仿真文件。在“运动导航器”中右击 auto_arm_asm 节点，在系统弹出的快捷菜单中选择 新建仿真 命令，系统弹出“环境”对话框。

Step4. 设置运动环境。在“环境”对话框中的 分析类型 区域选中 ⊙ 动力学 单选项；取消选中 高级解算方案选项 区域中的 3 个复选框；选中对话框中的 ☑ 基于组件的仿真 复选框；在 仿真名 下方的文本框中采用默认的仿真名称“motion_1”；单击 确定 按钮。

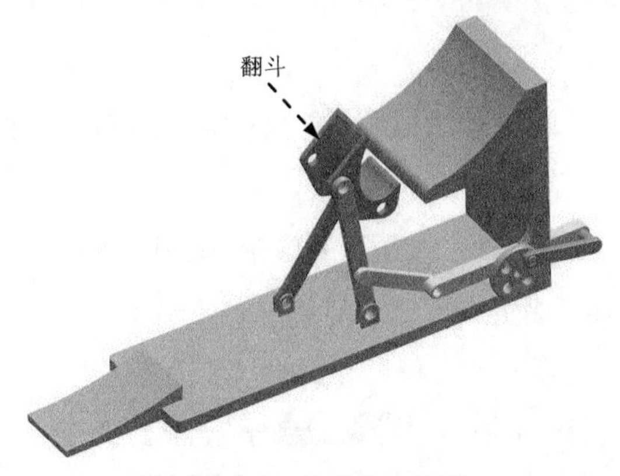

图 10.2.1　传送机构模型

Step5. 定义连杆。

（1）定义连杆 L001。选择下拉菜单 插入(S) → 链接(L)... 命令，系统弹出“连杆”对话框，选中 ☑ 固定连杆 复选框，选取图 10.2.2 所示的零件为连杆 L001，其余参数接受系统默认，在“连杆”对话框中单击 应用 按钮。

（2）定义连杆 L002。在“连杆”对话框中取消选中 ☐ 固定连杆 复选框，选取图 10.2.2 所示的零件为连杆 L002，在“连杆”对话框中单击 应用 按钮。

（3）定义连杆 L003。选取图 10.2.2 所示的零件为连杆 L003，在“连杆”对话框中单击应用按钮。

（4）定义连杆 L004。选取图 10.2.2 所示的零件为连杆 L004，在“连杆”对话框中单击应用按钮。

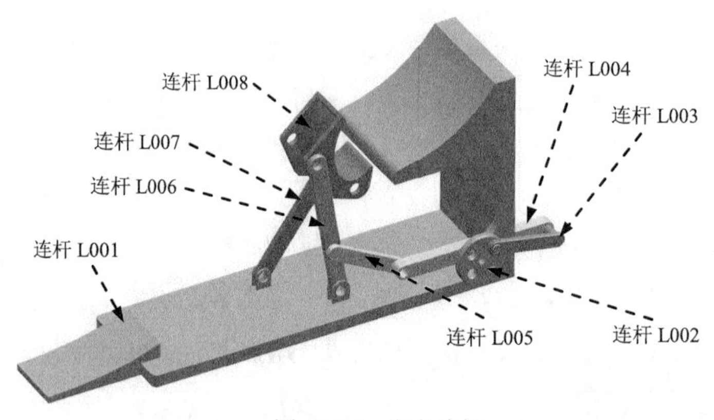

图 10.2.2　定义连杆

（5）定义连杆 L005。选取图 10.2.2 所示的零件为连杆 L005，在“连杆”对话框中单击应用按钮。

（6）定义连杆 L006。选取图 10.2.2 所示的零件为连杆 L006，在“连杆”对话框中单击应用按钮。

（7）定义连杆 L007。选取图 10.2.2 所示的零件为连杆 L007，在“连杆”对话框中单击应用按钮。

（8）定义连杆 L008。选取图 10.2.2 所示的零件为连杆 L008，在“连杆”对话框中单击确定按钮，完成所有连杆的定义。

Step6. 定义旋转副 1。

（1）选择下拉菜单插入(S) → 运动副(J)...命令，系统弹出“运动副”对话框；在“运动副”对话框定义选项卡的类型下拉列表中选择旋转副选项；在模型中选取图 10.2.3 所示的圆弧边线为参考，系统自动选择连杆、原点及矢量方向。

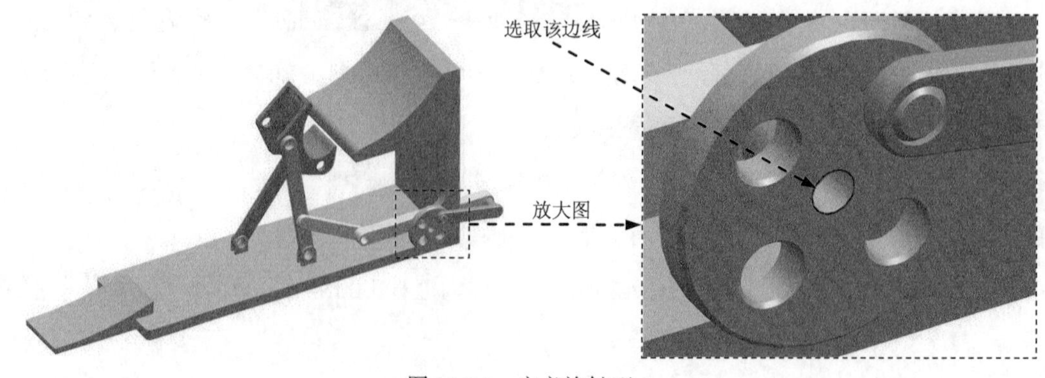

图 10.2.3　定义旋转副 1

（2）定义驱动。在“运动副”对话框中单击 驱动 选项卡，在 旋转 下拉列表中选择 恒定 选项，并在其下的 初速度 文本框中输入值 60。

（3）单击 应用 按钮，完成运动副的添加。

Step7. 定义旋转副 2。

（1）在“运动副”对话框 定义 选项卡的 类型 下拉列表中选择 旋转副 选项；在模型中选取图 10.2.4 所示的边线 1 为参考，系统自动选择连杆、原点及矢量方向。

（2）在“运动副”对话框 基本 区域中选中 ☑ 啮合连杆 复选框；单击 基本 区域中的 * 选择连杆 (0) 按钮，在模型中选取图 10.2.4 所示的边线 2 为参考。

（3）单击 应用 按钮，完成运动副的添加。

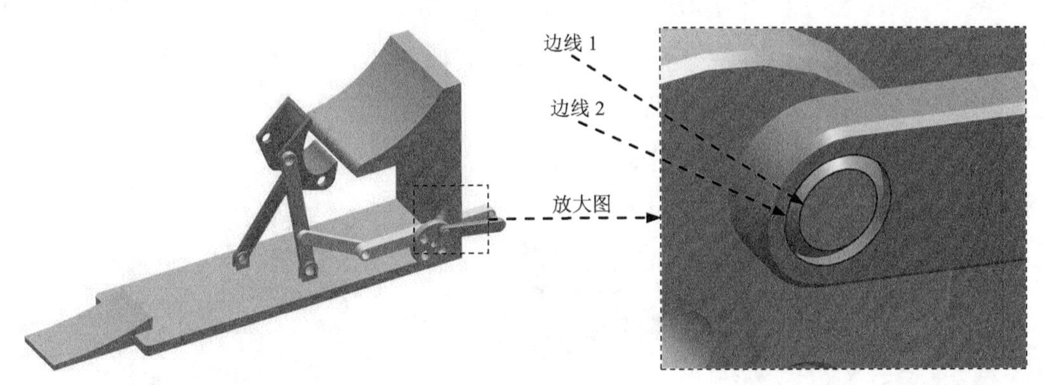

图 10.2.4　定义旋转副 2

Step8. 定义共线连接 1。

（1）在“运动副”对话框 定义 选项卡的 类型 下拉列表中选择 共线 选项；在模型中选取图 10.2.5 所示的边线 1 为参考，系统自动选择连杆、原点及矢量方向。

（2）在“运动副”对话框的 基本 区域中选中 ☑ 啮合连杆 复选框；单击 基本 区域中的 * 选择连杆 (0) 按钮，在模型中选取图 10.2.5 所示的边线 2 为参考。

（3）单击 应用 按钮，完成运动副的添加。

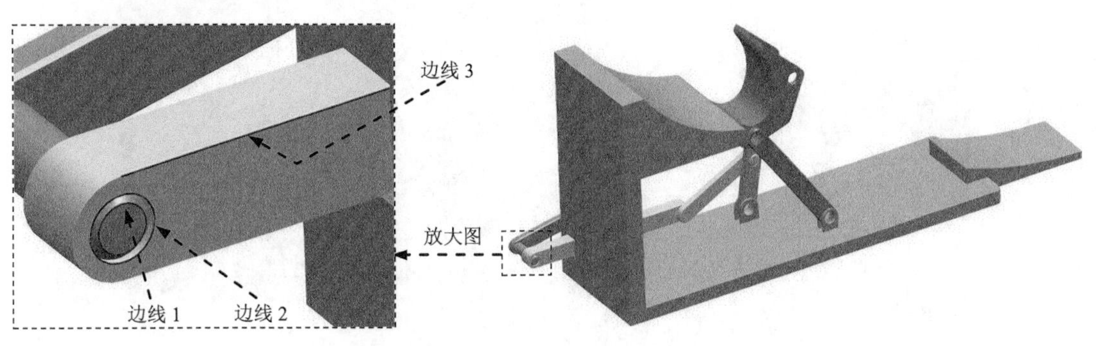

图 10.2.5　定义共线连接 1

Step9. 定义滑动副 1。在“运动副”对话框 定义 选项卡的 类型 下拉列表中选择 滑动副 选项；在模型中选取图 10.2.5 所示的边线 3 为参考，系统自动选择连杆、原点及矢量方向；单击 应用 按钮，完成运动副的添加。

Step10. 定义旋转副 3。

（1）在“运动副”对话框 定义 选项卡的 类型 下拉列表中选择 旋转副 选项，选取图 10.2.6 所示的连杆 L004；在“运动副”对话框的 指定原点 下拉列表中选择“圆弧中心”选项，在模型中选取图 10.2.6 所示的圆弧为定位原点参照；选取图 10.2.6 所示的面作为矢量参考面。

（2）添加啮合连杆。在“运动副”对话框的 基本 区域中选中 ☑ 啮合连杆 复选框，单击 选择连杆 (0)，选取图 10.2.6 所示的连杆 L005；在“运动副”对话框 基本 区域的 指定原点 下拉列表中选择“圆弧中心”选项，在模型中选取图 10.2.6 所示的圆弧为定位原点参照；选取图 10.2.6 所示的面作为矢量参考面。

（3）单击 应用 按钮，完成运动副的添加。

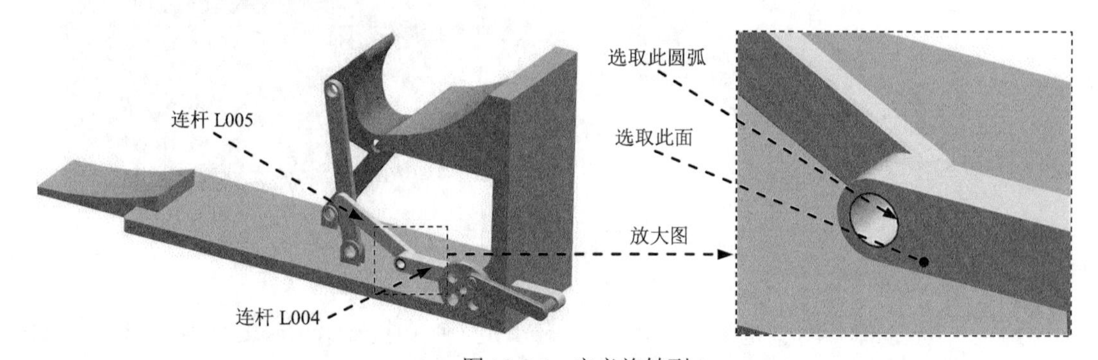

图 10.2.6 定义旋转副 3

Step11. 定义共线连接 2。

（1）在“运动副”对话框 定义 选项卡的 类型 下拉列表中选择 共线 选项；在模型中选取图 10.2.7 所示的边线 1 为参考，系统自动选择连杆、原点及矢量方向。

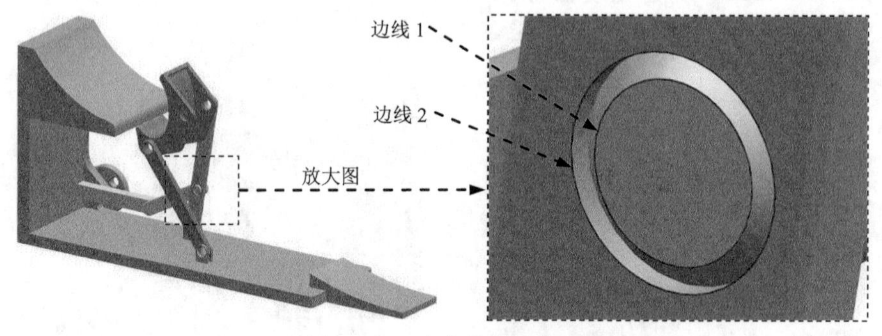

图 10.2.7 定义共线连接 2

（2）在“运动副”对话框的基本区域中选中☑啮合连杆复选框；单击基本区域中的 * 选择连杆 (0) 按钮，在模型中选取图 10.2.7 所示的边线 2 为参考，单击反向按钮，调整矢量方向与操作连杆一致。

（3）单击应用按钮，完成运动副的添加。

Step12. 定义旋转副 4。在“运动副”对话框定义选项卡的类型下拉列表中选择旋转副选项，选取图 10.2.8 所示的连杆 L006；在“运动副”对话框的指定原点下拉列表中选择“圆弧中心”选项，在模型中选取图 10.2.8 所示的圆弧为定位原点参照；选取图 10.2.8 所示的面作为矢量参考面；单击应用按钮，完成运动副的添加。

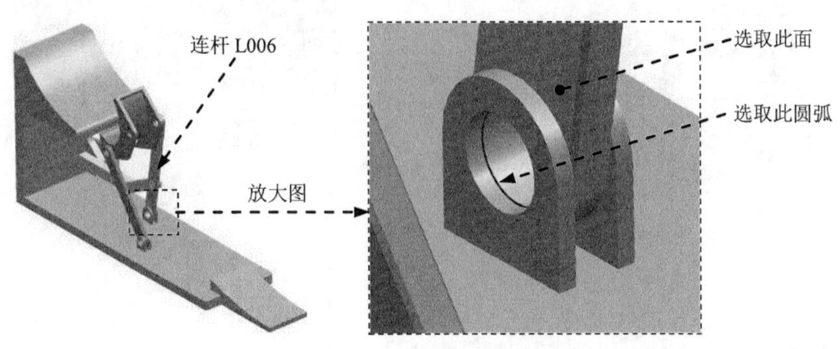

图 10.2.8　定义旋转副 4

Step13. 定义旋转副 5。在“运动副”对话框定义选项卡的类型下拉列表中选择旋转副选项，选取图 10.2.9 所示的连杆 L007；在“运动副”对话框的指定原点下拉列表中选择“圆弧中心”选项，在模型中选取图 10.2.9 所示的圆弧为定位原点参照；选取图 10.2.9 所示的面作为矢量参考面；单击应用按钮，完成运动副的添加。

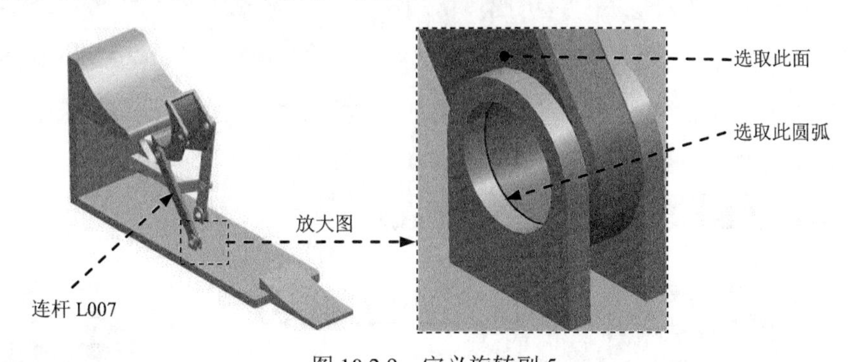

图 10.2.9　定义旋转副 5

Step14. 定义旋转副 6。

（1）在“运动副”对话框定义选项卡的类型下拉列表中选择旋转副选项，选取图 10.2.10 所示的连杆 L007；在“运动副”对话框的指定原点下拉列表中选择“圆弧中心”选项，在模型中选取图 10.2.10 所示的圆弧为定位原点参照；选取图 10.2.10 所示的面作为矢量参考面。

（2）添加啮合连杆。在“运动副”对话框的基本区域中选中☑啮合连杆复选框，单击选择连杆 (0)，选取图 10.2.10 所示的连杆 L008；在“运动副”对话框基本区域的✔指定原点下拉列表中选择“圆弧中心”⊙选项，在模型中选取图 10.2.10 所示的圆弧为定位原点参照；选取图 10.2.10 所示的面作为矢量参考面。

（3）单击应用按钮，完成运动副的添加。

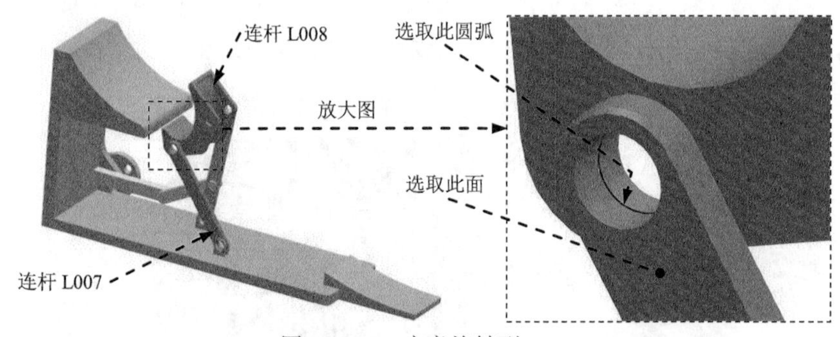

图 10.2.10　定义旋转副 6

Step15. 定义共线连接 3。

（1）在“运动副”对话框定义选项卡的类型下拉列表中选择共线选项，选取图 10.2.11 所示的连杆 L006；在“运动副”对话框的✔指定原点下拉列表中选择“圆弧中心”⊙选项，在模型中选取图 10.2.11 所示的圆弧为定位原点参照；选取图 10.2.11 所示的面作为矢量参考面。

（2）添加啮合连杆。在“运动副”对话框的基本区域中选中☑啮合连杆复选框，单击选择连杆 (0)，选取图 10.2.11 所示的连杆 L008；在“运动副”对话框基本区域的✔指定原点下拉列表中选择“圆弧中心”⊙选项，在模型中选取图 10.2.11 所示的圆弧为定位原点参照；选取图 10.2.11 所示的面作为矢量参考面。

（3）单击确定按钮，完成运动副的添加。

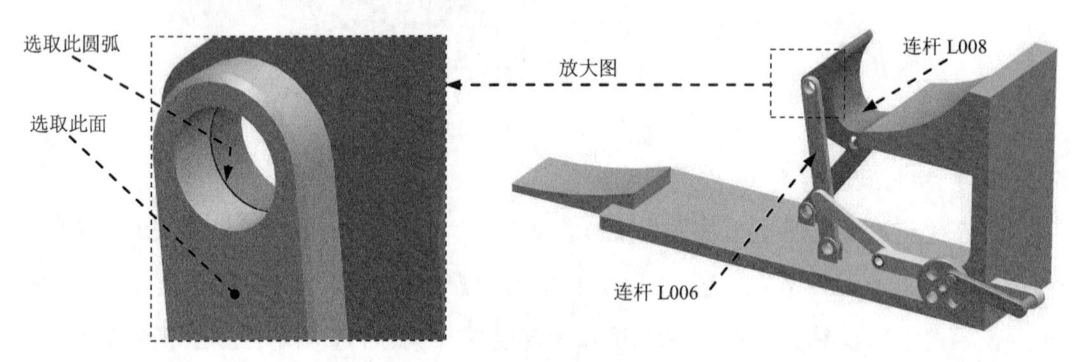

图 10.2.11　定义共线连接 3

Step16. 创建标记。

（1）选择命令。选择下拉菜单 插入(S) → 标记(K)... 命令，系统弹出“标记”对话框。

（2）定义参考连杆。在系统 选择连杆来定义标记位置 的提示下，选取图 10.2.12 所示的连杆 L008 为参考连杆。

（3）定义参考点。在 方向 区域中单击 * 指定点 按钮，在右侧下拉列表中选择“终点” 选项，在模型中选取图 10.2.12 所示的边线为原点参考。

（4）定义参考坐标系。在 方向 区域中单击 * 指定 CSYS，然后在右侧单击“CSYS”对话框按钮，在系统弹出的“CSYS”对话框的 类型 下拉列表中选择 动态 选项，单击 确定 按钮，完成参考坐标系的定义。

（5）采用系统默认的显示比例和名称，单击 确定 按钮，完成标记的创建。

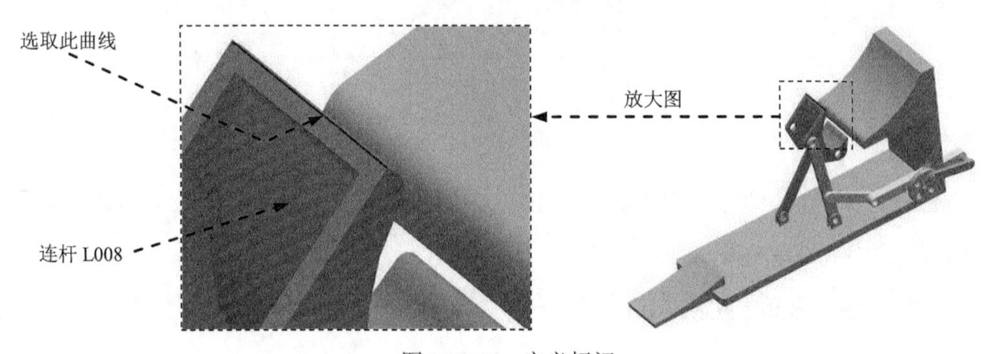

图 10.2.12　定义标记

Step17. 定义解算方案并求解（注：本步的详细操作过程请参见随书光盘中 video\ch10\ch10.02\reference\文件下的语音视频讲解文件“auto_arm_asm-r01.exe”）。

Step18. 定义动画。在“动画控制”工具条中单击“播放”按钮，查看机构运动；单击“导出至电影”按钮，输入名称“auto_arm”，保存动画；单击“完成动画”按钮。

Step19. 输出翻斗纵向位移曲线。

（1）选择下拉菜单 分析(L) → 运动(N) → 图表(G)... 命令，单击其中的 对象 选项卡。

（2）设置输出对象。在“图表”对话框的 运动模型 区域选择标记 A001，在 请求 下拉列表中选择 位移 选项，在 分量 下拉列表中选择 Y 选项，单击 Y 轴定义 区域中的按钮，完成“图表”对话框中的参数设置。

（3）定义保存路径。选中“图表”对话框中的 ☑ 保存 复选框，然后单击 ... 按钮，选择 D:\ug10.16\work\ch10.02\auto_arm_asm\auto_arm_asm.afu 为保存路径。

（4）单击 确定 按钮，系统进入函数显示环境并显示翻斗纵向位移-时间曲线，如

图 10.2.13 所示。

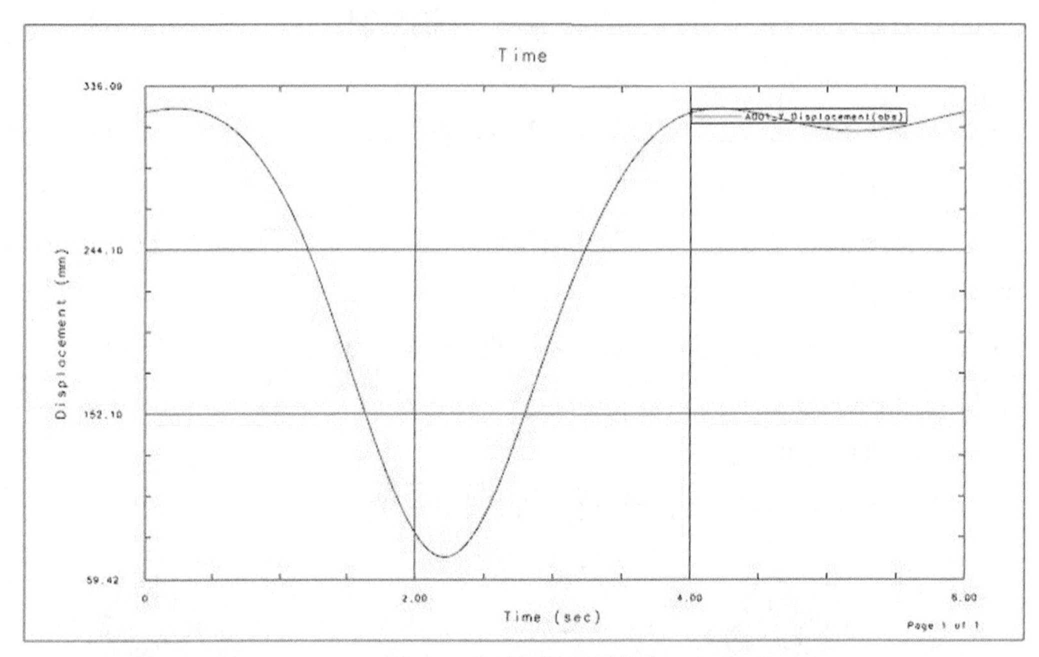

图 10.2.13 速度-时间曲线

Step20. 在“布局管理器”工具条中单击“返回到模型”按钮，返回到运动仿真环境。

Step21. 追踪翻斗的运动轨迹。

（1）选择命令。选择下拉菜单 工具(T) → 封装(P) → 追踪 命令，系统弹出“追踪”对话框。

（2）定义追踪对象，在“运动导航器”中选取标记“A001”为追踪对象；其他参数采用系统默认设置，单击 确定 按钮，完成追踪对象的定义。

Step22. 选择下拉菜单 分析(L) → 运动(N) → 求解(S)... 命令，对解算方案再次进行求解。

Step23. 分析追踪结果。

（1）选择命令。选择下拉菜单 分析(L) → 运动(N) → 动画(A)... 命令，系统弹出“动画”对话框。

（2）激活测量检查和暂停。在该对话框中选中 ☑ 追踪 复选框，然后单击“播放” 按钮，此时机构开始运行并显示追踪结果，如图 10.2.14 所示。

（3）单击 确定 按钮，完成追踪操作。

Step24. 选择下拉菜单 文件(F) → 保存(S) 命令，保存模型。

图 10.2.14　追踪结果

10.3　自动化机械手

范例概述：

本范例将介绍一个自动化机械手运动仿真的创建过程。在一些实现流水线生产的机械设备中，自动化机械手十分常见，一般用于在不同的工步之间运送机械零部件。图 10.3.1 所示的模型模拟的是在工序之间运送机械零部件的自动化机构，工作过程大致分为以下几个步骤：首先，在初始位置机械手接收前一工序完成的零件；然后运到第一工位进行工序 1 的加工，完成后又运到第二工位进行工序 2 的加工；再将加工好的零件再传递到下一工位；最后机械手返回到初始位置准备下一次运送。在此类机构的运动仿真中，需要使用运动函数定义多驱动的协同动作。在本例中，最后需要追踪机械手的运动轨迹，读者可以打开视频文件 D:\ug10.16\work\ch10.03\magic_hand.avi 查看机构运行状况。

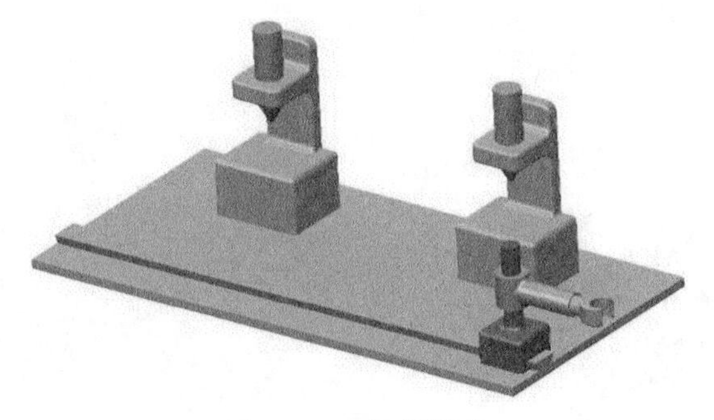

图 10.3.1　机构模型

Step1. 打开文件 D:\ug10.16\work\ch10.03\magic_hand_asm.prt。

Step2. 选择 开始 → 运动仿真(O)... 命令，进入运动仿真模块。

Step3. 新建仿真文件。

（1）在“运动导航器”中右击 magic_hand_asm，在系统弹出的快捷菜单中选择 新建仿真 命令，系统弹出“环境”对话框。

（2）在“环境”对话框中选中 动力学 单选项；选中 组件选项 区域中的 基于组件的仿真 复选框；输入仿真的名称为“motion_1”，单击 确定 按钮。

Step4. 定义连杆。

（1）定义连杆 L001。选择下拉菜单 插入(S) → 链接(L)... 命令，系统弹出“连杆”对话框，选中 固定连杆 复选框，选取图 10.3.2 所示的零件为连杆 L001，其余参数接受系统默认，在“连杆”对话框中单击 应用 按钮。

（2）定义连杆 L002。在“连杆”对话框中取消选中 固定连杆 复选框，选取图 10.3.3 所示的零件为连杆 L002，在“连杆”对话框中单击 应用 按钮。

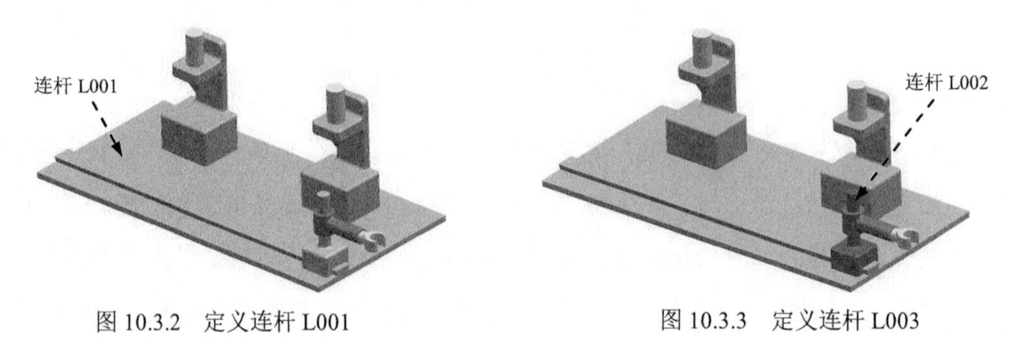

图 10.3.2 定义连杆 L001　　图 10.3.3 定义连杆 L003

（3）定义连杆 L003。选取图 10.3.4 所示的零件为连杆 L003，在“连杆”对话框中单击 应用 按钮。

(4) 定义连杆 L004。选取图 10.3.5 所示的零件为连杆 L004，在“连杆”对话框中单击 应用 按钮。

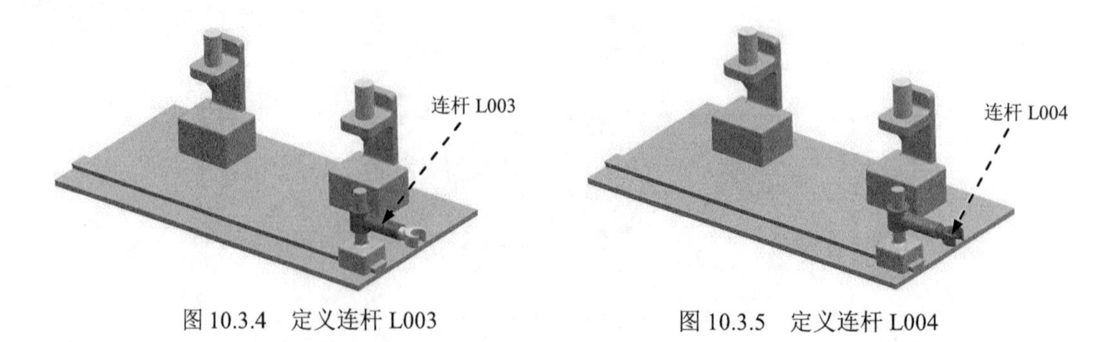

图 10.3.4 定义连杆 L003　　图 10.3.5 定义连杆 L004

(5) 定义连杆 L005。选取图 10.3.6 所示的零件为连杆 L005，在“连杆”对话框中单击 应用 按钮。

(6) 定义连杆 L006。选取图 10.3.7 所示的零件为连杆 L006，在“连杆”对话框中单击 确定 按钮，完成所有连杆的定义。

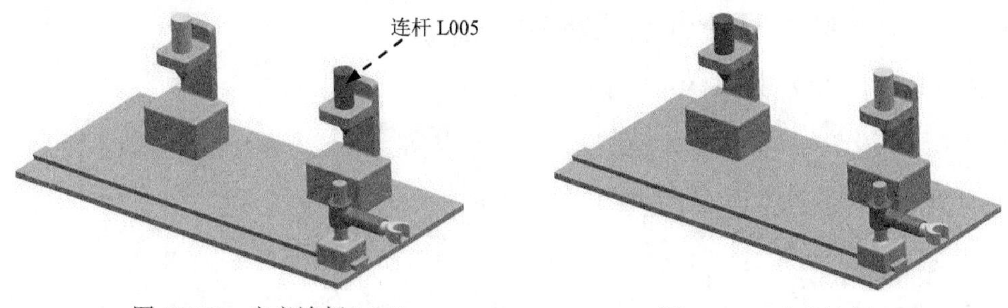

图 10.3.6　定义连杆 L005　　图 10.3.7　定义连杆 L006

Step5. 定义滑动副 1。

（1）选择下拉菜单 插入(S) → 运动副(J)... 命令，系统弹出“运动副”对话框。

（2）定义运动副类型。在“运动副”对话框 定义 选项卡的 类型 下拉列表中选择 滑动副 选项。

（3）选择连杆。选取图 10.3.8 所示的连杆 L002。

（4）定义原点及矢量。在“运动副”对话框的 指定原点 下拉列表中选择“终点” 选项，在模型中选取图 10.3.8 所示的终点为定位原点参照；选取图 10.3.8 所示的边作为矢量参考，方向如图 10.3.8 所示。

（5）定义驱动。在“运动副”对话框中单击 驱动 选项卡，在 平移 下拉列表中选择 函数 选项；在 函数数据类型 下拉列表中选择 位移 选项；单击 函数 后的 按钮，选择 f(x) 函数管理器... 选项，在弹出的“XY 函数管理器”对话框中单击 按钮，在弹出的“XY 函数编辑器” 公式= 区域的文本框中输入函数关系式“STEP(x,0,0,4,113)+STEP(x,20,0,24,299)+STEP(x,40,0,44,113)+STEP(x,54,0,60,−525)”，其余参数接受系统默认设置，单击两次 确定 按钮，完成驱动的定义。

（6）单击 确定 按钮，完成第一个运动副的添加。

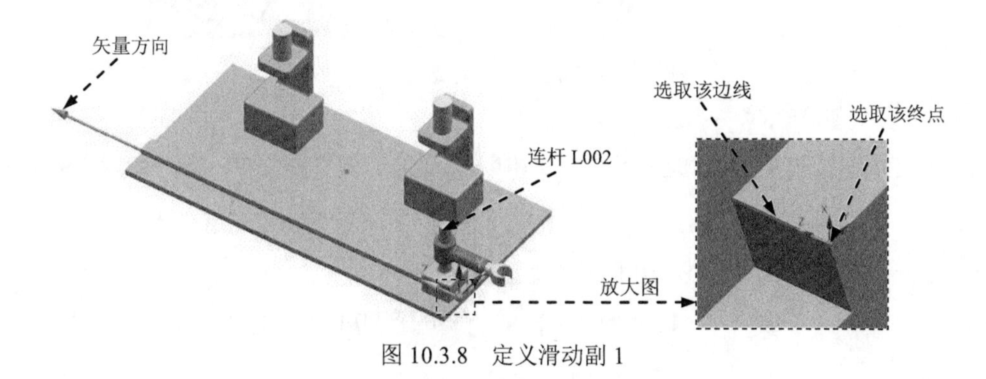

图 10.3.8　定义滑动副 1

Step6. 定义旋转副 1。

（1）定义运动副类型。选择下拉菜单 插入(S) → 运动副(J)... 命令，在“运动副”对话框 定义 选项卡的 类型 下拉列表中选择 旋转副 选项。

（2）选择连杆。选取图 10.3.9 所示的连杆 L003。

（3）定义原点及矢量。在“运动副”对话框的 指定原点 下拉列表中选择“圆弧中心” 选项，在模型中选取图 10.3.9 所示的圆弧为定位原点参照；选取图 10.3.9 所示的面作为矢量参考面，方向向上。

（4）添加啮合连杆。在“运动副”对话框的 基本 区域中选中 ☑ 啮合连杆 复选框，单击 选择连杆 (0)，选取图 10.3.9 所示的连杆 L002。

（5）定义啮合连杆原点及矢量。在“运动副”对话框 基本 区域的 指定原点 下拉列表中选择“圆弧中心” 选项，在模型中选取图 10.3.9 所示的圆弧为定位原点参照；选取图 10.3.9 所示的面作为矢量参考面，方向向上。

（6）定义驱动。在“运动副”对话框中单击 驱动 选项卡，在 旋转 下拉列表中选择 函数 选项；在 函数数据类型 下拉列表中选择 位移 选项；单击 函数 后的 按钮，选择 f(x) 函数管理器 选项，在弹出的“XY 函数管理器”对话框中单击 按钮，在弹出的“XY 函数编辑器” 公式= 区域的文本框中输入函数关系式“STEP(*x*,0,0,4,90)+STEP(*x*,44,0,48,90)+STEP(*x*,54,0,58,180)”，其余参数接受系统默认设置，单击两次 确定 按钮，完成驱动的定义。

（7）单击 应用 按钮，完成第二个运动副的添加。

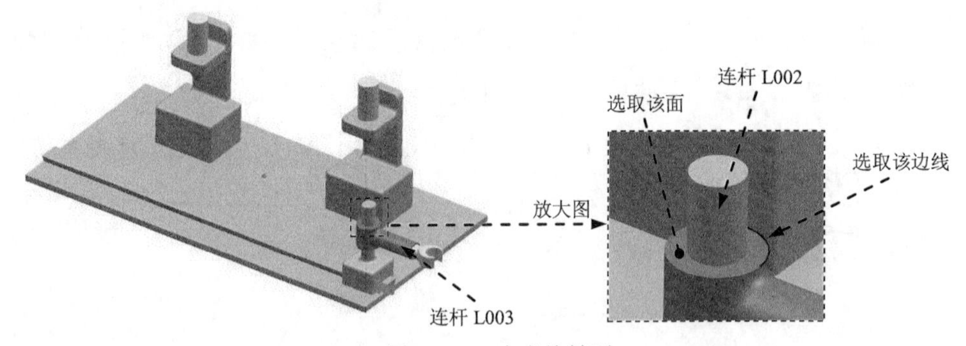

图 10.3.9 定义旋转副 1

Step7. 定义滑动副 2。

（1）定义运动副类型。在“运动副”对话框 定义 选项卡的 类型 下拉列表中选择 滑动副 选项。

（2）选择连杆。选取图 10.3.10 所示的连杆 L004。

（3）定义原点及矢量。在“运动副”对话框的 指定原点 下拉列表中选择“圆弧中心”

选项，在模型中选取图 10.3.10 所示的圆弧为定位原点参照；选取图 10.3.10 所示的面作为矢量参考边，方向向右。

（4）添加啮合连杆。在“运动副”对话框的基本区域中选中☑ 啮合连杆复选框，单击选择连杆 (0)，选取图 10.3.10 所示的连杆 L003。

（5）定义啮合连杆原点及矢量。在“运动副”对话框基本区域的✔ 指定原点下拉列表中选择“圆弧中心”⊙选项，在模型中选取图 10.3.10 所示的圆弧为定位原点参照；选取图 10.3.10 所示的面作为矢量参考边，使方向向右。

（6）定义驱动。在“运动副”对话框中单击驱动选项卡，在平移下拉列表中选择函数选项；在函数数据类型下拉列表中选择位移选项；单击函数后的⬇按钮，选择f(x) 函数管理器...选项，在弹出的“XY 函数管理器”对话框中单击按钮，在弹出的“XY 函数编辑器”公式=区域的文本框中输入函数关系式“STEP(*x*,4,0,8,45)+STEP(*x*,16,0,20,−45)+STEP(*x*,24,0,28,45)+STEP(*x*,36,0,40,−45)”，其余参数接受系统默认设置，单击两次确定按钮，完成驱动的定义。

（7）单击应用按钮，完成第三个运动副的添加。

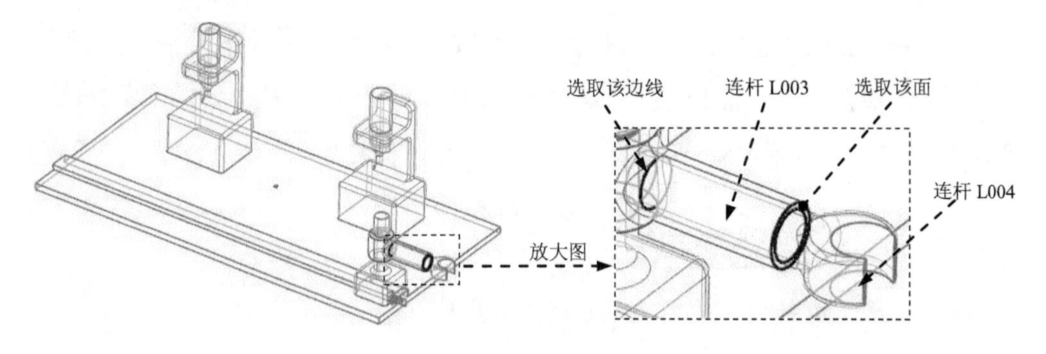

图 10.3.10　定义滑动副 2

Step8. 定义滑动副 3。

（1）选择连杆。选取图 10.3.11 所示的连杆 L005。

（2）定义原点及矢量。在“运动副”对话框的✔ 指定原点下拉列表中选择“圆弧中心”⊙选项，在模型中选取图 10.3.11 所示的圆弧为定位原点参照；选取图 10.3.11 所示的面作为矢量参考，方向向下。

（3）定义驱动。在“运动副”对话框中单击驱动选项卡，在平移下拉列表中选择函数选项；在函数数据类型下拉列表中选择位移选项；单击函数后的⬇按钮，选择f(x) 函数管理器...选项，在弹出的“XY 函数管理器”对话框中单击按钮，在弹出的“XY 函数编辑器”公式=区域的文本框中输入函数关系式“STEP(*x*,8,0,12,32)+STEP(*x*,12,0,16,−32)”，其余参数接受系统默认设置，单击两次确定按钮，完成驱动的定义。

（4）单击应用按钮，完成第四个运动副的添加。

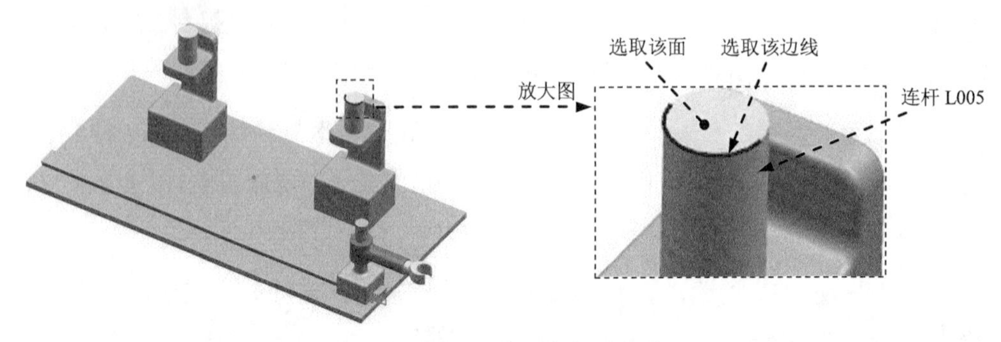

图 10.3.11 定义滑动副 3

Step9. 定义滑动副 4。

（1）选择连杆。选取图 10.3.12 所示的连杆 L006。

（2）定义原点及矢量。在“运动副”对话框的指定原点下拉列表中选择“圆弧中心”选项，在模型中选取图 10.3.12 所示的圆弧为定位原点参照；选取图 10.3.12 所示的面作为矢量参考，方向向下。

（3）定义驱动。在“运动副”对话框中单击驱动选项卡，在平移下拉列表中选择函数选项；在函数数据类型下拉列表中选择位移选项；单击函数后的按钮，选择函数管理器...选项，在弹出的“XY 函数管理器”对话框中单击按钮，在弹出的“XY 函数编辑器”公式=区域的文本框中输入函数关系式“STEP(x,28,0,32,32)+STEP(x,32,0,36,-32)”，其余参数接受系统默认设置，单击两次确定按钮，完成驱动的定义。

（4）单击确定按钮，完成第五个运动副的添加。

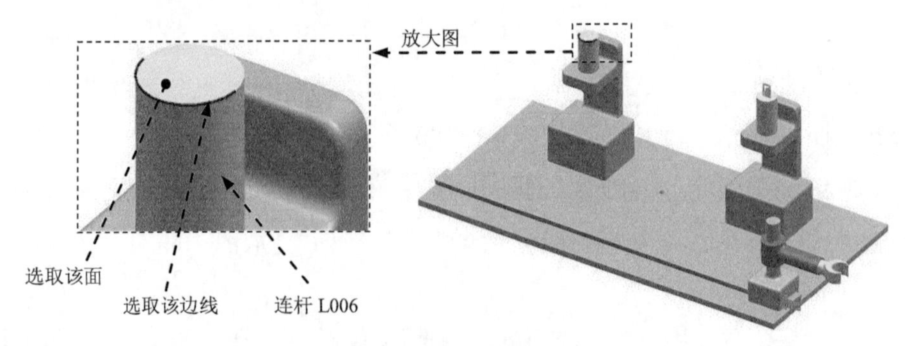

图 10.3.12 定义滑动副 4

Step10. 定义解算方案（注：本步的详细操作过程请参见随书光盘中 video\ch10.03\reference\文件下的语音视频讲解文件“magic_hand_asm -r01.exe”）。

Step11. 播放动画。在“动画控制”工具栏中单击“播放” 按钮，即可播放动画。

Step12. 在“动画控制”工具栏中单击“导出至电影” 按钮，系统弹出“录制电影”对话框，输入名称“magic_hand”，单击 OK 按钮，单击（完成动画）按钮，完成运动仿真的创建。

Step13. 创建标记。

（1）选择命令。选择下拉菜单 插入(S) → 标记(K)... 命令，系统弹出“标记”对话框。

（2）定义参考连杆。在系统**选择连杆来定义标记位置**的提示下，选取图 10.3.13 所示的连杆 L004 为参考连杆。

（3）定义参考点。在 方向 区域中单击 * 指定点 按钮，在右侧下拉列表中选择“圆弧中心”选项，在模型中选取图 10.3.13 所示的边线为原点参考。

（4）定义参考坐标系。在 方向 区域中单击 * 指定 CSYS，然后在右侧单击“CSYS”对话框按钮，在系统弹出的“CSYS”对话框 类型 下拉列表中选择 动态 选项，单击 确定 按钮，完成参考坐标系的定义。

（5）采用系统默认的显示比例和名称，单击 确定 按钮，完成标记的创建。

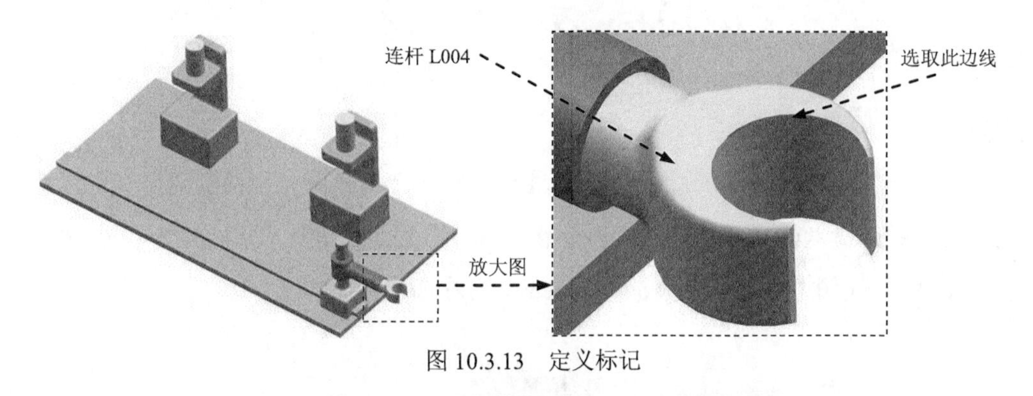

图 10.3.13 定义标记

Step14. 选择下拉菜单 分析(L) → 运动(M) → 求解(S)... 命令，对解算方案再次进行求解。

Step15. 追踪机械手的运动轨迹。

（1）选择命令。选择下拉菜单 工具(T) → 封装(P) → 追踪 命令，系统弹出“追踪”对话框。

（2）定义追踪对象。在“运动导航器”中选取标记“A001”为追踪对象；其他参数采用系统默认设置，单击 确定 按钮，完成追踪对象的定义。

Step16. 分析追踪结果。

（1）选择命令。选择下拉菜单 分析(L) → 运动(M) → 动画(A)... 命令，系统弹出“动画”对话框。

（2）激活测量检查和暂停。在该对话框中选中☑追踪复选框，然后单击“播放”▶按钮，此时机构开始运行并显示追踪结果，如图 10.3.14 所示。

（3）单击 确定 按钮，完成追踪操作。

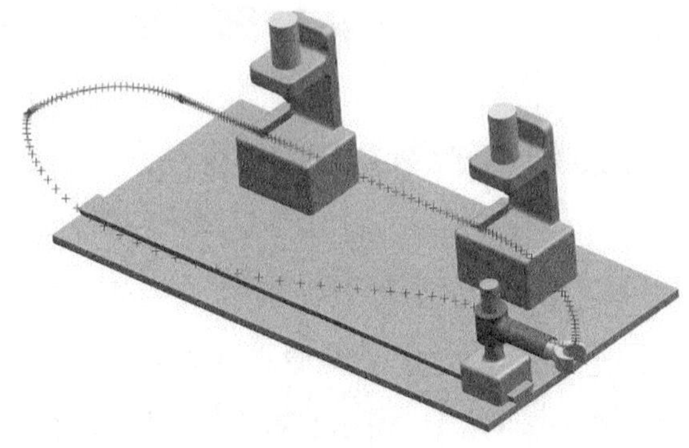

图 10.3.14 追踪结果

Step17.选择下拉菜单 文件(F) → 保存(S) 命令，保存模型。

10.4 发 动 机

范例概述：

本范例将介绍发动机仿真与分析的操作过程。首先介绍机构模型的创建过程，然后进行运动仿真，并分析发动机活塞的速度和位移曲线。机构模型如图 10.4.1 所示，读者可以打开视频文件 D:\ug10.16\work\ch10.04\engine.avi 查看机构运行状况。

图 10.4.1 发动机机构模型

Step1. 打开文件 D:\ug10.16\work\ch10.04\engine_asm.prt。

Step2. 选择 启动 → 运动仿真(O)... 命令，进入运动仿真模块。

Step3. 新建仿真文件。

（1）在“运动导航器”中右击 engine_asm，在系统弹出的快捷菜单中选择 新建仿真 命令，系统弹出“环境”对话框。

（2）在“环境”对话框中选中 动力学 单选项；选中 组件选项 区域中的 基于组件的仿真 复选框；输入仿真的名称为“motion_1”，单击 确定 按钮。

Step4. 定义连杆。

（1）定义连杆 L001。选择下拉菜单 插入(S) → 链接(L)... 命令，系统弹出“连杆”对话框，选中 固定连杆 复选框，选取图 10.4.2 所示的零件为连杆 L001，其余参数接受系统默认，在“连杆”对话框中单击 应用 按钮。

（2）定义连杆 L002。选取图 10.4.3 所示的零件为连杆 L002，在“连杆”对话框中单击 应用 按钮。

图 10.4.2　定义连杆 L001

图 10.4.3　定义连杆 L002

（3）定义连杆 L003。继续选取图 10.4.4 所示的零件为连杆 L003，在“连杆”对话框中单击 应用 按钮。

（4）定义连杆 L004。在“连杆”对话框中取消选中 固定连杆 复选框，选取图 10.4.5 所示的部件为连杆 L004，在“连杆”对话框中单击 应用 按钮。

图 10.4.4　定义连杆 L003

图 10.4.5　定义连杆 L004

（5）定义连杆 L005。选取图 10.4.6 所示的零件为连杆 L005，在“连杆”对话框中单击 应用 按钮。

（6） 定义连杆 L006。选取图 10.4.7（此图将连杆 L002 进行隐藏）所示的零件为连杆 L006，在“连杆”对话框中单击 应用 按钮。

图 10.4.6 定义连杆 L005

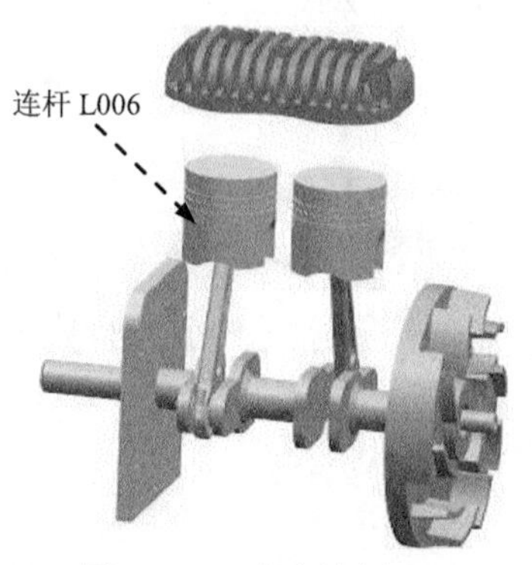

图 10.4.7 定义连杆 L006

（7）定义连杆 L007。选取图 10.4.8（此图将连杆 L002 进行隐藏）所示的零件为连杆 L007，在“连杆”对话框中单击 应用 按钮。

（8）定义连杆 L008。选取图 10.4.9（此图将连杆 L002、连杆 L003 和连杆 L004 进行隐藏）所示的组件（共两个零件）为连杆 L008，在“连杆”对话框中单击 应用 按钮。

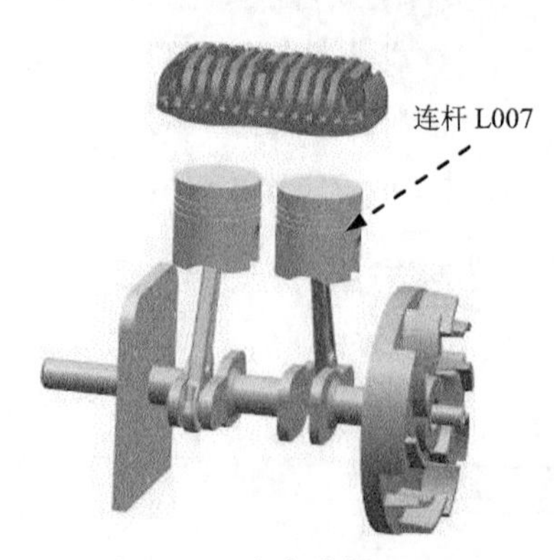

图 10.4.8 定义连杆 L007

图 10.4.9 定义连杆 L008

（9）定义连杆 L009。选取图 10.4.10（此图将连杆 L002、连杆 L004 和连杆 L005 进行隐藏）所示的组件（共两个零件）为连杆 L009，在“连杆”对话框中单击 确定 按钮。

Step5. 定义旋转副 1。

（1）选择下拉菜单 插入(S) → 运动副(J)... 命令，系统弹出“运动副”对话框。

（2）定义运动副类型。在“运动副”对话框 定义 选项卡的 类型 下拉列表中选择 旋转副 选项。

（3）选择连杆。选取图 10.4.11 所示的连杆 L003。

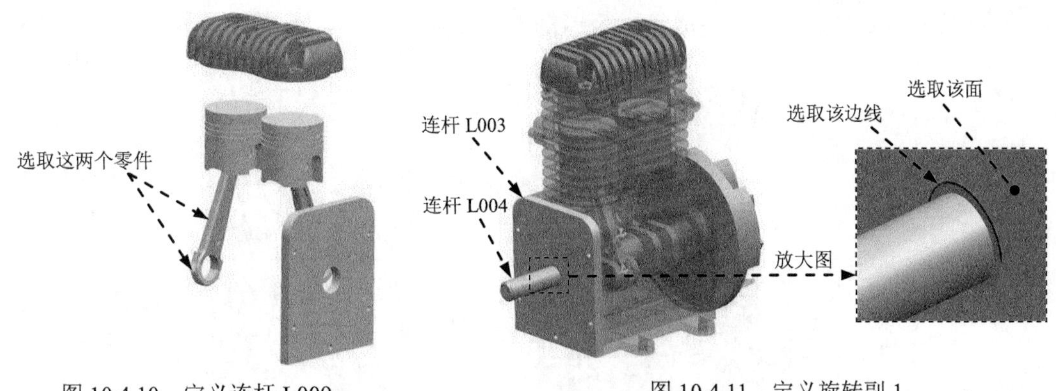

图 10.4.10　定义连杆 L009　　　　图 10.4.11　定义旋转副 1

（4）定义原点及矢量。在“运动副”对话框的 指定原点 下拉列表中选择“圆弧中心” 选项，在模型中选取图 10.4.11 所示的圆弧为定位原点参照；选取图 10.4.11 所示的面作为矢量参考面。

（5）添加啮合连杆。在“运动副”对话框的 基本 区域中选中 ☑ 啮合连杆 复选框，单击 选择连杆 (0)，选取图 10.4.11 所示的连杆 L004。

（6）定义啮合连杆原点及矢量。在“运动副”对话框 基本 区域的 指定原点 下拉列表中选择“圆弧中心” 选项，在模型中选取图 10.4.11 所示的圆弧为定位原点参照；选取图 10.4.11 所示的面作为矢量参考面。

（7）定义驱动。在“运动副”对话框中单击 驱动 选项卡，在 旋转 下拉列表中选择 恒定 选项，并在其下的 初速度 文本框中输入值 600。

（8）单击 应用 按钮，完成第一个运动副的添加。

Step6. 定义旋转副 2。

（1）选择连杆。在“运动导航器”中将连杆 L002 进行隐藏，然后选取图 10.4.12 所示的连杆 L005。

（2）定义原点及矢量。在“运动副”对话框 操作 区域的 指定原点 下拉列表中选择“圆弧中心” 选项，在模型中选取图 10.4.12 所示的圆弧为定位原点参照；选取图 10.4.12 所示的面作为矢量参考面。

（3）添加啮合连杆。在“运动副”对话框的 基本 区域中选中 ☑ 啮合连杆 复选框，单击 选择连杆 (0)，选取图 10.4.12 所示的连杆 L004。

（4）定义啮合连杆原点及矢量。在“运动副”对话框 基本 区域的 指定原点 下拉列表中选择“圆弧中心” 选项，在模型中选取图 10.4.12 所示的圆弧为定位原点参照；选取图 10.4.12

所示的面作为矢量参考面。

（5）单击 应用 按钮，完成第二个运动副的添加。

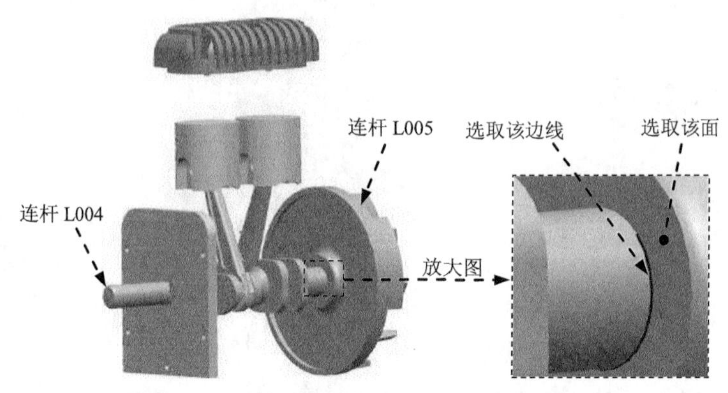

图 10.4.12　定义旋转副 2

Step7. 定义滑动副 1。

（1）定义运动副类型。在“运动导航器”中显示连杆 L002，然后将连杆 L001 进行隐藏，在“运动副”对话框 定义 选项卡的 类型 下拉列表中选择 滑动副 选项。

（2）选择连杆。选取图 10.4.13 所示的连杆 L007。

（3）定义原点及矢量。在“运动副”对话框的 指定原点 下拉列表中选择“圆弧中心”⊙选项，在模型中选取图 10.4.13 所示的圆弧为定位原点参照；选取图 10.4.13 所示的面作为矢量参考面，方向如图 10.4.14 所示。

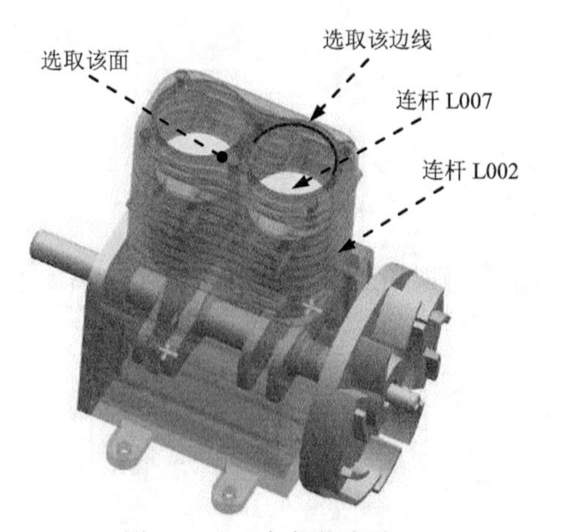

图 10.4.13　定义滑动副 1

图 10.4.14　定义滑动副的方向

（4）添加啮合连杆。在“运动副”对话框的 基本 区域中选中 ☑ 啮合连杆 复选框，单击 选择连杆 (0)，选取图 10.4.13 所示的连杆 L002。

（5）定义啮合连杆原点及矢量。在“运动副”对话框 基本 区域的 指定原点 下拉列表中选择“圆弧中心”⊙选项，在模型中选取图 10.4.13 所示的圆弧为定位原点参照；选取图 10.4.13

所示的面作为矢量参考面，方向如图 10.4.14 所示。

（6）单击 应用 按钮，完成第三个运动副的添加。

Step8. 定义滑动副 2。

（1）选择连杆。选取图 10.4.15 所示的连杆 L006。

（2）定义原点及矢量。在“运动副”对话框的 指定原点 下拉列表中选择“圆弧中心” 选项，在模型中选取图 10.4.15 所示的圆弧为定位原点参照；选取图 10.4.15 所示的面作为矢量参考面，方向如图 10.4.16 所示。

（3）添加啮合连杆。在“运动副”对话框的 基本 区域中选中 啮合连杆 复选框，单击 选择连杆 (0)，选取图 10.4.15 所示的连杆 L002。

（4）定义啮合连杆原点及矢量。在“运动副”对话框 基本 区域的 指定原点 下拉列表中选择“圆弧中心” 选项，在模型中选取图 10.4.15 所示的圆弧为定位原点参照；选取图 10.4.15 所示的面作为矢量参考面，方向如图 10.4.16 所示。

（5）单击 应用 按钮，完成第四个运动副的添加。

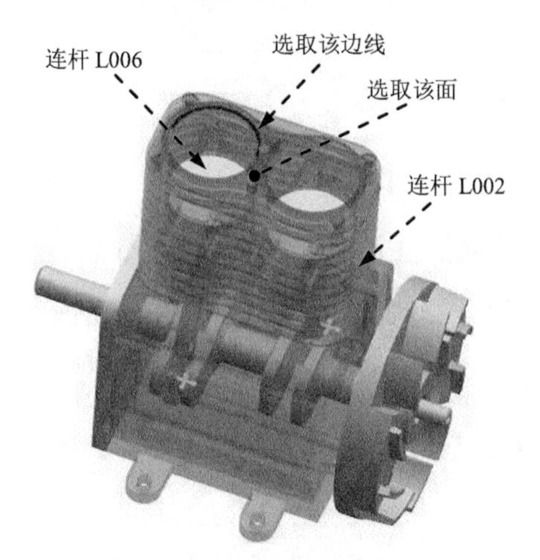

图 10.4.15 定义滑动副 2

图 10.4.16 定义滑动副的方向

Step9. 定义柱面副 1。

（1）定义运动副类型。在“运动导航器”中显示连杆 L001，然后将连杆 L002 进行隐藏，在“运动副”对话框 定义 选项卡的 类型 下拉列表中选择 柱面副 选项。

（2）选择连杆。选取图 10.4.17 所示的连杆 L009。

（3）定义原点及矢量。在“运动副”对话框的 指定原点 下拉列表中选择“圆弧中心” 选项，在模型中选取图 10.4.17 所示的圆弧为定位原点参照；选取图 10.4.17 所示的面作为矢量参考面。

（4）添加啮合连杆。在“运动副”对话框的基本区域中选中☑啮合连杆复选框，单击选择连杆 (0)，选取图 10.4.17 所示的连杆 L007。

（5）定义啮合连杆原点及矢量。在“运动副”对话框基本区域的✔指定原点下拉列表中选择“圆弧中心”⊙选项，在模型中选取图 10.4.17 所示的圆弧为定位原点参照；选取图 10.4.17 所示的面作为矢量参考面。

（6）单击应用按钮，完成第五个运动副的添加。

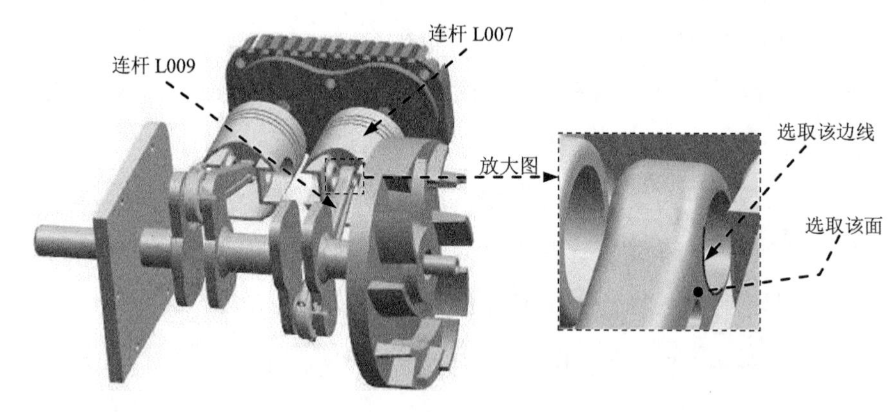

图 10.4.17　定义柱面副 1

Step10. 定义柱面副 2。

（1）选择连杆。选取图 10.4.18 所示的连杆 L008。

（2）定义原点及矢量。在“运动副”对话框的✔指定原点下拉列表中选择“圆弧中心”⊙选项，在模型中选取图 10.4.18 所示的圆弧为定位原点参照；选取图 10.4.18 所示的面作为矢量参考面。

（3）添加啮合连杆。在“运动副”对话框的基本区域中选中☑啮合连杆复选框，单击选择连杆 (0)，选取图 10.4.18 所示的连杆 L006。

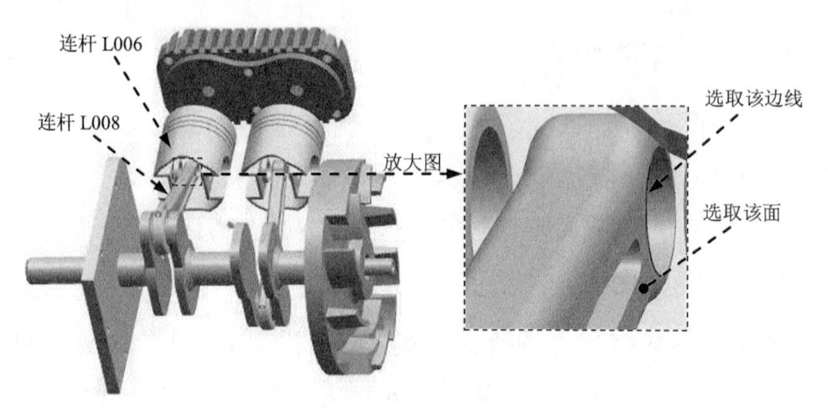

图 10.4.18　定义柱面副 2

（4）定义啮合连杆原点及矢量。在“运动副”对话框基本区域的✔指定原点下拉列表中选择“圆弧中心”⊙选项，在模型中选取图 10.4.18 所示的圆弧为定位原点参照；选取图 10.4.18 所示的面作为矢量参考面。

（5）单击 应用 按钮，完成第六个运动副的添加。

Step11. 定义共线连接 1。

（1）定义运动副类型。在“运动副”对话框 定义 选项卡的 类型 下拉列表中选择 共线 选项。

（2）选择连杆。选取图 10.4.19 所示的连杆 L008。

（3）定义原点及矢量。在“运动副”对话框的 指定原点 下拉列表中选择“圆弧中心”⊙选项，在模型中选取图 10.4.19 所示的圆弧为定位原点参照；选取图 10.4.19 所示的面作为矢量参考面。

（4）添加啮合连杆。在“运动副”对话框的 基本 区域中选中 ☑ 啮合连杆 复选框，单击 选择连杆 (0)，选取图 10.4.19 所示的连杆 L004。

（5）定义啮合连杆原点及矢量。在“运动副”对话框 基本 区域的 指定原点 下拉列表中选择“圆弧中心”⊙选项，在模型中选取图 10.4.19 所示的圆弧为定位原点参照；选取图 10.4.19 所示的面作为矢量参考面。

（6）单击 应用 按钮，完成第七个运动副的添加。

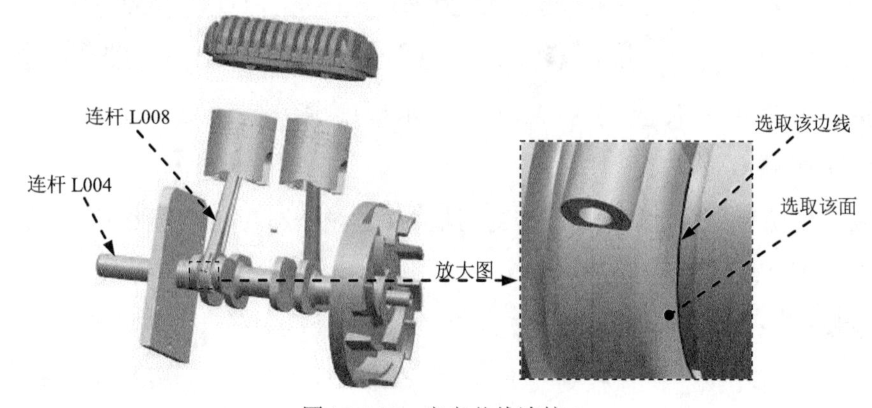

图 10.4.19　定义共线连接 1

Step12. 定义共线连接 2。

（1）选择连杆。选取图 10.4.20 所示的连杆 L009。

（2）定义原点及矢量。在“运动副”对话框的 指定原点 下拉列表中选择“圆弧中心”⊙选项，在模型中选取图 10.4.20 所示的圆弧为定位原点参照；选取图 10.4.20 所示的面作为矢量参考面。

（3）添加啮合连杆。在“运动副”对话框的基本区域中选中☑ 啮合连杆复选框，单击选择连杆 (0)，选取图 10.4.20 所示的连杆 L004。

（4）定义啮合连杆原点及矢量。在“运动副”对话框基本区域的✔ 指定原点下拉列表中选择“圆弧中心”⊙选项，在模型中选取图 10.4.20 所示的圆弧为定位原点参照；选取图 10.4.20 所示的面作为矢量参考面。

（5）单击确定按钮，完成第八个运动副的添加。

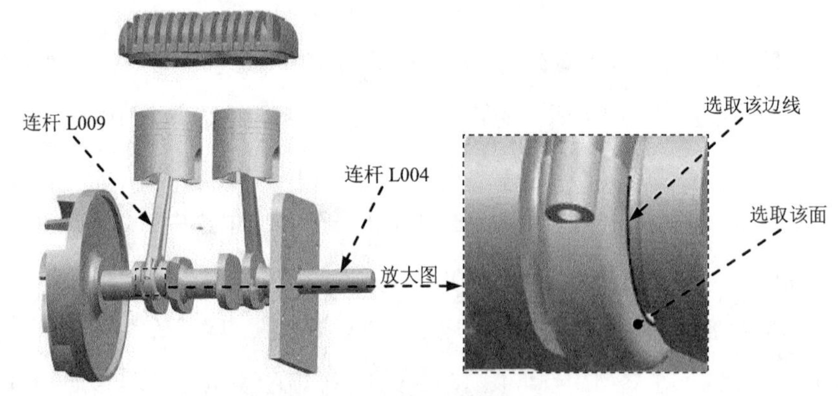

图 10.4.20　定义共线连接 2

Step13. 定义解算方案并求解。

（1）选择下拉菜单插入(S) ➡ 解算方案(I)...命令，系统弹出“解算方案”对话框；在解算方案类型下拉列表中选择常规驱动选项；在分析类型下拉列表中选择运动学/动力学选项；在时间文本框中输入值 10；在步数文本框中输入值 200；选中对话框中的☑ 通过按“确定”进行解算复选框。

（2）设置重力方向。在“解算方案”对话框重力区域的矢量下拉列表中选择ZC↑选项，其他重力参数按系统默认设置值。

（3）单击确定按钮，完成解算方案的定义。

Step14. 播放动画。在“动画控制”工具栏中单击“播放” 按钮▶，即可播放动画。

Step15. 在“动画控制”工具栏中单击“导出至电影” 按钮，系统弹出“录制电影”对话框，输入名称“engine”，单击OK按钮，单击（完成动画）按钮，完成运动仿真的创建。

Step16. 生成图 10.4.21 所示的位移图表。

（1）选择命令。选择下拉菜单分析(L) ➡ 运动(M)▸ ➡ 图表(G)...命令，系统弹出“图表”对话框。

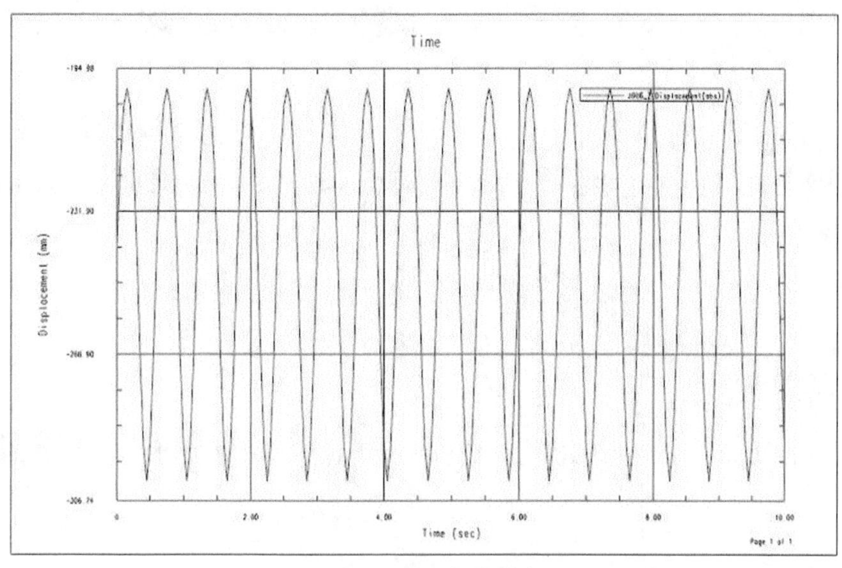

图 10.4.21　位移图表

（2）选择要生成图表的对象并定义其参数。在“图表”对话框的运动模型区域选择J006滑动副，在请求下拉列表中选择位移选项，在分量下拉列表中选择Z选项，单击Y 轴定义区域中的+按钮。

（3）选中“图表”对话框中的☑保存复选框，然后单击...按钮，选择 D:\ug10.16\work\ch10.04\ engine_asm \ engine_asm.afu 为保存路径。

（4）单击确定按钮，完成图表的输出。

Step17. 生成图 10.4.22 所示的速度图表。

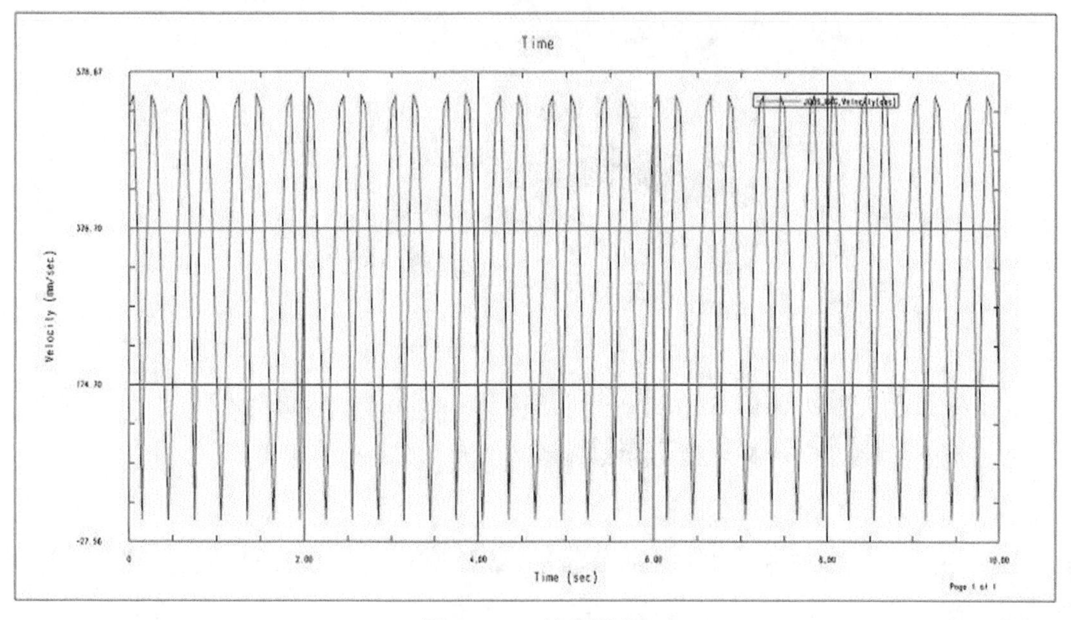

图 10.4.22　速度图表

（1）选择命令。选择下拉菜单 分析(L) → 运动(M) ▸ → 图表(G)... 命令，系统弹出“图表”对话框。

（2）选择要生成图表的对象并定义其参数。在“图表”对话框的 运动模型 区域选择 J006 滑动副，在 请求 下拉列表中选择 速度 选项，在 分量 下拉列表中选择 幅值 选项，单击 Y 轴定义 区域中的 + 按钮。

（3）选中“图表”对话框中的 ☑ 保存 复选框，然后单击 ... 按钮，选择 D:\ug10.16\work\ch10.04\ok\engine_asm \ engine_asm.afu 为保存路径。

（4）单击 确定 按钮，完成图表的输出。

Step18. 单击 按钮，返回到模型，然后选择下拉菜单 文件(F) → 保存(S) 命令，保存模型。

10.5 平行升降平台

范例概述：

本范例将介绍图 10.5.1 所示的平行升降平台的创建及运动仿真过程。在该机构中，框架为固定主体，气缸安装在框架上，8 根连杆和 5 根销轴使用旋转副连接组成平行连杆机构，工作台安装在连杆顶部，当活塞运动时，将推动工作台平行上升。读者可以打开视频文件 D:\ug10.16\work\ ch10.05\pneumatic_mech.avi 查看机构运行状况。

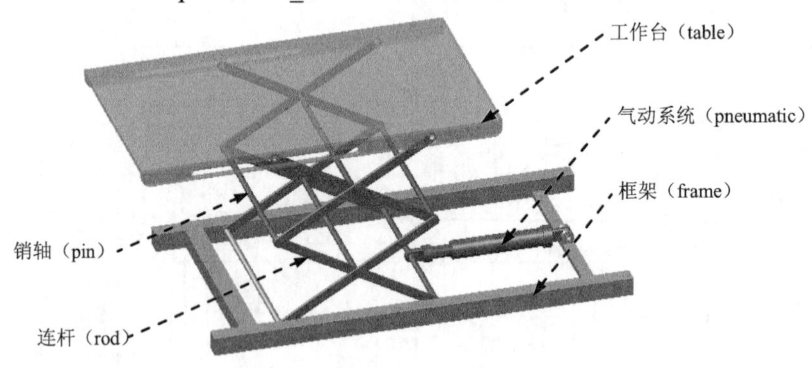

图 10.5.1 平行升降平台

Step1. 打开文件 D:\ug10.16\work\ ch10.05\pneumatic_mech_asm.prt。

Step2. 选择 启动 → 运动仿真(O)... 命令，进入运动仿真模块。

Step3. 新建仿真文件。

（1）在“运动导航器”中右击 parallel_mech_asm，在系统弹出的快捷菜单中选择 新建仿真 命令，系统弹出“环境”对话框。

（2）在“环境”对话框中选中 ⊙ 动力学 单选项；选中 组件选项 区域中的 ☑ 基于组件的仿真 复选框；输入仿真的名称为“motion_1”，单击 确定 按钮。

Step4. 定义连杆。

（1）定义连杆 L001。选择下拉菜单 插入(S) → 链接(L)... 命令，系统弹出“连杆”对话框，选中 ☑ 固定连杆 复选框，选取图 10.5.2 所示的零件为连杆 L001，其余参数接受系统默认设置，在“连杆”对话框中单击 应用 按钮。

（2）定义连杆 L002。选取图 10.5.3 所示的部件为连杆 L002，在“连杆”对话框中单击 应用 按钮。

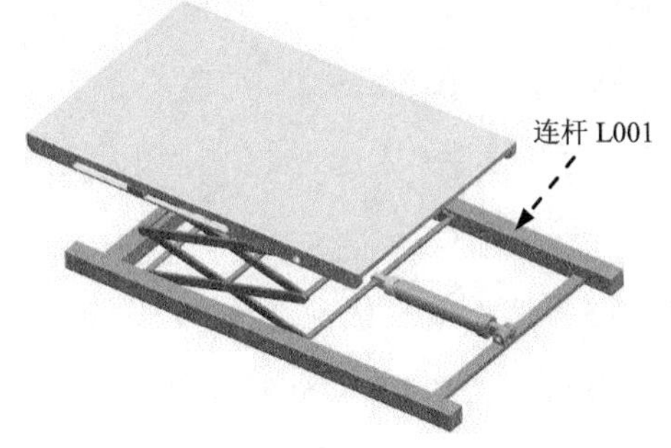

图 10.5.2 定义连杆 L001

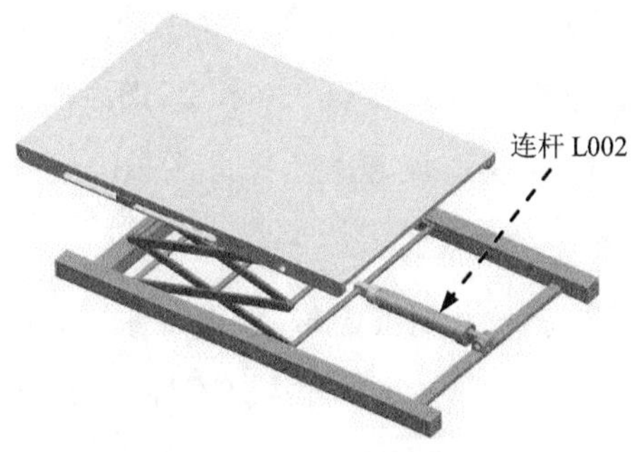

图 10.5.3 定义连杆 L002

（3）定义连杆 L003。在“连杆”对话框中取消选中 □ 固定连杆 复选框，选取图 10.5.4 所示的零件为连杆 L003，在“连杆”对话框中单击 应用 按钮。

(4) 定义连杆 L004、L005、L006 和 L007。隐藏图 10.5.4 所示的工作台零件，然后将视图方位调整至图 10.5.5 所示，参见前面的方法，选取图 10.5.5 所示的零件为连杆 L004、L005、L006 和 L007，在“连杆”对话框中分别单击 应用 按钮。

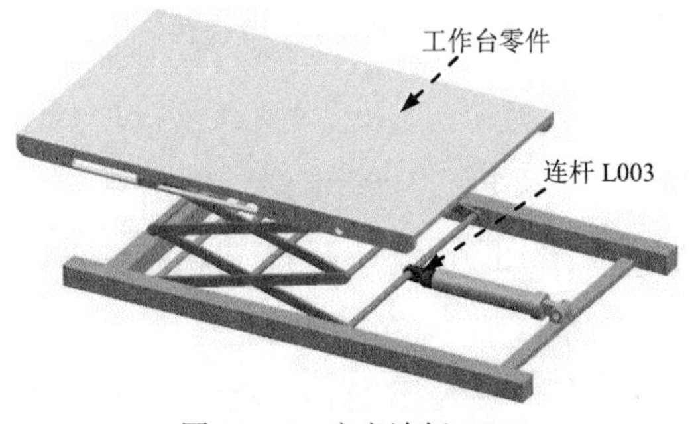

图 10.5.4 定义连杆 L003

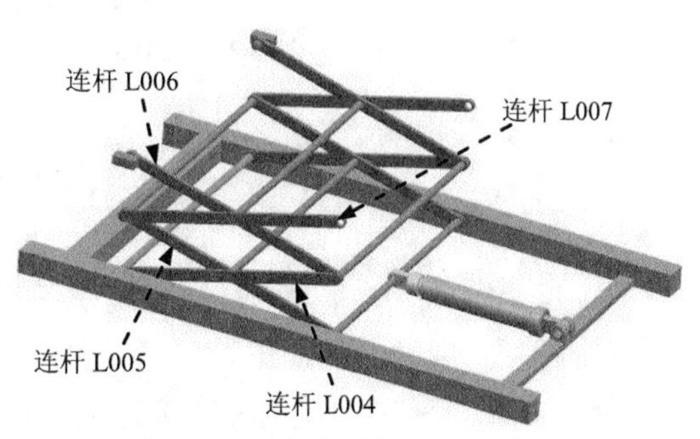

图 10.5.5 定义连杆 L004~L007

(5) 定义连杆 L008、L009、L010 和 L011。将视图方位调整至图 10.5.6 所示，参见前面的方法，选取图 10.5.6 所示的零件为连杆 L008、L009、L010 和 L011，在“连杆”对话框中分别单击 应用 按钮。

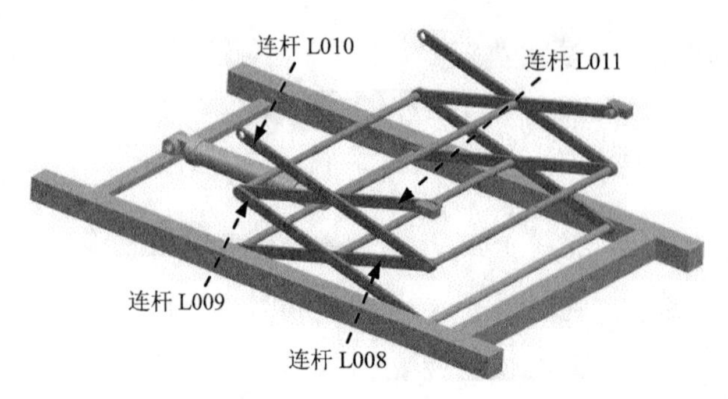

图 10.5.6　定义连杆 L008~L011

(6) 定义连杆 L012、L013、L014、L015 和 L016。隐藏前两步创建的连杆 4~连杆 11，然后将视图方位调整至图 10.5.7 所示，参见前面的方法，选取图 10.5.7 所示的零件为连杆 L012、L013、L014、L015 和 L016，在“连杆”对话框中分别单击应用按钮。

(7) 定义连杆 L017。选取图 10.5.8 所示的组件（共两个零件）为连杆 L017，在“连杆”对话框中单击应用按钮。

(8) 定义连杆 L018。取消隐藏所有的连杆及图 10.5.4 所示的工作台零件，然后选取工作台零件为连杆 L018，在“连杆”对话框中单击确定按钮，完成所有连杆的定义。

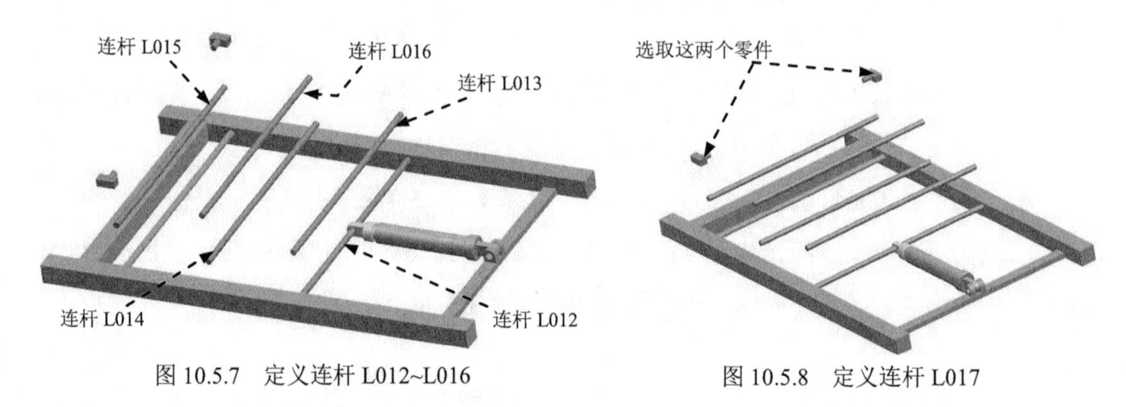

图 10.5.7　定义连杆 L012~L016　　　图 10.5.8　定义连杆 L017

Step5. 定义滑动副 1。

（1）选择下拉菜单插入(S) → 运动副(J)... 命令，系统弹出“运动副”对话框。

（2）定义运动副类型。在“运动副”对话框定义选项卡的类型下拉列表中选择滑动副选项。

（3）选择连杆。在“运动导航器”中将连杆 L018 隐藏，然后选取图 10.5.9 示的连杆 L003。

（4）定义原点及矢量。在“运动副”对话框的指定原点下拉列表中选择“圆弧中心”选项，在模型中选取图 10.5.9 示的圆弧为定位原点参照；选取图 10.5.9 所示的面作为矢量参考面，方向为指向连杆 L003。

（5）定义驱动。在“运动副”对话框中单击驱动选项卡，在平移下拉列表中选择函数选项；在函数数据类型下拉列表中选择速度选项；单击函数后的按钮，选择函数管理器...选项，在弹出的“XY函数管理器”对话框中单击按钮，在弹出的“XY函数编辑器” 公式=区域的文本框中输入函数关系式“50*sin(x)”，其余参数接受系统默认设置，单击两次确定按钮，完成驱动的定义。

（6）单击确定按钮，完成第一个运动副的添加。

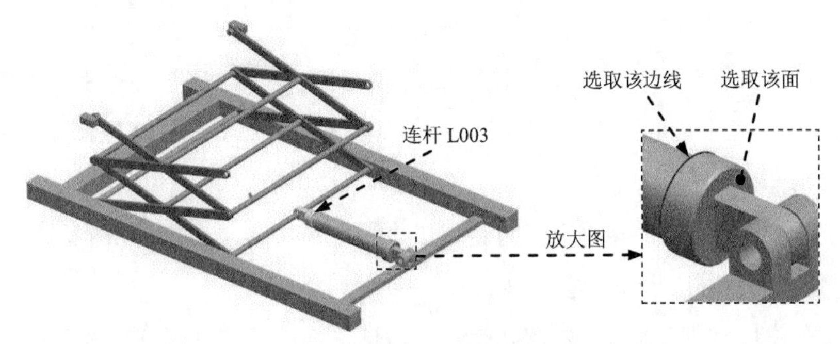

图 10.5.9 定义滑动副 1

Step6. 定义旋转副 1。

（1）选择下拉菜单插入(S) → 运动副(J)...命令，系统弹出“运动副”对话框。

（2）定义运动副类型。在“运动副”对话框定义选项卡的类型下拉列表中选择旋转副选项。

（3）选择连杆。选取图 10.5.10 所示的连杆 L003。

（4）定义原点及矢量。在“运动副”对话框的指定原点下拉列表中选择“圆弧中心”选项，在模型中选取图 10.5.10 所示的圆弧为定位原点参照；选取图 10.5.10 所示的面作为矢量参考面。

（5）添加啮合连杆。在“运动副”对话框的基本区域中选中啮合连杆复选框，单击选择连杆 (0)，选取图 10.5.10 所示的连杆 L012。

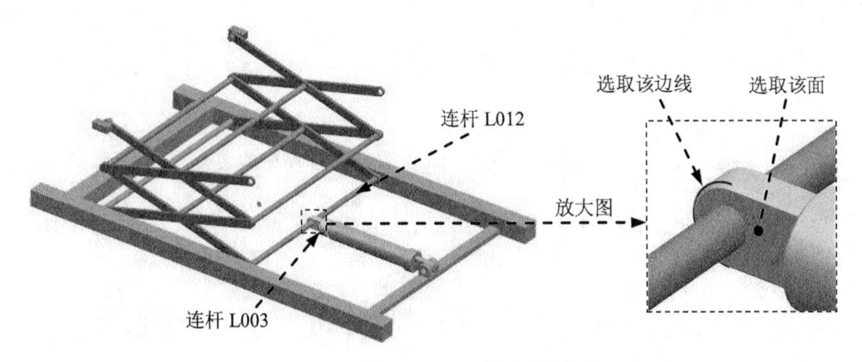

图 10.5.10 定义旋转副 1

（6）定义啮合连杆原点及矢量。在“运动副”对话框基本区域的指定原点下拉列表中选择"圆弧中心"选项，在模型中选取图 10.5.10 所示的圆弧为定位原点参照；选取图 10.5.10 所示的面作为矢量参考面。

（7）单击 应用 按钮，完成第二个运动副的添加。

Step7. 定义旋转副 2。

（1）选择连杆。在"运动导航器"中将连杆 L001 隐藏，然后选取图 10.5.11 所示的连杆 L005。

（2）定义原点及矢量。在"运动副"对话框 操作 区域的 指定原点 下拉列表中选择"圆弧中心"选项，在模型中选取图 10.5.11 所示的圆弧为定位原点参照；选取图 10.5.11 所示的面作为矢量参考面。

（3）添加啮合连杆。在"运动副"对话框的 基本 区域中选中 啮合连杆 复选框，单击 选择连杆 (0)，选取图 10.5.11 所示的连杆 L012。

（4）定义啮合连杆原点及矢量。在"运动副"对话框 基本 区域的 指定原点 下拉列表中选择"圆弧中心"选项，在模型中选取图 10.5.11 所示的圆弧为定位原点参照；选取图 10.5.11 所示的面作为矢量参考面。

（5）单击 应用 按钮，完成第三个运动副的添加。

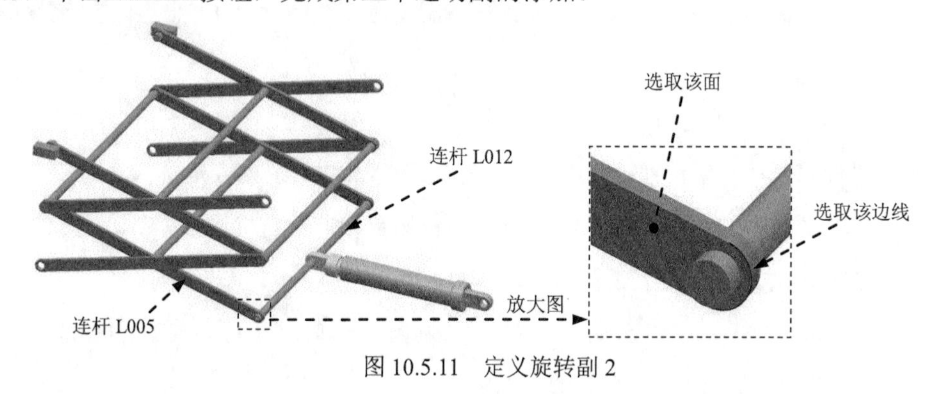

图 10.5.11　定义旋转副 2

Step8. 定义旋转副 3。

（1）选择连杆。在"运动导航器"中将连杆 L001 取消隐藏，然后选取图 10.5.12 所示的连杆 L004。

（2）定义原点及矢量。在"运动副"对话框 操作 区域的 指定原点 下拉列表中选择"圆弧中心"选项，在模型中选取图 10.5.12 所示的圆弧为定位原点参照；选取图 10.5.12 所示的面作为矢量参考面。

（3）添加啮合连杆。在"运动副"对话框的 基本 区域中选中 啮合连杆 复选框，单击 选择连杆 (0)，选取图 10.5.12 所示的连杆 L001。

（4）定义啮合连杆原点及矢量。在"运动副"对话框 基本 区域的 指定原点 下拉列表中选择“圆弧中心”选项，在模型中选取图 10.5.12 所示的圆弧为定位原点参照；选取图 10.5.12 所示的面作为矢量参考面。

（5）单击 应用 按钮，完成第四个运动副的添加。

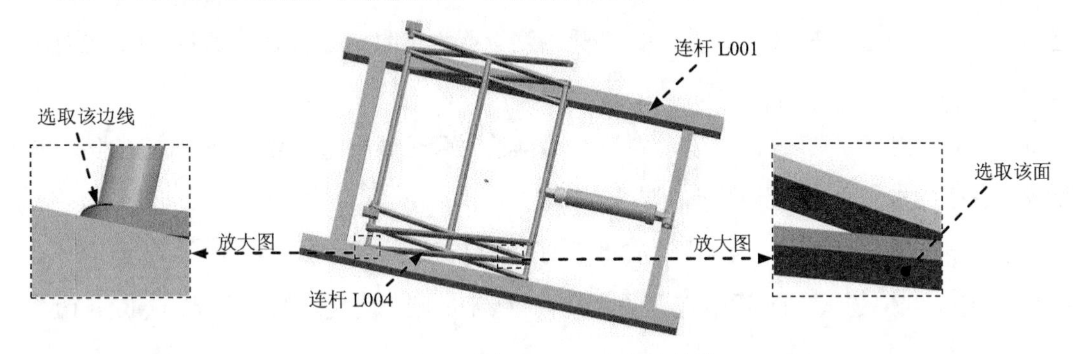

图 10.5.12　定义旋转副 3

Step9. 定义旋转副 4。

（1）选择连杆。选取图 10.5.13 所示的连杆 L014。

（2）定义原点及矢量。在“运动副”对话框 操作 区域的 指定原点 下拉列表中选择“圆弧中心”选项，在模型中选取图 10.5.13 所示的圆弧为定位原点参照；选取图 10.5.13 所示的面作为矢量参考面。

（3）添加啮合连杆。在“运动副”对话框的 基本 区域中选中 啮合连杆 复选框，单击 选择连杆 (0)，选取图 10.5.13 所示的连杆 L005。

（4）定义啮合连杆原点及矢量。在“运动副”对话框 基本 区域的 指定原点 下拉列表中选择“圆弧中心”选项，在模型中选取图 10.5.13 所示的圆弧为定位原点参照；选取图 10.5.13 所示的面作为矢量参考面。

（5）单击 应用 按钮，完成第五个运动副的添加。

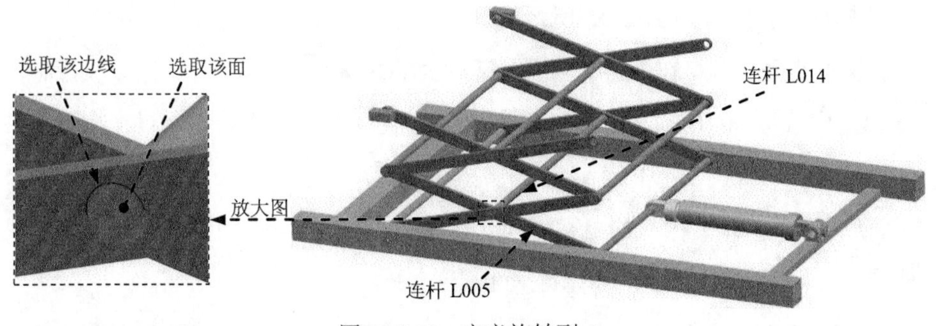

图 10.5.13　定义旋转副 4

Step10. 定义共线连接 1。

（1）定义运动副类型。在“运动副”对话框 定义 选项卡的 类型 下拉列表中选择 共线 选项。

（2）选择连杆。选取图 10.5.14 所示的连杆 L014。

（3）定义原点及矢量。在“运动副”对话框的 指定原点 下拉列表中选择“圆弧中心” 选项，在模型中选取图 10.5.14 所示的圆弧为定位原点参照；选取图 10.5.14 所示的面作为矢量参考面。

（4）添加啮合连杆。在“运动副”对话框的 基本 区域中选中 啮合连杆 复选框，单击 选择连杆 (0)，选取图 10.5.14 所示的连杆 L004。

（5）定义啮合连杆原点及矢量。在“运动副”对话框 基本 区域的 指定原点 下拉列表中选择“圆弧中心” 选项，在模型中选取图 10.5.14 所示的圆弧为定位原点参照；选取图 10.5.14 所示的面作为矢量参考面。

（6）单击 应用 按钮，完成第六个运动副的添加。

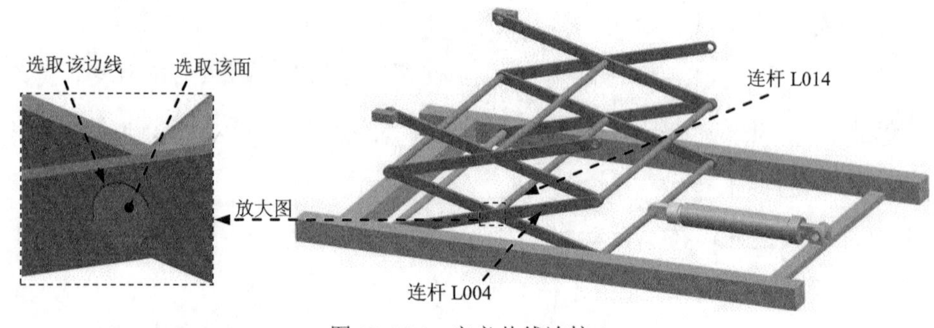

图 10.5.14 定义共线连接 1

Step11. 定义旋转副 5。

（1）定义运动副类型。在“运动副”对话框 定义 选项卡的 类型 下拉列表中选择 旋转副 选项。

（2）选择连杆。选取图 10.5.15 所示的连杆 L013。

（3）定义原点及矢量。在“运动副”对话框的 指定原点 下拉列表中选择“圆弧中心” 选项，在模型中选取图 10.5.15 所示的圆弧为定位原点参照；选取图 10.5.15 所示的面作为矢量参考面。

（4）添加啮合连杆。在“运动副”对话框的 基本 区域中选中 啮合连杆 复选框，单击 选择连杆 (0)，选取图 10.5.15 所示的连杆 L004。

（5）定义啮合连杆原点及矢量。在“运动副”对话框 基本 区域的 指定原点 下拉列表中选择“圆弧中心” 选项，在模型中选取图 10.5.15 所示的圆弧为定位原点参照；选取图 10.5.15 所示的面作为矢量参考面。

（6）单击 应用 按钮，完成第七个运动副的添加。

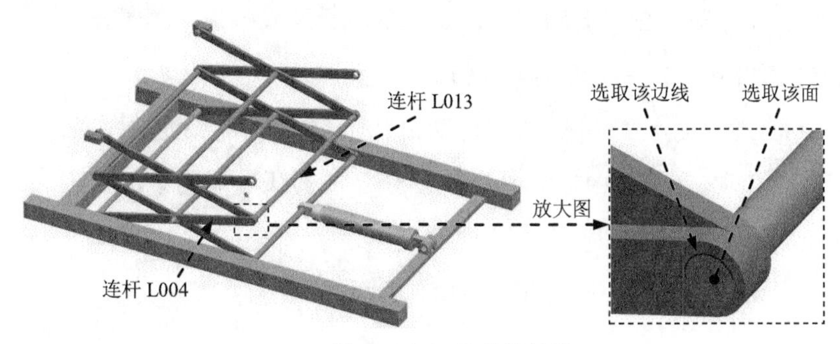

图 10.5.15　定义旋转副 5

Step12. 定义旋转副 6。

（1）选择连杆。选取图 10.5.16 所示的连杆 L015。

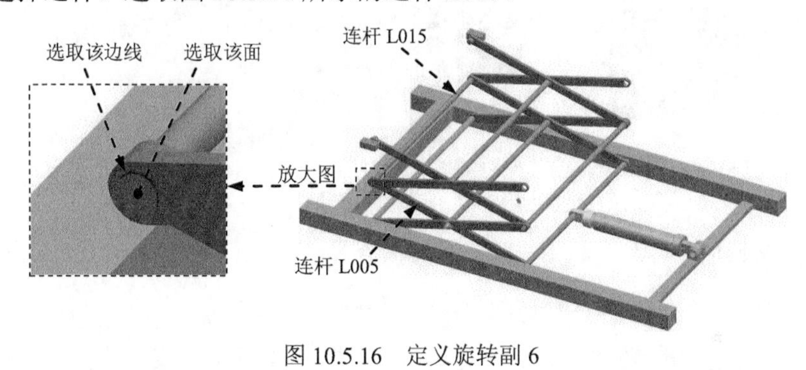

图 10.5.16　定义旋转副 6

（2）定义原点及矢量。在“运动副”对话框 操作 区域的 指定原点 下拉列表中选择“圆弧中心” 选项，在模型中选取图 10.5.16 所示的圆弧为定位原点参照；选取图 10.5.16 所示的面作为矢量参考面。

（3）添加啮合连杆。在“运动副”对话框的 基本 区域中选中 啮合连杆 复选框，单击 选择连杆 (0)，选取图 10.5.16 所示的连杆 L005。

（4）定义啮合连杆原点及矢量。在“运动副”对话框 基本 区域的 指定原点 下拉列表中选择“圆弧中心” 选项，在模型中选取图 10.5.16 所示的圆弧为定位原点参照；选取图 10.5.16 所示的面作为矢量参考面。

（5）单击 应用 按钮，完成第八个运动副的添加。

Step13. 定义旋转副 7。

（1）选择连杆。选取图 10.5.17 所示的连杆 L007。

（2）定义原点及矢量。在“运动副”对话框 操作 区域的 指定原点 下拉列表中选择“圆弧中心” 选项，在模型中选取图 10.5.17 所示的圆弧为定位原点参照；选取图 10.5.17 所示的面作为矢量参考面。

（3）添加啮合连杆。在“运动副”对话框的基本区域中选中☑ 啮合连杆复选框，单击选择连杆 (0)，选取图 10.5.17 所示的连杆 L015。

（4）定义啮合连杆原点及矢量。在“运动副”对话框基本区域的✔ 指定原点下拉列表中选择“圆弧中心”⊙选项，在模型中选取图 10.5.17 所示的圆弧为定位原点参照；选取图 10.5.17 所示的面作为矢量参考面。

（5）单击 应用 按钮，完成第九个运动副的添加。

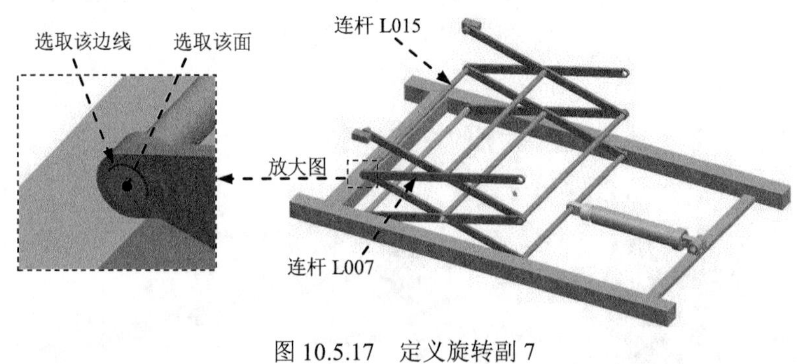

图 10.5.17 定义旋转副 7

Step14. 定义旋转副 8。

（1）选择连杆。选取图 10.5.18 所示的连杆 L006。

（2）定义原点及矢量。在“运动副”对话框的✔ 指定原点下拉列表中选择“圆弧中心”⊙选项，在模型中选取图 10.5.18 所示的圆弧为定位原点参照；选取图 10.5.18 所示的面作为矢量参考面。

（3）添加啮合连杆。在“运动副”对话框的基本区域中选中☑ 啮合连杆复选框，单击选择连杆 (0)，选取图 10.5.18 所示的连杆 L013。

（4）定义啮合连杆原点及矢量。在“运动副”对话框基本区域的✔ 指定原点下拉列表中选择“圆弧中心”⊙选项，在模型中选取图 10.5.18 所示的圆弧为定位原点参照；选取图 10.5.18 所示的面作为矢量参考面。

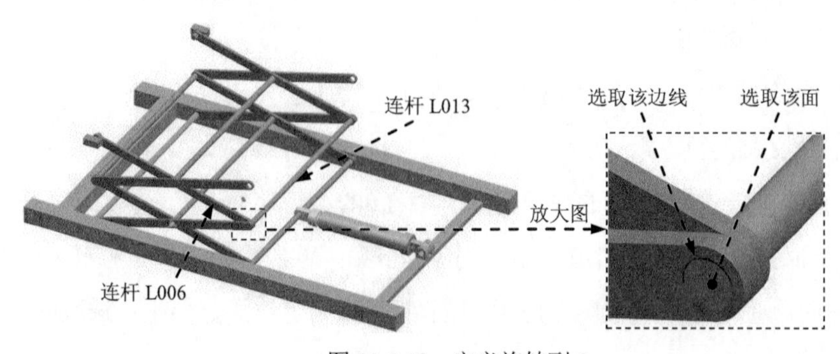

图 10.5.18 定义旋转副 8

（5）单击 应用 按钮，完成第十个运动副的添加。

Step15. 定义旋转副 9。

（1）选择连杆。选取图 10.5.19 所示的连杆 L016。

（2）定义原点及矢量。在“运动副”对话框的 指定原点 下拉列表中选择“圆弧中心” 选项，在模型中选取图 10.5.19 所示的圆弧为定位原点参照；选取图 10.5.19 所示的面作为矢量参考面。

（3）添加啮合连杆。在“运动副”对话框的 基本 区域中选中 啮合连杆 复选框，单击 选择连杆 (0)，选取图 10.5.19 所示的连杆 L007。

（4）定义啮合连杆原点及矢量。在“运动副”对话框 基本 区域的 指定原点 下拉列表中选择“圆弧中心” 选项，在模型中选取图 10.5.19 所示的圆弧为定位原点参照；选取图 10.5.19 所示的面作为矢量参考面。

（5）单击 应用 按钮，完成第十一个运动副的添加。

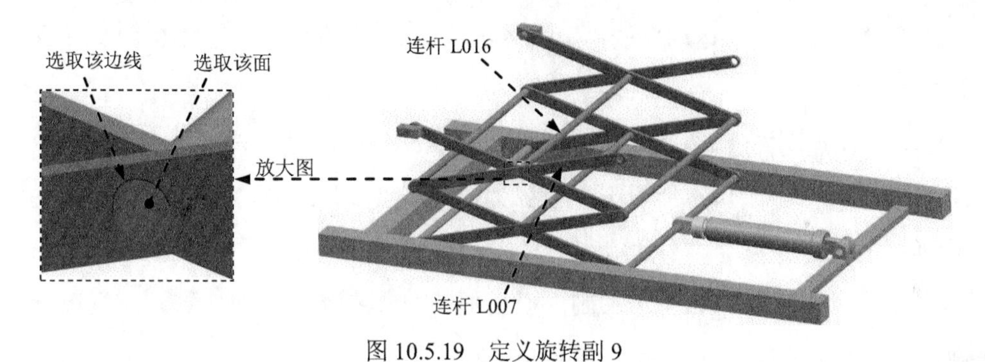

图 10.5.19　定义旋转副 9

Step16. 定义共线连接 2。

（1）定义运动副类型。在“运动副”对话框 定义 选项卡的 类型 下拉列表中选择 共线 选项。

（2）选择连杆。选取图 10.5.20 所示的连杆 L016。

（3）定义原点及矢量。在“运动副”对话框的 指定原点 下拉列表中选择“圆弧中心” 选项，在模型中选取图 10.5.20 所示的圆弧为定位原点参照；选取图 10.5.20 所示的面作为矢量参考面。

（4）添加啮合连杆。在“运动副”对话框的 基本 区域中选中 啮合连杆 复选框，单击 选择连杆 (0)，选取图 10.5.20 所示的连杆 L006。

（5）定义啮合连杆原点及矢量。在“运动副”对话框 基本 区域的 指定原点 下拉列表中选择“圆弧中心” 选项，在模型中选取图 10.5.20 所示的圆弧为定位原点参照；选取图 10.5.20

所示的面作为矢量参考面。

（6）单击 应用 按钮，完成第十二个运动副的添加。

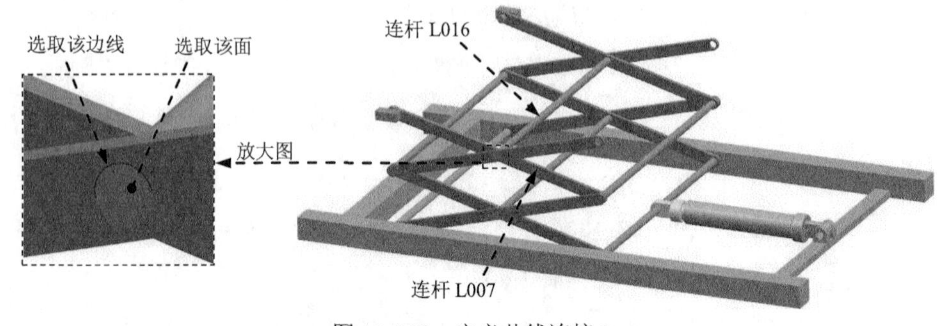

图 10.5.20　定义共线连接 2

Step17. 定义旋转副 10。

（1）定义运动副类型。在“运动副”对话框 定义 选项卡的 类型 下拉列表中选择 旋转副 选项。

（2）选择连杆。在“运动导航器”中将连杆 L018 取消隐藏，选取图 10.5.21 所示的连杆 L007。

（3）定义原点及矢量。在“运动副”对话框的 指定原点 下拉列表中选择“圆弧中心” 选项，在模型中选取图 10.5.21 所示的圆弧为定位原点参照；选取图 10.5.21 所示的面作为矢量参考面。

（4）添加啮合连杆。在“运动副”对话框的 基本 区域中选中 啮合连杆 复选框，单击 选择连杆 (0)，选取图 10.5.21 所示的连杆 L018。

（5）定义啮合连杆原点及矢量。在“运动副”对话框 基本 区域的 指定原点 下拉列表中选择“圆弧中心” 选项，在模型中选取图 10.5.21 所示的圆弧为定位原点参照；选取图 10.5.21 所示的面作为矢量参考面。

（6）单击 应用 按钮，完成第十三个运动副的添加。

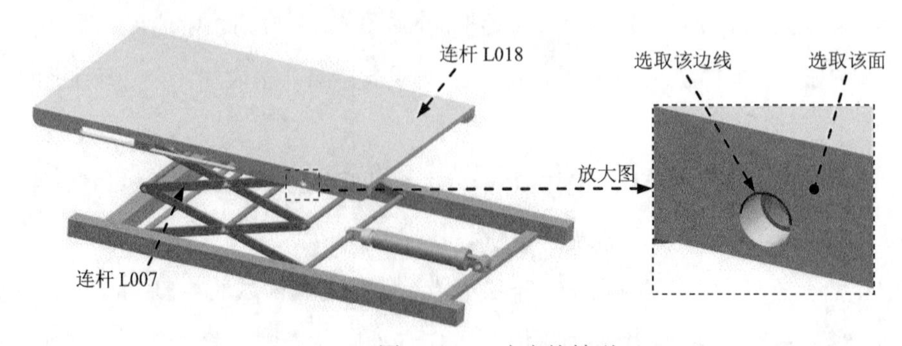

图 10.5.21　定义旋转副 10

Step18. 定义共线连接3。

（1）定义运动副类型。在“运动副”对话框 定义 选项卡的 类型 下拉列表中选择 共线 选项。

（2）选择连杆。在“运动导航器”中将连杆L018隐藏，选取图10.5.22所示的连杆L006。

（3）定义原点及矢量。在“运动副”对话框的 指定原点 下拉列表中选择“圆弧中心” 选项，在模型中选取图10.5.22所示的圆弧为定位原点参照；选取图10.5.22所示的面作为矢量参考面。

（4）添加啮合连杆。在“运动副”对话框的 基本 区域中选中 啮合连杆 复选框，单击 选择连杆 (0)，选取图10.5.22所示的连杆L017。

（5）定义啮合连杆原点及矢量。在“运动副”对话框 基本 区域的 指定原点 下拉列表中选择“圆弧中心” 选项，在模型中选取图10.5.22所示的圆弧为定位原点参照；选取图10.5.22所示的面作为矢量参考面。

（6）单击 应用 按钮，完成第十四个运动副的添加。

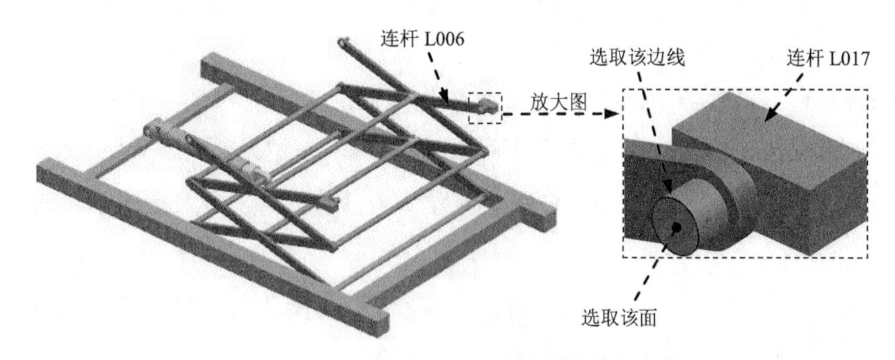

图10.5.22　定义共线连接3

Step19. 定义滑动副2。

（1）定义运动副类型。在“运动副”对话框 定义 选项卡的 类型 下拉列表中选择 滑动副 选项。

（2）选择连杆。选取图10.5.23所示的连杆L017。

（3）定义原点及矢量。在“运动副”对话框的 指定原点 下拉列表中选择“圆弧中心” 选项，在模型中选取图10.5.23所示的圆弧为定位原点参照；选取图10.5.23所示的边作为矢量参考边，单击 按钮，使方向向右。

（4）添加啮合连杆。在“运动副”对话框的 基本 区域中选中 啮合连杆 复选框，单击 选择连杆 (0)，选取图10.5.23所示的连杆L018。

（5）定义啮合连杆原点及矢量。在“运动副”对话框 基本 区域的 指定原点 下拉列表中选择“圆弧中心”选项，在模型中选取图 10.5.23 所示的圆弧为定位原点参照；选取图 10.5.23 所示的边作为矢量参考边，单击按钮，使方向向右。

（6）单击 应用 按钮，完成第十五个运动副的添加。

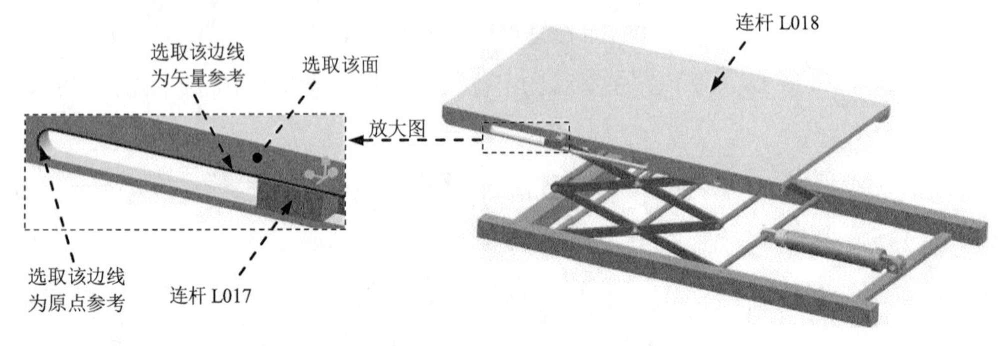

图 10.5.23 定义滑动副 2

Step20. 定义旋转副 11。

（1）定义运动副类型。在“运动副”对话框 定义 选项卡的 类型 下拉列表中选择 旋转副 选项。

（2）选择连杆。在“运动导航器”中将连杆 L001 隐藏，选取图 10.5.24 所示的连杆 L012。

（3）定义原点及矢量。在“运动副”对话框的 指定原点 下拉列表中选择“圆弧中心”选项，在模型中选取图 10.5.24 所示的圆弧为定位原点参照；选取图 10.5.24 所示的面作为矢量参考面。

（4）添加啮合连杆。在“运动副”对话框的 基本 区域中选中 啮合连杆 复选框，单击 选择连杆 (0)，选取图 10.5.24 所示的连杆 L008。

（5）定义啮合连杆原点及矢量。在“运动副”对话框 基本 区域的 指定原点 下拉列表中选择“圆弧中心”选项，在模型中选取图 10.5.24 所示的圆弧为定位原点参照；选取图 10.5.24 所示的面作为矢量参考面。

（6）单击 应用 按钮，完成第十六个运动副的添加。

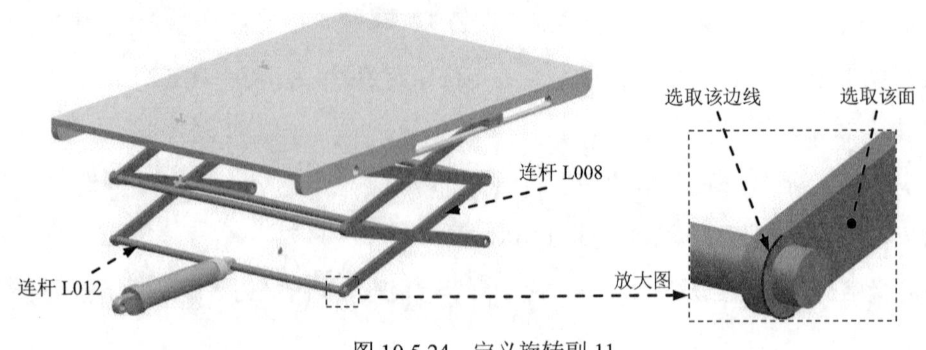

图 10.5.24 定义旋转副 11

Step21. 定义旋转副 12。

（1）选择连杆。在“运动导航器”中先将连杆 L001 取消隐藏，然后将连杆 L018 隐藏，选取图 10.5.25 所示的连杆 L009。

（2）定义原点及矢量。在“运动副”对话框的 指定原点 下拉列表中选择“圆弧中心”选项，在模型中选取图 10.5.25 所示的圆弧为定位原点参照；选取图 10.5.25 所示的面作为矢量参考面。

（3）添加啮合连杆。在“运动副”对话框的 基本 区域中选中 啮合连杆 复选框，单击 选择连杆 (0)，选取图 10.5.25 所示的连杆 L001。

（4）定义啮合连杆原点及矢量。在“运动副”对话框 基本 区域的 指定原点 下拉列表中选择“圆弧中心”选项，在模型中选取图 10.5.25 所示的圆弧为定位原点参照；选取图 10.5.25 所示的面作为矢量参考面。

（5）单击 应用 按钮，完成第十七个运动副的添加。

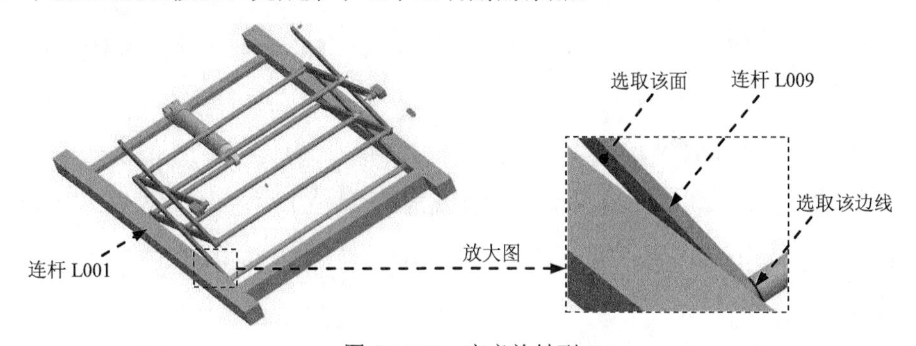

图 10.5.25　定义旋转副 12

Step22. 定义共线连接 4。

（1）定义运动副类型。在“运动副”对话框 定义 选项卡的 类型 下拉列表中选择 共线 选项。

（2）选择连杆。选取图 10.5.26 所示的连杆 L009。

（3）定义原点及矢量。在“运动副”对话框的 指定原点 下拉列表中选择“圆弧中心”选项，在模型中选取图 10.5.26 所示的圆弧为定位原点参照；选取图 10.5.26 所示的面作为矢量参考面。

（4）添加啮合连杆。在“运动副”对话框的 基本 区域中选中 啮合连杆 复选框，单击 选择连杆 (0)，选取图 10.5.26 所示的连杆 L008。

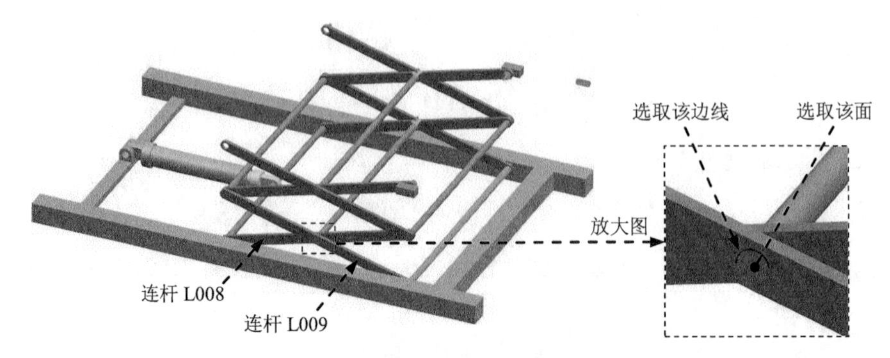

图 10.5.26 定义共线连接 4

（5）定义啮合连杆原点及矢量。在“运动副”对话框基本区域的指定原点下拉列表中选择“圆弧中心”选项，在模型中选取图 10.5.26 所示的圆弧为定位原点参照；选取图 10.5.26 所示的面作为矢量参考面。

（6）单击应用按钮，完成第十八个运动副的添加。

Step23. 定义旋转副 13。

（1）定义运动副类型。在“运动副”对话框定义选项卡的类型下拉列表中选择旋转副选项。

（2）选择连杆。选取图 10.5.27 所示的连杆 L010。

（3）定义原点及矢量。在“运动副”对话框的指定原点下拉列表中选择“圆弧中心”选项，在模型中选取图 10.5.27 所示的圆弧为定位原点参照；选取图 10.5.27 所示的面作为矢量参考面。

（4）添加啮合连杆。在“运动副”对话框的基本区域中选中啮合连杆复选框，单击选择连杆 (0)，选取图 10.5.27 所示的连杆 L013。

（5）定义啮合连杆原点及矢量。在“运动副”对话框基本区域的指定原点下拉列表中选择“圆弧中心”选项，在模型中选取图 10.5.27 所示的圆弧为定位原点参照；选取图 10.5.27 所示的面作为矢量参考面。

（6）单击应用按钮，完成第十九个运动副的添加。

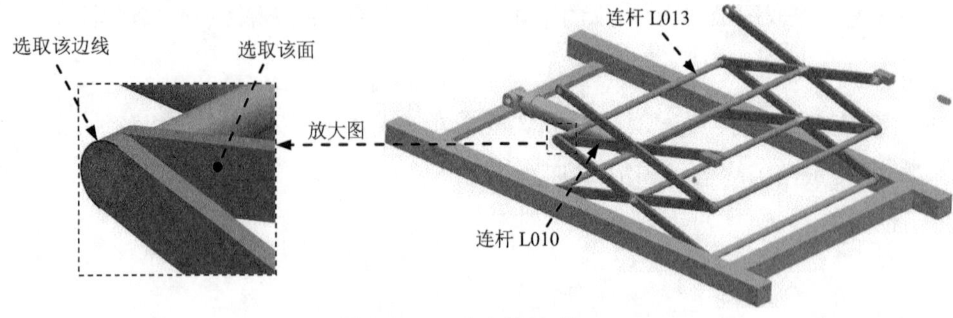

图 10.5.27 定义旋转副 13

Step24. 定义旋转副 14。

（1）选择连杆。选取图 10.5.28 所示的连杆 L011。

（2）定义原点及矢量。在“运动副”对话框的“指定原点”下拉列表中选择“圆弧中心”选项，在模型中选取图 10.5.28 所示的圆弧为定位原点参照；选取图 10.5.28 所示的面作为矢量参考面。

（3）添加啮合连杆。在“运动副”对话框的“基本”区域中选中“☑ 啮合连杆”复选框，单击“选择连杆 (0)”，选取图 10.5.28 所示的连杆 L015。

（4）定义啮合连杆原点及矢量。在“运动副”对话框“基本”区域的“指定原点”下拉列表中选择“圆弧中心”选项，在模型中选取图 10.5.28 所示的圆弧为定位原点参照；选取图 10.5.28 所示的面作为矢量参考面。

（5）单击“应用”按钮，完成第二十个运动副的添加。

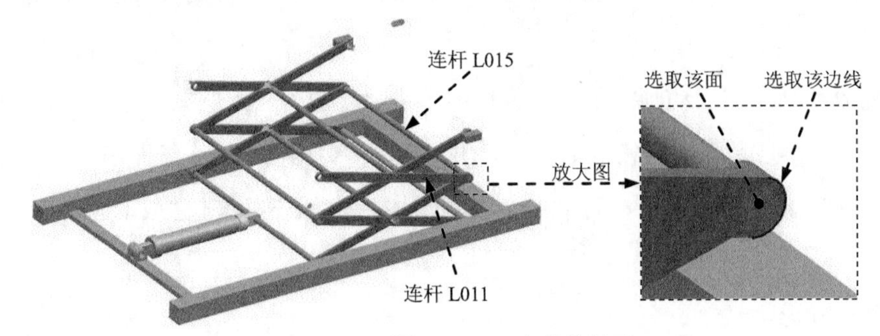

图 10.5.28　定义旋转副 14

Step25. 定义共线连接 5。

（1）定义运动副类型。在“运动副”对话框“定义”选项卡的“类型”下拉列表中选择“共线”选项。

（2）选择连杆。选取图 10.5.29 所示的连杆 L011。

（3）定义原点及矢量。在“运动副”对话框的“指定原点”下拉列表中选择“圆弧中心”选项，在模型中选取图 10.5.29 所示的圆弧为定位原点参照；选取图 10.5.29 所示的面作为矢量参考面。

（4）添加啮合连杆。在“运动副”对话框的“基本”区域中选中“☑ 啮合连杆”复选框，单击“选择连杆 (0)”，选取图 10.5.29 所示的连杆 L010。

（5）定义啮合连杆原点及矢量。在“运动副”对话框“基本”区域的“指定原点”下拉列表中选择“圆弧中心”选项，在模型中选取图 10.5.29 所示的圆弧为定位原点参照；选取图 10.5.29

所示的面作为矢量参考面。

（6）单击 确定 按钮，完成第二十一个运动副的添加。

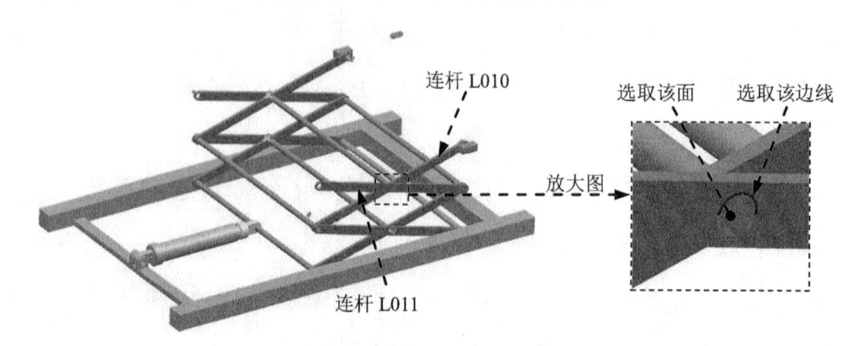

图 10.5.29 定义共线连接 5

Step26. 定义解算方案（在“运动导航器”中将连杆 L018 取消隐藏）（注：本步的详细操作过程请参见随书光盘中 video\ch10.05\reference\文件下的语音视频讲解文件“engine-r01.exe”）。

Step27. 播放动画。在“动画控制”工具栏中单击“播放” 按钮，即可播放动画。

Step28. 在“动画控制”工具栏中单击“导出至电影” 按钮，系统弹出“录制电影”对话框，输入名称“pneumatic_mech”，单击 OK 按钮，单击（完成动画）按钮，完成运动仿真的创建。

Step29. 创建标记。

（1）选择命令。选择下拉菜单 插入(S) → 标记(K)... 命令，系统弹出“标记”对话框。

（2）在系统 选择连杆来定义标记位置 的提示下，选择图 10.5.30 所示的连杆 L018，在 * 指定点 右侧的下拉列表中选择选项，然后选择图 10.5.30 所示的面；单击 * 指定 CSYS 右侧的“CSYS”对话框按钮，在系统弹出的“CSYS”对话框 类型 下拉列表中选择 动态 选项，单击 确定 按钮。

（3）采用系统默认的显示比例和名称，单击 确定 按钮，完成标记的创建。

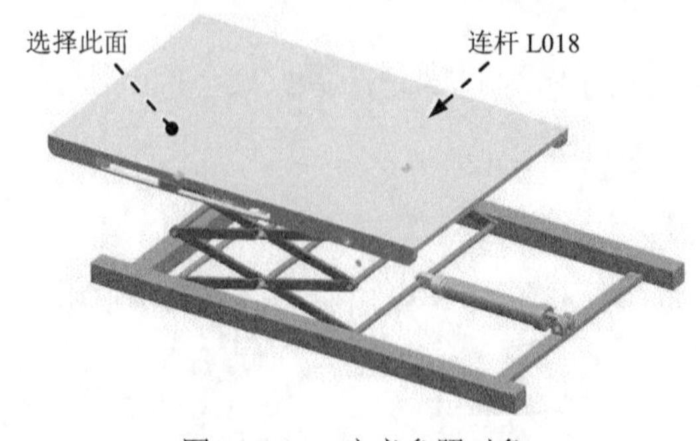

图 10.5.30 定义参照对象

Step30. 求解。选择下拉菜单 分析(L) → 运动(M) → 求解(S)... 命令，再次对方案进行求解。

Step31. 生成图 10.5.31 所示的位移图表。

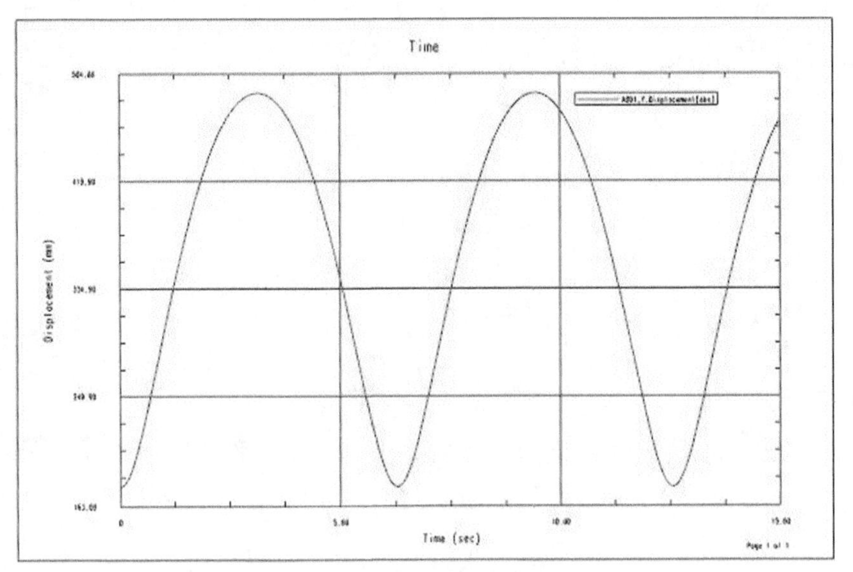

图 10.5.31　位移图表

（1）选择命令。选择下拉菜单 分析(L) → 运动(M) → 图表(G)... 命令，系统弹出“图表”对话框。

（2）选择要生成图表的对象并定义其参数。在“图表”对话框的 运动模型 区域选择 A001 标记，在 请求 下拉列表中选择 位移 选项，在 分量 下拉列表中选择 Y 选项，单击 Y 轴定义 区域中的 + 按钮。

（3）选中“图表”对话框中的 ☑ 保存 复选框，然后单击 ... 按钮，选择 D:\ug10.16\work\ch10.05\ok\pneumatic_mech_asm\pneumatic_mech_asm.afu 为保存路径。

（4）单击 确定 按钮，完成图表的输出。

Step32 生成图 10.5.32 所示的速度图表。

（1）选择命令。选择下拉菜单 分析(L) → 运动(M) → 图表(G)... 命令，系统弹出“图表”对话框。

（2）选择要生成图表的对象并定义其参数。在“图表”对话框的 运动模型 区域选择 A001 标记，在 请求 下拉列表中选择 速度 选项，在 分量 下拉列表中选择 幅值 选项，单击 Y 轴定义 区域中的 + 按钮。

（3）选中“图表”对话框中的 ☑ 保存 复选框，然后单击 ... 按钮，选择 D:\ug10.16\work\ch10.05\ok\pneumatic_mech_asm\pneumatic_mech_asm.afu 为保存路径。

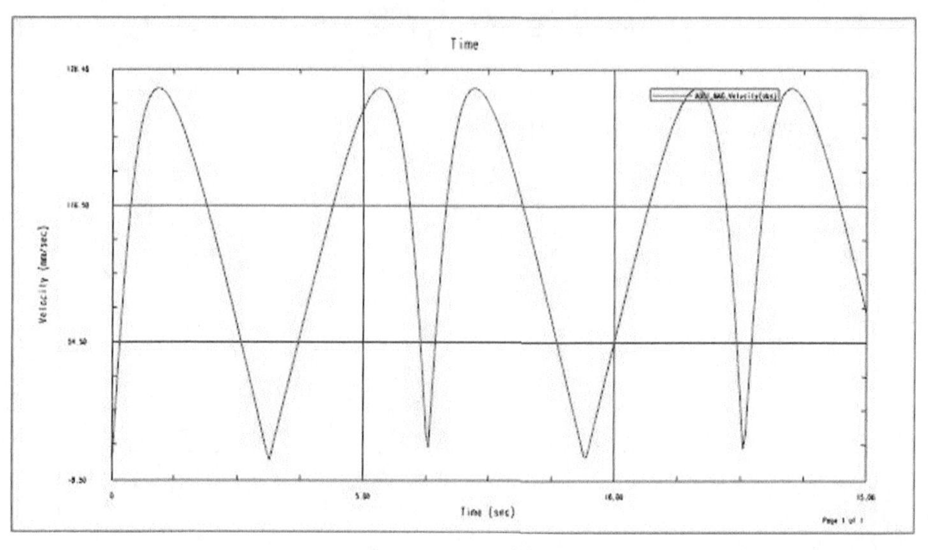

图 10.5.32 速度图表

Step33. 单击按钮，返回到模型，然后选择下拉菜单文件(F) ➡ 保存(S)命令，保存模型。

10.6 轴承拆卸器

范例概述:

本范例将介绍轴承拆卸器机构运动仿真的操作过程，该机构的要点是螺旋副的应用。机构模型如图 10.6.1 所示，在该机构中，首先利用函数驱动抓爪中的旋转副旋转运动，待抓爪抓住轴承后，再利用函数驱动手柄中的旋转副旋转，通过螺纹连接带动抓爪上移，在抓爪和轴承之间添加 3D 接触，从而抓爪上移时将带动轴承一起向上运动，达到拆卸轴承的目的。读者可以打开视频文件 D:\ug10.16\work\ch10.06\cxq.avi 查看机构运行状况。

图 10.6.1 轴承拆卸器

Step1. 打开文件 D:\ug10.16\work\ch10.06\ cxq0000_asm.prt。

Step2. 选择 启动 → 运动仿真(O)... 命令，进入运动仿真模块。

Step3. 新建仿真文件。

（1）在“运动导航器”中右击 cxq0000_asm，在系统弹出的快捷菜单中选择 新建仿真 命令，系统弹出“环境”对话框。

（2）在“环境”对话框中选中 ⊙ 动力学 单选项；选中 组件选项 区域中的 ☑ 基于组件的仿真 复选框；输入仿真的名称为“motion_1”，单击 确定 按钮。

Step4. 定义连杆。

（1）定义连杆 L001、连杆 L002 和连杆 L003。选择下拉菜单 插入(S) → 链接(L)... 命令，系统弹出“连杆”对话框，取消选中 □ 固定连杆 复选框，然后选取图 10.6.2 所示的零件为连杆 L001（共 5 个零件）、连杆 L002 和连杆 L003（共 3 个零件），其余参数接受系统默认，在“连杆”对话框中分别单击 应用 按钮。

（2）定义连杆 L004 和连杆 L005。选取图 10.6.3 所示的零件为连杆 L004 和连杆 L005，在“连杆”对话框中分别单击 应用 按钮。

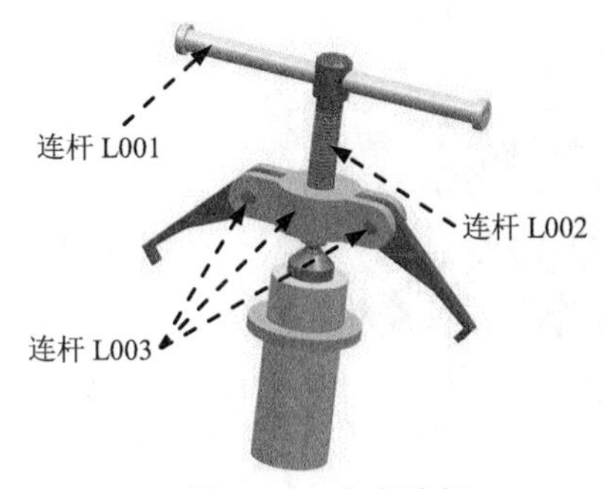

图 10.6.2 定义连杆 1

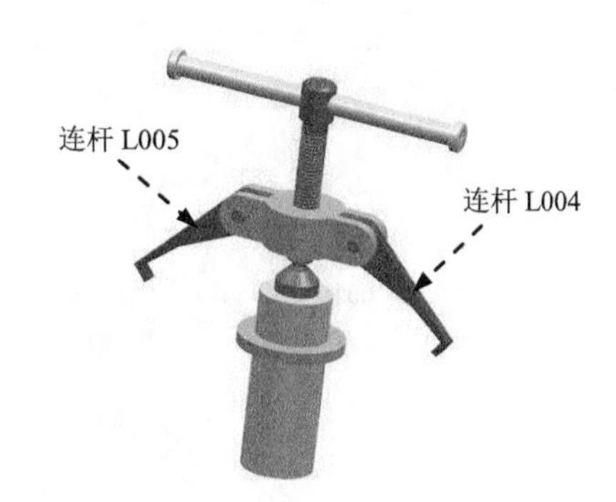

图 10.6.3　定义连杆 2

（3）定义连杆 L006。取消选中 □ 固定连杆 复选框，选取图 10.6.4 所示的零件为连杆 L006，在“连杆”对话框中单击 应用 按钮。

（4）定义连杆 L007。选中 ☑ 固定连杆 复选框，选取图 10.6.4 所示的零件为连杆 L007，在“连杆”对话框中单击 应用 按钮。

（5）定义连杆 L008。取消选中 □ 固定连杆 复选框，选取图 10.6.5 所示的零件为连杆 L008，在“连杆”对话框中单击 确定 按钮，完成所有连杆的定义。

Step5. 定义旋转副 1。

（1）选择命令。选择下拉菜单 插入(S) → 运动副(J)... 命令，系统弹出“运动副”对话框。

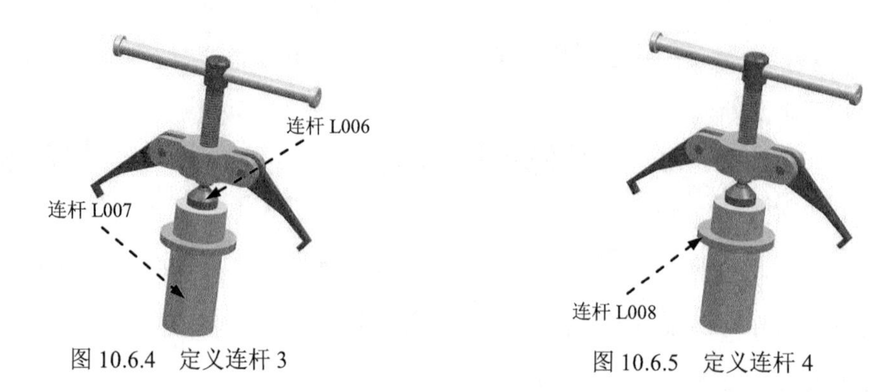

图 10.6.4 定义连杆 3　　图 10.6.5 定义连杆 4

（2）定义运动副类型。在“运动副”对话框 定义 选项卡的 类型 下拉列表中选择 旋转副 选项。

（3）选择连杆。选取图 10.6.6 所示的连杆 L001。

（4）定义原点及矢量。单击 “运动副”对话框 指定原点 右边的“点”对话框按钮，在“点”对话框的 类型 下拉列表中选择 自动判断的点 选项，在 输出坐标 下 X 、Y 、Z 后的文本框中均输入值 0，单击“点对话框”中的 确定 按钮；单击 指定矢量 按钮，在模型中选取图 10.6.6 所示的平面作为矢量参考面，单击 按钮，使方向向下。

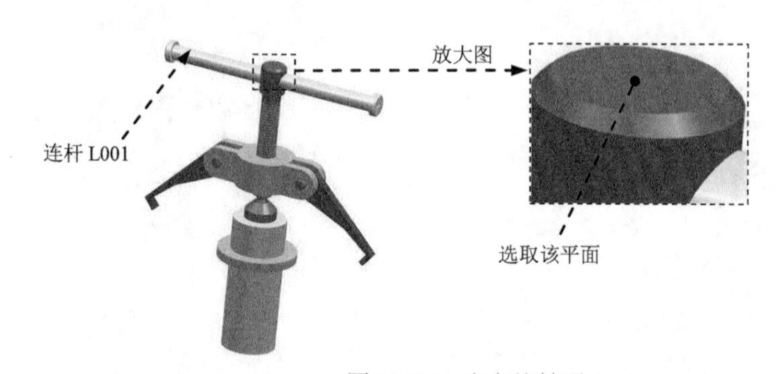

图 10.6.6 定义旋转副 1

（5）定义驱动。在“运动副”对话框中单击 驱动 选项卡，在 旋转 下拉列表中选择 函数 选项；在 函数数据类型 下拉列表中选择 速度 选项；单击 函数 后的 按钮，选择 函数管理器... 选项，在弹出的“XY 函数管理器”对话框中单击 按钮，在弹出的“XY 函数编辑器” 公式= 区域的文本框中输入函数关系式“STEP(x, 5, 0, 20, 300)”，其余参数接受系统默认设置，单击两次 确定 按钮，完成驱动的定义。

（6）单击 应用 按钮，完成第一个运动副的添加。

Step6. 定义旋转副 2。

（1）选择连杆。将连杆 L003 隐藏，然后选取图 10.6.7 所示的连杆 L005。

（2）定义原点及矢量。在“运动副”对话框的 指定原点 下拉列表中选择“圆弧中心”

选项，在模型中选取图 10.6.7 所示的圆弧为定位原点参照；选取图 10.6.7 所示的面作为矢量参考面。

（3）添加啮合连杆。将连杆 L003 取消隐藏，在“运动副”对话框的基本区域中选中☑ 啮合连杆复选框，单击选择连杆 (0)，选取连杆 L003。

（4）定义啮合连杆原点及矢量。在“运动副”对话框基本区域的✔ 指定原点下拉列表中选择“圆弧中心”⊙选项，在模型中选取图 10.6.7 所示的圆弧为定位原点参照；选取图 10.6.7 所示的面作为矢量参考面。

（5）定义驱动。在“运动副”对话框中单击驱动选项卡，在旋转下拉列表中选择函数选项；在函数数据类型下拉列表中选择位移选项；单击函数后的⬇按钮，选择f(x) 函数管理器...选项，在弹出的“XY 函数管理器”对话框中单击按钮，在弹出的“XY 函数编辑器”公式=区域的文本框中输入函数关系式“STEP(*x*, 0, 0, 5, 50)”，其余参数接受系统默认设置，单击两次确定按钮，完成驱动的定义。

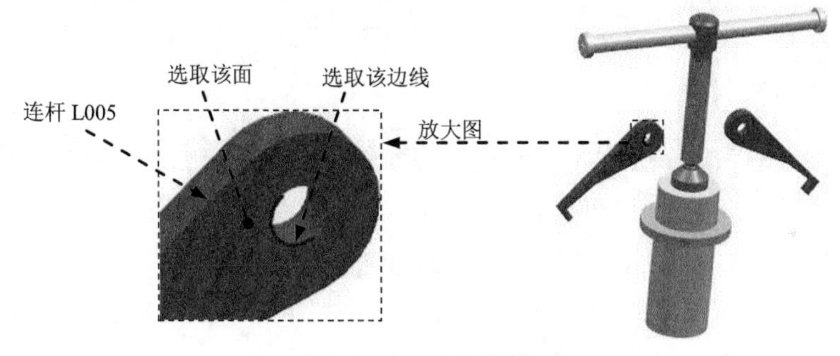

图 10.6.7　定义旋转副 2

（6）单击应用按钮，完成第二个运动副的添加。

Step7. 定义旋转副 3。

（1）选择连杆。将连杆 L003 隐藏，然后选取图 10.6.8 所示的连杆 L004。

（2）定义原点及矢量。在“运动副”对话框的✔ 指定原点下拉列表中选择“圆弧中心”⊙选项，在模型中选取图 10.6.8 所示的圆弧为定位原点参照；选取图 10.6.8 所示的面作为矢量参考面。

（3）添加啮合连杆。将连杆 L003 取消隐藏，在“运动副”对话框的基本区域中选中☑ 啮合连杆复选框，单击选择连杆 (0)，选取连杆 L003。

（4）定义啮合连杆原点及矢量。在“运动副”对话框基本区域的✔ 指定原点下拉列表中选择“圆弧中心”⊙选项，在模型中选取图 10.6.8 所示的圆弧为定位原点参照；选取图 10.6.8 所示的面作为矢量参考面。

（5）定义驱动。在“运动副”对话框中单击 驱动 选项卡，在 旋转 下拉列表中选择 函数 选项；在 函数数据类型 下拉列表中选择 位移 选项；单击 函数 后的 按钮，选择 f(x) 函数管理器... 选项，在弹出的“XY 函数管理器”对话框中单击 按钮，在弹出的“XY 函数编辑器” 公式= 区域的文本框中输入函数关系式“STEP(*x*,0, 0, 5, −50)”，其余参数接受系统默认设置，单击两次 确定 按钮，完成驱动的定义。

（6）单击 应用 按钮，完成第三个运动副的添加。

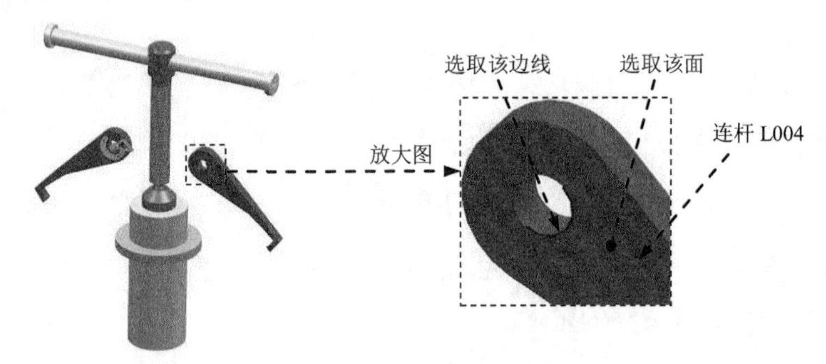

图 10.6.8　定义旋转副 3

Step8. 定义滑动副 1。

(1) 定义运动副类型。在“运动副”对话框 定义 选项卡的 类型 下拉列表中选择 滑动副 选项。

（2）选择连杆。选取图 10.6.9 所示的连杆 L008。

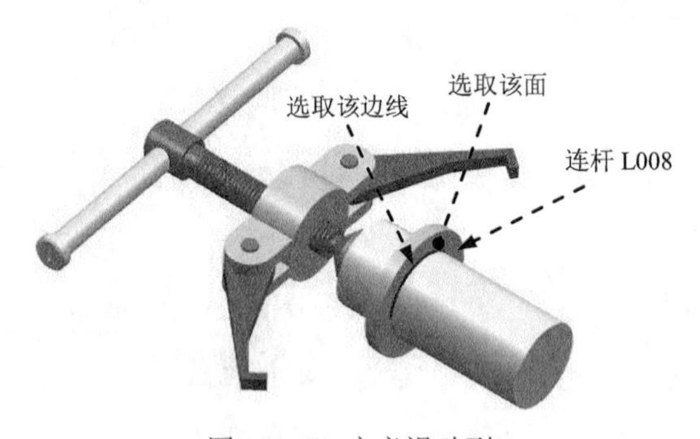

图 10.6.9　定义滑动副 1

（3）定义原点及矢量。在“运动副”对话框的 指定原点 下拉列表中选择“圆弧中心” 选项，在模型中选取图 10.6.9 所示的圆弧为定位原点参照；选取图 10.6.9 所示的面作为矢量参考面，单击 按钮。

（4）单击 应用 按钮，完成第四个运动副的添加。

Step9. 定义共线连接。

(1) 定义运动副类型。在“运动副”对话框 定义 选项卡的 类型 下拉列表中选择 共线 选项。

（2）选择连杆。选取图 10.6.10 所示的连杆 L002。

（3）定义原点及矢量。在“运动副”对话框的 指定原点 下拉列表中选择“圆弧中心” 选项，在模型中选取图 10.6.10 所示的圆弧为定位原点参照；选取图 10.6.10 所示的面作为矢量参考面。

（4）添加啮合连杆。在“运动副”对话框的 基本 区域中选中 啮合连杆 复选框，单击 选择连杆 (0)，选取连杆 L001。

（5）定义啮合连杆原点及矢量。在“运动副”对话框 基本 区域的 指定原点 下拉列表中选择“圆弧中心” 选项，在模型中选取图 10.6.10 所示的圆弧为定位原点参照；选取图 10.6.10 所示的面作为矢量参考面。

（6）单击 应用 按钮，完成第五个运动副的添加。

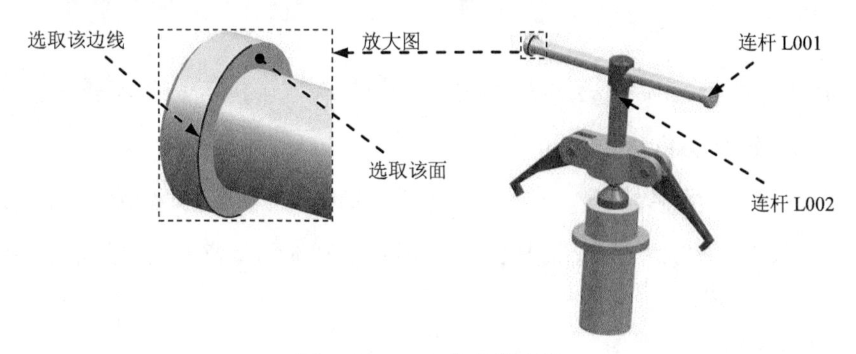

图 10.6.10　定义共线连接

Step10. 定义螺旋副。

(1) 定义运动副类型。在“运动副”对话框 定义 选项卡的 类型 下拉列表中选择 螺旋副 选项。

（2）选择连杆。选取图 10.6.11 所示的连杆 L002。

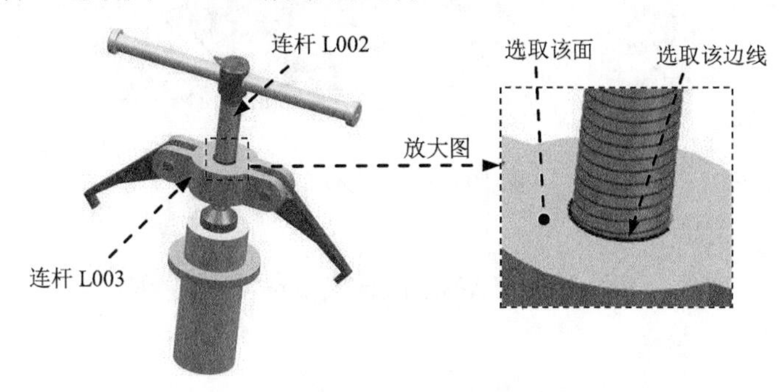

图 10.6.11　定义螺旋副

（3）定义原点及矢量。在“运动副”对话框的 指定原点 下拉列表中选择“圆弧中心”

选项，在模型中选取图 10.6.11 所示的圆弧为定位原点参照；选取图 10.6.11 所示的面作为矢量参考面，单击按钮，使方向向下。

（4）添加啮合连杆。单击“运动副”对话框基本区域中的选择连杆 (0)，选取连杆 L003。

（5）定义螺旋副比率。在“运动副”对话框设置区域的螺旋副比率文本框中输入值 2.5。

（6）单击应用按钮，完成第六个运动副的添加。

Step11. 定义固定副。

(1) 定义运动副类型。在“运动副”对话框定义选项卡的类型下拉列表中选择固定选项。

（2）选择连杆。选取图 10.6.12 所示的连杆 L007。

（3）定义原点及矢量。在“运动副”对话框的指定原点下拉列表中选择“圆弧中心”选项，在模型中选取图 10.6.12 所示的圆弧为定位原点参照；选取图 10.6.12 所示的面作为矢量参考面。

（4）添加啮合连杆。在“运动副”对话框的基本区域中选中啮合连杆复选框，单击选择连杆 (0)，选取连杆 L006。

（5）定义啮合连杆原点及矢量。在“运动副”对话框基本区域的指定原点下拉列表中选择“圆弧中心”选项，在模型中选取图 10.6.12 所示的圆弧为定位原点参照；选取图 10.6.12 所示的面作为矢量参考面。

（6）单击应用按钮，完成第七个运动副的添加。

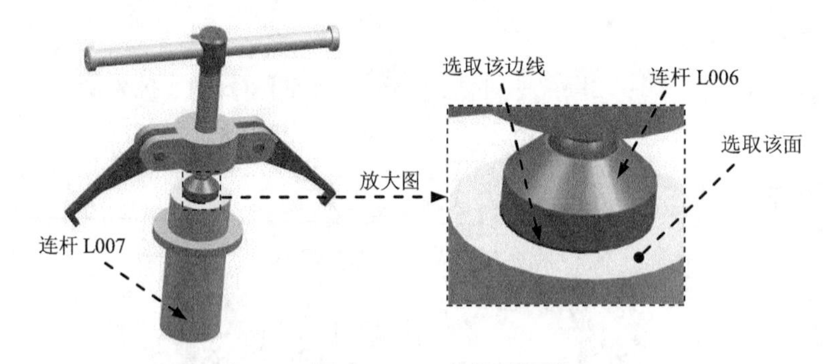

图 10.6.12 定义固定副

Step12. 定义滑动副 2。

(1) 定义运动副类型。在“运动副”对话框定义选项卡的类型下拉列表中选择滑动副选项。

（2）选择连杆。选取图 10.6.13 所示的连杆 L003。

（3）定义原点及矢量。单击 “运动副”对话框指定原点右边的“点”对话框按钮，在“点”对话框的类型下拉列表中选择“点在面上”选项，然后选取图 10.6.13 所示的弧面，在面上的位置区域下U 向参数和V 向参数后的文本框中均输入值 0.5，单击“点”对话框中的确定按钮；单击* 指定矢量按钮，选取图 10.6.13 所示的面作为矢量参考面。

（4）单击确定按钮，完成第八个运动副的添加。

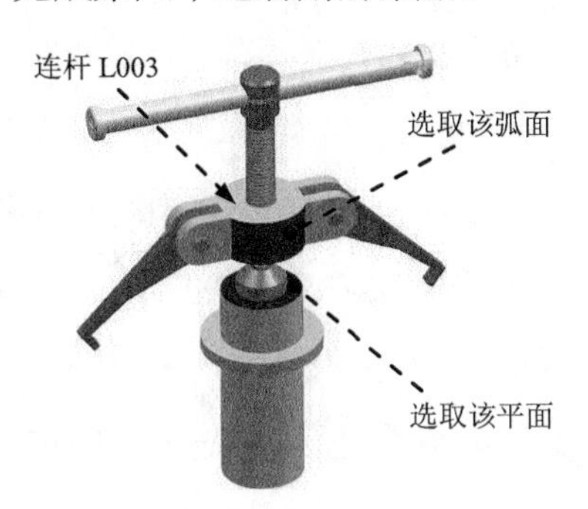

图 10.6.13　定义滑动副 2

Step13. 定义 3D 接触 1。

（1）选择下拉菜单插入(S) → 连接器(N) → 3D 接触...命令，系统弹出“3D 接触”对话框。

（2）定义接触连杆。单击“3D 接触”对话框操作区域中的* 选择体 (0)按钮，然后选取图 10.6.14 所示的连杆 L004；单击“3D 接触”对话框基本区域中的* 选择体 (0)按钮，然后选取图 10.6.14 所示的连杆 L008。

（3）定义接触类型。在“3D 接触”对话框参数区域的类型下拉列表中选择类型为实体，其余参数接受系统默认设置。

（4）单击应用按钮，完成 3D 接触 1 的定义。

Step14. 定义 3D 接触 2。

（1）定义接触连杆。单击“3D 接触”对话框操作区域中的* 选择体 (0)按钮，然后选取图 10.6.15 所示的连杆 L005；单击“3D 接触”对话框基本区域中的* 选择体 (0)按钮，然后选取图 10.6.15 所示的连杆 L008。

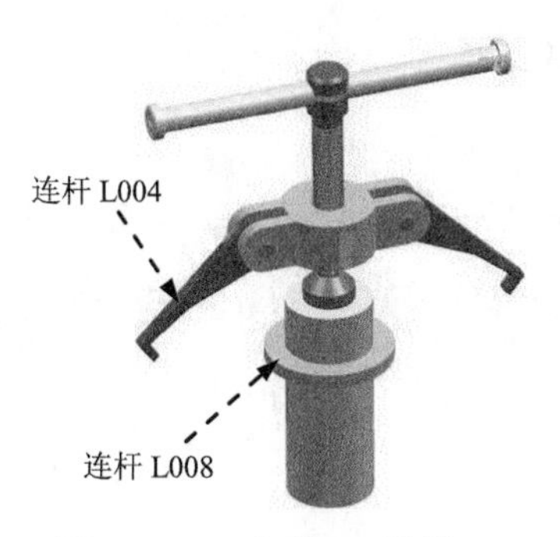

图 10.6.14　定义 3D 接触 1

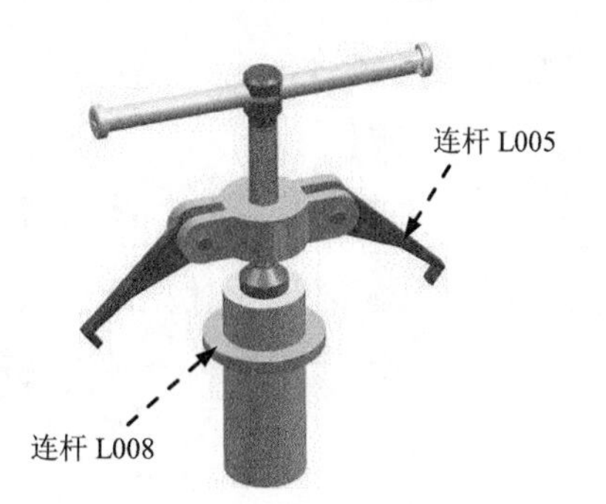

图 10.6.15　定义 3D 接触 2

（2）定义接触类型。在“3D 接触”对话框参数区域的类型下拉列表中选择类型为实体，其余参数接受系统默认设置。

（3）单击确定按钮，完成 3D 接触 2 的定义。

Step15. 定义解算方案（注：本步的详细操作过程请参见随书光盘中 video\ch10.05\reference\文件下的语音视频讲解文件“cxq0000_asm-r01.exe”）。

Step16. 播放动画。在“动画控制”工具栏中单击“播放” 按钮，即可播放动画。

Step17. 在“动画控制”工具栏中单击“导出至电影” 按钮，系统弹出“录制电影”对话框，输入名称“cxq”，单击OK按钮，单击（完成动画）按钮，完成运动仿真的创建。

Step18. 选择下拉菜单文件(F) ➡ 保存(S)命令，即可保存模型。

10.7 瓶塞开启器

范例概述：

本范例介绍的是瓶塞开启器机构的运动仿真过程，机构模型如图 10.7.1 所示。在该机构中，手柄下压时通过连杆带动抓爪向下运动，抓爪受力会扎进木质瓶塞中；手柄向上复位移动时，抓爪同时带动瓶塞上移，将瓶塞从酒瓶内拔出。读者可以打开视频文件 D:\ug10.16 \work\ ch10.07\ cork_driver.avi 查看机构运行状况。

Step1. 打开文件 D:\ug10.16\work\ch10.07\0_cork_driver_asm.prt。

Step2. 选择开始 ➡ 运动仿真(O)...命令，进入运动仿真模块。

Step3. 新建仿真文件。

（1）在“运动导航器”中右击0_cork_driver_asm，在系统弹出的快捷菜单中选择新建仿真命令，系统弹出“环境”对话框。

（2）在“环境”对话框中选中动力学单选项；选中组件选项区域中的基于组件的仿真复选框；输入仿真的名称为“motion_1”，单击确定按钮。

Step4. 定义连杆。

（1）定义连杆 L001。选择下拉菜单插入(S) ➡ 链接(L)...命令，系统弹出“连杆”对话框，选中固定连杆复选框，选取图 10.7.2 所示的零件为连杆 L001，其余参数接受系统默认设置，在“连杆”对话框中单击应用按钮。

图 10.7.1　瓶塞开启器　　　　图 10.7.2　定义连杆 L001

（2）定义连杆 L002。选取图 10.7.3 所示的两个零件及放大图中的 6 个零件为连杆 L002，在“连杆”对话框中单击 应用 按钮。

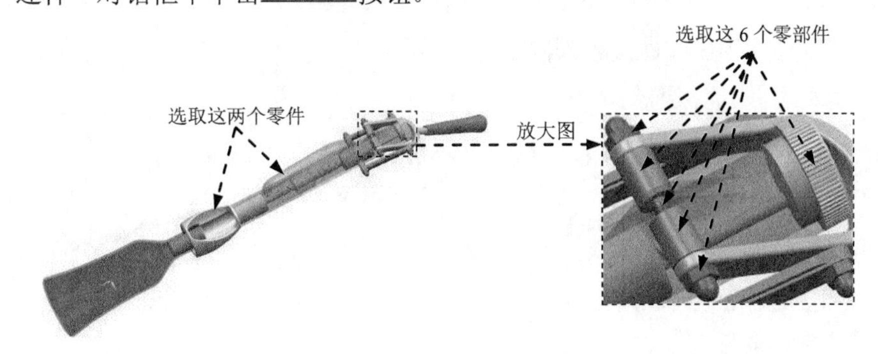

图 10.7.3　定义连杆 L002

（3）定义连杆 L003。在“连杆”对话框中取消选中 固定连杆 复选框，隐藏连杆 L002 和两个连杆，如图 10.7.4 所示；选取图 10.7.4 所示的 6 个零件为连杆 L003，在“连杆”对话框中单击 应用 按钮。

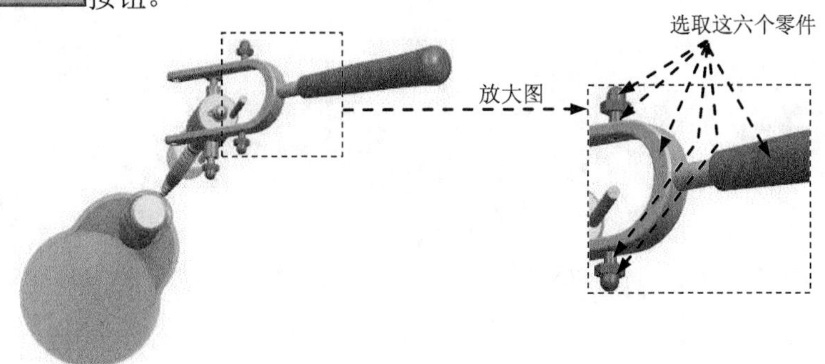

图 10.7.4　定义连杆 L003

（4）定义连杆 L004。将连杆 L003 隐藏，然后选取图 10.7.5 所示的 7 个零件为连杆 L004，在“连杆”对话框中单击 应用 按钮。

（5）定义连杆 L005 和连杆 L006。将第（3）小步中隐藏的两个连杆取消隐藏，然后选取图 10.7.6 所示的连杆为连杆 L005 和连杆 L006，在“连杆”对话框中分别单击 应用 按钮。

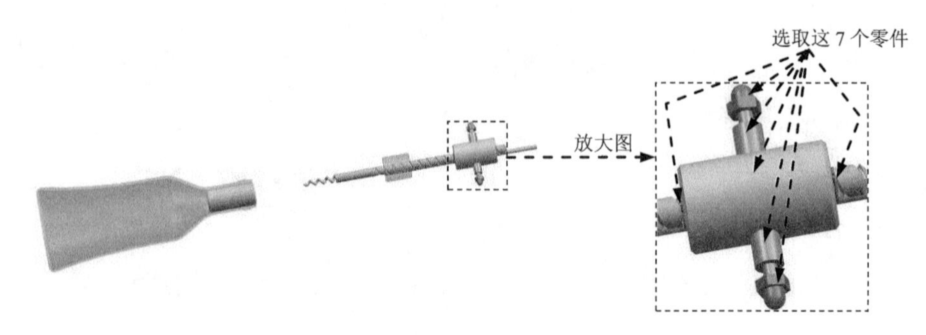

图 10.7.5 定义连杆 L004

(6) 定义连杆 L007。将连杆 L005 和连杆 L006 隐藏，选取图 10.7.7 所示的零件为连杆 L007，在“连杆”对话框中单击 应用 按钮。

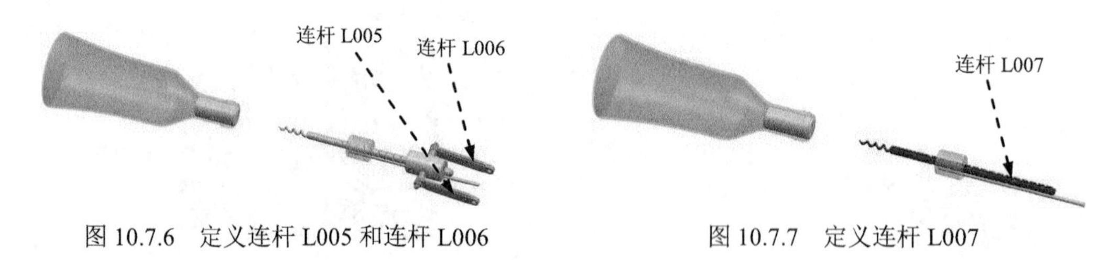

图 10.7.6 定义连杆 L005 和连杆 L006　　图 10.7.7 定义连杆 L007

(7) 定义连杆 L008。将连杆 L007 隐藏，选取图 10.7.8 所示的两个零件为连杆 L008，在“连杆”对话框中单击 应用 按钮。

(8) 定义连杆 L009。选取图 10.7.9 所示的零件为连杆 L009，在“连杆”对话框中单击 确定 按钮，完成所有连杆的定义。

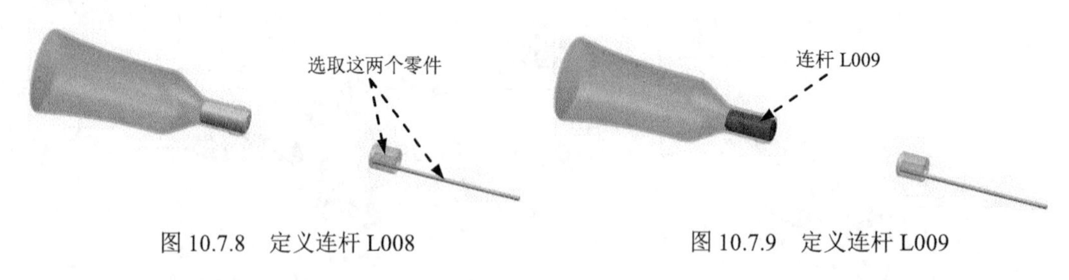

图 10.7.8 定义连杆 L008　　图 10.7.9 定义连杆 L009

Step5. 定义柱面副 1。

（1）选择下拉菜单 插入(S) → 运动副(J)... 命令，系统弹出“运动副”对话框。

（2）定义运动副类型。在“运动副”对话框 定义 选项卡的 类型 下拉列表中选择 柱面副 选项。

（3）选择连杆。显示所有的连杆，然后选取图 10.7.10 所示的连杆 L004。

（4）定义原点及矢量。在“运动副”对话框的 指定原点 下拉列表中选择“圆弧中心” 选项，在模型中选取图 10.7.10 所示的圆弧为定位原点参照；选取图 10.7.10 所示的面作为矢量参考面。

（5）定义驱动。在“运动副”对话框中单击驱动选项卡，在平移下拉列表中选择函数选项；在函数数据类型下拉列表中选择位移选项；单击函数后的按钮，选择函数管理器选项，在弹出的“XY 函数管理器”对话框中单击按钮，在弹出的“XY 函数编辑器”公式=区域的文本框中输入函数关系式“STEP(x, 0, 0, 5, 35)+STEP(x, 5, 0, 10, 40)+STEP(x, 10, 0, 15, −40)+STEP(x, 15, 0, 20, −35)”，其余参数接受系统默认设置，单击两次确定按钮，完成驱动的定义。

（6）单击应用按钮，完成第一个运动副的添加。

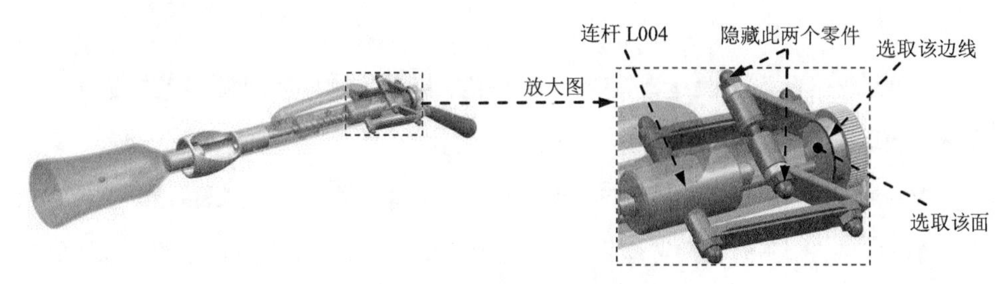

图 10.7.10　定义柱面副 1

Step6. 定义旋转副 1。

（1）定义运动副类型。在“运动副”对话框定义选项卡的类型下拉列表中选择旋转副选项。

（2）选择连杆。将图 10.7.10 所示的两个零件进行隐藏，然后选取图 10.7.11 所示的连杆 L003。

（3）定义原点及矢量。在“运动副”对话框的指定原点下拉列表中选择“圆弧中心”选项，在模型中选取图 10.7.11 所示的圆弧为定位原点参照；选取图 10.7.11 所示的面作为矢量参考面。

（4）添加啮合连杆。在“运动副”对话框的基本区域中选中啮合连杆复选框，单击选择连杆 (0)，选取图 10.7.11 所示的连杆 L002。

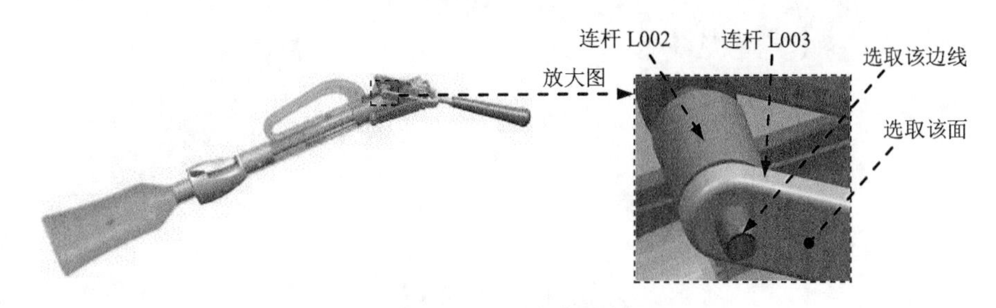

图 10.7.11　定义旋转副 1

（5）定义啮合连杆原点及矢量。在“运动副”对话框基本区域的指定原点下拉列表中选择“圆弧中心”⊙选项，在模型中选取图 10.7.11 所示的圆弧为定位原点参照；选取图 10.7.11 所示的面作为矢量参考面。

（6）单击应用按钮，完成第二个运动副的添加。

Step7. 定义旋转副 2。

（1）选择连杆。选取图 10.7.12 所示的连杆 L003。

（2）定义原点及矢量。在“运动副”对话框的指定原点下拉列表中选择“圆弧中心”⊙选项，在模型中选取图 10.7.12 所示的圆弧为定位原点参照；选取图 10.7.12 所示的面作为矢量参考面。

（3）添加啮合连杆。在“运动副”对话框的基本区域中选中☑啮合连杆复选框，单击选择连杆 (0)，选取图 10.7.12 所示的连杆 L005。

（4）定义啮合连杆原点及矢量。在“运动副”对话框基本区域的指定原点下拉列表中选择“圆弧中心”⊙选项，在模型中选取图 10.7.12 所示的圆弧为定位原点参照；选取图 10.7.12 所示的面作为矢量参考面。

（5）单击应用按钮，完成第三个运动副的添加。

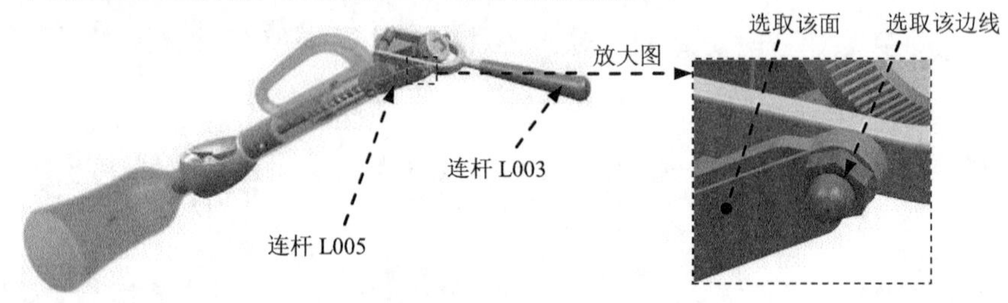

图 10.7.12 定义旋转副 2

Step8. 定义旋转副 3。

（1）选择连杆。选取图 10.7.13 所示的连杆 L003。

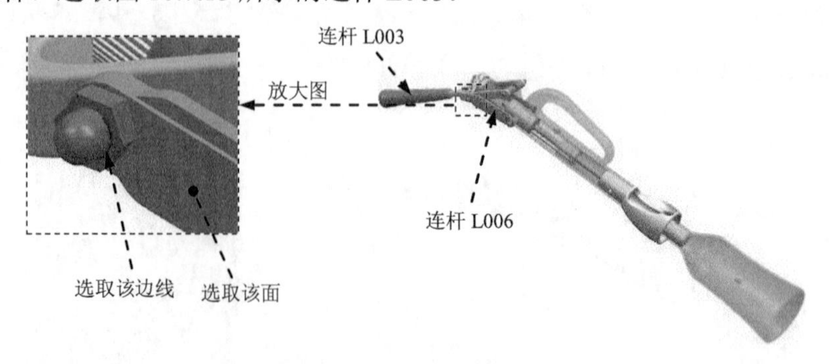

图 10.7.13 定义旋转副 3

（2）定义原点及矢量。在“运动副”对话框的指定原点下拉列表中选择“圆弧中心”⊙

选项，在模型中选取图 10.7.13 所示的圆弧为定位原点参照；选取图 10.7.13 所示的面作为矢量参考面。

（3）添加啮合连杆。在“运动副”对话框的基本区域中选中☑啮合连杆复选框，单击选择连杆 (0)，选取图 10.7.13 所示的连杆 L006。

（4）定义啮合连杆原点及矢量。在“运动副”对话框基本区域的指定原点下拉列表中选择“圆弧中心”选项，在模型中选取图 10.7.13 所示的圆弧为定位原点参照；选取图 10.7.13 所示的面作为矢量参考面。

（5）单击应用按钮，完成第四个运动副的添加。

Step9. 定义共线连接 1。

（1）定义运动副类型。在“运动副”对话框定义选项卡的类型下拉列表中选择共线选项。

（2）选择连杆。将连杆 L002 和 L003 隐藏，然后选取图 10.7.14 所示的连杆 L004。

（3）定义原点及矢量。在“运动副”对话框的指定原点下拉列表中选择“圆弧中心”选项，在模型中选取图 10.7.14 所示的圆弧为定位原点参照；选取图 10.7.14 所示的面作为矢量参考面。

（4）添加啮合连杆。在“运动副”对话框的基本区域中选中☑啮合连杆复选框，单击选择连杆 (0)，选取图 10.7.14 所示的连杆 L005。

（5）定义啮合连杆原点及矢量。在“运动副”对话框基本区域的指定原点下拉列表中选择“圆弧中心”选项，在模型中选取图 10.7.14 所示的圆弧为定位原点参照；选取图 10.7.14 所示的面作为矢量参考面。

（6）单击应用按钮，完成第五个运动副的添加。

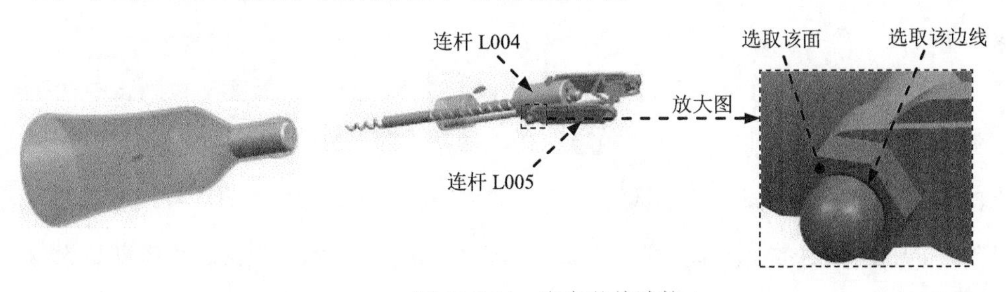

图 10.7.14　定义共线连接 1

Step10. 定义共线连接 2。

（1）选择连杆。选取图 10.7.15 所示的连杆 L004。

（2）定义原点及矢量。在“运动副”对话框的指定原点下拉列表中选择“圆弧中心”

选项，在模型中选取图 10.7.15 所示的圆弧为定位原点参照；选取图 10.7.15 所示的面作为矢量参考面。

（3）添加啮合连杆。在“运动副”对话框的基本区域中选中☑啮合连杆复选框，单击选择连杆(0)，选取图 10.7.15 所示的连杆 L006。

（4）定义啮合连杆原点及矢量。在“运动副”对话框基本区域的指定原点下拉列表中选择“圆弧中心”⊙选项，在模型中选取图 10.7.15 所示的圆弧为定位原点参照；选取图 10.7.15 所示的面作为矢量参考面。

（5）单击应用按钮，完成第六个运动副的添加。

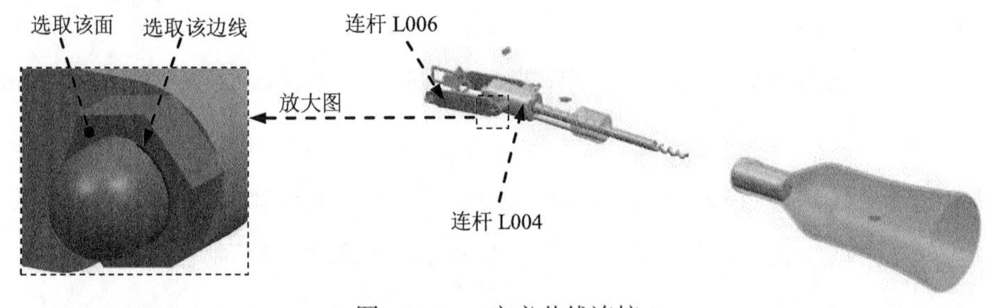

图 10.7.15 定义共线连接 2

Step11. 定义滑动副 1。

（1）定义运动副类型。在“运动副”对话框定义选项卡的类型下拉列表中选择滑动副选项。

（2）选择连杆。隐藏连杆 L004、连杆 L005、连杆 L006、连杆 L007 和连杆 L008，选取图 10.7.16 所示的连杆 L009。

（3）定义原点及矢量。在“运动副”对话框的指定原点下拉列表中选择“圆弧中心”⊙选项，在模型中选取图 10.7.16 所示的圆弧为定位原点参照；选取图 10.7.16 所示的面作为矢量参考面。

（4）定义驱动。在“运动副”对话框中单击驱动选项卡，在平移下拉列表中选择函数选项；在函数数据类型下拉列表中选择位移选项；单击函数后的按钮，选择f(x) 函数管理器...选项，在弹出的“XY 函数管理器”对话框中单击按钮，在弹出的“XY 函数编辑器” 公式=区域的文本框中输入函数关系式“STEP(x, 10, 0, 15, 35)”，其余参数接受系统默认设置，单击两次确定按钮，完成驱动的定义。

（5）单击应用按钮，完成第七个运动副的添加。

Step12. 定义柱面副 2。

（1）定义运动副类型。在“运动副”对话框定义选项卡的类型下拉列表中选择柱面副选项。

（2）选择连杆。取消隐藏图 10.7.17 所示的连杆 L007 和连杆 L008，然后选取连杆 L007 为参考。

（3）定义原点及矢量。在“运动副”对话框的 指定原点 下拉列表中选择“圆弧中心” 选项，在模型中选取图 10.7.17 所示的圆弧为定位原点参照；选取图 10.7.17 所示的面作为矢量参考面，方向如图 10.7.17 所示。

（4）添加啮合连杆。在“运动副”对话框的 基本 区域中选中 啮合连杆 复选框，单击 选择连杆 (0)，选取图 10.7.17 所示的连杆 L008。

（5）定义啮合连杆原点及矢量。在“运动副”对话框 基本 区域的 指定原点 下拉列表中选择“圆弧中心” 选项，在模型中选取图 10.7.17 所示的圆弧为定位原点参照；选取图 10.7.17 所示的面作为矢量参考面。

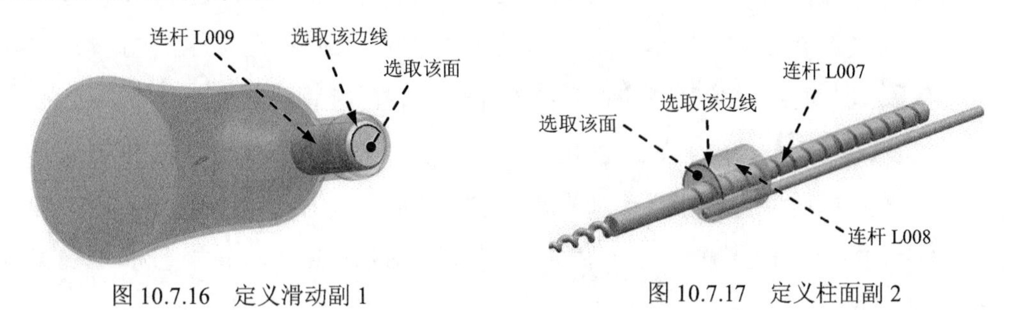

图 10.7.16 定义滑动副 1　　图 10.7.17 定义柱面副 2

（6）定义旋转驱动。在“运动副”对话框中单击 驱动 选项卡，在 旋转 下拉列表中选择 函数 选项；在 函数数据类型 下拉列表中选择 位移 选项；单击 函数 后的 按钮，选择 函数管理器 选项，在弹出的“XY 函数管理器”对话框中单击 按钮，在弹出的“XY 函数编辑器” 公式= 区域的文本框中输入函数关系式“STEP(*x*, 5, 0, 10, 1800)”，其余参数接受系统默认设置，单击两次 确定 按钮，完成驱动的定义。

（7）定义平移驱动。在“运动副”对话框中单击 驱动 选项卡，在 平移 下拉列表中选择 函数 选项；在 函数数据类型 下拉列表中选择 位移 选项；单击 函数 后的 按钮，选择 函数管理器 选项，在弹出的“XY 函数管理器”对话框中单击 按钮，在弹出的“XY 函数编辑器” 公式= 区域的文本框中输入函数关系式“STEP(*x*, 0, 0, 5, 10)+STEP(*x*, 5, 0, 10, 25)+STEP(*x*, 10, 0, 15, −25)+STEP(*x*, 15, 0, 20, −10)”，其余参数接受系统默认设置，单击两次 确定 按钮，完成驱动的定义。

（8）单击 应用 按钮，完成第八个运动副的添加。

Step13. 定义滑动副 2。

(1) 定义运动副类型。在“运动副”对话框 定义 选项卡的 类型 下拉列表中选择 滑动副 选项。

（2）选择连杆。选取图 10.7.18 所示的连杆 L008。

（3）定义原点及矢量。在“运动副”对话框的 指定原点 下拉列表中选择“圆弧中心” 选项，在模型中选取图 10.7.18 所示的圆弧为定位原点参照；选取图 10.7.18 所示的面作为矢量参考面，方向如图 10.7.18 所示。

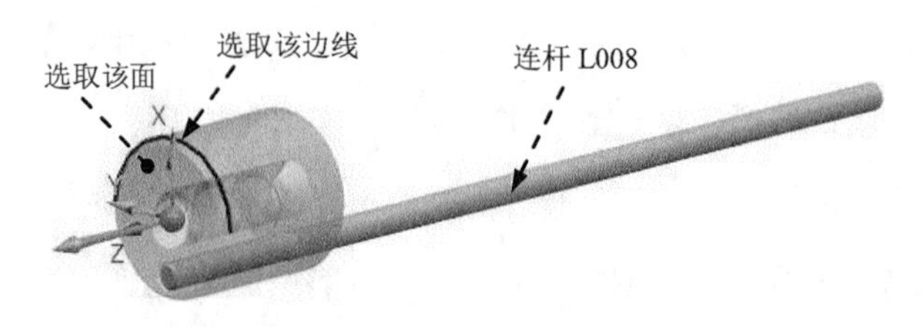

图 10.7.18　定义滑动副 2

（4）定义驱动。在“运动副”对话框中单击 驱动 选项卡，在 平移 下拉列表中选择 函数 选项；在 函数数据类型 下拉列表中选择 位移 选项；单击 函数 后的 按钮，选择 函数管理器... 选项，在弹出的“XY 函数管理器”对话框中单击 按钮，在弹出的“XY 函数编辑器” 公式= 区域的文本框中输入函数关系式“STEP(*x*, 0, 0, 5, 35)+STEP(*x*, 10, 0, 15, -35)”，其余参数接受系统默认设置，单击两次 确定 按钮，完成驱动的定义。

（5）单击 确定 按钮，完成第九个运动副的添加。

Step14. 定义解算方案（注：本步的详细操作过程请参见随书光盘中 video\ch10\ch10.07\reference\文件下的语音视频讲解文件“cork_driver-r01.exe”）。

Step15. 播放动画。在“动画控制”工具栏中单击“播放” 按钮，即可播放动画。

Step16. 在“动画控制”工具栏中单击“导出至电影” 按钮，系统弹出“录制电影”对话框，输入名称“cork_driver”，单击 OK 按钮，单击 （完成动画）按钮，完成运动仿真的创建。

Step17. 选择下拉菜单 文件(F) ➡ 保存(S) 命令，即可保存模型。

10.8　挖掘机工作部件

范例概述:

本范例将介绍图 10.8.1 所示的挖掘机工作部件机构的操作过程。在液压缸的驱动下，各部件绕铰接点摆动，完成挖掘、提升和卸土等动作。在本范例中，主要运用了函数驱动各个运动副的协同运动，最后需要输出挖掘机铲斗的位移图表。读者可以打开视频文件 D:\ug10.16\work\ ch10.08\backhoe.avi 查看机构运行状况。

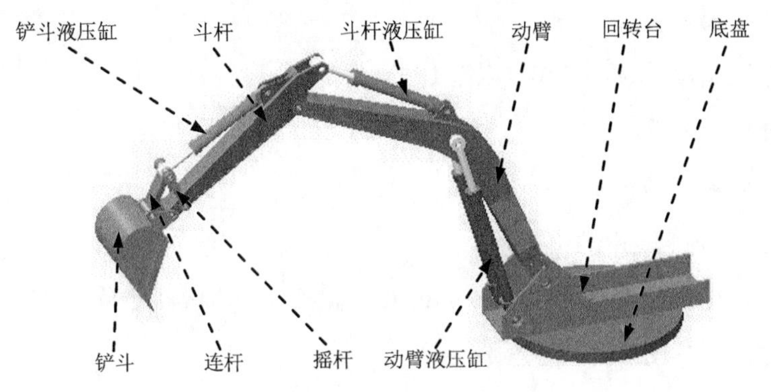

图 10.8.1　挖掘机工作部件

设定挖掘机工作部件单个工作周期中，各驱动运动副的位移变化如下：

- 初始状态。
  - ☑ 回转台的回转角度初始值为 0。
  - ☑ 设置动臂液压缸的连接位置初始值为 0。
  - ☑ 设置斗杆液压缸的连接位置初始值为 0。
  - ☑ 设置铲斗液压缸的连接位置初始值为 0。
- 工作状态 1（时间范围 0 ~4s，设定各部件同时运动）。
  - ☑ 回转台固定不动。
  - ☑ 动臂液压缸的位移 210，使动臂上扬。
  - ☑ 斗杆液压缸的位移-510，使斗杆上扬。
  - ☑ 铲斗液压缸的位移-600，使铲斗竖直。
- 工作状态 2（时间范围 4 ~6s）。
  - ☑ 回转台固定不动。
  - ☑ 动臂液压缸的位移-210，使动臂落下。
  - ☑ 斗杆液压缸的位移 865，使斗杆下压。
  - ☑ 铲斗固定不动。
- 工作状态 3（时间范围 6 ~8s）。
  - ☑ 回转台固定不动。
  - ☑ 动臂固定不动。

☑ 斗杆固定不动。

☑ 铲斗液压缸的位移450，使铲斗水平。

- 工作状态4（时间范围8~10s）。

☑ 回转台固定不动。

☑ 动臂液压缸的位移210，动臂回升。

☑ 斗杆固定不动。

☑ 铲斗固定不动。

- 工作状态5（时间范围10~13s）。

☑ 回转台连接位置值（角度值）由0变化至150，回转台旋转150°。

☑ 动臂固定不动。

☑ 斗杆固定不动。

☑ 铲斗固定不动。

- 工作状态6（时间范围13~15s）。

☑ 回转台固定不动。

☑ 动臂固定不动。

☑ 斗杆液压缸的位移-510，使斗杆上扬。

☑ 铲斗液压缸的位移-450，使铲斗竖直。

- 工作状态7（时间范围15~17s）。

☑ 回转台连接位置值（角度值）由150变化至0，回转台旋转150°。

☑ 动臂固定不动。

☑ 斗杆固定不动。

☑ 铲斗固定不动。

- 一个工作周期结束。

Step1. 打开文件D:\ug10.16\work\ ch10.08\0_backhoe_asm.prt。

Step2. 选择 启动 → 运动仿真(O)... 命令，进入运动仿真模块。

Step3. 新建仿真文件。

（1）在“运动导航器”中右击 0_backhoe_asm，在系统弹出的快捷菜单中选择 新建仿真 命令，系统弹出“环境”对话框。

（2）在“环境”对话框中选中 动力学 单选项；选中 组件选项 区域中的 ☑ 基于组件的仿真 复选框；输入仿真的名称为“motion_1”，单击 确定 按钮。

Step4. 定义连杆。

（1）定义连杆 L001。选择下拉菜单 插入(S) → 链接(L)... 命令，系统弹出“连杆”对话框，选中 ☑ 固定连杆 复选框，选取图 10.8.2 所示的零件为连杆 L001，其余参数接受系统默认设置，在“连杆”对话框中单击 应用 按钮。

（2）定义连杆 L002。在“连杆”对话框中取消选中 ☐ 固定连杆 复选框，选取图 10.8.3 所示的部件为连杆 L002，在“连杆”对话框中单击 应用 按钮。

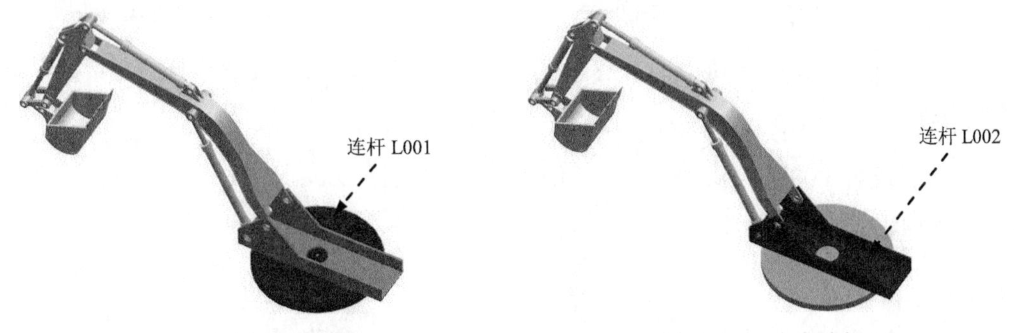

图 10.8.2　定义连杆 L001　　图 10.8.3　定义连杆 L002

（3）定义连杆 L003。选取图 10.8.4 所示的零件为连杆 L003，在“连杆”对话框中单击 应用 按钮。

(4) 定义连杆 L004。选取图 10.8.5 所示的零件为连杆 L004，在“连杆”对话框中单击 应用 按钮。

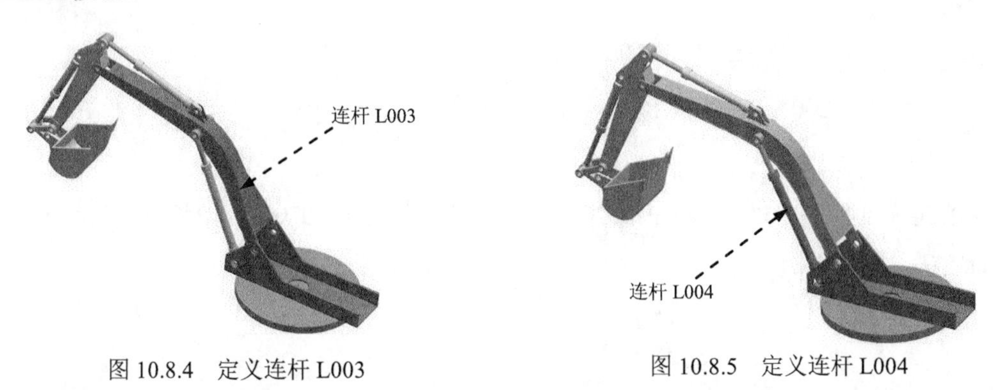

图 10.8.4　定义连杆 L003　　图 10.8.5　定义连杆 L004

(5) 定义连杆 L005。选取图 10.8.6 所示的零件为连杆 L005，在“连杆”对话框中单击 应用 按钮。

(6) 定义连杆 L006。选取图 10.8.7 所示的零件为连杆 L006，在“连杆”对话框中单击 应用 按钮。

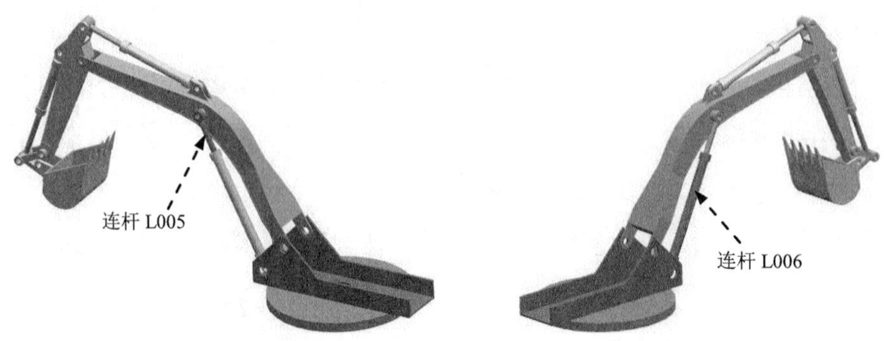

图 10.8.6 定义连杆 L005 图 10.8.7 定义连杆 L006

(7) 定义连杆 L007。选取图 10.8.8 所示的零件为连杆 L007，在“连杆”对话框中单击 应用 按钮。

(8) 定义连杆 L008。选取图 10.8.9 所示的零件为连杆 L008，在“连杆”对话框中单击 应用 按钮。

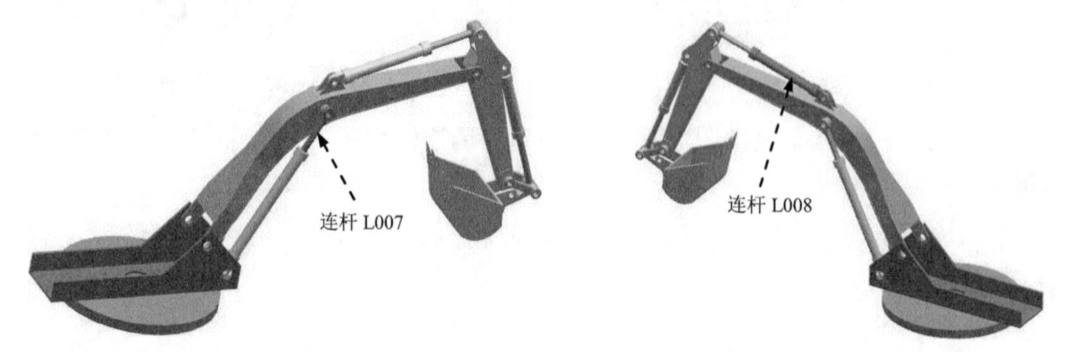

图 10.8.8 定义连杆 L007 图 10.8.9 定义连杆 L008

(9) 定义连杆 L009。选取图 10.8.10 所示的零件为连杆 L009，在“连杆”对话框中单击 应用 按钮。

(10) 定义连杆 L010。选取图 10.8.11 所示的零件为连杆 L010，在“连杆”对话框中单击 应用 按钮。

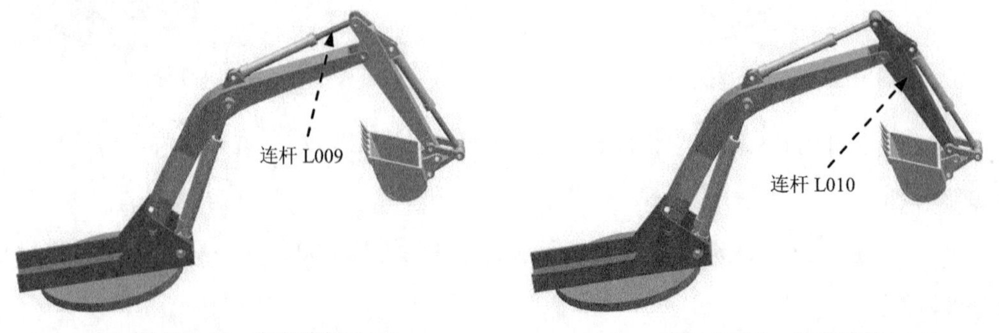

图 10.8.10 定义连杆 L009 图 10.8.11 定义连杆 L010

(11) 定义连杆 L011。选取图 10.8.12 所示的零件为连杆 L011，在“连杆”对话框中单

击 应用 按钮。

(12) 定义连杆 L012。选取图 10.8.13 所示的零件为连杆 L012，在“连杆”对话框中单击 应用 按钮。

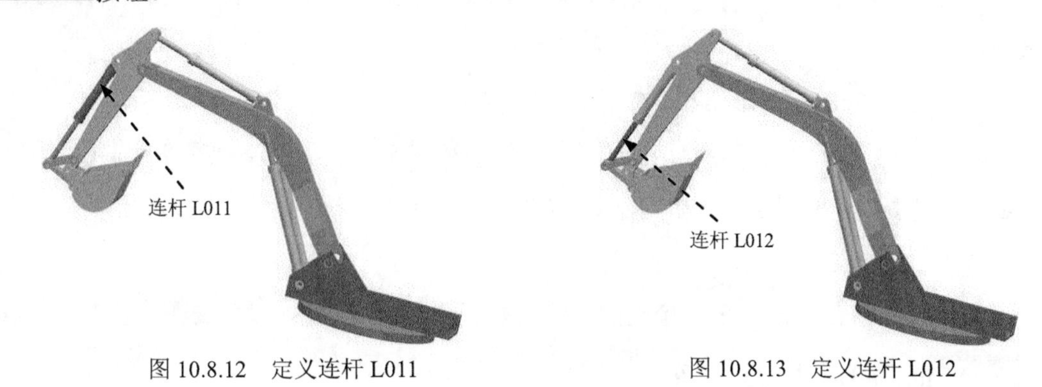

图 10.8.12　定义连杆 L011　　图 10.8.13　定义连杆 L012

(13) 定义连杆 L013。选取图 10.8.14 所示的零件为连杆 L013，在“连杆”对话框中单击 应用 按钮。

(14) 定义连杆 L014。选取图 10.8.15 所示的零件为连杆 L014，在“连杆”对话框中单击 应用 按钮。

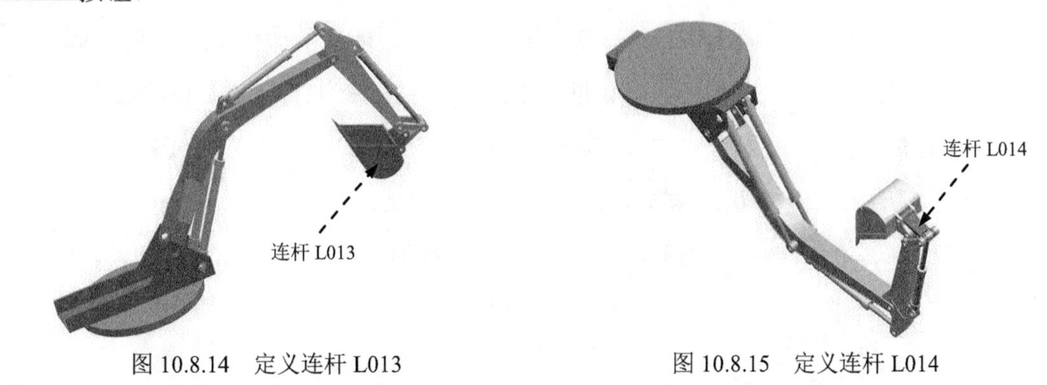

图 10.8.14　定义连杆 L013　　图 10.8.15　定义连杆 L014

(15) 定义连杆 L015 和连杆 L016。在“运动导航器”中隐藏连杆 L012 和连杆 L014，选取图 10.8.16 所示的零件为连杆 L015 和连杆 L016，在“连杆”对话框中单击 确定 按钮。

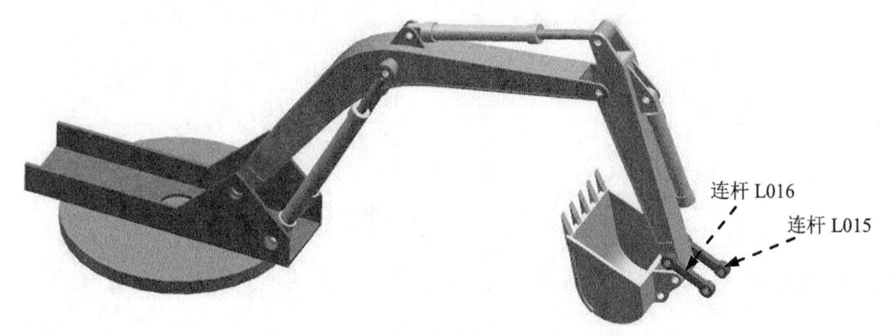

图 10.8.16　定义连杆 L015 和 L016

Step5. 定义旋转副 1。

（1）选择下拉菜单 插入(S) → 运动副(J)... 命令，系统弹出“运动副”对话框。

（2）定义运动副类型。在“运动副”对话框 定义 选项卡的 类型 下拉列表中选择 旋转副 选项。

（3）选择连杆。选取图 10.8.17 示的连杆 L002。

（4）定义原点及矢量。在“运动副”对话框的 指定原点 下拉列表中选择“圆弧中心” 选项，在模型中选取图 10.8.17 示的圆弧为定位原点参照；选取图 10.8.17 所示的面作为矢量参考面，方向向上。

（5）添加啮合连杆。在“运动副”对话框的 基本 区域中选中 啮合连杆 复选框，单击 选择连杆 (0)，选取图 10.8.17 所示的连杆 L001。

（6）定义啮合连杆原点及矢量。在“运动副”对话框 基本 区域的 指定原点 下拉列表中选择“圆弧中心” 选项，在模型中选取图 10.8.17 所示的圆弧为定位原点参照；选取图 10.8.17 所示的面作为矢量参考面，方向向上。

（7）定义驱动。在“运动副”对话框中单击 驱动 选项卡，在 旋转 下拉列表中选择 函数 选项；在 函数数据类型 下拉列表中选择 位移 选项；单击 函数 后的 按钮，选择 函数管理器... 选项，在弹出的“XY 函数管理器”对话框中单击 按钮，在弹出的“XY 函数编辑器” 公式= 区域的文本框中输入函数关系式“STEP(*x*,10,0,13,150)+STEP(*x*,15,0,17,-150)”，其余参数接受系统默认设置，单击两次 确定 按钮，完成驱动的定义。

（8）单击 应用 按钮，完成第一个运动副的添加。

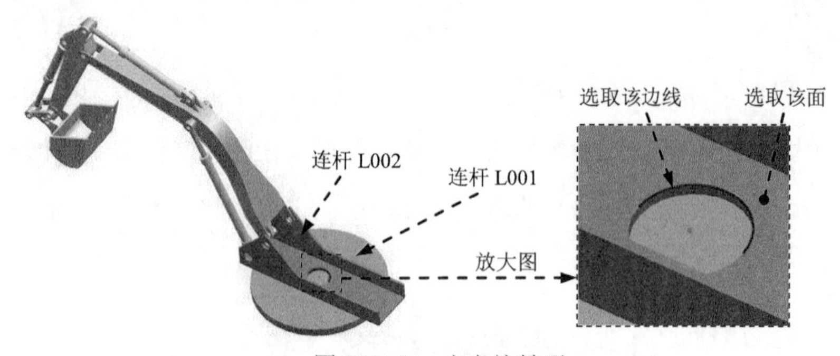

图 10.8.17 定义旋转副 1

Step6. 定义旋转副 2。

（1）选择连杆。选取图 10.8.18 所示的连杆 L003。

（2）定义原点及矢量。在“运动副”对话框的 指定原点 下拉列表中选择“圆弧中心” 选项，在模型中选取图 10.8.18 所示的圆弧为定位原点参照；选取图 10.8.18 所示的面作为矢量参考面。

（3）添加啮合连杆。在“运动副”对话框的基本区域中选中☑啮合连杆复选框，单击选择连杆 (0)，选取图 10.8.18 所示的连杆 L002。

（4）定义啮合连杆原点及矢量。在“运动副”对话框基本区域的✔指定原点下拉列表中选择“圆弧中心”⊙选项，在模型中选取图 10.8.18 所示的圆弧为定位原点参照；选取图 10.8.18 所示的面作为矢量参考面。

（5）单击应用按钮，完成第二个运动副的添加。

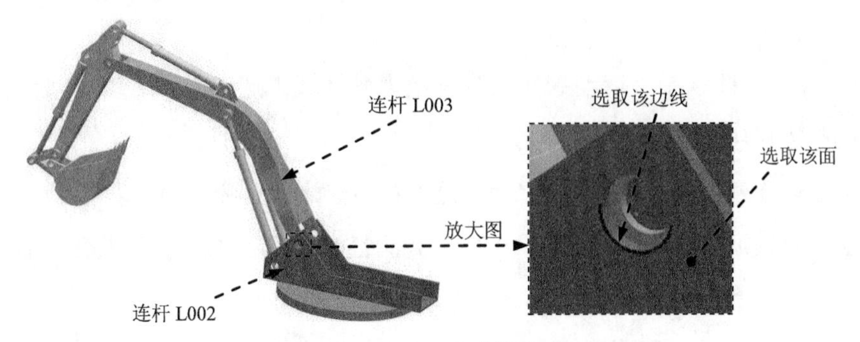

图 10.8.18　定义旋转副 2

Step7. 定义旋转副 3。

（1）选择连杆。选取图 10.8.19 所示的连杆 L004。

（2）定义原点及矢量。在“运动副”对话框的✔指定原点下拉列表中选择“圆弧中心”⊙选项，在模型中选取图 10.8.19 所示的圆弧为定位原点参照；选取图 10.8.19 所示的面作为矢量参考面。

（3）添加啮合连杆。在“运动副”对话框的基本区域中选中☑啮合连杆复选框，单击选择连杆 (0)，选取图 10.8.19 所示的连杆 L002。

（4）定义啮合连杆原点及矢量。在“运动副”对话框基本区域的✔指定原点下拉列表中选择“圆弧中心”⊙选项，在模型中选取图 10.8.19 所示的圆弧为定位原点参照；选取图 10.8.19 所示的面作为矢量参考面。

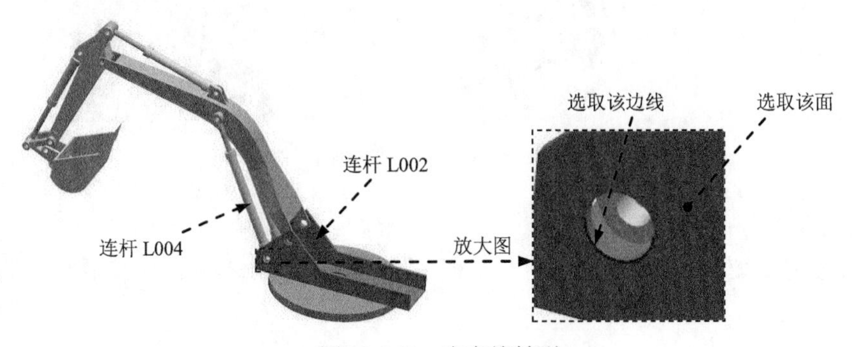

图 10.8.19　定义旋转副 3

（5）单击 应用 按钮，完成第三个运动副的添加。

Step8. 定义滑动副 1。

（1）定义运动副类型。在“运动副”对话框 定义 选项卡的 类型 下拉列表中选择 滑动副 选项。

（2）选择连杆。选取图 10.8.20 所示的连杆 L005。

（3）定义原点及矢量。在“运动副”对话框的 指定原点 下拉列表中选择“圆弧中心” 选项，在模型中选取图 10.8.20 所示的圆弧为定位原点参照；选取图 10.8.20 所示的面作为矢量参考面。

（4）添加啮合连杆。在“运动副”对话框的 基本 区域中选中 啮合连杆 复选框，单击 选择连杆 (0)，选取图 10.8.20 所示的连杆 L004。

（5）定义啮合连杆原点及矢量。在“运动副”对话框 基本 区域的 指定原点 下拉列表中选择“圆弧中心” 选项，在模型中选取图 10.8.20 所示的圆弧为定位原点参照；选取图 10.8.20 所示的面作为矢量参考面。

（6）定义驱动。在“运动副”对话框中单击 驱动 选项卡，在 平移 下拉列表中选择 函数 选项；在 函数数据类型 下拉列表中选择 位移 选项；单击 函数 后的 按钮，选择 函数管理器 选项，在弹出的“XY 函数管理器”对话框中单击 按钮，在弹出的“XY 函数编辑器” 公式= 区域的文本框中输入函数关系式“STEP（*x*,0,0,4,210）+STEP（*x*,4,0,6,-210）+STEP（*x*,8,0,10,210）”，其余参数接受系统默认设置，单击两次 确定 按钮，完成驱动的定义。

（7）单击 应用 按钮，完成第四个运动副的添加。

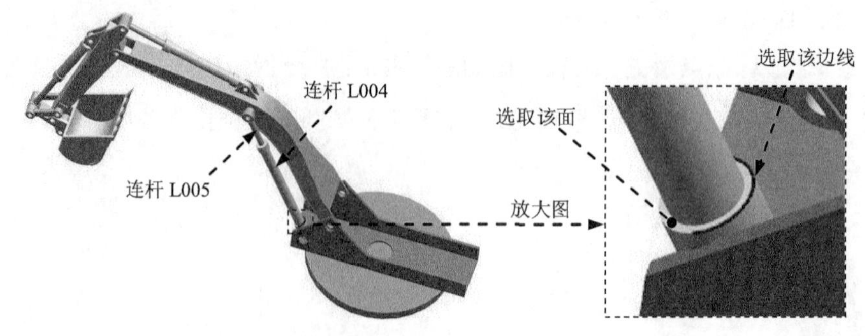

图 10.8.20　定义滑动副 1

Step9. 定义旋转副 4。

（1）定义运动副类型。在“运动副”对话框 定义 选项卡的 类型 下拉列表中选择 旋转副 选项。

（2）选择连杆。选取图 10.8.21 所示的连杆 L006。

（3）定义原点及矢量。在“运动副”对话框的 指定原点 下拉列表中选择“圆弧中心” 选项，在模型中选取图 10.8.21 所示的圆弧为定位原点参照；选取图 10.8.21 所示的面作为矢量参考面。

（4）添加啮合连杆。在“运动副”对话框的 基本 区域中选中 ☑ 啮合连杆 复选框，单击 选择连杆 (0)，选取图 10.8.21 所示的连杆 L002。

（5）定义啮合连杆原点及矢量。在“运动副”对话框 基本 区域的 指定原点 下拉列表中选择“圆弧中心” 选项，在模型中选取图 10.8.21 所示的圆弧为定位原点参照；选取图 10.8.21 所示的面作为矢量参考面。

（6）单击 应用 按钮，完成第五个运动副的添加。

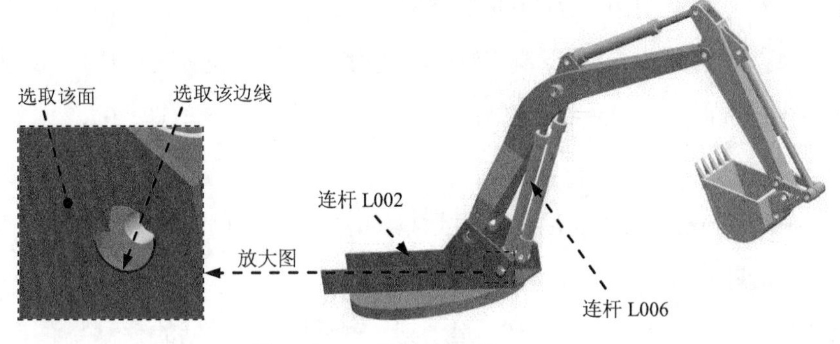

图 10.8.21 定义旋转副 4

Step10. 定义滑动副 2。

（1）定义运动副类型。在“运动副”对话框 定义 选项卡的 类型 下拉列表中选择 滑动副 选项。

（2）选择连杆。选取图 10.8.22 所示的连杆 L007。

（3）定义原点及矢量。在“运动副”对话框的 指定原点 下拉列表中选择“圆弧中心” 选项，在模型中选取图 10.8.22 所示的圆弧为定位原点参照；选取图 10.8.22 所示的面作为矢量参考面。

（4）添加啮合连杆。在“运动副”对话框的 基本 区域中选中 ☑ 啮合连杆 复选框，单击 选择连杆 (0)，选取图 10.8.22 所示的连杆 L006。

（5）定义啮合连杆原点及矢量。在“运动副”对话框 基本 区域的 指定原点 下拉列表中选择“圆弧中心” 选项，在模型中选取图 10.8.22 所示的圆弧为定位原点参照；选取图 10.8.22 所示的面作为矢量参考面。

（6）单击 应用 按钮，完成第六个运动副的添加。

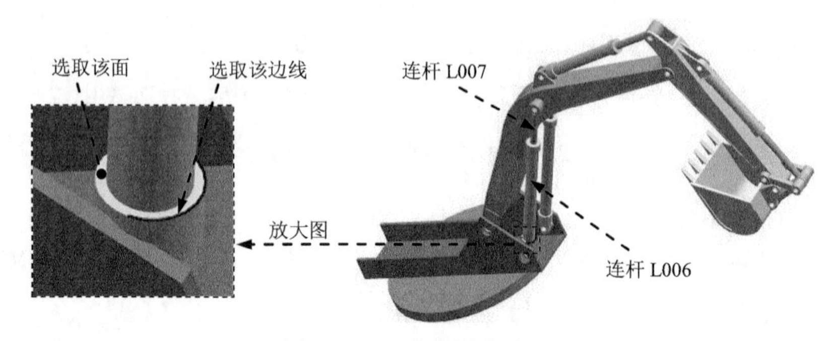

图 10.8.22 定义滑动副 2

Step11. 定义共线副 1。

（1）定义运动副类型。在“运动副”对话框 定义 选项卡的 类型 下拉列表中选择 共线 选项。

（2）选择连杆。选取图 10.8.23 所示的连杆 L003。

（3）定义原点及矢量。在“运动副”对话框的 指定原点 下拉列表中选择“圆弧中心” 选项，在模型中选取图 10.8.23 所示的圆弧为定位原点参照；选取图 10.8.23 所示的面作为矢量参考面。

（4）添加啮合连杆。在“运动副”对话框的 基本 区域中选中 ☑ 啮合连杆 复选框，单击 选择连杆 (0)，选取图 10.8.23 所示的连杆 L005。

（5）定义啮合连杆原点及矢量。在“运动副”对话框 基本 区域的 指定原点 下拉列表中选择“圆弧中心” 选项，在模型中选取图 10.8.23 所示的圆弧为定位原点参照；选取图 10.8.23 所示的面作为矢量参考面。

（6）单击 应用 按钮，完成第七个运动副的添加。

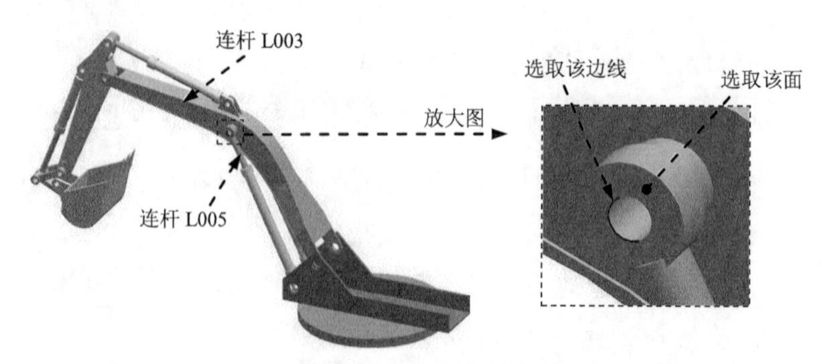

图 10.8.23 定义共线副 1

Step12. 定义共线副 2。

（1）定义运动副类型。在“运动副”对话框 定义 选项卡的 类型 下拉列表中选择 共线 选项。

（2）选择连杆。选取图 10.8.24 所示的连杆 L003。

（3）定义原点及矢量。在“运动副”对话框的 指定原点 下拉列表中选择“圆弧中心” 选项，在模型中选取图 10.8.24 所示的圆弧为定位原点参照；选取图 10.8.24 所示的面作为矢量参考面。

（4）添加啮合连杆。在“运动副”对话框的 基本 区域中选中 啮合连杆 复选框，单击 选择连杆 (0)，选取图 10.8.24 所示的连杆 L007。

（5）定义啮合连杆原点及矢量。在“运动副”对话框 基本 区域的 指定原点 下拉列表中选择“圆弧中心” 选项，在模型中选取图 10.8.24 所示的圆弧为定位原点参照；选取图 10.8.24 所示的面作为矢量参考面。

（6）单击 应用 按钮，完成第八个运动副的添加。

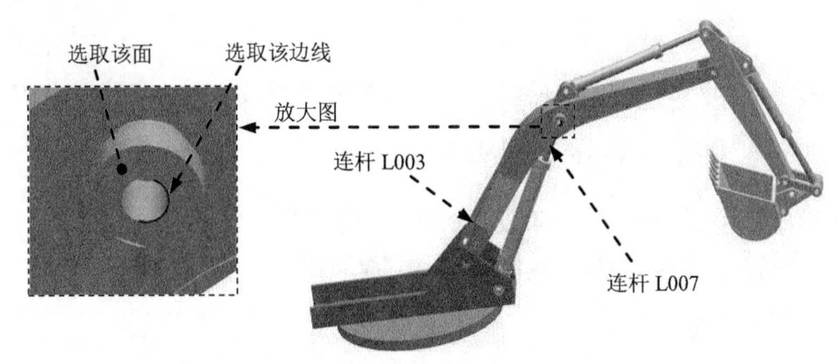

图 10.8.24　定义共线副 2

Step13. 定义旋转副 5。

（1）选择连杆。选取图 10.8.25 所示的连杆 L008。

（2）定义原点及矢量。在“运动副”对话框的 指定原点 下拉列表中选择“圆弧中心” 选项，在模型中选取图 10.8.25 所示的圆弧为定位原点参照；选取图 10.8.25 所示的面作为矢量参考面。

（3）添加啮合连杆。在“运动副”对话框的 基本 区域中选中 啮合连杆 复选框，单击 选择连杆 (0)，选取图 10.8.25 所示的连杆 L003。

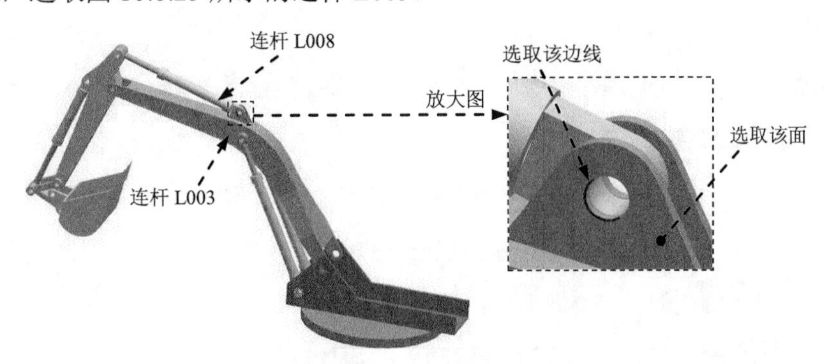

图 10.8.25　定义旋转副 5

（4）定义啮合连杆原点及矢量。在“运动副”对话框基本区域的指定原点下拉列表中选择“圆弧中心”选项，在模型中选取图 10.8.25 所示的圆弧为定位原点参照；选取图 10.8.25 所示的面作为矢量参考面。

（5）单击应用按钮，完成第九个运动副的添加。

Step14. 定义滑动副 3。

（1）定义运动副类型。在“运动副”对话框定义选项卡的类型下拉列表中选择滑动副选项。

（2）选择连杆。选取图 10.8.26 所示的连杆 L009。

（3）定义原点及矢量。在“运动副”对话框的指定原点下拉列表中选择“圆弧中心”选项，在模型中选取图 10.8.26 所示的圆弧为定位原点参照；选取图 10.8.26 所示的面作为矢量参考面。

（4）添加啮合连杆。在“运动副”对话框的基本区域中选中啮合连杆复选框，单击选择连杆 (0)，选取图 10.8.26 所示的连杆 L008。

（5）定义啮合连杆原点及矢量。在“运动副”对话框基本区域的指定原点下拉列表中选择“圆弧中心”选项，在模型中选取图 10.8.26 所示的圆弧为定位原点参照；选取图 10.8.26 所示的面作为矢量参考面。

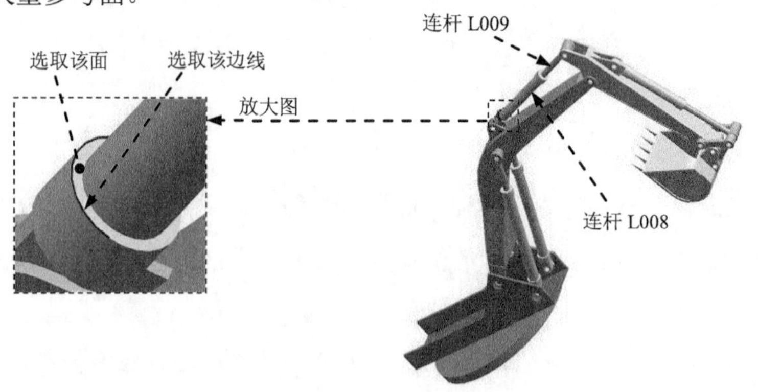

图 10.8.26　定义滑动副 3

（6）定义驱动。在“运动副”对话框中单击驱动选项卡，在平移下拉列表中选择函数选项；在函数数据类型下拉列表中选择位移选项；单击函数后的按钮，选择 f(x) 函数管理器...选项，在弹出的“XY 函数管理器”对话框中单击按钮，在弹出的“XY 函数编辑器”公式=区域的文本框中输入函数关系式“STEP(*x*,0,0,4,−510)+STEP(*x*,4,0,6,865)+STEP(*x*,13,0,15,−510)”，其余参数接受系统默认设置，单击两次确定按钮，完成驱动的定义。

（7）单击应用按钮，完成第十个运动副的添加。

Step15. 定义共线副 3。

（1）定义运动副类型。在“运动副”对话框的 定义 选项卡的 类型 下拉列表中选择 共线 选项。

（2）选择连杆。选取图 10.8.27 所示的连杆 L010。

（3）定义原点及矢量。在“运动副”对话框 指定原点 下拉列表中选择“圆弧中心” 选项，在模型中选取图 10.8.27 所示的圆弧为定位原点参照；选取图 10.8.27 所示的面作为矢量参考面。

（4）添加啮合连杆。在“运动副”对话框的 基本 区域中选中 啮合连杆 复选框，单击 选择连杆 (0)，选取图 10.8.27 所示的连杆 L009。

（5）定义啮合连杆原点及矢量。在“运动副”对话框 基本 区域的 指定原点 下拉列表中选择“圆弧中心” 选项，在模型中选取图 10.8.27 所示的圆弧为定位原点参照；选取图 10.8.27 所示的面作为矢量参考面。

（6）单击 应用 按钮，完成第十一个运动副的添加。

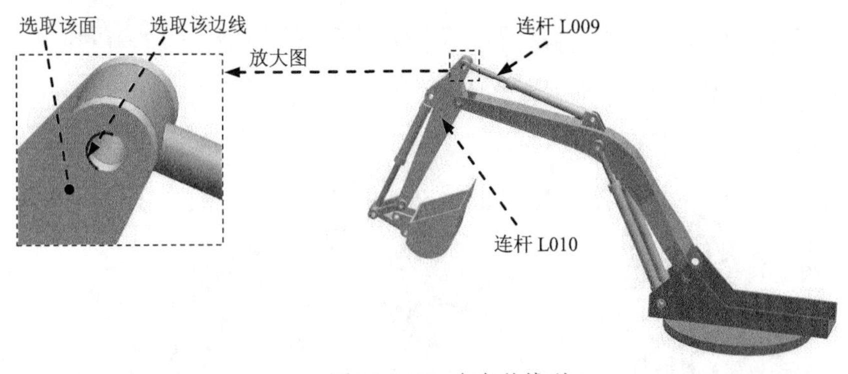

图 10.8.27　定义共线副 3

Step16. 定义旋转副 6。

（1）选择连杆。选取图 10.8.28 所示的连杆 L010。

（2）定义原点及矢量。在“运动副”对话框的 指定原点 下拉列表中选择“圆弧中心” 选项，在模型中选取图 10.8.28 所示的圆弧为定位原点参照；选取图 10.8.28 所示的面作为矢量参考面。

（3）添加啮合连杆。在“运动副”对话框的 基本 区域中选中 啮合连杆 复选框，单击 选择连杆 (0)，选取图 10.8.28 所示的连杆 L003。

（4）定义啮合连杆原点及矢量。在“运动副”对话框 基本 区域的 指定原点 下拉列表中选择“圆弧中心” 选项，在模型中选取图 10.8.28 所示的圆弧为定位原点参照；选取图 10.8.28 所示的面作为矢量参考面。

（5）单击 应用 按钮，完成第十二个运动副的添加。

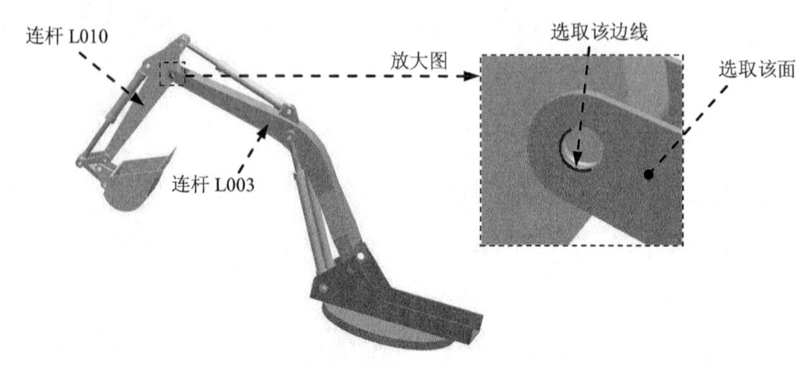

图 10.8.28 定义旋转副 6

Step17. 定义旋转副 7。

（1）选择连杆。选取图 10.8.29 所示的连杆 L011。

（2）定义原点及矢量。在“运动副”对话框的 指定原点 下拉列表中选择“圆弧中心” 选项，在模型中选取图 10.8.29 所示的圆弧为定位原点参照；选取图 10.8.29 所示的面作为矢量参考面。

（3）添加啮合连杆。在“运动副”对话框的 基本 区域中选中 ☑ 啮合连杆 复选框，单击 选择连杆 (0)，选取图 10.8.29 所示的连杆 L010。

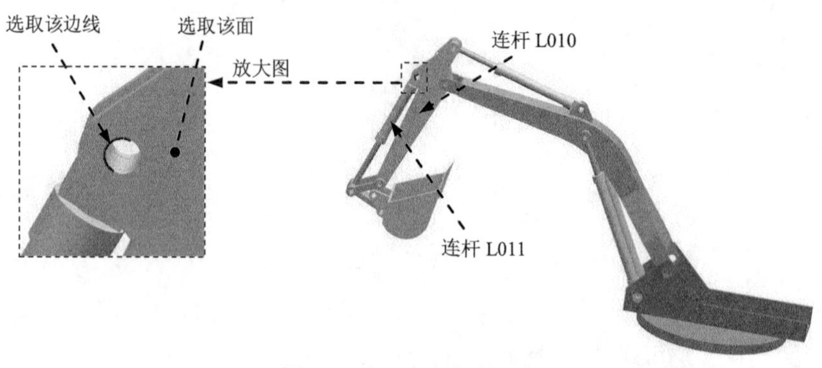

图 10.8.29 定义旋转副 7

（4）定义啮合连杆原点及矢量。在“运动副”对话框 基本 区域中 指定原点 下拉列表中选择“圆弧中心” 选项，在模型中选取图 10.8.29 所示的圆弧为定位原点参照；选取图 10.8.29 所示的面作为矢量参考面。

（5）单击 应用 按钮，完成第十三个运动副的添加。

Step18. 定义滑动副 3。

(1) 定义运动副类型。在“运动副”对话框 定义 选项卡的 类型 下拉列表中选择 滑动副 选项。

（2）选择连杆。选取图 10.8.30 所示的连杆 L012。

（3）定义原点及矢量。在“运动副”对话框的 指定原点 下拉列表中选择“圆弧中心” 选项，在模型中选取图 10.8.30 所示的圆弧为定位原点参照；选取图 10.8.30 所示的面作为矢量参考面。

（4）添加啮合连杆。在“运动副”对话框的 基本 区域中选中 啮合连杆 复选框，单击 选择连杆 (0)，选取图 10.8.30 所示的连杆 L011。

（5）定义啮合连杆原点及矢量。在“运动副”对话框 基本 区域的 指定原点 下拉列表中选择“圆弧中心” 选项，在模型中选取图 10.8.30 所示的圆弧为定位原点参照；选取图 10.8.30 所示的面作为矢量参考面。

（6）定义驱动。在“运动副”对话框中单击 驱动 选项卡，在 平移 下拉列表中选择 函数 选项；在 函数数据类型 下拉列表中选择 位移 选项；单击 函数 后的 按钮，选择 f(x) 函数管理器... 选项，在弹出的“XY 函数管理器”对话框中单击 按钮，在弹出的“XY 函数编辑器” 公式= 区域的文本框中输入函数关系式“STEP(*x*,0,0,4,−600)+STEP(*x*,6,0,8,450)+STEP(*x*,13,0,15,−450)”，其余参数接受系统默认设置，单击两次 确定 按钮，完成驱动的定义。

（7）单击 应用 按钮，完成第十四个运动副的添加。

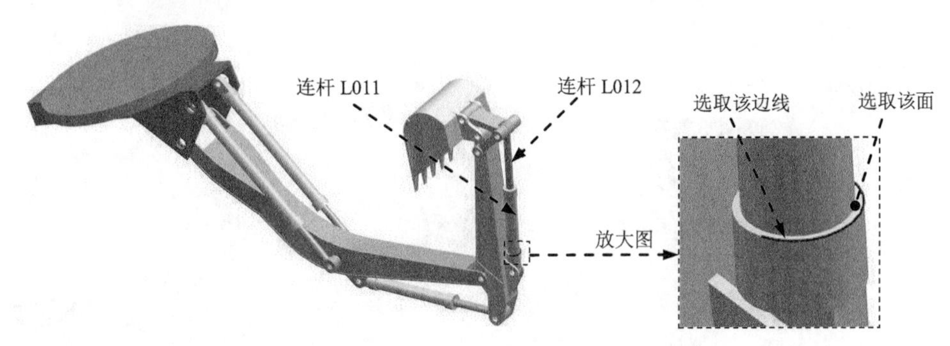

图 10.8.30　定义滑动副 3

Step19. 定义旋转副 8。

（1）定义运动副类型。在“运动副”对话框 定义 选项卡的 类型 下拉列表中选择 旋转副 选项。

（2）选择连杆。选取图 10.8.31 所示的连杆 L015。

（3）定义原点及矢量。在“运动副”对话框的 指定原点 下拉列表中选择“圆弧中心” 选项，在模型中选取图 10.8.31 所示的圆弧为定位原点参照；选取图 10.8.31 所示的面作为矢量参考面。

（4）添加啮合连杆。在“运动副”对话框的基本区域中选中☑啮合连杆复选框，单击选择连杆 (0)，选取图 10.8.31 所示的连杆 L010。

（5）定义啮合连杆原点及矢量。在“运动副”对话框基本区域的✔指定原点下拉列表中选择“圆弧中心”⊙选项，在模型中选取图 10.8.31 所示的圆弧为定位原点参照；选取图 10.8.31 所示的面作为矢量参考面。

（6）单击 应用 按钮，完成第十五个运动副的添加。

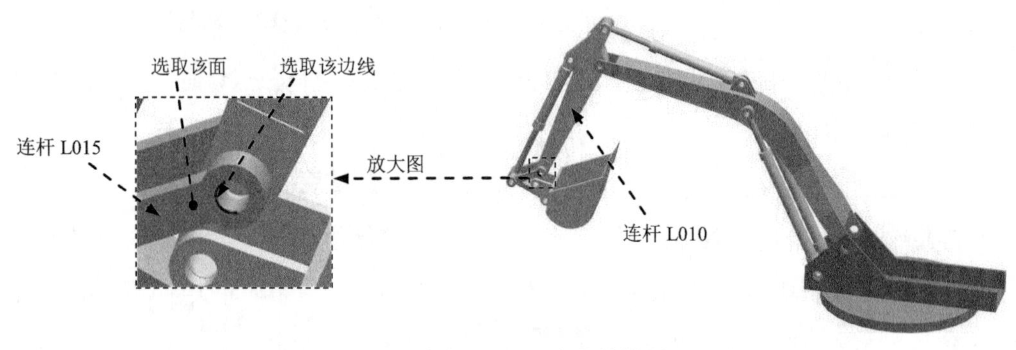

图 10.8.31 定义旋转副 8

Step20. 定义旋转副 9。

（1）选择连杆。在“运动导航器”中将连杆 L015 隐藏，然后选取图 10.8.32 所示的连杆 L014。

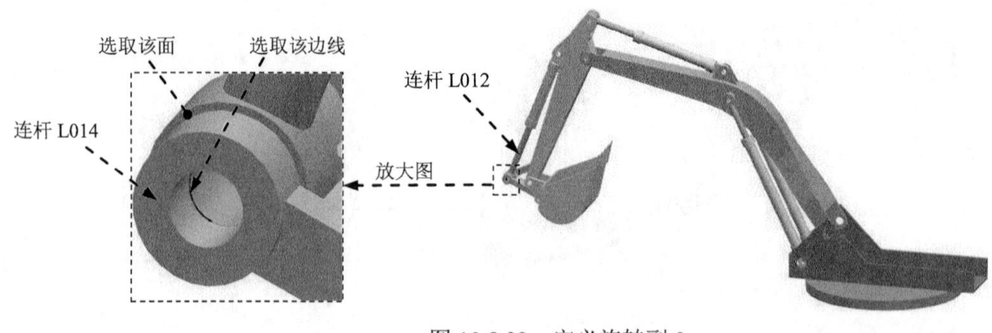

图 10.8.32 定义旋转副 9

（2）定义原点及矢量。在“运动副”对话框的✔指定原点下拉列表中选择“圆弧中心”⊙选项，在模型中选取图 10.8.32 所示的圆弧为定位原点参照；选取图 10.8.32 所示的面作为矢量参考面。

（3）添加啮合连杆。在“运动副”对话框的基本区域中选中☑啮合连杆复选框，单击选择连杆 (0)，选取图 10.8.32 所示的连杆 L012。

（4）定义啮合连杆原点及矢量。在“运动副”对话框基本区域的✔指定原点下拉列表中选择“圆弧中心”⊙选项，在模型中选取图 10.8.32 所示的圆弧为定位原点参照；选取图 10.8.32 所示的面作为矢量参考面。

（5）单击 应用 按钮，完成第十六个运动副的添加。

Step21．定义共线副 4。

（1）定义运动副类型。在“运动副”对话框 定义 选项卡的 类型 下拉列表中选择 共线 选项。

（2）选择连杆。在“运动导航器”中将连杆 L015 取消隐藏，然后选取图 10.8.33 所示的连杆 L014。

（3）定义原点及矢量。在“运动副”对话框的 指定原点 下拉列表中选择“圆弧中心”⊙选项，在模型中选取图 10.8.33 所示的圆弧为定位原点参照；选取图 10.8.33 所示的面作为矢量参考面。

（4）添加啮合连杆。在“运动副”对话框的 基本 区域中选中 ☑ 啮合连杆 复选框，单击 选择连杆 (0)，选取图 10.8.33 所示的连杆 L015。

（5）定义啮合连杆原点及矢量。在“运动副”对话框 基本 区域的 指定原点 下拉列表中选择“圆弧中心”⊙选项，在模型中选取图 10.8.33 所示的圆弧为定位原点参照；选取图 10.8.33 所示的面作为矢量参考面。

（6）单击 应用 按钮，完成第十七个运动副的添加。

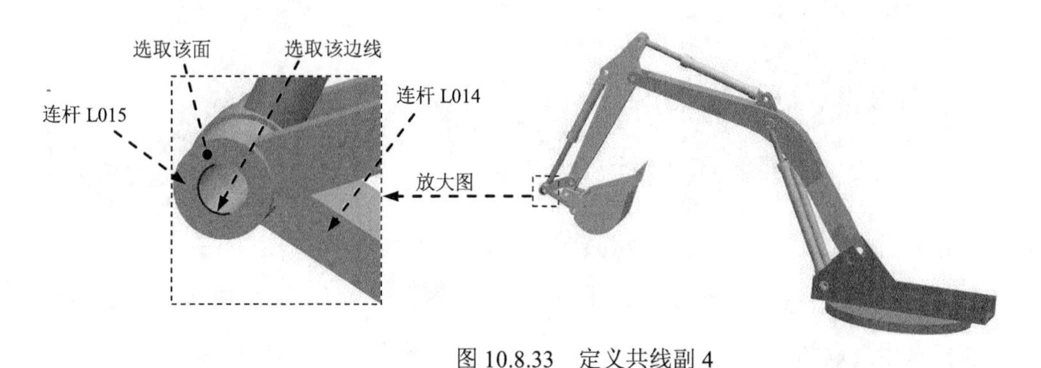

图 10.8.33　定义共线副 4

Step22．定义旋转副 10。

（1）选择连杆。选取图 10.8.34 所示的连杆 L013。

（2）定义原点及矢量。在“运动副”对话框的 指定原点 下拉列表中选择“圆弧中心”⊙选项，在模型中选取图 10.8.34 所示的圆弧为定位原点参照；选取图 10.8.34 所示的面作为矢量参考面。

（3）添加啮合连杆。在“运动副”对话框的 基本 区域中选中 ☑ 啮合连杆 复选框，单击

选择连杆 (0)，选取图 10.8.34 所示的连杆 L010。

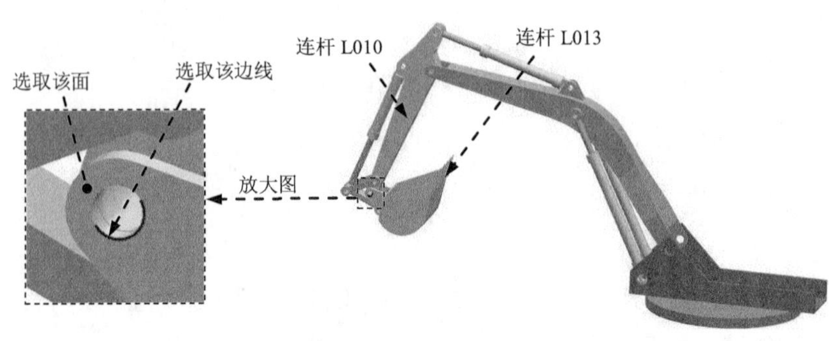

图 10.8.34　定义旋转副 10

（4）定义啮合连杆原点及矢量。在“运动副”对话框基本区域的指定原点下拉列表中选择“圆弧中心”选项，在模型中选取图 10.8.34 所示的圆弧为定位原点参照；选取图 10.8.34 所示的面作为矢量参考面。

（5）单击应用按钮，完成第十八个运动副的添加。

Step23. 定义共线副 5。

（1）定义运动副类型。在“运动副”对话框定义选项卡的类型下拉列表中选择共线选项。

（2）选择连杆。选取图 10.8.35 所示的连杆 L013。

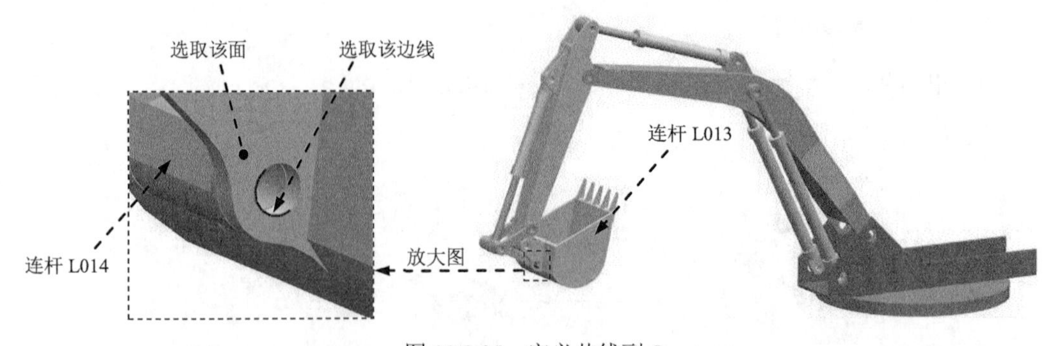

图 10.8.35　定义共线副 5

（3）定义原点及矢量。在“运动副”对话框的指定原点下拉列表中选择“圆弧中心”选项，在模型中选取图 10.8.35 所示的圆弧为定位原点参照；选取图 10.8.35 所示的面作为矢量参考面。

（4）添加啮合连杆。在“运动副”对话框的基本区域中选中啮合连杆复选框，单击选择连杆 (0)，选取图 10.8.35 所示的连杆 L014。

（5）定义啮合连杆原点及矢量。在“运动副”对话框基本区域的指定原点下拉列表中选择“圆弧中心”选项，在模型中选取图 10.8.35 所示的圆弧为定位原点参照；选取图 10.8.35 所示的面作为矢量参考面。

（6）单击 应用 按钮，完成第十九个运动副的添加。

Step24. 定义固定副1。

（1） 定义运动副类型。在“运动副”对话框 定义 选项卡的 类型 下拉列表中选择 固定 选项。

（2）选择连杆。选取图10.8.36所示的连杆L016。

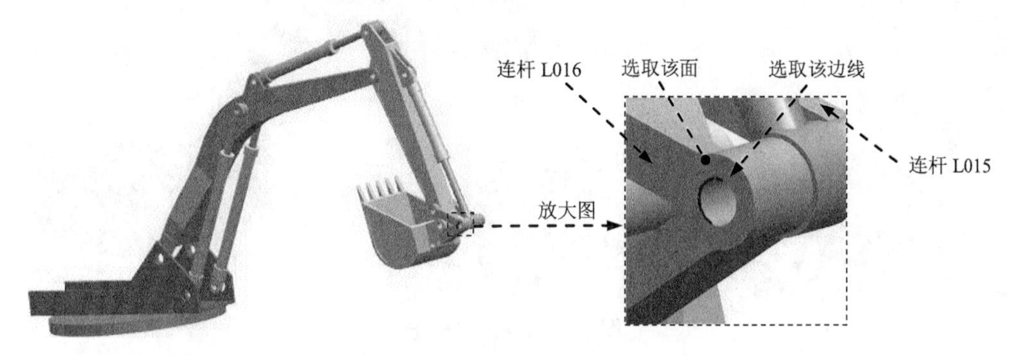

图10.8.36　定义固定副1

（3）定义原点及矢量。在“运动副”对话框的 指定原点 下拉列表中选择“圆弧中心” 选项，在模型中选取图10.8.36所示的圆弧为定位原点参照；选取图10.8.36所示的面作为矢量参考面。

（4）添加啮合连杆。在“运动副”对话框的 基本 区域中选中 啮合连杆 复选框，单击 选择连杆 (0)，选取图10.8.36所示的连杆L015。

（5）定义啮合连杆原点及矢量。在“运动副”对话框 基本 区域的 指定原点 下拉列表中选择“圆弧中心” 选项，在模型中选取图10.8.36所示的圆弧为定位原点参照；选取图10.8.36所示的面作为矢量参考面。

（6）单击 确定 按钮，完成第二十个运动副的添加。

Step25. 定义解算方案（注：本步的详细操作过程请参见随书光盘中video\ch10\ch10.07\reference\文件下的语音视频讲解文件“0_backhoe_asm-r01.exe”）。

Step26. 播放动画。在“动画控制”工具栏中单击“播放” 按钮，即可播放动画。

Step27. 在“动画控制”工具栏中单击“导出至电影” 按钮，系统弹出“录制电影”对话框，输入名称“backhoe”，单击 OK 按钮，单击 （完成动画）按钮，完成运动仿真的创建。

Step28. 输出铲斗的位移-时间曲线。

（1）定义标记1。选择下拉菜单 插入(S) → 标记(K)... 命令，系统弹出“标记”对话框；在系统 选择连杆来定义标记位置 的提示下，选取图10.8.37所示的边线1为参考，系统自动定义连杆及参考点；在方向区域中单击指定 CSYS，然后在右侧单击“CSYS 对话框”按钮，在系统弹出的“CSYS”对话框类型下拉列表中选择动态选项；单击确定按钮两次，完成标记 1 的定义。

（2）定义标记 2。参考步骤（1），选取图 10.8.37 所示的边线 2 为参考，定义标记 2。

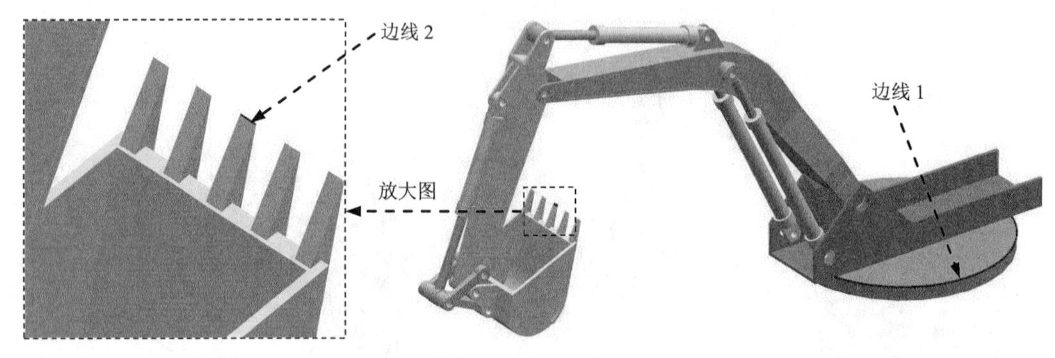

图 10.8.37 定义标记

（3）定义传感器。

① 选择命令。选择下拉菜单插入(S) → 传感器(S)...命令，系统弹出“传感器”对话框。

② 设置传感器参数。在“传感器”对话框的类型下拉列表中选择位移选项，在设置区域的分量下拉列表中选择线性幅值选项，在参考框下拉列表中选择相对选项。

③ 定义参考。单击“传感器”对话框对象选择区域中的* 测量 (0)按钮，在“运动导航器”中选取标记“A002”为测量对象；然后单击* 相对 (0)，在“运动导航器”中选取标记“A001”为相对标记。

④ 单击确定按钮，完成传感器的创建。

（4）对解算方案再次进行求解。选择下拉菜单分析(L) → 运动(N) → 求解(S)...命令，对解算方案再次进行求解。

（5）输出位移曲线。

① 选择下拉菜单分析(L) → 运动(N) → 图表(G)...命令（或者在“运动”工具栏中单击 → 作图命令），系统弹出“图表”对话框，单击其中的对象选项卡。

② 在“图表”对话框的运动模型区域选择传感器Se001，单击Y 轴定义区域中的按钮。

③ 选中“图表”对话框中的保存复选框，然后单击按钮，选择\ug10.16\work\ch10.08\ 0_backhoe_asm \ 0_backhoe_asm.afu 为保存路径。

④ 单击确定按钮，系统进入函数显示环境并显示两个标记之间的位移-时间曲线，如图 10.8.38 所示。

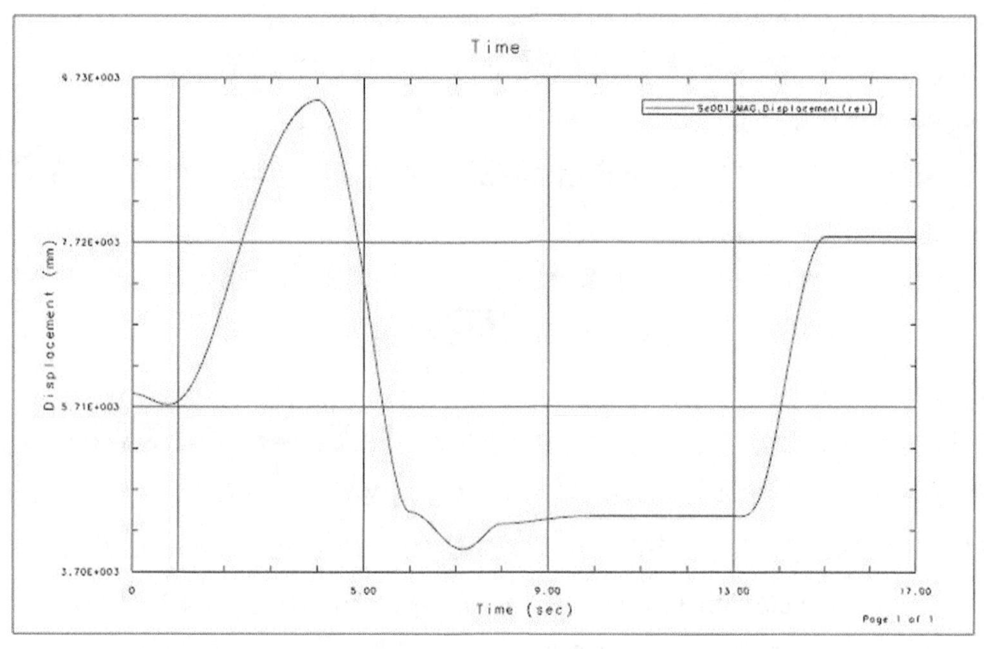

图 10.8.38　位移-时间曲线

Step29. 在“布局管理器”工具条中单击“返回到模型”按钮，返回到运动仿真环境。

Step30. 选择下拉菜单 文件(F) ➡ 保存(S) 命令，即可保存模型。

10.9　牛头刨床机构

范例概述:

本范例将介绍牛头刨床机构（图 10.9.1）运动仿真的操作过程，该仿真实例中综合运用了多种常见机构，有齿轮机构、蜗轮蜗杆机构、间歇机构、带传动机构、急回机构和摆动机构等，是一个较为全面的综合范例，在学习时应细心体会。读者可以打开视频文件\ug10.16\work\ ch10.09\shape.avi 查看机构运行状况。

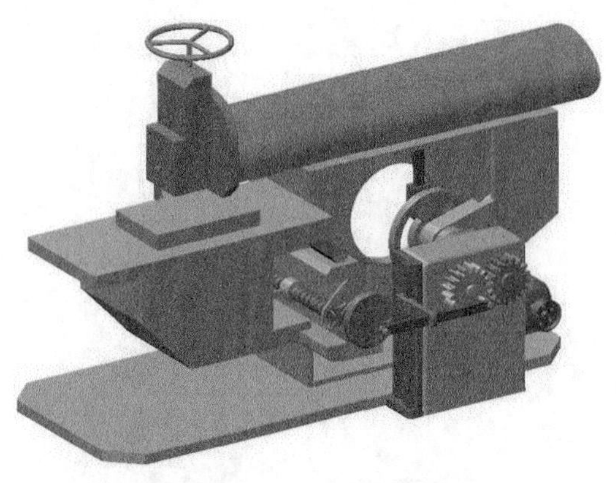

图 10.9.1　牛头刨床机构

Step1. 打开文件\ug10.16\work\ ch10.09\0_shaper_asm.prt。

Step2. 选择 开始 → 运动仿真(O)... 命令，进入运动仿真模块。

Step3. 新建仿真文件。

（1）在“运动导航器”中右击 0_shaper_asm，在系统弹出的快捷菜单中选择 新建仿真 命令，系统弹出“环境”对话框。

（2）在“环境”对话框中选中 动力学 单选项；选中 组件选项 区域中的 基于组件的仿真 复选框；输入仿真的名称为“motion_1”，单击 确定 按钮。

Step4. 定义连杆。

（1）定义连杆 L001 和连杆 L002。选择下拉菜单 插入(S) → 链接(L)... 命令，系统弹出“连杆”对话框，选中 固定连杆 复选框，然后选取图 10.9.2 所示的零件为连杆 L001 和连杆 L002，其余参数接受系统默认设置，在“连杆”对话框中分别单击 应用 按钮。

（2）定义连杆 L003 和连杆 L004。在“连杆”对话框中取消选中 固定连杆 复选框，然后将连杆 L001 和连杆 L002 隐藏，选取图 10.9.3 所示的零件为连杆 L003 和连杆 L004，在“连杆”对话框中分别单击 应用 按钮。

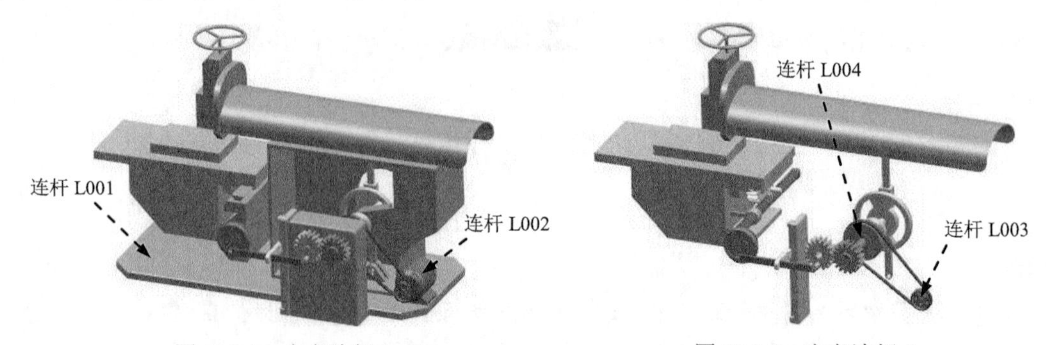

图 10.9.2　定义连杆 1　　　图 10.9.3　定义连杆 2

（3）定义连杆 L005 和连杆 L006。将连杆 L004 隐藏，选取图 10.9.4 所示的零件为连杆 L005 和连杆 L006，在“连杆”对话框中分别单击 应用 按钮。

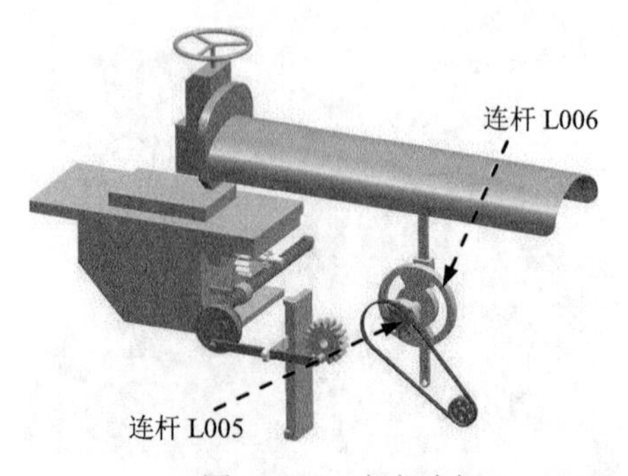

图 10.9.4　定义连杆 3

（4）定义连杆 L007 和连杆 L008。选取图 10.9.5 所示的零件为连杆 L007 和连杆 L008，在“连杆”对话框中分别单击 应用 按钮。

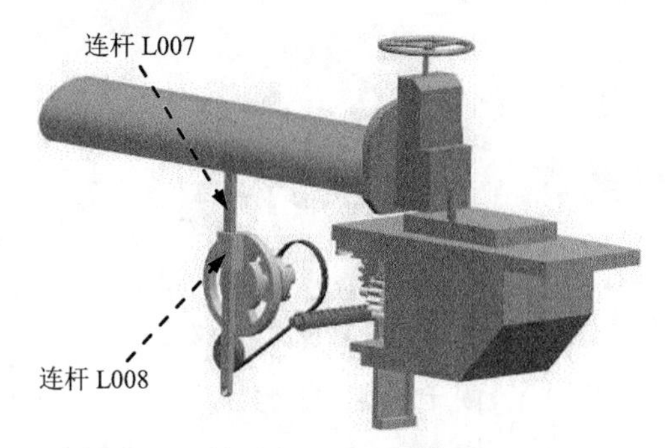

图 10.9.5　定义连杆 4

（5）定义连杆 L009 和连杆 L010。选取图 10.9.6 所示的零件为连杆 L009 和连杆 L010，在“连杆”对话框中分别单击 应用 按钮。

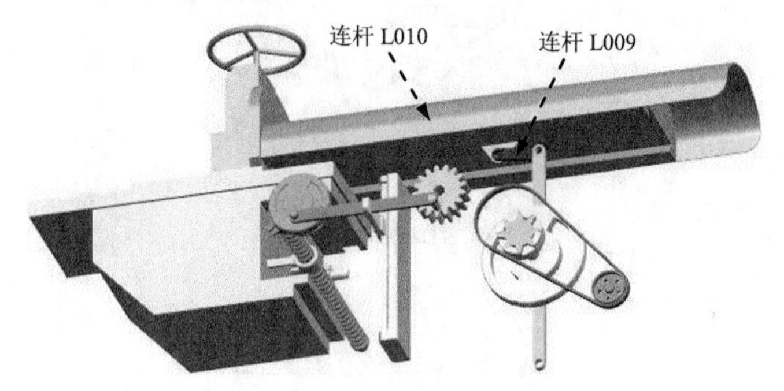

图 10.9.6　定义连杆 5

（6）定义连杆 L011 和连杆 L012。选中 ☑ 固定连杆 复选框，选取图 10.9.7 所示的零件为连杆 L011 和连杆 L012，在“连杆”对话框中分别单击 应用 按钮。

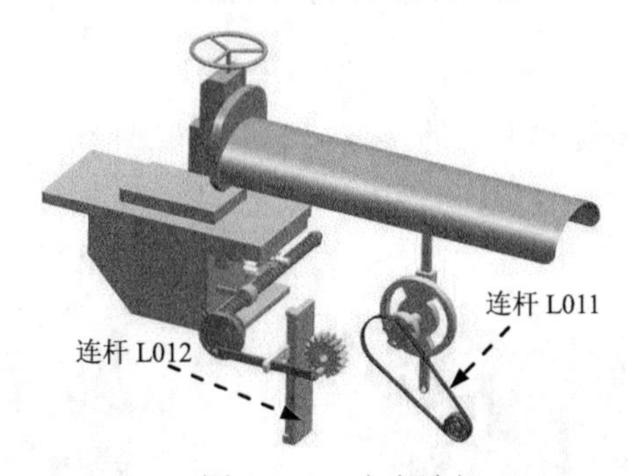

图 10.9.7　定义连杆 6

（7）定义连杆 L013、连杆 L014、连杆 L015 和连杆 L016。隐藏连杆 L003、连杆 L010、连杆 L011 和连杆 L012，取消选中 □ 固定连杆 复选框，选取图 10.9.8 所示的零件为连杆 L013、连杆 L014、连杆 L015 和连杆 L016，在“连杆”对话框中分别单击 应用 按钮。

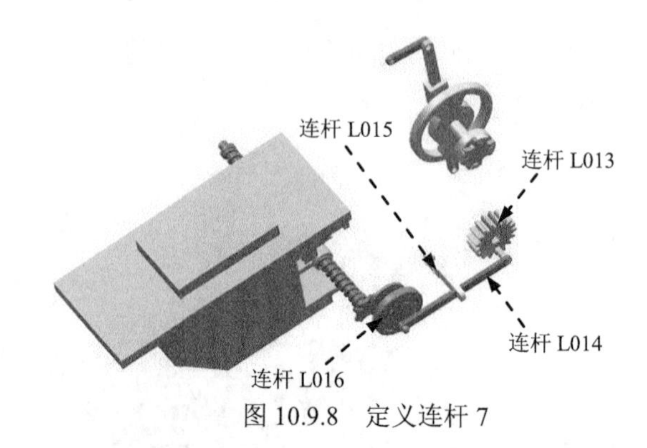

图 10.9.8 定义连杆 7

（8）定义连杆 L017、连杆 L018 和连杆 L019。选取图 10.9.9 所示的零件为连杆 L017、连杆 L018 和连杆 L019，在“连杆”对话框中分别单击 应用 按钮，然后单击 确定 按钮，完成所有连杆的定义。

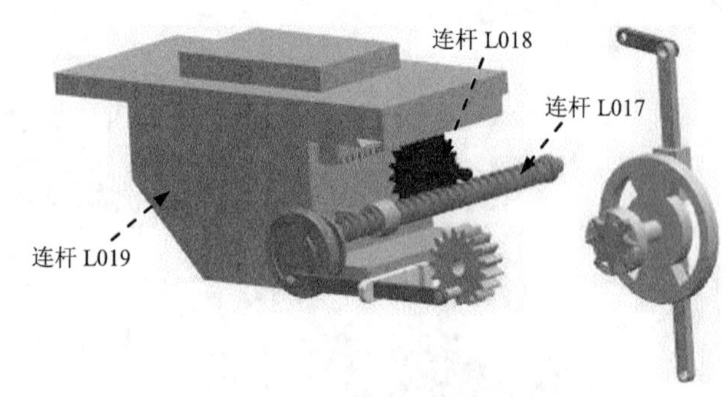

图 10.9.9 定义连杆 8

Step5. 定义旋转副 1。

（1）选择下拉菜单 插入(S) → 运动副(J)... 命令，系统弹出“运动副”对话框。

（2）定义运动副类型。在“运动副”对话框 定义 选项卡的 类型 下拉列表中选择 旋转副 选项。

（3）选择连杆。取消隐藏所有的连杆，然后选取图 10.9.10 所示的连杆 L003。

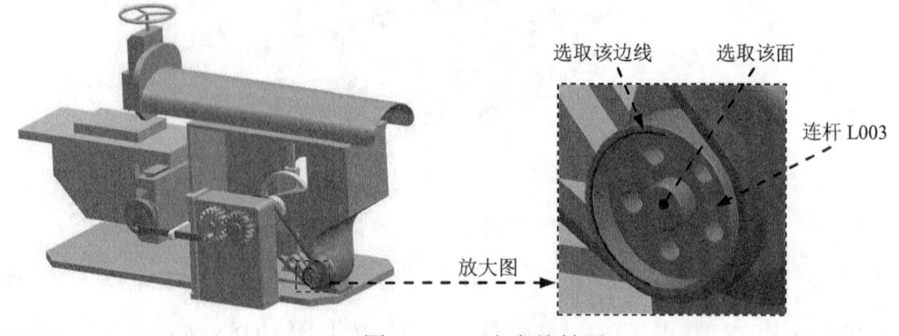

图 10.9.10 定义旋转副 1

（4）定义原点及矢量。在“运动副”对话框的 指定原点 下拉列表中选择“圆弧中心”

选项，在模型中选取图 10.9.10 所示的圆弧为定位原点参照；选取图 10.9.10 所示的面作为矢量参考面，方向向外。

（5）定义驱动。在“运动副”对话框中单击 驱动 选项卡，在 旋转 下拉列表中选择 恒定 选项，并在其下的 初速度 文本框中输入值 90。

（6）单击 应用 按钮，完成第一个运动副的添加。

Step6. 定义旋转副 2。

（1）选择连杆。选取图 10.9.11 所示的连杆 L004。

（2）定义原点及矢量。在“运动副”对话框的 指定原点 下拉列表中选择“圆弧中心” 选项，在模型中选取图 10.9.11 所示的圆弧为定位原点参照；选取图 10.9.11 所示的面作为矢量参考面，调整方向指向内侧。

（3）单击 应用 按钮，完成第二个运动副的添加。

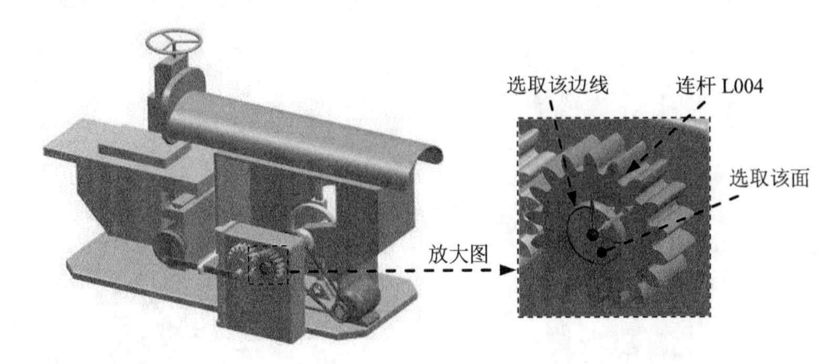

图 10.9.11　定义旋转副 2

Step7. 定义旋转副 3。

（1）选择连杆。隐藏连杆 L001、连杆 L011，然后选取图 10.9.12 所示的连杆 L005。

（2）定义原点及矢量。在“运动副”对话框的 指定原点 下拉列表中选择“圆弧中心” 选项，在模型中选取图 10.9.12 所示的圆弧为定位原点参照；选取图 10.9.12 所示的面作为矢量参考面。

（3）单击 应用 按钮，完成第三个运动副的添加。

Step8. 定义旋转副 4。

（1）选择连杆。选取图 10.9.12 所示的连杆 L006。

（2）定义原点及矢量。在“运动副”对话框的 指定原点 下拉列表中选择“圆弧中心” 选项，在模型中选取图 10.9.12 所示的圆弧为定位原点参照；选取图 10.9.12 所示的面作为矢量参考面。

（3）单击 应用 按钮，完成第四个运动副的添加。

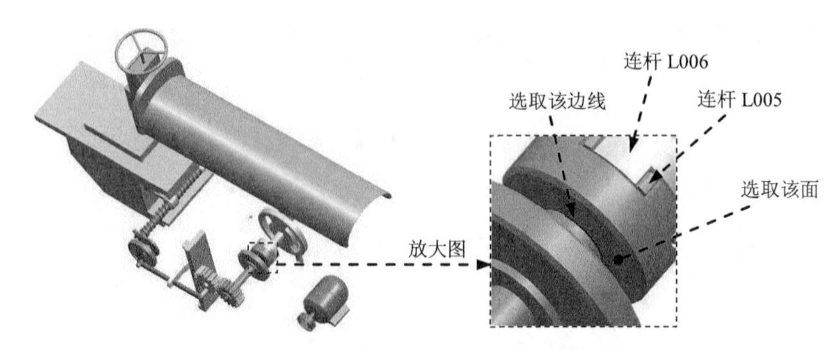

图 10.9.12 定义旋转副 3 和旋转副 4

Step9. 定义旋转副 5。

（1）选择连杆。选取图 10.9.13 所示的连杆 L007。

（2）定义原点及矢量。在“运动副”对话框的 指定原点 下拉列表中选择“圆弧中心” 选项，在模型中选取图 10.9.13 所示的圆弧为定位原点参照；选取图 10.9.13 所示的面作为矢量参考面。

（3）单击 应用 按钮，完成第五个运动副的添加。

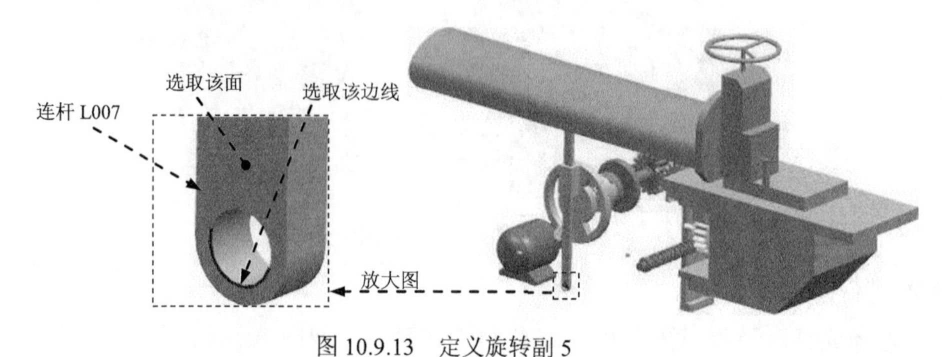

图 10.9.13 定义旋转副 5

Step10. 定义滑动副 1。

（1）定义运动副类型。在“运动副”对话框 定义 选项卡的 类型 下拉列表中选择 滑动副 选项。

（2）选择连杆。选取图 10.9.14 所示的连杆 L008。

（3）定义原点及矢量。在“运动副”对话框的 指定原点 下拉列表中选择“圆弧中心” 选项，在模型中选取图 10.9.14 所示的圆弧为定位原点参照；选取图 10.9.14 所示的边线作为矢量参考边，方向向上。

（4）添加啮合连杆。在“运动副”对话框的 基本 区域中选中 ☑ 啮合连杆 复选框，单击 选择连杆 (0)，选取图 10.9.14 所示的连杆 L007。

（5）定义啮合连杆原点及矢量。在“运动副”对话框 基本 区域的 指定原点 下拉列表中选择“圆弧中心”选项，在模型中选取图 10.9.14 所示的圆弧为定位原点参照；选取图 10.9.14 所示的边线作为矢量参考边，方向向上。

（6）单击 应用 按钮，完成第六个运动副的添加。

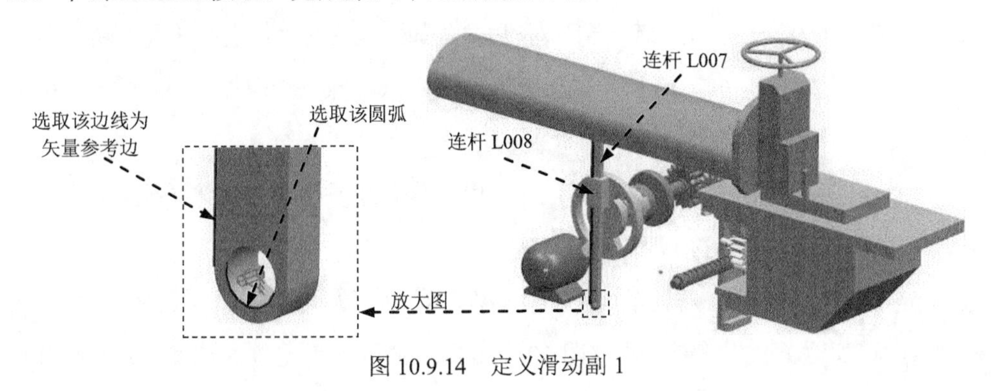

图 10.9.14　定义滑动副 1

Step11．定义共线连接 1。

（1）定义运动副类型。在“运动副”对话框 定义 选项卡的 类型 下拉列表中选择 共线 选项。

（2）选择连杆。将连杆 L010 隐藏，然后选取图 10.9.15 所示的连杆 L006。

（3）定义原点及矢量。在“运动副”对话框的 指定原点 下拉列表中选择“圆弧中心”选项，在模型中选取图 10.9.15 所示的圆弧为定位原点参照；选取图 10.9.15 所示的面作为矢量参考面。

（4）添加啮合连杆。在“运动副”对话框的 基本 区域中选中 啮合连杆 复选框，单击 选择连杆 (0)，选取图 10.9.15 所示的连杆 L008。

（5）定义啮合连杆原点及矢量。在“运动副”对话框 基本 区域的 指定原点 下拉列表中选择“圆弧中心”选项，在模型中选取图 10.9.15 所示的圆弧为定位原点参照；选取图 10.9.15 所示的面作为矢量参考面。

（6）单击 应用 按钮，完成第七个运动副的添加。

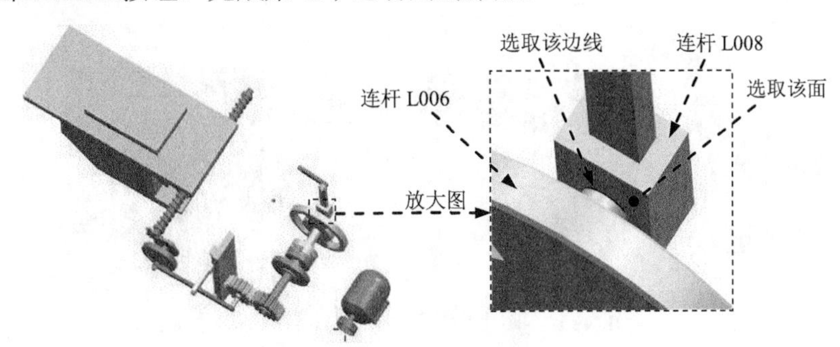

图 10.9.15　定义共线连接 1

Step12．定义旋转副 2。

（1）定义运动副类型。在“运动副”对话框 定义 选项卡的 类型 下拉列表中选择 旋转副 选项。

（2）选择连杆。选取图 10.9.16 所示的连杆 L009。

（3）定义原点及矢量。在“运动副”对话框的 指定原点 下拉列表中选择“圆弧中心” 选项，在模型中选取图 10.9.16 所示的圆弧为定位原点参照；选取图 10.9.16 所示的面作为矢量参考面。

（4）添加啮合连杆。在“运动副”对话框的 基本 区域中选中 ☑ 啮合连杆 复选框，单击 选择连杆 (0)，选取图 10.9.16 所示的连杆 L007。

（5）定义啮合连杆原点及矢量。在“运动副”对话框 基本 区域的 指定原点 下拉列表中选择“圆弧中心” 选项，在模型中选取图 10.9.16 所示的圆弧为定位原点参照；选取图 10.9.16 所示的面作为矢量参考面。

（6）单击 应用 按钮，完成第八个运动副的添加。

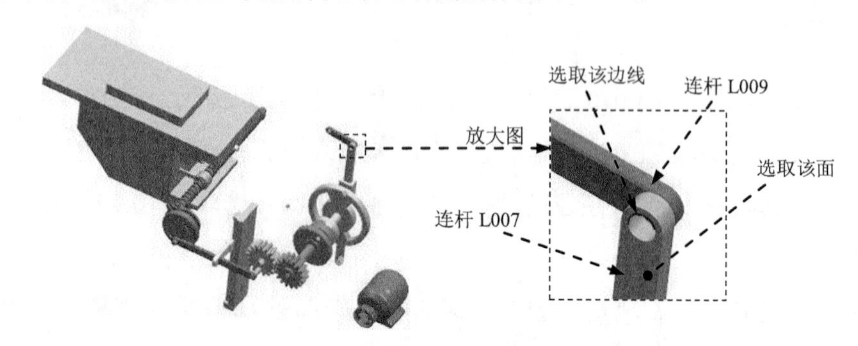

图 10.9.16　定义旋转副 6

Step13. 定义共线连接 2。

（1）定义运动副类型。在“运动副”对话框 定义 选项卡的 类型 下拉列表中选择 共线 选项。

（2）选择连杆。将连杆 L010 取消隐藏，选取图 10.9.17 所示的连杆 L009。

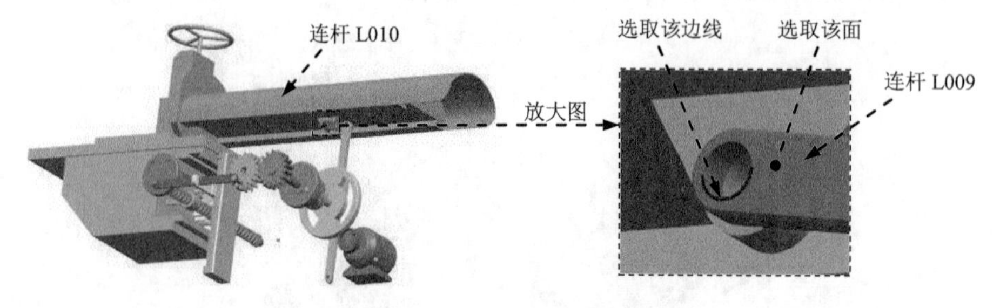

图 10.9.17　定义共线连接 2

（3）定义原点及矢量。在“运动副”对话框的 指定原点 下拉列表中选择“圆弧中心”

选项，在模型中选取图 10.9.17 所示的圆弧为定位原点参照；选取图 10.9.17 所示的面作为矢量参考面。

（4）添加啮合连杆。在“运动副”对话框的基本区域中选中☑啮合连杆复选框，单击选择连杆 (0)，选取图 10.9.17 所示的连杆 L010。

（5）定义啮合连杆原点及矢量。在“运动副”对话框基本区域的✔指定原点下拉列表中选择“圆弧中心”⊙选项，在模型中选取图 10.9.17 所示的圆弧为定位原点参照；选取图 10.9.17 所示的面作为矢量参考面。

（6）单击应用按钮，完成第九个运动副的添加。

Step14. 定义滑动副 2。

（1）定义运动副类型。在“运动副”对话框定义选项卡的类型下拉列表中选择滑动副选项。

（2）选择连杆。选取图 10.9.18 所示的连杆 L010。

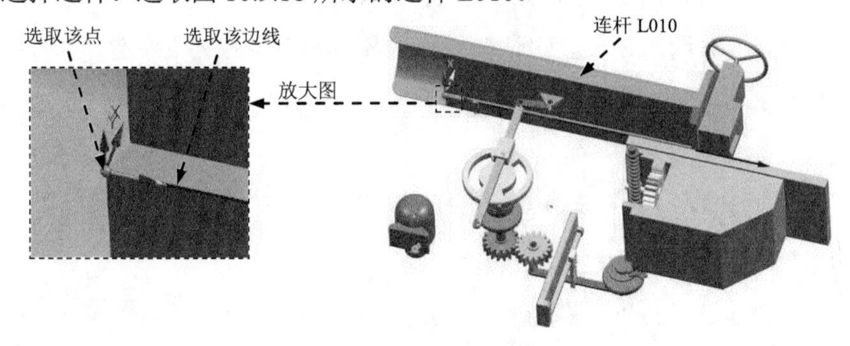

图 10.9.18 定义滑动副 2

（3）定义原点及矢量。在“运动副”对话框的✔指定原点下拉列表中选择“自动判断的点”选项，在模型中选取图 10.9.18 所示的点为定位原点参照；选取图 10.9.18 所示的边线作为矢量参考边，方向向右。

（4）单击应用按钮，完成第十个运动副的添加。

Step15. 定义旋转副 7。

（1）定义运动副类型。在“运动副”对话框定义选项卡的类型下拉列表中选择旋转副选项。

（2）选择连杆。选取图 10.9.19 所示的连杆 L013。

（3）定义原点及矢量。在“运动副”对话框的✔指定原点下拉列表中选择“圆弧中心”⊙选项，在模型中选取图 10.9.19 所示的圆弧为定位原点参照；选取图 10.9.19 所示的面作为矢量参考面。

（4）单击 应用 按钮，完成第十一个运动副的添加。

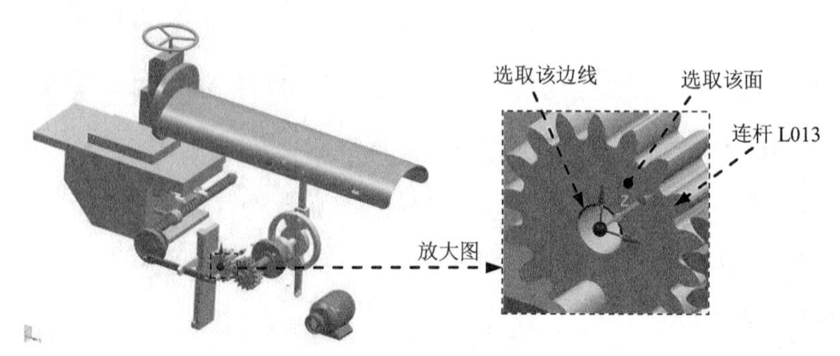

图 10.9.19　定义旋转副 7

Step16. 定义共线连接 3。

（1）定义运动副类型。在“运动副”对话框 定义 选项卡的 类型 下拉列表中选择 共线 选项。

（2）选择连杆。选取图 10.9.20 所示的连杆 L014。

（3）定义原点及矢量。在“运动副”对话框的 指定原点 下拉列表中选择“圆弧中心” 选项，在模型中选取图 10.9.20 所示的圆弧为定位原点参照；选取图 10.9.20 所示的面作为矢量参考面。

（4）添加啮合连杆。在“运动副”对话框的 基本 区域中选中 啮合连杆 复选框，单击 选择连杆 (0)，选取图 10.9.20 所示的连杆 L013。

（5）定义啮合连杆原点及矢量。在“运动副”对话框 基本 区域的 指定原点 下拉列表中选择“圆弧中心” 选项，在模型中选取图 10.9.20 所示的圆弧为定位原点参照；选取图 10.9.20 所示的面作为矢量参考面。

（6）单击 应用 按钮，完成第十二个运动副的添加。

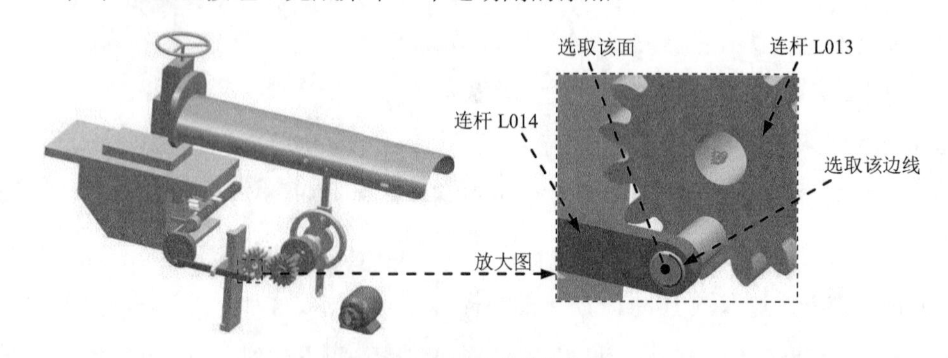

图 10.9.20　定义共线连接 3

Step17. 定义滑动副 3。

(1) 定义运动副类型。在“运动副”对话框 定义 选项卡的 类型 下拉列表中选择 滑动副选项。

（2）选择连杆。选取图 10.9.21 所示的连杆 L015。

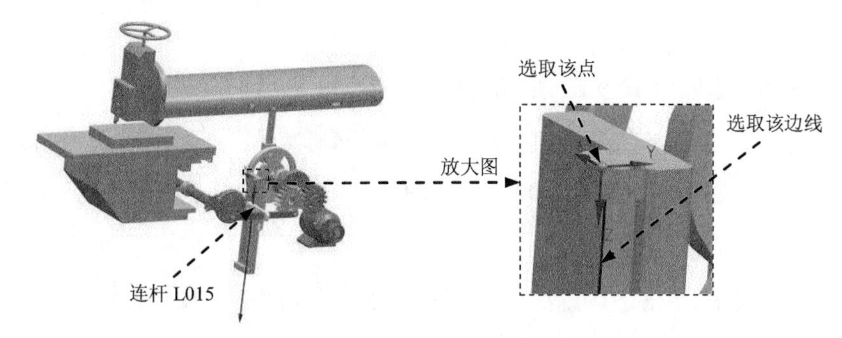

图 10.9.21　定义滑动副 3

（3）定义原点及矢量。在“运动副”对话框的指定原点下拉列表中选择“自动判断的点”选项，在模型中选取图 10.9.21 所示的点为定位原点参照；选取图 10.9.21 所示的边线作为矢量参考边，方向向下。

（4）单击应用按钮，完成第十三个运动副的添加。

Step18. 定义滑动副 4。

（1）选择连杆。选取图 10.9.22 所示的连杆 L014。

（2）定义原点及矢量。在“运动副”对话框的指定原点下拉列表中选择“圆弧中心”选项，在模型中选取图 10.9.22 所示的圆弧为定位原点参照；选取图 10.9.22 所示的边作为矢量参考边，方向向左。

（3）添加啮合连杆。在“运动副”对话框的基本区域中选中啮合连杆复选框，单击选择连杆 (0)，选取图 10.9.22 所示的连杆 L015。

（4）定义啮合连杆原点及矢量。在“运动副”对话框基本区域的指定原点下拉列表中选择“圆弧中心”选项，在模型中选取图 10.9.22 所示的圆弧为定位原点参照；选取图 10.9.22 所示的边作为矢量参考边，方向向左。

（5）单击应用按钮，完成第十四个运动副的添加。

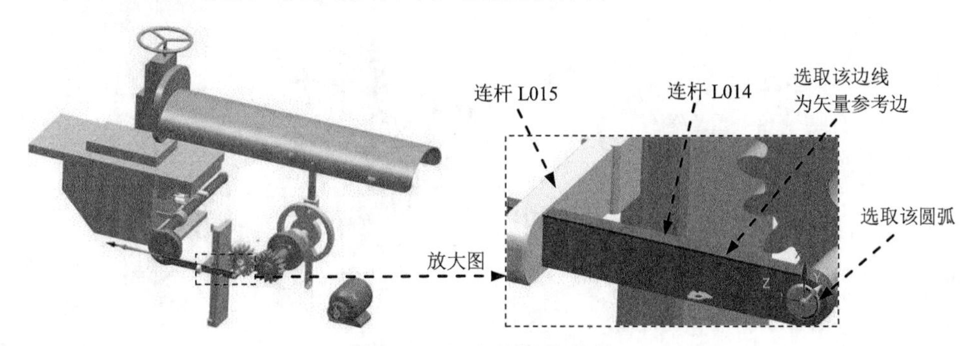

图 10.9.22　定义滑动副 4

Step19. 定义共线连接 4。

（1）定义运动副类型。在“运动副”对话框 定义 选项卡的 类型 下拉列表中选择 共线 选项。

（2）选择连杆。选取图 10.9.23 所示的连杆 L014。

（3）定义原点及矢量。在“运动副”对话框的 指定原点 下拉列表中选择“圆弧中心” 选项，在模型中选取图 10.9.23 所示的圆弧为定位原点参照；选取图 10.9.23 所示的面作为矢量参考面。

（4）添加啮合连杆。在“运动副”对话框的 基本 区域中选中 ☑ 啮合连杆 复选框，单击 选择连杆 (0)，选取图 10.9.23 所示的连杆 L016。

（5）定义啮合连杆原点及矢量。在“运动副”对话框 基本 区域的 指定原点 下拉列表中选择“圆弧中心” 选项，在模型中选取图 10.9.23 所示的圆弧为定位原点参照；选取图 10.9.23 所示的面作为矢量参考面。

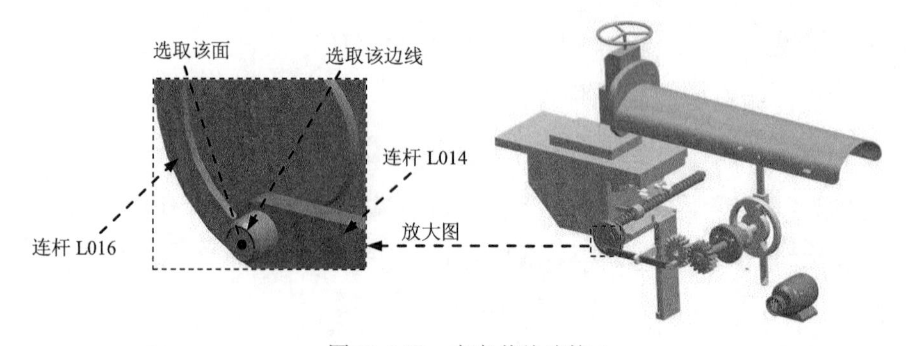

图 10.9.23 定义共线连接 4

（6）单击 应用 按钮，完成第十五个运动副的添加。

Step20. 定义旋转副 8。

（1）定义运动副类型。在“运动副”对话框 定义 选项卡的 类型 下拉列表中选择 旋转副 选项。

（2）选择连杆。将连杆 L016 隐藏，然后选取图 10.9.24 所示的连杆 L017。

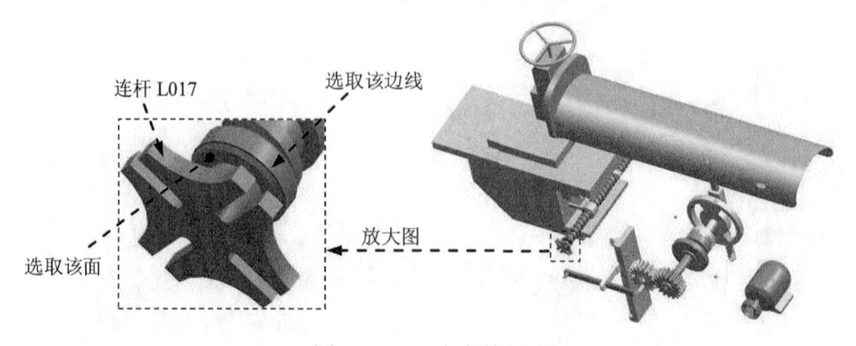

图 10.9.24 定义旋转副 8

（3）定义原点及矢量。在“运动副”对话框的 指定原点 下拉列表中选择“圆弧中心” 选项，在模型中选取图 10.9.24 所示的圆弧为定位原点参照；选取图 10.9.24 所示的面作为矢量参考面，单击 按钮，使方向向里。

（4）单击 应用 按钮，完成第十六个运动副的添加。

Step21. 定义旋转副 9。

（1）定义运动副类型。在“运动副”对话框 定义 选项卡的 类型 下拉列表中选择 旋转副 选项。

（2）选择连杆。将连杆 L016 取消隐藏，选取图 10.9.25 所示的连杆 L016。

（3）定义原点及矢量。在“运动副”对话框的 指定原点 下拉列表中选择“圆弧中心” 选项，在模型中选取图 10.9.25 所示的圆弧为定位原点参照；选取图 10.9.25 所示的面作为矢量参考面。

（4）单击 应用 按钮，完成第十七个运动副的添加。

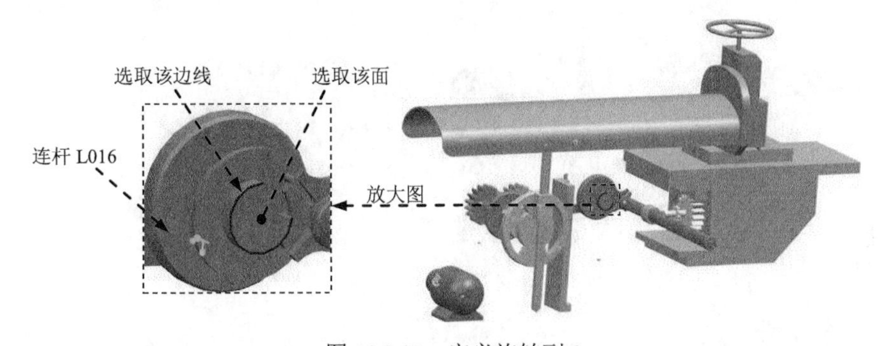

图 10.9.25　定义旋转副 9

Step22. 定义旋转副 10。

（1）定义运动副类型。在“运动副”对话框 定义 选项卡的 类型 下拉列表中选择 旋转副 选项。

（2）选择连杆。选取图 10.9.26 所示的连杆 L018。

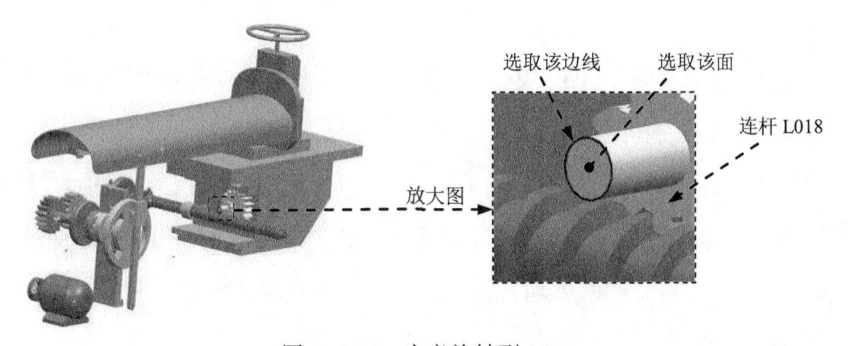

图 10.9.26　定义旋转副 10

（3）定义原点及矢量。在“运动副”对话框的 指定原点 下拉列表中选择“圆弧中心” 选项，在模型中选取图 10.9.26 所示的圆弧为定位原点参照；选取图 10.9.26 所示的面作为矢量参考面。

（4）单击 应用 按钮，完成第十八个运动副的添加。

Step23. 定义滑动副 5。

（1）定义运动副类型。在“运动副”对话框 定义 选项卡的 类型 下拉列表中选择 滑动副 选项。

（2）选择连杆。选取图 10.9.27 所示的连杆 L019。

（3）定义原点及矢量。在“运动副”对话框的 指定原点 下拉列表中选择“自动判断的点” 选项，在模型中选取图 10.9.27 所示的点为定位原点参照；选取图 10.9.27 所示的边线作为矢量参考边，方向向外。

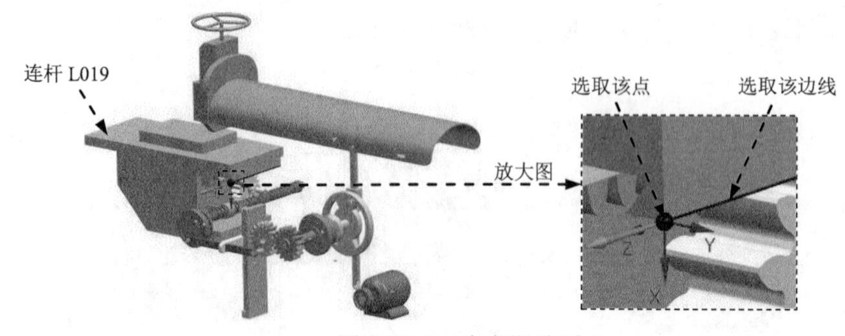

图 10.9.27　定义滑动副 5

（4）单击 确定 按钮，完成第十九个运动副的添加，然后将所有的连杆取消隐藏。

Step24. 定义 2-3 传动副。

（1）选择命令。选择下拉菜单 插入(S) → 传动副(E) → 2-3 传动副... 命令，系统弹出“2-3 传动副”对话框。

（2）定义附着类型。在“2-3 传动副”对话框的 附着类型 下拉列表中选择 2 联接传动副 选项。

（3）选择运动副驱动。单击“2-3 传动副”对话框 第一运动副驱动 区域中的 * 选择运动副 (0) 按钮，在“运动导航器”中选取旋转副 J005，此时图 10.9.28 所示的旋转副 J005 加亮显示，在 缩放 后的文本框中输入值 0.6；单击“2-3 传动副”对话框 第二运动副传动 区域中的 * 选择运动副 (0) 按钮，在“运动导航器”中选取旋转副 J006，此时图 10.9.28 所示的旋转副 J006 加亮显示，在 缩放 后的文本框中输入值 1，其余参数接受系统默认设置。

（4）单击 确定 按钮，完成 2-3 传动副的定义。

图 10.9.28　定义 2-3 传动副

Step25. 定义齿轮副 1。

（1）选择命令。选择下拉菜单 插入(S) → 传动副(E) → 齿轮副(G)... 命令，系统弹出“齿轮副”对话框。

（2）选择运动副驱动。单击“齿轮副”对话框 第一个运动副 区域中的 * 选择运动副 (0) 按钮，在“运动导航器”中选取旋转副 J006，此时图 10.9.29 所示的旋转副 J006 加亮显示；单击 第二运动副传动 区域中的 * 选择运动副 (0) 按钮，在“运动导航器”中选取旋转副 J015，此时图 10.9.29 所示的旋转副 J015 加亮显示；在 设置 区域 比率 后的文本框中输入值 1，其余参数接受系统默认设置。

（3）单击 确定 按钮，完成齿轮副 1 的定义。

Step26. 定义齿轮副 2。

（1）选择命令。将连杆 L001 隐藏，然后选择下拉菜单 插入(S) → 传动副(E) → 齿轮副(G)... 命令，系统弹出“齿轮副”对话框。

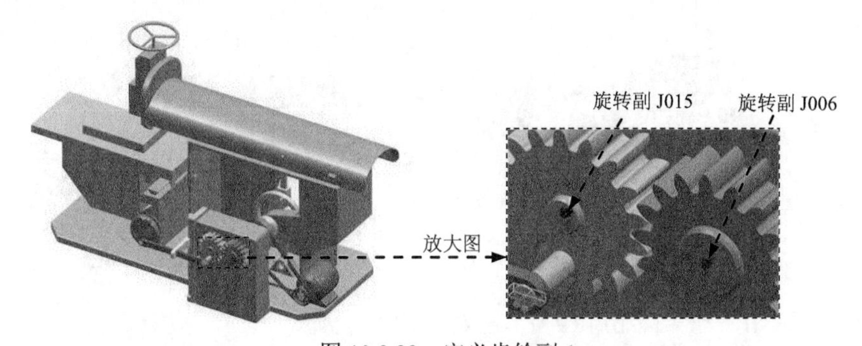

图 10.9.29　定义齿轮副 1

（2）选择运动副驱动。单击“齿轮副”对话框 第一个运动副 区域中的 * 选择运动副 (0) 按钮，在“运动导航器”中选取旋转副 J022，此时图 10.9.30 所示的旋转副 J022 加亮显示；单击 第二运动副传动 区域中的 * 选择运动副 (0) 按钮，在“运动导航器”中选取旋转副 J020，此时图 10.9.30 所示的旋转副 J020 加亮显示；在 设置 区域 比率 后的文本框中输入值 6，其余参数接受系统默认设置。

（3）单击 确定 按钮，完成齿轮副 2 的定义。

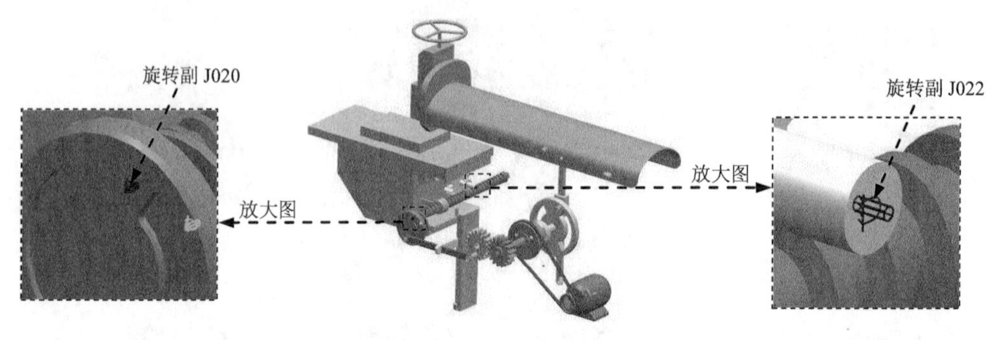

图 10.9.30　定义齿轮副 2

Step27. 定义齿轮齿条副。

（1）选择命令。选择下拉菜单 插入(S) → 传动副(E) → 齿轮齿条副(K)... 命令，系统弹出“齿轮齿条副”对话框。

（2）选择运动副驱动。单击“齿轮齿条副”对话框 第一个运动副 区域中的 * 选择运动副 (0) 按钮，在“运动导航器”中选取滑动副 J023，此时图 10.9.31 所示的滑动副 J023 加亮显示；单击 第二运动副传动 区域中的 * 选择运动副 (0) 按钮，在“运动导航器”中选取旋转副 J022，此时图 10.9.31 所示的旋转副 J022 加亮显示；在 设置 区域 比率（销半径）后的文本框中输入值 120，其余参数接受系统默认设置。

（3）单击 确定 按钮，完成齿轮齿条副的定义。

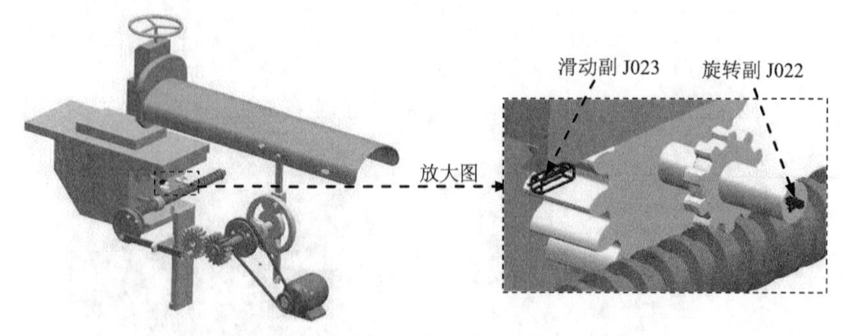

图 10.9.31　定义“齿轮齿条副”

Step28. 定义 3D 接触 1。

（1）选择下拉菜单 插入(S) → 连接器(N) → 3D 接触... 命令，系统弹出“3D 接触”对话框。

（2）定义接触连杆。将连杆 L001 和连杆 L011 隐藏；单击“3D 接触”对话框 操作 区域中的 * 选择体 (0) 按钮，然后选取图 10.9.32 所示的连杆 L005；单击“3D 接触”对话框 基本区域中的*选择体 (0)按钮，然后选取图 10.9.32 所示的连杆 L004。

（3）定义接触类型。在“3D 接触”对话框参数区域的类型下拉列表中选择类型为实体，其余参数接受系统默认设置。

（4）单击应用按钮，完成 3D 接触 1 的定义。

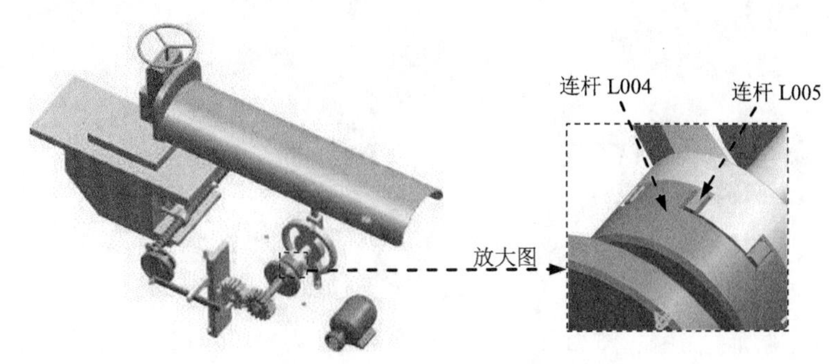

图 10.9.32　定义 3D 接触 1

Step29. 定义 3D 接触 2。

（1）定义接触连杆。单击“3D 接触”对话框操作区域中的*选择体 (0)按钮，然后选取图 10.9.33 所示的连杆 L006；单击“3D 接触”对话框基本区域中的*选择体 (0)按钮，然后选取图 10.9.33 所示的连杆 L005。

（2）定义接触类型。在“3D 接触”对话框参数区域的类型下拉列表中选择类型为实体，其余参数接受系统默认设置。

（3）单击应用按钮，完成 3D 接触 2 的定义。

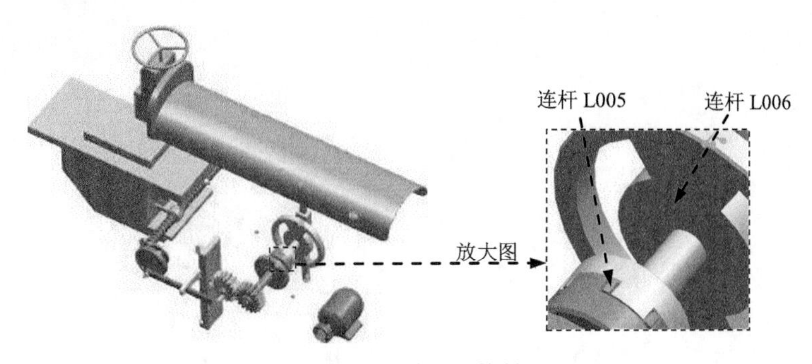

图 10.9.33　定义 3D 接触 2

Step30. 定义 3D 接触 3。

（1）定义接触连杆。单击“3D 接触”对话框操作区域中的*选择体 (0)按钮，然后选取图 10.9.34 所示的连杆 L016；单击“3D 接触”对话框基本区域中的*选择体 (0)按钮，然后选取图 10.9.34 所示的连杆 L017。

（2）定义接触类型。在“3D 接触”对话框参数区域的类型下拉列表中选择类型为实体，其余参数接受系统默认设置。

（3）单击 确定 按钮，完成 3D 接触 3 的定义。

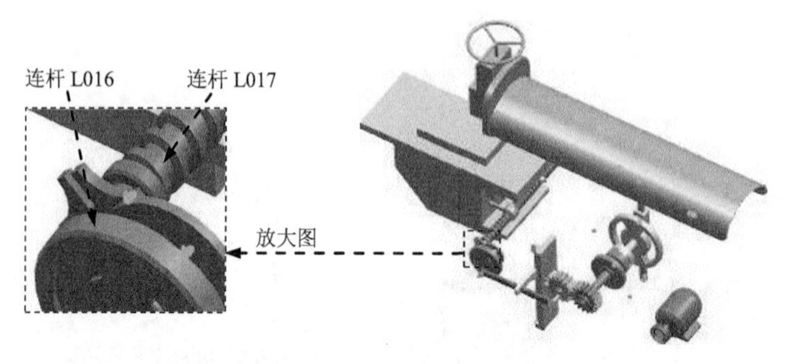

图 10.9.34 定义 3D 接触 3

Step31. 定义解算方案（注：本步的详细操作过程请参见随书光盘中 video\ch10.07\reference\文件下的语音视频讲解文件“0_shaper_asm-r01.exe”）。

Step32. 播放动画。在“动画控制”工具栏中单击“播放” 按钮，即可播放动画。

Step33. 在“动画控制”工具栏中单击“导出至电影” 按钮，系统弹出“录制电影”对话框，输入名称“shaper”，单击 OK 按钮，单击（完成动画）按钮，完成运动仿真的创建。

Step34. 选择下拉菜单 文件(F) → 保存(S) 命令，即可保存模型。

读者意见反馈卡

尊敬的读者：

感谢您购买机械工业出版社出版的图书！

我们一直致力于CAD、CAPP、PDM、CAM和CAE等相关技术的跟踪，希望能将更多优秀作者的宝贵经验与技巧介绍给您。当然，我们的工作离不开您的支持。如果您在看完本书之后，有什么好的批评和建议，或是有一些感兴趣的技术话题，都可以直接与我联系。

责任编辑：丁锋

读者购书回馈活动：

活动一：本书“随书光盘”中含有该“读者意见反馈卡”的电子文档，请认真填写本反馈卡，并E-mail给我们。E-mail: 展迪优 zhanygjames@163.com，丁锋 fengfener@qq.com。

活动二：扫一扫右侧二维码，关注兆迪科技官方公众微信（或搜索公众号zhaodikeji），参与互动，也可进行答疑。

凡参加以上活动，即可获得兆迪科技免费奉送的价值48元的在线课程一门，同时有机会获得价值780元的精品在线课程。

书名：《UG NX10.0运动仿真与分析教程》

1. 读者个人资料：

姓名：________性别：___年龄：____职业：________职务：________学历：______

专业：_______单位名称：__________________办公电话：___________手机：______

QQ：________________________微信：___________E-mail：_____________

2. 影响您购买本书的因素（可以选择多项）：

□内容　□作者　□价格

□朋友推荐　□出版社品牌　□书评广告

□工作单位（就读学校）指定　□内容提要、前言或目录　□封面封底

□购买了本书所属丛书中的其他图书　□其他____________

3. 您对本书的总体感觉：

□很好　□一般　□不好

4. 您认为本书的语言文字水平：

□很好　□一般　□不好

5. 您认为本书的版式编排：

□很好　□一般　□不好

6. 您认为UG其他哪些方面的内容是您所迫切需要的？

____

7. 其他哪些CAD/CAM/CAE方面的图书是您所需要的？

____

8. 您认为我们的图书在叙述方式、内容选择等方面还有哪些需要改进的？

____

____